BASSERMANN-JORDAN / BERTELE · UHREN

BIBLIOTHEK FÜR KUNST- UND ANTIQUITÄTENFREUNDE

BAND VII

UHREN

EIN HANDBUCH FÜR SAMMLER UND LIEBHABER

UHREN

von

ERNST VON BASSERMANN-JORDAN

Neunte von Hans von Bertele überarbeitete Auflage
mit über 700 Abbildungen und 20 farbigen Tafeln

KLINKHARDT & BIERMANN · MÜNCHEN

CIP-Kurztitelaufnahme der Deutschen Bibliothek

Bassermann-Jordan, Ernst von: Uhren
e. Handbuch für Sammler u. Liebhaber / von Ernst von Bassermann-Jordan.
Überarb. von Hans v. Bertele. – 9., durchges. Aufl. –
München: Klinkhardt & Biermann, 1982.
(Bibliothek für Kunst- und Antiquitätenfreunde, Bd. 7)

ISBN 3-7814-0205-3

9. Auflage 1982, Klinkhardt & Biermann, Verlagsbuchhandlung GmbH, München

Umschlaggestaltung: Hansjörg Langenfass, Ismaning

Gesamtherstellung: H. Stürtz AG., Würzburg

Printed in Germany

Inhaltsverzeichnis

Verzeichnis der Farbtafeln

Bemerkungen zu den Farbtafeln

I. Hölzerne Bodenstanduhr, unsigniert, nach Fr. Chr. Schminke von Landgraf Friedrich II. aus Straßburg beschafft. In späteren Inventaren Herzog-Moritz-Uhr genannt. Kasten im Stil der 2. Hälfte des 17. Jahrhunderts, marmoriert; wohl eine der ältesten, bisher bekannten Bodenstanduhren, Gehwerk mit Pendel, Schlagwerk in Form des Straßburger Glockenspiels, mit Automaten. Am Hauptblatt Zeiger für Stundenangabe, Mond- und Sonnenposition in Ekliptik; Viertelstunden und Minuten am rechten unteren Hilfsblatt; Höhe ca. 240 cm.

Hessisches Landesmuseum, Kassel.

II. Spätgotische schmiedeeiserne Wanduhr mit 4 Gewichten, signiert 15 EL 72 (Erhard Liechti) Winterthur. Die vier Wappen am Zifferblatt gehören:

Frauenkloster Frauental	Zisterzienserorden
Äbtissin Hindeman	unbekannt

Radunruhe und Teile des Glockenstuhles erneuert.

Sammlung Schenk, Winterthur.

III. Schwarzwälder Wanduhr, Anfang des 18. Jahrhunderts, Signatur in Spruchbändern (unleserlich). Links Stundenzifferblatt, einzeigerig, mit Wecker; rechts Monatsdatumblatt; in Mitte unter Maria mit Kind ein Viertelstundenblatt. Kurzes Pendel (Fliegenwedel) vor Zifferblatt als verlängerter Arm der Mutter Gottes. Gußeisengewichte, geflochtene Schnur.

Uhrenmuseum, Furtwangen.

V. a) Tischuhr, Silberfassung (Straßburger Beschauzeichen 1639–1643), Meisterzeichen des Georg Gloner. Einfaches Gehwerk mit Saite, Schnecke und Unrast. Stundenweisung durch Lanze des sich drehenden Ritters. Höhe 17 cm.

Sammlung Dr. E. Gschwind, Basel.

b) Tischuhr, signiert Joh. Oth. Halacher, Augsburg, ca. 1650. Vergoldete Silberfassung mit Halbedelsteinbesatz. Einfaches Gehwerk, Zeitweisung durch Pfeilspitze am Sensenschaft, das von einem sich drehenden Tödlein gehalten wird. Höhe 11 cm.

Sammlung Dr. E. Gschwind, Basel.

V. Astronomisch-astrologische Stockuhr, signiert Johannes Schoenemann, Konstanz, 1587. Automatenaufbau. Zahlreiche astronomische und meteorologische Indikationen. Zifferblätter aus Pappendeckel und Pergament, handgemalt. Lärchenholzkasten. Getrieberäder teilweise aus Kupfer und Zinn. Gehwerk fehlt. Gegenseite zeigt in ähnlicher Anordnung andere Indikationen. Höhe 71,5 cm.

Kunsthistorisches Museum, Wien.

VI. Türmchenuhr, signiert Niclas Radeloff, Sleswig 1654, mit Wappen der Herzöge von Gottorp. Kugelantrieb des Gehwerkes, Kreuzschlag als Zeitstandard. Kugeln in Galerie unter Tambour gespeichert und automatisch ausgelöst, laufen langsam (4 Stunden) im Käfig nach abwärts und sammeln sich im Bodenfach. $^4/_4$ Federzugschlagwerk in dem Tambour unter der Pietà.
Gehäuse Messing vergoldet mit hervorragenden Gravierungen und Durchbruchsarbeiten. Zifferblatt, Pietà und Delphine in Silber. Glaspaneele der Türen kugelkalottenartig ausgeschliffen. Sockel Schildpatt-furniert. Eine Spitzenleistung des Kunsthandwerks des 17. Jahrhunderts. Höhe ca. 90 cm.

Nationalmuseet, Kopenhagen.

VII. Sack-(Anhänger-)Uhr in Goldemail. Gehäuse von Charles Sarrat, Paris, ca. 1635. Messingwerk, Radunrast. Gangregulierung durch Veränderung der Federvorspannung mittels Sperrkegelrad.

Sammlung Dr. E. Gschwind, Basel.

VIII. Goldemailuhr, signiert Edme Burnot à Bruxelles, 1648. Geschenk der Stadt Brüssel an Philipp IV. von Spanien. Werk mit einfachem Unrast und Gangregulierung durch Federvorspannungsveränderung. Durchmesser ca. 6,5 cm.

Musée de Chaux Fonds, früher Sammlung Dr. E. Gschwind, Basel.

IX. Email-Sackuhr (savonette): einzeigeriges Spindelwerk mit einfachem Unrast, Werk signiert Thomas Williamson, Londini, ca. 1680; Gehäuse signiert Huaud le puisné (Genf). Außenbilder: Kleopatra mit Schlange und Szene aus antiker Tragödie. Oben am Gehäusewulst vier kleine Landschaftsminiaturen. Das Contre-Email auf Deckelinnenseite und im Gehäuse stellen die gleiche antikisierende Landschaft dar. Emailgehäuse sicherlich seinerzeit von Williamson bei Huaud bestellt. Durchmesser ca. 4,5 cm.

Sammlung H. Wilsdorf, Rolex Genf.

X. Bodenstanduhr, signiert Thomas Tompion, London, ca. 1695. Musterbeispiel für die klassische englische Periode. Klargezeichnetes, auf ein Minimum am Dekor beschränktes Zifferblatt, schöne, gebläute Stahlzeiger, Monatsgangdauer, Repetierschlagwerk. Kasten mit Maulbeerholz furniert. Höhe ca. 185 cm.

British Museum, London, früher C. A. Ilbert Colletcion.

XI. Stockuhr in rotem Lackgehäuse mit Japanmalerei. Schlüssellade im Sockel, Henkel auf Seite, Bronzegitter. 8-Tage-Viertelstunden-Carillonwerk, signiert Claudius Duchesne, London, mit eingeritzter Jahreszahl 1717 auf der Vorderplatine und zweiter Signatur. Hilfszifferblätter für Mondphasen, Wochentag, Monatsdatum. Höhe 76 cm.

Messrs. Leonard Knight, London.

XII. Pendule, signiert Courvoisier fils au Locle (Schweizer Jura), ca. 1765. Kasten und Konsole in Blumenlackmalerei. Mit vielen Appliken aus getriebenem und vergoldetem Bronzeblech.

Photographie: Archiv: Lo Suisse Horlogère.

XIII. Goldemail-Uhr an Chatelaine mit verschiedenen Breloques, Louis XV; Uhr und Gehänge einheitlich mit transluzidem blauem Email verziert. Uhrwerk signiert Benj. Gray, Inst. Vulliamy, London.
Goldpunzen. Uhrengehäusedurchmesser ca. 4,5 cm.

Sammlung H. Wilsdorf, Rolex Genf.

XIV. Sackuhr, Schweizer Provenienz, ca. 1780. Goldemailgehäuse mit figuraler Malerei.

Sammlung H. Wilsdorf, Rolex Genf.

XV. Großaufnahme des Coteau'schen Emailzifferblattes der Uhr Abb. 294. Ein Höhepunkt der Emailtechnik.

XVI. Stutzuhr (Kaminuhr) von Lepaute, ca. 1810, Paris, mit schönen Emailzifferblättern für Tierkreis, Jahreskalender, ferner Barometer und Thermometer sowohl in Reaumur- als auch Celsiusgraden. Marmorsockel, hervorragende Bronzen.

M. Charliat, Paris

XVII. Stutzuhr mit Automaten, für den chinesischen Kaiserhof gebaut. Anonym, französischer Herkunft, ca. 1775. Silbergehäuse vollständig emailiert. Zu den ganzen Stunden spielt ein Glockenspiel, wobei gleichzeitig das Karussell in Tätigkeit tritt und die große, edelsteinbesetzte Blume sich dreht. 8 Tage Gangdauer. Höhe ca. 50 cm.

Sammlung The Hon. Nellie Ionides, Buxted Park, Sussex.

XVIII. Stutzuhr (Figurenuhr), für den chinesischen Kaiserhof hergestellt, ca. 1780, signiert James Cox. Bronzegußkörper feuervergoldet, mit Rubinen besetzt. Glockenspielwerk im Körper eingebaut. Höhe ca. 28 cm.

Sammlung The Hon. Nellie Ionides, Buxted Park, Sussex.

XIX. Sackuhr, Goldemail mit Perlen und Smaragdenfassung, ca. 1805. Bildliche Darstellung einer jungen Frau, die zwischen einem jungen Mann, dessen Liebesbrief sie gerade liest, und einem reichen Alten, der ihr die pralle Börse hinhält, schwankt. Emailarbeit, signiert J. Fr. V. Dupont. Werk aus Stahl mit Duplexgang, signiert Bovet, Fleurier.

Sammlung H. Wilsdorf, Rolex Genf.

XX. Wanduhr aus dem Schwarzwald, mit Stundenschlag, ca. 1850. Emailzifferblatt. Beginn der Serienfabrikation. Spätromantische Familienszene (Originalmalerei). Moderne Gewichte, Messingketten.

Uhrenmuseum, Furtwangen.

VORWORT

Die früheren Auflagen von „Uhren“ aus der Reihe für Kunst- und Antiquitätensammler begannen unmittelbar mit dem Kapitel: Astronomisches, Kalender. Das war zu einer Zeit möglich, in der einige Jahre Vorbeschäftigung, wenn nicht Vorstudium selbstverständlich waren, um im Sinne Bassermann-Jordan's als Sammler oder Liebhaber zu gelten, der mit seinem Handbuch etwas anzufangen wußte. Heute ist es anders: das Interesse an alten Uhren ist als Hobby in breite Kreise gedrungen; gleichzeitig ist das Sammeln viel schwieriger, das Studium aber durch bessere Ausstellungstechnik in den Museen und durch die größere Reiselust viel leichter geworden. Ich glaube dieser veränderten Situation am besten durch eine allgemeine Standortsbestimmung im Vorwort gerecht zu werden.

Uhren im weiten Sinne Bassermann-Jordan's sind alle Instrumente und Geräte, die zur Zeitmessung und Zeitbestimmung dienen. Geräte, die auf der Beobachtung der Gestirne, und besonders der Sonne, beruhen, gehören danach ebenso zu Uhren wie alle anderen Geräte, die irgendwelche mechanischen oder physikalisch-chemischen Prozesse zur Zeitmessung ausnutzen. Eine Zeitspanne von über 3000 Jahren ist ins Auge zu fassen, innerhalb welcher die Menschheit sich mit Zeitmeßfragen beschäftigt hat, obwohl die intensive Herstellung von Geräten sich nur auf etwa die letzten 500 Jahre beschränkt. Parallel zur sachlichen Entwicklung aber steht noch die vielfältige künstlerische Gestaltung, die speziell den Uhren seit dem Mittelalter zuteil geworden ist.

Kaum ein anderes Gebiet ist gleich geeignet, den Entwicklungsgang eines technisch wissenschaftlichen Grundprinzips der Zivilisation über Jahrhunderte zu verfolgen und daraus allgemeine Rückschlüsse auf die Geschichte der Technik zu ziehen. Diese Einstellung allein würde aber nicht ausreichen, um Uhren in den breiten Kreisen der Liebhaber von Antiquitäten schlechthin beliebt zu machen. Hier ist es immer wieder das künstlerische Gewand, das den Anlaß zur ersten Annäherung an eine Uhr gibt.

Ist man nur einmal von dem innewohnenden Zauber erfaßt, wird man leicht der Vielfalt des Gebietes verfallen. In jeder Uhr sind immer drei grundsätzlich verschiedene Gebiete miteinander verbunden:

a) die Indikationen – das ist die gemessenen und gewiesenen Angaben,
b) der Mechanismus, der zur Messung verhilft, und
c) die Formgebung und künstlerische Gestaltung des Gehäuses.

Welches dieser drei Gebiete bevorzugt wird, ist von Ort zu Ort, Gelegenheit und Epoche, den größten Schwankungen unterworfen. Verfolgt man diese Variationen, so führt dies zwangsläufig von der künstlerisch-kunsthistorischen Betrachtung der Gehäuse zur Entwicklungsgeschichte der menschlichen Zivilisation, zu Mathematik, Astronomie und deren Fehlgängen: Alchemie und Astrologie.

In solcher Schau wird der Instrumentenbau und die Uhrmacherei zu einer der Hauptquellen der Ingenieurkunst, zum spielerischen Ursprung der modernen Automatisierung und zum unmittelbaren Anlaß der Entwicklung des Zeitgefühls im bürgerlichen Leben und in der Naturbeobachtung.

Aber auch das Bild über das Entstehen und Vergehen der verschiedenen Herstellungs- und Entwicklungszentren der Uhren wirkt faszinierend. Das Aufspüren der damit verbundenen sozialen Momente und der verantwortlichen Geisteshaltung bietet ein besonders reizvolles Bild, wie bestimmte Kulturstufen im allgemeinen zustande kommen und vergehen. Es ist verblüffend und unerwartet, zu erkennen, daß die grandiose Führung des süddeutsch-österreichischen Uhren- und Instrumentenbaues trotz des Vorsprungs anderen Ländern gegenüber in der zweiten Hälfte des 17. Jahrhunderts völlig in das Hintertreffen geriet, weil gutgemeinte Zunftordnungen den Nachwuchs so überforderten, daß der Jugend kein freier Gedankenraum mehr blieb, eigenen Ideen nachzuhängen oder die Bedeutung neuer physikalischer Erkenntnisse zu erfassen und sie weiter auszubauen. So können aus dem Uhrensammeln die schwerwiegendsten Rückschlüsse für die grundsätzliche Bildung unserer Generationen gezogen werden.

Betrachtet man diese neue Auflage oberflächlich, so mag sie zunächst grundverschieden von der letzten, von Bassermann-Jordan im Jahre 1923 verfaßten erscheinen. Bei eingehendem Studium aber wird man zwangsläufig erkennen, daß die großen Tendenzen der Behandlung die gleichen sind. Daher wird dieses Buch als Fortsetzung bezeichnet und gleichzeitig auch der Respekt für einen Pionier zum Ausdruck gebracht, dessen Blickfeld zu seiner Zeit viel weiter war als das aller damals in ähnlicher Richtung arbeitenden Forscher oder Amateure. Bassermann-Jordan's Auswahlgefühl für die einzuschlagenden Wege der Betrachtung erweist sich auch heute noch größtenteils als richtig, mögen sich auch verschiedene Einzelheiten durch den Fortschritt der Forschung und durch neue Funde etwas verändert haben. Für mich selber waren manche kurze Andeutungen Anlaß für jahrzehntelange eigene Untersuchungen gewesen; einiges Forscherglück hat verschiedentlich die Bestätigung von Vermutungen Bassermann-Jordan's gebracht.

Die einmalige Stellung Bassermann-Jordan's liegt in folgenden zwei Momenten:

a) die Einbeziehung in den Betrachtungskreis von den verschieden gearteten Instrumenten zur Zeitmessung auf astronomischer Beobachtungsbasis (Sonnen- und Sternuhren, Quadranten, Astrolabien usw.) neben die Räderuhren sowie auch von Licht-, Sand- und Wasseruhren, kurz, von allen Einrichtungen, die der Zeitmessung in den verschiedenen Phasen der Menschheitsgeschichte dienten, und

b) die Unparteilichkeit, mit der Bassermann-Jordan die Beiträge der verschiedenen Nationen und Epochen zu der Entwicklung der Zeitmeßkunst verstanden hat.

Die großzügig historische Einstellung kommt allerdings beim oberflächlichen Betrachten des Bildmaterials der älteren Auflagen nicht zur Geltung, das die engere geographische Umgebung des Wohnortes von Bassermann-Jordan bevorzugt. Zur Zeit Bassermann-Jordan's waren brauchbare Photographien von auswärts schwer zu erhalten. Uhrenaufnahmen stellen auch heute noch große Anforderungen und beschweren Museumsleitungen oder Privatbesitzer, da die wichtigsten Details meist Ausbau des Uhrwerkes und häufig sogar Werksdemontage notwendig machen.

Das Studium des Textes von Bassermann-Jordan's „Uhren" aber und speziell der Zeittafel der Entwicklung der Erfindungen und Entdeckungen zeigt, wie klar sich der Verfasser bewußt war, daß die Zeitmeßkunst des 20. Jahrhunderts das Resultat des Zusammenspiels der meisten europäischen Nationen vorstellt. Es ist beispielhaft, wie Bassermann-Jordan allen großen Leistungen enthusiastische Begeisterung entgegenbringt. Das Bildmaterial dieser Neuauflage soll das europäische Zusammenspiel deutlich machen.

Der Text von Bassermann-Jordan's Fassung ist vielfach im Telegrammstil gehalten, wobei an dem Beginn der einzelnen Abschnitte umfangreiche Literatur als Einführung gebracht wird. Diese 4. Auflage ist als ein selbständiges Handbuch gedacht, das in großen Zügen ein abgeschlossenes Bild ohne Rückgreifen auf Literatur bieten kann. Daher ist eine kurze historische Einleitung jedem Kapitel vorangesetzt; wenige moderne Bücher sind zwecks fallweisem Verfolg einzelner Details am Ende jedes Kapitels angeführt.

Für eine eingehendere Betrachtung aber ist ein Quellenstudium unerläßlich. Wir haben daher die gesamten Literaturangaben Bassermann-Jordan's in einem Schlußkapitel zusammengefaßt. Bei kritischem Quellenstudium wird man erstaunt sein, wie viele Widersprüche zutage treten. Ganz besonders betrifft dies die Erfinderansprüche: für den mit technischen Dingen nicht Vertrauten erscheint es selbstverständlich, daß man den Erfinder eines wichtigen Prinzips und das entsprechende Datum genau kennt. Tatsächlich ist aber die präzise Lokalisierung bestimmter Ideen außerordentlich schwierig, wenn nicht unmöglich. Ideen liegen in der Luft, werden angedeutet und skizziert, selbst versucht, versagen aus nebensächlichen oder grundsätzlichen Gründen, verschwinden und werden für einige Zeit vergessen. Plötzlich tauchen sie an anderen Stellen wieder auf; es ist unmöglich festzustellen, ob diese neue Stelle genaue Informationen oder Andeutungen über die früheren Phasen erhalten hat oder vielleicht gar nichts gewußt hat. Der formal-juristisch Denkende wird sich gegen solche Betrachtungsweise mit allen Kräften wehren; in Analogie mit Heisenberg's Unbestimmtheitsrelation wird auf eine präzisierte Frage die Antwort bezüglich der Uranfänge einer Erfindung oder Entdeckung wenig genau sein. Ich habe mich bemüht, von Polemiken Abstand zu nehmen und in den historischen Teilen das Bild wiederzugeben, das nach der Mehrheit der Historiker der Wahrheit am nächsten kommt.

Das von Bassermann-Jordan durch seine Inhaltsgliederung gegebene Programm umreißt auch heute noch den ganzen Interessenkreis des Sammlers und Liebhabers. So habe ich keine neuen Hauptabschnitte aufgenommen; lediglich eingehendere Abschnittsunterteilungen sollen dem heutigen Stand der Kenntnisse Rechnung tragen.

Als erstes ist den verschiedenen Indikationen, d. h. den Angaben, die die Uhren liefern, beträchtlicher Platz zugewiesen. Ohne ihr Verständnis ist der Zugang speziell zu den älteren und komplizierten astronomischen Systemen unmöglich. Wohl ist die Grundeinheit für die meisten Indikationen – der Tag – ein selbstverständlicher Begriff für den Laien. Sobald er aber in Zusammenhang mit astronomischen Ereignissen definiert wird, verschwindet für ihn und die über- und untergeordneten Zeiteinheiten die einfache Eindeutigkeit.

In den verschiedenen geschichtlichen Epochen waren einzelne, bestimmte Einheiten besonders beliebt; dementsprechend sind auch jeweilig die Indikationssysteme auf den Uhren unterschiedlich in den Vordergrund gerückt. Heute steht eine immer stärkere Unterteilung der Zeit im Blickfeld: Moderne Geräte erfassen Zeitintervalle von 1 Millionstel bis 1 Milliardstel Sek. Solche Geräte sind allerdings keine Sammlerobjekte, sondern vielmehr das Rüstzeug der heutigen Wissenschaft.

Frühere Epochen haben sich mit groben Unterteilungen des Tages begnügt, dafür aber die übergeordneten Vielfachen des Kalenders mit Vorliebe dargestellt. Dazu kommen aber auch noch andere Zeiteinheiten, die sich nicht auf dem durch die Sonne bestimmten irdischen Tag aufbauen, sondern denen andere astronomische Zusammenhänge zugrunde liegen. So zeigen die gewählten Indikationen die Einstellung der betreffenden Epoche zum Zeitproblem.

Als nächstes werden die verschiedenen Geräte und Verfahren, den Zeitfluß mit Hilfe astronomischer Beobachtungen zu erfassen, behandelt: Sonnenuhren, Quadranten, Astrolabien, Sternuhren und andere verwandte Instrumente.

Anschließend werden die technischen Voraussetzungen für die Räderuhren gebracht, die die Zeitbestimmung fallweise ohne astronomische Beobachtungen vorzunehmen gestatten und die dem Sammler heute noch am leichtesten zugänglich sind.

Danach werden die äußeren Formen der Räderuhren eingehend behandelt, in welche die Indikationen und der Mechanismus eingekleidet sind mit ihren künstlerischen und stilistischen Momenten.

Das nächste Kapitel gibt einen kurzen Einblick in andere Zeitmeßsysteme die ohne astronomische Beobachtungen zumindest über kurze Zeiträume verwendet werden können, wie Wasser-, Sand- und Lichtuhren, deren Bedeutung aber gegenüber den Räderuhren stark zurücktritt.

Das folgende Kapitel faßt die verschiedenen Sammler- und Liebhaberprobleme zusammen, denen Bassermann-Jordan mehrere kurze Kapitel am Schlusse seines Buches gewidmet hat.

Das letzte Kapitel ist schließlich die bereits erwähnte Zusammenstellung der in der 3. Auflage von Bassermann-Jordan angeführten älteren Literatur.

Beurteilung der verschiedenen Uhrtypen und Formen ist nur mit guten, charakteristischen Abbildungen möglich. Ich möchte an dieser Stelle dem Verlagsleiter, Herrn E. Raschka, besonderen Dank dafür aussprechen, daß er Bildmaterial in einem ungewöhnlichen Ausmaße ins Auge gefaßt hat; nicht minder dankbar bin ich dem Verlag für die gute Wiedergabe und die Wahl großer Formate, die die Einzelheiten deutlich zeigen.

Die Bilder sind mit ausführlichen Beschriftungen versehen, die es auch ohne Bezugnahme auf den Text gestatten, die wesentlichen Eigenheiten der dargestellten Objekte zu erkennen. Die Abbildungen selber sind in sachlich zusammenhängenden Gruppen chronologisch angeordnet und ergeben damit beim Durchblättern automatisch ein Bild, wie Ideen beginnen, wachsen und schließlich verfallen.

Ein Mehrfaches der schließlich abgebildeten Objekte war detailliert aufzunehmen. An der hierzu notwendigen Photographieraktion haben sich in erstaunlicher Anzahl Museen und Privatsammler gleich freudig beteiligt. Die enthusiastische Mitarbeit mehrerer Spitzenkönner, wie Frau E. Mejchar vom Denkmalamt (Wien) oder Mr. Lionell Bell (London), schuf solches Bildmaterial, daß bisher unbekannte Entwicklungsreihen und Verwandtschaftszusammenhänge aufgezeigt werden können. Ich möchte an dieser Stelle allen beteiligten Museumsleitungen und allen Privatsammlern den gebührenden Dank für die großzügige Mithilfe aussprechen. Daneben haben mir auch verschiedene Verleger Hilfe aus ihren Archiven angedeihen lassen. Da ihre Namen nicht im Zusammenhang mit den Bildern erscheinen, möchte ich hier speziell danken: Messr. E. & F. N. Spon (London) für Bildmaterial aus der 7. Auflage von Britten's Old Clocks and Watches and their Makers; den Redaktionen von La Suisse Horlogère (La Chaux-de-Fonds) und Journal Suisse D'Horlogerie et de Bijouterie (Lausanne), vom Horological Journal (London), und von der Deutschen Uhrmacher-Zeitschrift (Stuttgart). Besonders hervorheben möchte ich hierbei, daß Generaldirektor H. Wilsdorf der Rolex (Genf) mir mehrere der schönen Farbklischees des vergriffenen Kunstbandes „Montres et Émaux de Genève" und Klischees aus der Monographie „The History of the Self-Winding Watch, 1770 bis 1931" zur Verfügung gestellt hat.

Bei den Vorbereitungsarbeiten sind mir viele Sachkenner mit Rat und Tat zur Seite gestanden. Es ist nicht möglich, alle einzeln anzuführen; ich will es aber nicht unterlassen, die Namen der Persönlichkeiten hier zu erwähnen, die mir zur Füllung von Lücken ihren Erfahrungsschatz geboten haben, nämlich: der verstorbene Professor A. Chapuis (Neuchâtel); Mr. C. Clutton (London); Professor C. Ferrari d'Occhieppo (Wien); Mr. M. Gardner (London); Dr. E. Gschwind (Basel); Herr K. Kellenberger (Winterthur); Herr G. A. Kirchvogel (Kassel); der verstorbene C. A. Ilbert (London); Mr. H. A. Lloyd (Limpsfield); Professor P. Mesnage (Besançon); M. H. Michel (Brüssel); Professor E. Morpurgo (Amsterdam); der verstorbene H. Rosmann (Wien); der verstorbene W. R. Symonds (London); Generaldirektor Dr. Sobek (Wien) und Professor Dr. E. Zinner (Bamberg).

Bei der Ausarbeitung des Manuskriptes haben mich Fräulein Johanna Janku und Baronin Renata Puteani mit außerordentlicher Gewissenhaftigkeit unterstützt; daß die schwierige Materie eine druckfähige Form gefunden hat, ist weitgehend deren Verdienst.

VORWORT ZUR NEUNTEN AUFLAGE

Die vorliegende neunte Auflage dieses Handbuches kann im wesentlichen der Fassung folgen, die das 1922 erstmals erschienene Werk von Ernst von Bassermann-Jordan, des deutschen Pioniers der Geschichte der verschiedenen Uhren und verwandten Instrumente der Zeitmessung, nach meiner Überarbeitung 1961 erhalten hat.

Im Vorwort zur ersten Auflage schrieb Bassermann-Jordan, daß ihn bei seiner Arbeit der Gedanke geleitet habe, sowohl Sammlern als auch Händlern gewisse technische Grundbegriffe und auch einige astronomische Vorstellungen zu vermitteln, die für das volle Verständnis der Uhren notwendige Voraussetzung sind.

Den Zugang zu diesem wichtigen Leitgedanken einfach zu gestalten, war Hauptanliegen des Neubearbeiters; instruktive Abbildungen mit anschaulichen Beschreibungen und Texten sollten dabei insbesondere helfen. Die rasche Aufeinanderfolge von fünf Neuauflagen innerhalb von einundzwanzig Jahren gibt Bestätigung, daß dieses Buch den Sammlern und Liebhabern historischer Uhren wie auch dem Kunsthandel bei der Beantwortung der vielen auf sie zukommenden Fragen mit praktischem Rat richtige Dienste geleistet hat und leistet.

Möge es der neuen Leitung des Verlages in München gelingen, die Erfolge des Braunschweiger Hauses bei der Betreuung des Werkes zu mehren.

Hans v. Bertele

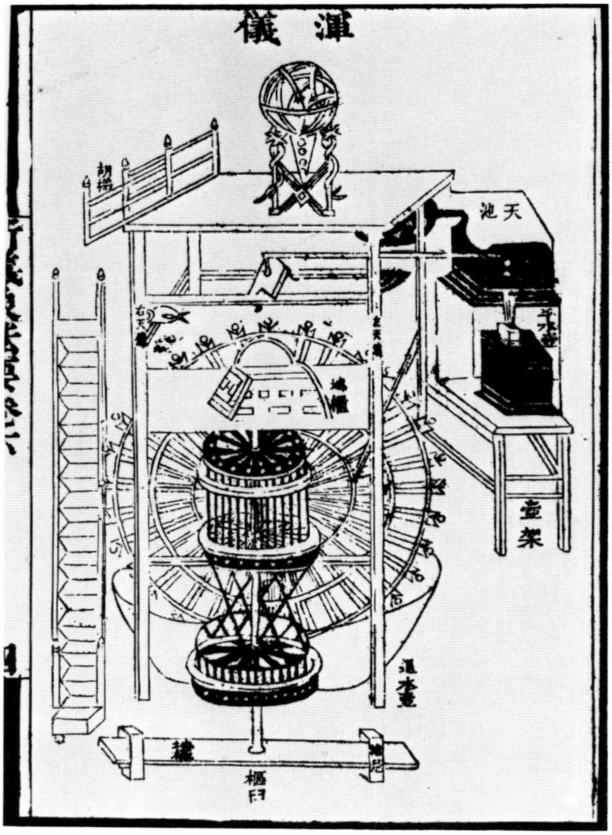

Abb. 1. Su-Sung's astronomische Maschine von 1066. Die am Turm aufgestellte Himmelssphäre wird durch ein Wasserwerk in Drehung versetzt, wobei ein Regulier-mechanismus vorgesehen ist, der die Grundideen der mechanischen Hemmungen bereits enthält.
Abbildung aus „Science & Civilisation in China“ von Joseph Needham zusammen mit Wang Ling.
Cambridge University Press.

ERFASSEN, EINTEILEN UND MESSEN DES ZEITFLUSSES — KALENDER UND ASTRONOMISCHES

Im steten Fluß der Zeit lebend, wollen wir einzelne Ereignisse festlegen und ihren zeitlichen Abstand ausdrücken; deshalb müssen wir die Zeit messen. Damit kommen wir zu einem wichtigen Problem in der Entwicklung der Kultur, das seit Jahrtausenden die Menschen beschäftigt und ihnen immer neue Aufgaben stellt. Die Geräte zur Zeitmessung, speziell die älteren, ziehen den Sammler an und sind Thema dieses Buches.

Vor Eingehen auf die verschiedenen Typen, Methoden und Formen soll aber ein allgemeiner Überblick über das Zeitmessen und die Zeiteinheiten gegeben werden. Messen ist die Feststellung, wie oft eine bestimmte Einheit – das Normal – in der zu messenden Größe enthalten ist. Wiederholtes Anlegen eines Maßstabes oder Abwiegen einzelner Teile gibt bei räumlichen und Mengenmessungen Antwort; die zeitliche Aufeinanderfolge der einzelnen Teilmessungen ist irrelevant. Zeitliche Messungen verfügen nicht gleichzeitig über Anfang und Ende. Urbild der Zeitmessung ist die Zählung bestimmter, sich regelmäßig wiederholender astronomischer Erscheinungen.

Es ist nicht schwer zu erkennen, daß es drei natürliche Einheiten für die Zeitmessung gibt: *Tag*, *Monat* und *Jahr*. Der Wechsel von Tag und Nacht hat zweifelsohne weitgehend den Rhythmus von Aktivität und Ruhe durch Jahrtausende in das menschliche Leben geprägt, so daß der Tag überall die praktische Grundeinheit für die Zeitmessung gewesen sein muß. Vor den modernen Erfindungen starker und windsicherer künstlicher Lichtquellen waren aber auch die vom Mond erhellten Abende und Nächte etwa vom Ersten Viertel bis über den Vollmond hinaus für Völker aller Zonen und Kulturstufen von großer Wichtigkeit; auch lassen sich die Hauptphasen des Mondes leicht ungefähr auf den Tag genau feststellen und die Zwischenzeit zwischen je zwei gleichen Phasen, der natürliche Lichtmonat (synodische Monat) ergibt eine leicht übersehbare Anzahl von – abwechselnd 29 und 30 – Tagen. Daher ist die wichtige Rolle verständlich, die in den meisten Kalendersystemen der Monat als Zeiteinheit gespielt hat oder noch spielt.

Unter den Lebensbedingungen mittlerer und hoher geographischer Breiten ist der Wechsel der Jahreszeiten sehr empfindlich fühlbar. In den subtropischen Gegenden der alten Hochkulturländer dagegen ist der jahreszeitliche Wechsel der Tageslängen unbedeutend, die Höhenänderung der Tagesbogen der Sonne weniger eindrucksvoll und daher auch der Jahresrhythmus

Abb. 2. *Astrolabium*. Reproduktion eines Holzschnittes aus „Astrolabium“ von Chr. Clavius, Rom 1593.

a mater – Vertiefung im Astrolab, in welchem je nach örtlicher Breite verschiedene Einlegeplatten (Tympanon) eingesetzt werden, die die Wendekreise und die Temporalstundenlinien und andere Bezuglinien bezeichnen. *b* rete (Spinne) – eine Sternenhimmelprojektion über dem nördlichen Himmel mit Ekliptik e um den Mittelpunkt drehbar angeordnet. *c* Limbus – der feste, in zweimal zwölf Stunden geteilte Rahmen.

im gesamten Naturgeschehen weniger ausgeprägt, so sind mancherorts mehrere Ernten im Jahr möglich. Unter allen Umständen erfordert aber die genauere Bestimmung der Jahreslänge – wenn man von dem durchaus modernen Begriff eines langjährigen Mittelwertes absieht – gewisse einfache astronomische Beobachtungen, wenn man über die rohe Feststellung 12 bis 13 Monate hinauskommen will. Das Jahr ist also durchaus nicht eine überall

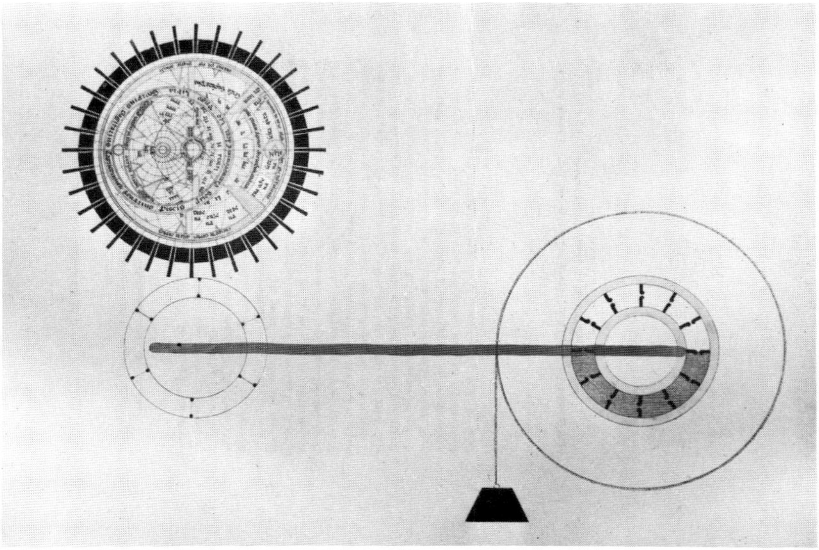

Abb. 3. Alfonsinisches Quecksilber-Uhrwerk (rechts unten) zum Astrolab (links oben). Reproduktion aus: Libros del Saber de Astronomia, 1276/77.

Abb. 4. Mittelalterliche Darstellung (Miniatur) einer klösterlichen Wasseruhr. Aus einer moralisierenden Bibel des späten 13. Jahrhunderts. Oxforder Universitätsbibliothek. (Ms. Bodl. 270b fo 183v).

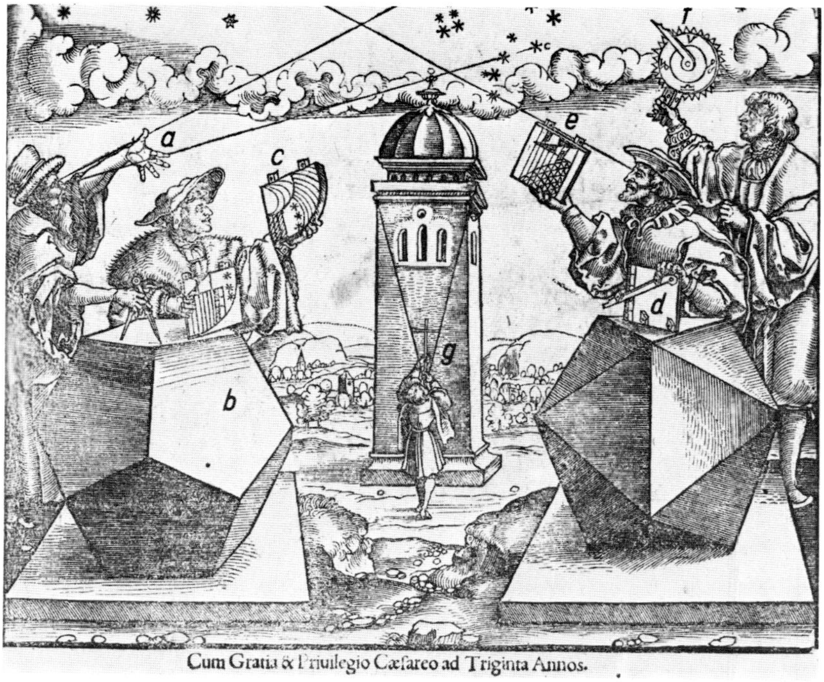

Abb. 5. Zeitbestimmung anno 1533 mit den damals wichtigsten Methoden:
a Nachtzeitmessung mit bloßer Hand;
b Tagzeitbestimmung mit Apian's geviertem Quadranten;
c Tagzeitbestimmung mit dem älteren Sonnenquadranten;
d allgemeine Zeitbestimmung mit Apian's Horoscopium (vergleiche Abb. 35);
e detto mit geometrischem Quadrat;
f Nachtzeitbestimmung mit Sternuhr.
g ist eine Breitenmessung des Turmsims mit Hilfe des Jakobsstabes.
Reproduktion eines zeitgenössischen Holzschnittes aus Apian's Instrumentbuch Ingolstadt 1533, woraus das „Vorgehen" bei den Messungen durch die Stellung der fünf Astronomen deutlich wird.

so selbstverständliche natürliche Zeiteinheit wie in unseren Breiten, und man unterschätzt gewöhnlich die Schwierigkeiten, die bei der Herstellung einer geregelten Beziehung zwischen Jahreslänge, Monaten und Tagen zu überwinden waren.

Jahre und Tage sind beide durch die Bewegung der Erde in bezug auf die Sonne bestimmt. Die geometrischen Verhältnisse ergeben es, daß für eine quantitative Festlegung dieser Einheiten die Wahl der Bezugspunkte von Einfluß ist und daß, davon abhängend, verschieden lange Tage und Jahre

Abb. 6. Türmchenuhr-Vorläufer, Federzugsuhr mit eisernem, reich bemalten Gehäuse von 1545 (Donauschule). Vorderseitiges Mittelzifferblatt mit drei Zeigern für kleine Stunde I–XII; Mondaspekten, sowie Sonnenstand im Tierkreis. Darunter Sonnenstand und Wochentagsindikationen. Seitentüren bemalt. Rückseite mit fünf astronomisch-astrologischen Zifferblättern und vier Wappen. Höhe ca. 50 cm.
Kunsthistorisches Museum, Wien.

Abb. 7. Armillarsphäre von Arsenius, Loewen 1575. Diente als Modell für den geozentrischen Aufbau des Universums im Sinne des Ptolemäus. Mit Armillen für Sonne, Mond und die Fixsterne; Erde im Mittelpunkt.

Horizontaler Ring entspricht der Horizontebene des Beschauers; der darin gleitende vertikale Ring stellt den Hauptmeridian „Colur" durch den Frühlingspunkt dar. Die drei großen Armillarsphären von Arsenius (Musée du Cinquantenaire, Brüssel; Maritime Museum, Greenwich; Bayerisches Nationalmuseum, München) haben eigenartige Nockenscheiben, um nach der arabischen Trepidadtionstheorie die Precession der Erdachse darzustellen (laut eingravierter Anweisung ist alle 600 Jahre eine Nocke weiterzudrehen).

Bayerisches Nationalmuseum, München.

Abb. 8. Automatenpuppe mit Uhrwerksantrieb, ca. 1540 (Torriano?). Kunsthistorisches Museum, Wien.

zu unterscheiden sind. Es ist daher unerläßlich, vor Eingehen auf die quantitativen Eigenheiten, den geometrischen Verhältnissen zwischen Erde und Sonne, wie sie die Astronomen festgestellt haben, einige Absätze zu

Abb. 9. Armillarsphäre mit Antrieb durch die als Postament dienende Türmchenuhr. Erbaut 1572 von Josias Habrecht aus Schaffhausen. Kugel im Zentrum repräsentiert die Erde; um diese dreht sich die den Sternenhimmel darstellende Armillarsphäre. Entlang der Ekliptik bewegen sich, von entsprechenden Armen getragen, die Sonne, der Mond und die Mondbahn-Knotenpunkte. Der Antrieb erfolgt durch das rechts unten an der Sphäre ersichtliche Getriebe, das eine Breitenadjustierung des ganzen Gebildes erlaubt. Am nördlichen Himmelspol ist schließlich ein Zifferblatt, das siderische Zeit und die Mondphasen anzeigt. Höhe: 30 cm.

Schloß Rosenborg, Kopenhagen.

widmen. Es wurde bereits darauf hingewiesen, daß auch der Monat eine natürliche Zeiteinheit ist, die allerdings, unabhängig von Sonne und Erde, durch die Mondbewegung um die Erde ursprünglich entstand. Daher soll auch die Mondbewegung im folgenden kurz angedeutet werden.

Von der Erde aus beobachtet, scheinen die Gestirne an der Oberfläche einer Himmelskugel befestigt zu sein, die die Erde als Mittelpunkt hat und die sich einmal im Tage um die Erde dreht. Zusammenfassung mehrerer Sterne zu Sterngruppen mit mythologischen Namen ist jedermann geläufig. Die gegenseitige Konstanz der Anordnung ergibt das Konzept der „Fixsterne" und war entscheidend für die Vorstellung einer gemeinsamen Trägersphäre. Diese Vorstellung war vom Altertum an (Ptolomäus, ca. 150 n. Chr.) bis in den Beginn der Neuzeit das allgemein angenommene Konzept des Aufbaues des Universums. Um die die Zeitrhythmen bestimmenden Erscheinungen zu verfolgen, ist es nicht unzweckmäßig, das ptolemäische Konzept weiter beizubehalten, obwohl es heute jedermann selbstverständlich ist, daß dies nur relativ stimmt, und daß de facto die Erde und eine Reihe anderer Himmelskörper sich um die Sonne bewegen.

Ptolemäisch gesehen, bewegt sich also die Sonne jeden Tag um die Erde; weiterhin scheint der Mittagsstand der Sonne entlang eines Großkreises – der Ekliptik – entlang der Himmelskugel sich zu verschieben. Nun gibt es eine Anzahl besonderer Sterne, die sich im Gegensatz zu den vielen Fixsternen am Firmament nicht in Ruhe befinden. Dies sind die Planeten; sie bewegen sich fast in der Ebene der Ekliptik; daher erscheint ihre Bewegung innerhalb eines Gürtels um die Ekliptik (vergleiche Abb. 10) vor sich zu gehen.

Die Ebene des Erdäquators schneidet die Himmelskugel in einem anderen wichtigen Großkreis, dem Himmelsäquator. Dieser kreuzt die Ekliptik an zwei diametral gegenüberliegenden Punkten, die Äquinoktialpunkte genannt werden. Der Äquinoktialpunkt, in welchem die Sonne bei ihrer scheinbaren jährlichen Bewegung entlang der Ekliptik den Himmelsäquator vom Süden nach Norden schneidet, heißt Frühlingspunkt oder Widderpunkt.

Dieser Widderpunkt ist somit ein gedachter Punkt der Himmelskugel; er wird seit Jahrtausenden von den Astronomen als wichtigster Bezugspunkt für Zeitmessungen verwendet.

Eine nicht unwesentliche Komplikation entsteht dadurch, daß der Frühlingspunkt in bezug auf den Hintergrund der Fixsterne nicht festliegt, sondern sich allmählich verschiebt. Seine Lage ist definitionsgemäß durch die Richtung der Geraden bestimmt, längs deren die Bahnebene und die Äquatorebene der Erde sich schneiden. Namentlich die zweitgenannte, in geringem Maß auch die erste, verändern allmählich ihre Lage im Raum infolge der störenden Kräfte des Mondes, der Sonne und der Planeten. Aus praktischen Gründen trennt man rechentechnisch bei der Bestimmung

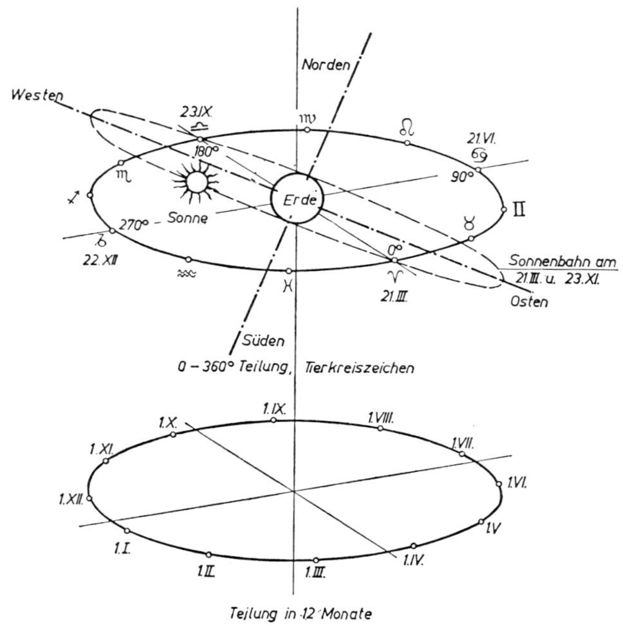

Abb. 10. Diagrammatische Darstellung des (scheinbaren) jährlichen Sonnenumlaufes um die Erde, des Null-(Frühling)Punktes der Gradeinteilung des Himmelsäquators und Zuordnung der einzelnen Monate und Tierkreiszeichen zu Beginn unserer Zeitrechnung zur Ekliptik.

der Lageänderung des Frühlingspunktes die einseitig fortschreitende „Präzession" von den ihr überlagerten kleinen periodischen Schwankungen, der sogenannten „Nutation".

Der Tierkreis selbst wurde von den babylonischen Astronomen einerseits in 360 Grade eingeteilt, die vom „ersten Punkt von Aries" an ostwärts gezählt wurden und auch heute noch werden. Andererseits haben sie noch eine zweite Einteilung in zwölf größere Abschnitte eingeführt, die durch bestimmte, im Tierkreis liegende Sternbilder gekennzeichnet waren. Die

Tabelle 1 gibt die klassische Zuordnung dieser Sternbilder, die Gradteilung und die zugehörigen Zeiten sowie die üblichen Symbole für die Tierkreiszeichen an, auf Zifferblättern sind häufig nur die Symbole angegeben.

Tabelle 1. Klassische Zuordnung der Tierkreisbilder zum Jahresablauf
(Gültig etwas vor Christi Geburt)

Gradbereich	Sternbildnamen		Zeichen	Datum	Monat
	Deutsch	Lateinisch			
0 bis 30	Widder	Aries	♈	21. 3. bis 20. 4.	März
30 bis 60	Stier	Taurus	♉	20. 4. bis 21. 5.	April
60 bis 90	Zwillinge	Gemini	♊	21. 5. bis 21. 6.	Mai
					Sommer-Anfang
90 bis 120	Krebs	Cancer	♋	21. 6. bis 23. 7.	Juni
120 bis 150	Löwe	Leo	♌	23. 7. bis 23. 8.	Juli
150 bis 180	Jungfrau	Virgo	♍	23. 8. bis 23. 9.	August
					Herbst-Anfang
180 bis 210	Waage	Libra	♎	23. 9. bis 23. 10.	September
210 bis 240	Skorpion	Scorpio	♏	23. 10. bis 22. 11.	Oktober
240 bis 270	Schütze	Sagittarius	♐	22. 11. bis 22. 12.	November
					Winter-Anfang
270 bis 300	Steinbock	Capricornus	♑	22. 12. bis 20. 1.	Dezember
300 bis 330	Wassermann	Aquarius	♒	20. 1. bis 18. 2.	Januar
330 bis 360 = 0	Fische	Pisces	♓	18. 2. bis 21. 3.	Februar
					Frühlings-Anfang

Angesichts der sehr ungleichen Ausdehnung der Sternbilder am Himmel ist die Zuordnung von genau 30 Grad zu jedem Bild bereits das Ergebnis einer Schematisierung, die von den spätbabylonischen Astronomen in den letzten Jahrhunderten vor Christus vollendet wurde. Infolge der Präzession haben sich aber seitdem die „Zeichen“, die man unverändert vom Frühlingspunkt an mit dem Widder beginnend benennt, wie es Tabelle 1 zeigt, gegenüber den Sternbildern, von denen sie ihre Namen tragen, um rund 30 Grad verschoben und werden sich immer weiter verschieben. So liegt gegenwärtig der „Frühlingspunkt“ und mit ihm das Tierkreiszeichen Widder im *Sternbild* Fische und wird bald sogar in das *Sternbild* Wassermann gelangt sein. Die gestrichelte Ellipse in Abb. 10 entspricht dem Sonnenumlauf an den Äquinoktialpunkten. Im Sommer liegen die täglichen Sonnenbahnen darüber, im Winter darunter. So erklärt sich das Wandern des Mittagsstandes der Sonne durch den Tierkreis. Man sagt, daß die Sonne in dem betreffenden Tierkreiszeichen steht.

Das tägliche Fortschreiten der Erde in ihrer jährlichen Bahn um die Sonne bringt es mit sich, daß sich die Erde jeden Tag um mehr als 360 Grad um ihre Achse drehen muß, um relativ zur Sonne eine volle Umdrehung zu vollführen: dieses Verhalten ist in Abb. 11 veranschaulicht.

Die Mondbahn um die Erde ist eine Ellipse, deren Ebene nur rund 5 Grad gegen die Bahn der Erde um die Sonne geneigt ist. So durchstößt der Mond zweimal auf jedem Umlauf um die Erde die Sonnenbahnebene. Diese Durchstoßpunkte heißen *Knoten*. Der Knoten, durch welchen der Mond

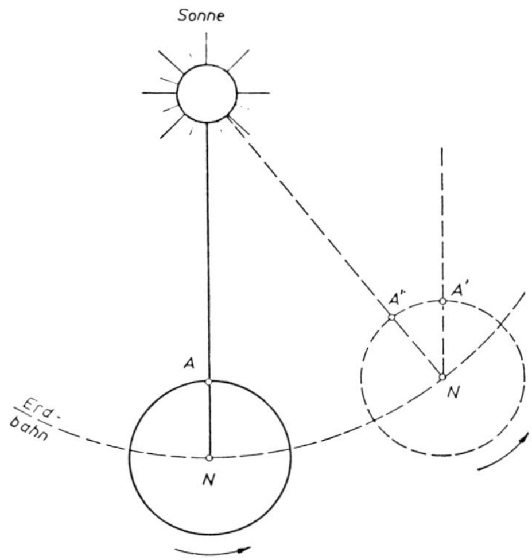

Abb. 11. Veranschaulichung der täglichen Erd-Umlaufsbahnlänge für Sonnen- und Sterntag. Eine vollständige Umdrehung der Erde um 360 Grad bringt den Beobachter von *A* nach *A′* (Sterntag). Die weitere Drehung von *A′*–*A″* erfordert weitere vier Minuten und ergibt den Sonnentag. Nach Humphrey M. Smith, Horological Journal 1953.

von Süd nach Nord geht, ist der aufsteigende Knoten, bei den Astronomen des Altertums war er *Drachenkopf* genannt. Der andere, absteigende Knoten war entsprechend *Drachenschwanz* genannt worden. Finsternisse können nur entstehen, wenn sich der Mond in oder nahe einem Knoten befindet und der Knoten in oder nahe der Verbindungslinie Erde–Sonne zu liegen kommt, vergleiche Abb. 12. Die Mondebene selber bewegt sich so, daß die Knoten in etwas weniger als 19 Jahren einen ganzen Umlauf um die Erde vollführen. Außer dieser Bewegung der Knoten dreht sich auch noch die Bahnellipse selber in ihrer Ebene derart, daß die große Achse in rund neun Jahren eine volle Umdrehung ausführt. Genaue Finsternisvorhersagen sind daher kein einfaches Problem. Die spätbabylonischen Astronomen konnten zwar die von der „mittleren Anomalie“ abhängige große Ungleichförmigkeit der Mondbewegung in Rechnung stellen; aber die *Tiefen*dimension, d. h. hier die Änderung der Entfernungen des Mondes und der Sonne von der Erde kannten sie überhaupt nicht, so daß namentlich Sonnenfinsternisse von ihnen niemals sicher vorhergesagt werden konnten.

Die Anordnung der Fixsterne auf einer durchsichtigen Kugelschale war eine Grundvorstellung der ptolemäischen Astronomie. Um sie zu veranschaulichen, wurden undurchsichtige Himmelskugeln gebaut, auf welchen die Fixsternbilder dargestellt wurden. Die konsequente Fortführung des Sphären-Konzeptes hat dann auch Sonne, Mond und die Planeten auf eigenen Sphären um die Erde kreisen lassen. Im späten Mittelalter und zu

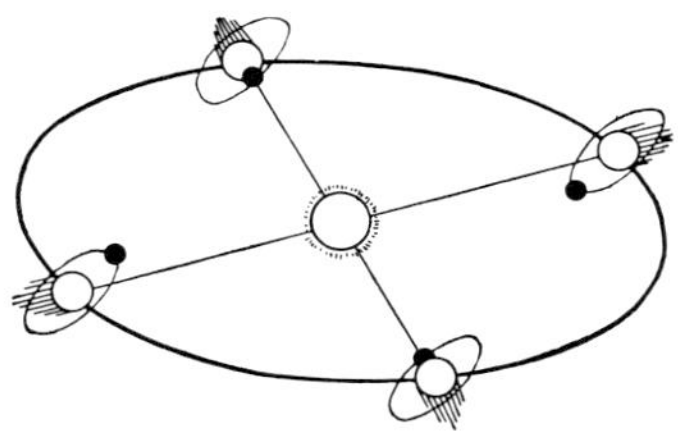

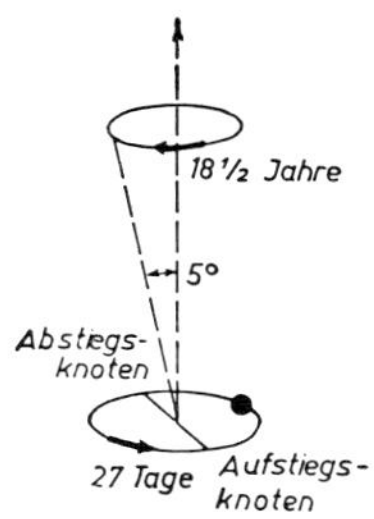

Abb. 12. Veranschaulichung von Mond- und Erdbahnlagen, die zu Finsternissen führen können. Die Nebenzeichnung zeigt, daß die Mondbahn 5 Grad zur Ekliptik geneigt verbleibt, während die Verbindungslinie der Knoten allmählich rotiert. Nach Humphrey M. Smith, Horological Journal 1953.)

Beginn der Neuzeit hatte die Sphärentheorie ihren Höhepunkt erreicht. Zahlreiche Sphärenmodelle, meist nur mit einem Teil der hypothetischen neun Sphären, wurden gebaut, die als Anschauungs- und Studienbehelfe Verwendung fanden. Eine Reihe von ihnen ist heute noch erhalten, wie z. B. Abb. 7, die eine Äquatorial-Armillarsphäre ist, bei welcher die Drehungsachse der Weltachse parallel liegt. Man kann auch die Drehungsachse parallel der Achse der Ekliptik einstellen und erhält dadurch eine Ekliptikal-Armillarsphäre. Da bis in das 18. Jahrhundert durchsichtige Kugelschalen (mit einer Ausnahme) technisch unausführbar waren, wurden die Kugelschalen häufig durch eine Anzahl geometrisch wichtiger Kreisringe (lateinisch „armillae“) angedeutet; damit wird der hierfür gebräuchliche Name „Armillarsphären“ verständlich.

Ein Teil dieser Sphären ist mit Uhrwerksantrieben versehen. Mechanische Sphären und die verwandten Himmelskugeln stellen wichtige Marksteine in der Entwicklung des Uhren- und Instrumentenbaues dar und sind höchst geschätzte Sammlerstücke. Neueste Forschungsergebnisse sprechen dafür, daß der Bau von Uhrwerken mit geregeltem konstanten Lauf seinen Ausgang von den Bemühungen genommen hat, Sphären und Himmelskugeln gleichmäßig in Lauf zu halten. Abb. 1 zeigt die älteste mechanisch angetriebene Himmelssphäre, von der uns Abbildungen überliefert sind. Es handelt sich um eine durch Wasserkraft angetriebene Anordnung, die von den Chinesen 1090 gebaut worden ist. Der Bau mechanischer Sphären und der verwandten Himmelskugeln hat im 16. Jahrhundert große Bedeutung gehabt. Abb. 9 und 125 zeigen hierfür zwei historisch wichtige Stücke. Im 18. Jahrhundert spielen solche Sphären ein zweites Mal eine große Rolle in der Uhrmacher- und Instrumentenbaukunst. Der Rahmen dieses Buches verbietet ein weiteres Eingehen auf das prinzipiell wichtige Gebiet, für das in einem späteren zweiten Band ein besonderes Kapitel vorbereitet ist. Neben der Demonstration der astronomischen Konstellationen geben die mechanischen Himmelskugeln und Sphären auch die jeweilige Zeit an. Die Ablesung erfolgt dabei auf räumlich dreidimensional sich dem Beschauer darbietenden Koordinatensystemen.

Für die einfache Zeitindikation reichen aber zwei Dimensionen aus, und so erfolgt der Großteil der Zeitindikationen bei Uhren auf Ebenen, auf Zifferblättern mit Zeigern (Indices).

Nach diesen allgemeinen Andeutungen des Zeitproblems sollen nun die quantitativen Verhältnisse der Einheiten der neueren Zeit behandelt werden. Wir beginnen mit dem Tag als der zunächst liegenden Grundeinheit; wie bereits angedeutet, ergeben sich, je nach dem gewählten Bezugsobjekt, verschiedene „Tage“ mit etwas voneinander abweichenden Längen.

Tafel I. Bodenstanduhr, sog. Moritz-Uhr, ca. 1600.

A. DIE VERSCHIEDENEN TAGE

Als *Sterntag* wird der Zeitraum bezeichnet, den die Erde zu einer einmaligen vollständigen Umdrehung um ihre Achse braucht. Dies ist die Grundeinheit der Sternzeit (S. Z.). Der Sterntag entspricht dem Intervall zwischen aufeinanderfolgenden Durchgängen eines gewählten Fixsternes durch den Meridian des Beobachtungsortes.

Der *Wahre Sonnentag* wird gegeben durch zwei aufeinanderfolgende Durchgänge der Sonne durch den Ortsmeridian; es ist also diejenige Zeitspanne, die die Sonne von einem Meridiandurchgang – Mittag – bis zum nächstfolgenden braucht. Die Länge der Wahren Sonnentage ist unter sich bis zu 51 Sekunden verschieden. Sonnenuhren mit wenigen Ausnahmen zeigen die Wahre Sonnenzeit (W. Z.).

Der *Mittlere Sonnentag* ist das Jahresmittel (Jahresdefinition unter D) aus den Wahren Sonnentagen. Lägen Erdbahn und Erdäquator in der gleichen Ebene, wäre ferner die Erdbahn kreisförmig anstatt elliptisch, und würde die Erde gleichförmig auf dieser Bahn um die im Bahnzentrum gedachte „mittlere Sonne" laufen, dann würden die Meridiandurchgänge dieser mittleren Sonne die mittlere Sonnentagslänge ergeben. Auf dieser Basis ergibt sich die *Mittlere Sonnenzeit* (M. Z.). Der Unterschied zwischen der Wahren und der Mittleren Zeit heißt die *Zeitgleichung* (Z. G.), die man vorzugsweise in Tabellen für jeden Tag zusammengestellt hat oder die speziell im 18. Jahrhundert gelegentlich automatisch von besonders gebauten Uhren, den sogenannten Äquationsuhren, angezeigt wurde. Die Äquationsuhren sind ein schwieriges, aber besonders reizvolles Kapitel der Horologie; ihnen soll in Band II ein Kapitel gewidmet werden. Die Zeitgleichung erleidet von Jahr zu Jahr kleine Änderungen, die allmählich in bestimmter Richtung fortschreiten, jedoch von der vierjährigen Schaltperiode unseres Kalenders teilweise überdeckt werden. Viermal im Jahr ist am Mittag die Zeitgleichung annähernd gleich Null, nämlich gegenwärtig etwa am 16. April, 14. Juni, 1. September, 25. Dezember. Dazwischen liegen folgende Extremwerte: etwa am 11. Februar – 14 Minuten, am 14. Mai + 4 Minuten, am 26. Juli – 6 Minuten, am 3. November + 16 Minuten.

Der *Natürliche Tag* oder *Lichttag* wird vom Aufgang bis zum Untergang der Sonne gerechnet; Sonnenauf- und Untergang verändern sich in weiten Grenzen innerhalb des Jahres (vergleiche Abschnitt D dieses Kapitels, S. 34).

Schließlich finden wir auch noch gelegentlich den Ausdruck *Bürgerlicher* oder *Kalendertag;* hierunter versteht man den Mittleren Sonnentag, gerechnet zwischen zwei aufeinanderfolgenden Mitternächten. Die Astronomen hingegen begannen bis 1925 den Sonnentag mit dem Augenblick des Mittags; genau dasselbe tun noch heute die Astrologen. Die Astronomen aber rechnen heute nach dem bürgerlichen Tag. Seit dem Ende des 17. Jahrhunderts ist die Anzeige von Stunden, Minuten und eventuell Sekunden die Hauptaufgabe unserer Uhren. Dafür hat sich ein sehr einheitliches Indikationssystem durchgesetzt mit Stundenzifferblatt, Minutenteilung und zwei Zeigern für einen Umlauf in einer Stunde (Minutenzeiger) und einem Zeiger für einen Umlauf in zwölf Stunden (Stundenzeiger), vergleiche z. B. Abb. 189a. Früher war das Schwergewicht häufig auf andere Indikationen gelegt, und die uns geläufigen Angaben sind nur nebensächlich oder teilweise gar nicht vorhanden.

Das Zifferblatt ist das Gesicht einer Uhr und als solches vor allem zu betrachten, da es Indikationen vermittelt.

Abb. 13. Römische Skaphe, gefunden bei Civita Lavina; Gnomon ragte horizontal aus dem Schnittpunkt der Teillinien in die Skaphe (fehlt heute). Unterteilung in zwölf Temporalstunden. Skaphendurchmesser ca. 30 cm.

British Museum, London.

Abb. 14. Replika einer ägypt. Schattenuhr (Original im Neuen Museum von Berlin) ca. 1000 bis 800 A. C.; das Querstück ist die mutmaßliche Ergänzung. Zur Zeitmessung ist die geeichte Basis in die Ost-West-Richtung zu legen, und zwar das Querstück am Morgen im Osten, am Nachmittag im Westen. Die Zeit zwischen Aufgang und Mittag beziehungsweise Mittag und Sonnenuntergang wird durch die Kalibrierung in je sechs Teile geteilt. – Science Museum, London.

B. DIE UNTERTEILUNG DES TAGES

Obwohl immer das gleiche Unterteilungsprinzip zugrunde liegt, finden sich doch recht bedeutende Differenzen bei seiner Anwendung.

Der Sterntag wird in 24 Sternstunden (h) eingeteilt, die von 0 bis 24 gezählt werden. Jede Sternstunde wird wieder in 60 Sternminuten (m), jede Sternminute in 60 Sternsekunden (s) unterteilt. Darüber hinaus verwendet der Astronom als nächstkleinere Einheit heute die einfachen Dezimalunterteilungen, während in Frankreich speziell im 18. Jahrhundert noch das „tierce" entsprechend $^1/_{60}$ Sekunde in Verwendung stand und mit ‴ bezeichnet wurde.

Länge der Sterntage ist unter sich konstant; Uhren, die Sternzeit zeigen, heißen Sternzeituhren; gelegentlich finden sich Uhren, die sowohl Sternzeit als auch mittlere Sonnenzeit weisen. Der Sterntag hat 23 h, 56 m, 4,1 s eines Mittleren Sonnentages (oder 0,99727 Teile eines solchen).

Der Wahre Sonnentag wird eingeteilt in 24 „Wahre Sonnenstunden", die Stunde zu 60 Minuten, die Minute zu 60 Sekunden. Bis in das 18. Jahr-

Abb. 15. Ägyptische Auslaufuhr (Abguß eines Originals aus Alabaster des Museums in Kairo). Herstellungszeit ca. 1415/1380 A. C. Wohl für die Zeitmessung in der Nacht verwendet. Wasserspiegelabsenkung gleichmäßig. Angabe von Temporalstunden durch Punkte auf der Innenseite des Behälters; es sind zwölf Reihen für die Berücksichtigung der einzelnen Monate vorgesehen.
Science Museum, London

hundert verwendete man im bürgerlichen Leben im wesentlichen die Wahre Sonnenzeit, die aber seither vollständig durch die Rechnung nach Mittlerer Sonnenzeit verdrängt wurde.

Der Mittlere Tag wird eingeteilt wie der Wahre Sonnentag; im bürgerlichen Leben, namentlich in England und in den deutschsprachigen Ländern verwendet man häufig die Einteilung zweimal von 0 h bis 12 h. Neuerdings wird aber – bevorzugt durch die Eisenbahn-Fahrpläne – die Zählung 0 h bis 24 h verwendet. Auf diese Weise ergeben sich für alle Tage des Jahres 24 gleich lange Stunden, auch Äquinoktialstunden genannt.

a b

Abb. 16a und b. Syro-Ägyptisches Astrolab, angefertigt laut Inschrift von Khafif, dem Schüler von Aliben Ysa. Ende des 9. Jahrhunderts. Bronze, Durchmesser 112 mm, wohl das älteste bisher bekannte Astrolabium. Detailangaben im Supplement-Katalog der Billmeir-Sammlungen Nr. 155.

Museum of the History of Science, Oxford.

C. REGIONALE UND LOKALE EIGENHEITEN DER ZEITZÄHLUNG

Nach dem Beispiel des alten Orients (Babylon) und des ganzen klassischen Altertums teilte man bei uns bis ins 14. Jahrhundert, wie noch heute bei den meisten mohammedanischen Völkern, den Lichttag und die Nacht in je zwölf Stunden, die man vom Aufgang bis zum Untergang und vom Untergang bis zum Aufgang der Sonne fortzählte. Diese Stunden, *Temporalstunden*, gelegentlich auch Horae antiquae oder inaequales, Jüdische oder Planetenstunden, Horae planetariae genannt, sind wegen der bereits angedeuteten verschiedenen Tag- und Nachtlänge in den einzelnen Jahreszeiten von verschiedener Länge. Die Tageseinteilung nach Temporalstunden wurde in den Klöstern das ganze Mittelalter hindurch vorgenommen und erst mit dem Aufkommen mechanischer Uhren, die zwangsläufig Äquinoktialstunden weisen, im Laufe des 15. und 16. Jahrhunderts allmählich aufgegeben.

Die Stundenzählung von 1 bis 24 heißt in der älteren Literatur die *Ganze* oder *Große Uhr*, eventuell auch die Welsche oder Italienische Uhr. Die Stundenzählung von 1 bis 12 heißt demgegenüber die *Halbe*, *Kleine* oder *Deutsche Uhr*.

Bei der Ganzen Uhr sind mehrere Varianten je nach der Festlegung des Tagesbeginnes zu unterscheiden. In der Renaissance war es in Europa am meisten verbreitet, den neuen Tag mit Sonnenuntergang zu beginnen, wobei die Stunden meist vom Ave-Maria-Läuten an zählten, das in Italien eine halbe Stunde nach Sonnenuntergang stattfand. Diese Art des Tagesbeginns kennzeichnet die *Italienische* und auch die Böhmische Uhr (hora ab occasu). Im Gegensatz dazu hat die Babylonische und auch Griechische Uhr den Tag mit Sonnenaufgang begonnen (horae-ab-ortu). Der Tag wird bei beiden, der Italienischen und Babylonischen Uhr, in 24 gleiche Stunden geteilt; es ist aber ein laufendes Verstellen des Tagesbeginns entsprechend dem Wechsel der Jahreszeiten notwendig. Die Bezeichnung böhmische Stunde erinnert daran, daß König Karl IV. (um 1360) in seinen Ländern Böhmen und Ungarn den Tagesbeginn mit Sonnenuntergang festgesetzt hat; dort war die böhmische Uhr bis in die Mitte des 16. Jahrhunderts in Gebrauch. Beide Arten, die Italienische und die Böhmische Uhr, zählten nach der Großen

Uhr 1 bis 24 und verlangten ein laufendes Verstellen der Uhr entsprechend dem Wechsel der Jahreszeiten.

Ein Mittelding zwischen den beiden zuletzt genannten Zeitzählarten und den Temporalstunden war die *Nürnberger Uhr*, die scharf zwischen Tag und Nacht unterscheidet, Tag- und Nachtstunden also in gesonderten Reihen zählt, für die Ausgangspunkte den beweglichen Sonnenauf- und -untergang verwendet, die einzelnen Stunden aber immer gleich lang sein läßt. Dadurch entsteht ein grundsätzlicher Unterschied auch gegenüber den antiken Temporalstunden: die Zwölfteilung von Tag und Nacht verschwindet. Nur an den Äquinoktialtagen war also die Nürnberger Uhr, die übrigens auch in einigen benachbarten Städten galt, in Übereinstimmung mit der antiken Stundenrechnung. Von Frühlingsanfang bis Herbstanfang gibt es mehr Tagstunden als Nachtstunden; umgekehrt aber gibt es von Sommerende bis Winterende mehr Nachtstunden als Tagstunden. Einige wenige Uhren mit derartigen Zifferblättern zur Handeinstellung sind noch erhalten. Einzelheiten über die Nürnberger Uhr bringt Bilfinger (vergleiche Abschnitt A der Literaturzusammenstellung des letzten Abschnitts).

Gallische Stunden nennt der Italiener unsere heute gebräuchlichen, von Mittag bis Mitternacht und von da wieder bis Mittag gezählten Stunden.

Basler Uhr wurde jene Abart der Zeitzählung genannt, die den Mittag nicht mit 12, sondern mit 1 Uhr bezeichnet und dementsprechend gegenüber den Zeitangaben anderer Orte des gleichen Meridians um eine Stunde vorauszeigt. Diese Art der Zählung ist in Basel von 1422 bis 1798 verwendet worden.

Die *Türkische Uhr* entspricht weitgehend der Italienischen Uhr; der Tag wird in 24 gleich lange Stunden geteilt, die vom Sonnenuntergang in zwei Absätzen zu je 12 Stunden gezählt werden. Tagesmitte ist die Zeit des Sonnenaufganges.

Bisher haben wir stillschweigend an einen bestimmten Ort für die Betrachtung der verschiedenen Einheiten gedacht. An Orten verschiedener geographischer Länge kulminiert aber die Sonne oder ein Fixstern zu ganz verschiedenen Zeiten. Für den Vergleich der Zeit von Orten verschiedener geographischer Länge bedarf es daher weiterer Hilfsmittel und Überlegungen. Wie in Abschnitt A auseinandergesetzt, wird der Beginn eines Tages von dem Erreichen einer bestimmten Sonnenposition abhängig gemacht. So entstehen die lokalen Ortszeiten und jede geographische Länge erhält ihre eigene Zeit; ein Grad entspricht $24:360 = {}^1/_{15}$ Stunde oder vier Minuten. Die jedem Ort eigene M. Z. nennt man die Ortszeit (O. Z.). Seit

a b c

Abb. 17a, b, c. Frühgermanische (altenglische) Taschensonnenuhr aus dem 10. Jahrhundert. Teilweise aus Gold, teilweise aus Kupfer. Entsprechend dem jeweiligen Monat wird der Schattenwerferstift, der innerhalb der Taschensonnenuhr aufbewahrt wird, in das entsprechende Loch am oberen Ende gesteckt. Die Punkte unterteilen die Zeit zwischen Sonnenauf- und -untergang in vier ungefähr gleich lange „Tides". Fällt das Schattenende auf das untere Loch, ist es Mittag, das darüberliegende Loch bedeutet Mitte des Vor- oder Nachmittags.
Domschatz von Canterbury.

dem 17. Jahrhundert wurden gelegentlich Uhren mit Zifferblättern ausgestattet, die gleichzeitig die Ortszeiten an verschiedenen Punkten der Erdoberfläche erkennen ließen. Vorkehrung einer Anzahl von getrennten Zifferblättern, Scheiben mit Horizontalprojektionen eines Teiles der Erdkugeloberfläche, einem Ring mit für die verschiedenen Längen charakteristischen Städten, sind einige Lösungen, wie sie für solche Weltzeit-Uhren ausgeführt wurden.

Die offizielle Festlegung der Ortszeiten begann am Ende des 18. Jahrhunderts. So nahm Genf 1780, Wien 1782, London 1792, Berlin 1810, Paris 1816, Zürich 1842 die Mittlere Zeit der lokalen, größeren oder kleineren Sternwarte an. Als Folge hatte man um die Mitte des 19. Jahrhunderts in Europa eine Vielzahl von verschiedenen Ortszeiten vorliegen. Zur Erleichterung des damals sich stark intensivierenden Eisenbahnverkehrs und der telegraphischen Nachrichtenübermittlung mußte eine Ordnung in dieses Chaos gebracht werden. Es geschah dadurch, daß größeren Landstrecken eine einheitliche Zeitzählung zugewiesen wurde. So entstanden die *Zonenzeiten* (Z. Z.). Im Deutschen Reich, welches am Ende des vorigen Jahrhunderts zwischen der holländischen Grenze (ca. 6 Grad östl. Länge) und

Abb. 18. Primitive (altenglische) Sonnenuhr an der Südseite der Kirche von Kirkdale, Yorkshire, ca. 1060. Schattenstab fehlt und ursprüngliche Lage ist unbekannt, war aber wohl horizontal.

Photographie: Science Museum, London, aus „The book of Sundials" von H. K. Eden & Lloyd, G. Bell & Sons, 1900.

der russischen Grenze (ca. 22 Grad östl. Länge) eine Ortszeitdifferenz von etwa einer Stunde aufwies, war es vor allem der Generalstab, der aus strategischen Gründen auf die Einführung einer einheitlichen Zonenzeit im ganzen Reichsgebiet Einfluß nahm.

Die internationale Vereinheitlichung der Zonenzeiten ging nur schrittweise und stockend vor sich und ist selbst heute noch nicht endgültig gelöst. Aus Rußland hört man neuerdings von mehrfachen Zonenverschiebungen. Wichtige Merkpunkte in der Geschichte der Zonenzeiteinführung sind: die Einführung einer einheitlichen Eisenbahnzeit in England 1848 (Greenwich-Zeit), die Einführung der sogenannten *Mitteleuropäischen Zeit* durch Schweden 1879, an die sich 1891 Österreich, 1892 die süddeutschen Staaten, 1893 Norddeutschland und Italien, 1894 Dänemark, Norwegen und die Schweiz anschlossen. Der Anschluß der Städte und erst recht des flachen Landes an die einheitliche Bahnzeit ging recht allmählich vor sich. Wien

Abb. 19. Älteste bisher bekanntgewordene Abbildung einer französischen gotischen Innenraumuhr. Man beachte die Aufstellung auf einer Säule, die das Gehäuse für die Gewichte bildet, sowie die Anordnung der Glocke.
Miniatur aus „L'Horloge de Sapience" 1406. Bibliothèque Nationale, Paris.

z. B. hielt bis zum 1. Mai 1910 an seiner eigenen Ortszeit fest. Diese Eigentümlichkeiten in der Entwicklung der Zeitrechnung machen es erst verständlich, warum im 19. Jahrhundert gelegentlich Taschenuhren mit zwei oder mehreren gleich rasch umlaufenden, aber nach Wunsch zeitlich verstellbaren Zifferblättern versehen wurden: der Besitzer wollte sich jederzeit sowohl über Ortszeit als auch Bahnzeit auf dem laufenden halten.

Für eine ideale Zonenzeitregelung hat man sich den Erdumfang in 24 Teile zerlegt zu denken, derart, daß jede Zone 15 Längengrade umfaßt. Anfang dieses Zonensystems, das weitgehend schon verwirklicht ist, ist der Meridian (Längengrad) von Greenwich. In Deutschland, Österreich, Ungarn, Schweiz, Italien u. a. wird jetzt nach Mitteleuropäischer Zeit gerechnet, worunter die Zeit des Meridians zu verstehen ist, der eine Stunde östlich von Greenwich liegt. Die Mitteleuropäische Zeit ist also der Greenwicher Zeit genau um eine Stunde voraus.

Im ersten Weltkrieg wurde die *Deutsche Sommerzeit* eingeführt (D. S. Z.). Durch diese Kriegsmaßnahme, bei der die Uhren im Frühjahr um eine Stunde vorgerückt, im Herbst aber wieder auf M. E. Z. zurückgestellt wurden, ließen sich verschiedene öffentliche Einsparungen erzielen. Im zweiten Weltkrieg wurde die Sommerzeit allgemein verwendet. England hatte sogar zeitweise eine doppelte Staffelung, bei der im Hochsommer der Stundenzeiger um zwei Stunden vorgerückt wurde. Während das kontinentale Europa seither die Sommerzeit wieder aufgegeben hat, verwendet England die einfache Sommerzeit weiterhin. Astronomische Systeme müssen daher zur Sommerzeit eine entsprechende Relativversetzung zum Sommerzeit weisenden Zeiger im Sommer nach rückwärts erfahren, um richtig anzuzeigen.

Abb. 20. Älteste Darstellung einer gotischen Gewichtuhr im deutschen Schrifttum: Uhrmacher mit einem Sonnenquadranten, die Zeit bestimmen. Der Ausschnitt dieses Bildes zeigt genau den Uhrentypus der im Bild 26 gezeigten Uhr. Man beachte die schweren vierkantigen Füße der Gestellpfeiler, die Glockenbekrönung, das Zifferblatt usw. Aus dem „Hausbuch" des Fürsten von Waldburg-Wolfegg-Waldsee, gegen 1480.

D. SONNENSTANDSBEDINGTE INDIKATIONEN

Das zweite natürliche Zeitmaß, das sich aus elementaren Beobachtungen ergibt, ist das Jahr. Auf Grund der eingangs beschriebenen Neigung der Normalen der Erdbahn um die Sonne und der Achse der täglichen Umdrehung scheint die Sonne für den irdischen Beobachter periodisch zu steigen und zu fallen. Die Zeitspanne zwischen zwei aufeinanderfolgenden höchsten oder tiefsten Ständen der Sonne von rund 365 Tagen wird *Jahr* genannt. Die genaue Jahreslänge ist 365 Tage, 5 Stunden, 48 Minuten, 46 Sekunden. Die Unganzzahligkeit führt im Verlauf der Jahrhunderte zu einer Verschiebung des Neujahrs und wichtiger Festtage gegenüber den mit diesen Tagen verbundenen Beziehungen zu bestimmten astronomischen Ereignissen. So haben sich im Laufe der Zeit besondere Maßnahmen als notwendig herausgestellt, um den tatsächlichen Gang der Jahreszählung im Einklang mit der Periodizität des Erdumlaufes um die Sonne zu halten; dies wird in Abschnitt F genauer ausgeführt.

Im Vorangegangenen wurde bereits mehrfach darauf verwiesen, daß einzelne bei der Zeitangabe und Zeitmessung benutzte Größen sich im Laufe des Jahres verändern. Während heute diese Schwankungen für den Stadtmenschen mit seinem künstlichen Lebensraum kaum mehr von Interesse sind und daher ihre Indikation auf modernen Uhren nicht vorkommt, haben die ohne Straßenbeleuchtung lebenden Menschen früherer Jahrhunderte großes Interesse an Sonnenaufgang- und -untergangszeiten, Tag- und Nachtlängen und ähnlichen sonnenstandsbedingten Indikationen gehabt; nicht zu vergessen ist auch das Interesse der Astrologen in dieser

Abb. 21a und b. Säulenuhr. Kupfer und Messing, vergoldet. Zifferblatt Silber mit transluzidem Email. Gewicht und Schlüssel original. Augsburg ca. 1590–1600.

Sammlung K. Kellenberger, Winterthur. Höhe ca. 90 cm.

b

a

Richtung. So finden sich auf älteren Uhren oft folgende Indikationen für die einzelnen Tage:

Tageslängen und *Nachtlängen*, *Sonnenaufgangs-* und *Sonnenuntergangszeit*. Diese Daten werden häufig durch helle und dunkle Kreisbogen, die sich gegeneinander verschieben, manchmal durch getrennte Zifferblätter oder konzentrische Zifferringe, manchmal auch durch auf- und zugehende Schieber, die den Tagesbogen der Sonne begrenzen, angegeben. Immer sind es interessante und relativ seltene Indikationen. Diese Daten verändern sich von Tag zu Tag; auf den süddeutschen Renaissance-Uhren finden sich oft hierzu Zifferblätter, die gewöhnlich, entsprechend der Breite von Augsburg, die in der Tabelle 2 zusammengestellten Werte für die einzelnen Monate angeben.

Tabelle 2. Tages- und Nachtlängen, Sonnenaufgangs- und -untergangszeit

Monate	Sonnen-aufgang	Sonnen-untergang	Tageslänge	Nachtlänge
Januar	7 1/2 Uhr	4 1/2 Uhr	9 Stunden	15 Stunden
Februar.	7 ,,	5 ,,	10 ,,	14 ,,
März	6 ,,	6 ,,	12 ,,	12 ,,
April	5 ,,	7 ,,	14 ,,	10 ,,
Mai	4 1/2 ,,	7 1/2 ,,	15 ,,	9 ,,
Juni	4 ,,	8 ,,	16 ,,	8 ,,
Juli	4 1/2 ,,	7 1/2 ,,	15 ,,	9 ,,
August	5 ,,	7 ,,	14 ,,	10 ,,
September	6 ,,	6 ,,	12 ,,	12 ,,
Oktober	7 ,,	5 ,,	10 ,,	14 ,,
November	7 1/2 ,,	4 1/2 ,,	9 ,,	15 ,,
Dezember	8 ,,	4 ,,	8 ,,	16 ,,

Bei Mittlere Sonnenzeit und Wahre Sonnenzeit weisenden Uhren (Äquationsuhren) muß man zwei verschiedene Indikationsprinzipien unterscheiden: bei den vollkommensten Systemen werden durch verschiedene Weiser gleichzeitig beide Zeiten angegeben; man kann sie als die ältesten automatischen Rechenmaschinen (Computors) ansehen. Bei den einfacheren Systemen wurde die Zeitgleichung auf einem separaten Indikator gewiesen und das Addieren oder Subtrahieren daher dem Beobachter überlassen. Beim Uhrrichten nach einer Sonnenuhr ergaben sich daher mannigfache Fehlerquellen.

c

b

a

Abb. 22a, b, c. Säulenuhr, anonym; gemaltes Gehäuse, ca. 1670; Gewichtswerk mit Waag; Höhe ca. 220 cm. Reiche Gravierung der Gitter mit holländischen Blumen, Zifferblattecken, Zifferblattzentren ebenfalls reich graviert. Eine der frühesten Weltzeituhren.
Herzog-Anton-Ulrich-Museum, Braunschweig.

Sonnenstand im Tierkreis. Wie bereits eingangs im Zusammenhang mit den astronomischen Grundvorstellungen ausgeführt, beschreibt die Sonne, von der Erde aus gesehen, im Laufe eines Jahres scheinbar einen Kreis am Himmel und durchschreitet dabei die zwölf Zeichen des Tierkreises. Im astrologischen Sprachgebrauch sagt man, daß die Sonne in einem gewissen Zeichen *steht*, wenn dieses Zeichen, vergleiche Fig. 1, diametral zur Erde in bezug auf die Sonne gelegen ist:

Für die Darstellung des Sonnenstandes im Tierkreis findet man drei verschiedenartige Prinzipien angewendet.

a) Die einfachste Lösung sind Sprungzifferblätter, bei welchen der Zeiger alle 30 Tage von einem Tierkreiszeichen zum nächsten springt.

b) Bei größeren Kalenderuhren (Abb. 22c oder 119a) z. B. ist entweder eine Scheibe oder ein Ring vorgesehen, die sich jährlich (oder halbjährlich mit Seitenaustausch) einmal vollständig herumdrehen und bei welchen die jeweils gültige Indikation an einem feststehenden Zeiger abgelesen wird, oder bei feststehendem Ring ein Zeiger einmal im Jahr umläuft (Abb. 6). Auf dieser Scheibe sind unter anderem die Tierkreiszeichen in

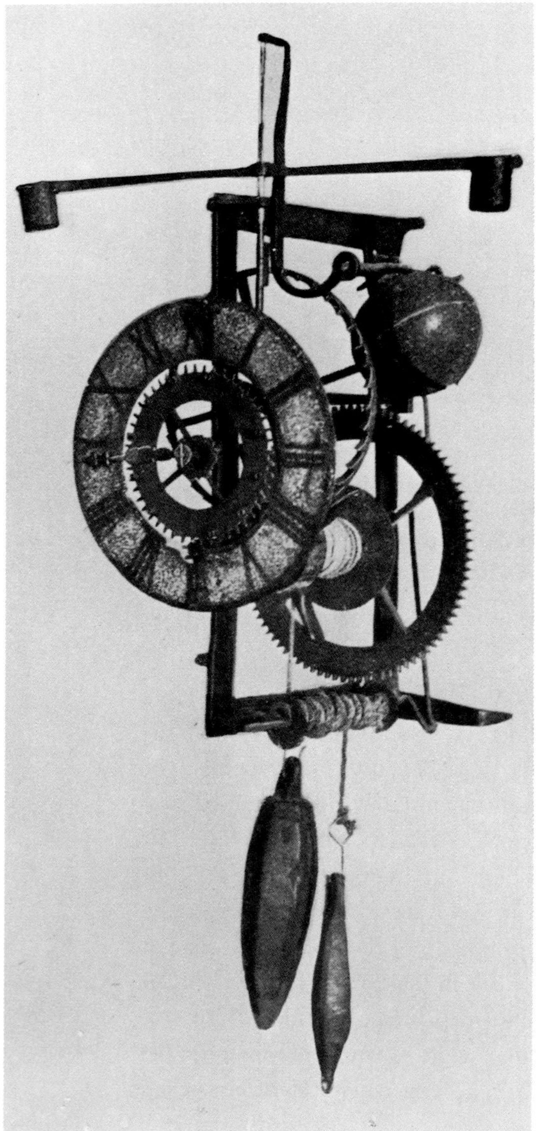

Abb. 23. Gotische Wanduhr; wohl deutschen Ursprunges; aus dem 14. Jahrhundert, vielleicht sogar noch vor 1350. Es handelt sich hier um eine der ältesten erhaltenen Räderuhren. Besondere Beachtung verdient die Aufzugsart: Vier flügelartige Ansätze an der Seiltrommel wie bei den frühen Seilwinden. Bemerkenswert ist weiters die Verwendung einer Schelle als Wecker anstelle der später üblichen Glocke, wobei die Auslösung – nur auf die Stunde – durch Einstecken eines Auslösestiftes in eine der zwölf Hülsen erfolgt, die am Zahnrad angeordnet sind, das sich im Innern des Ziffernkranzes befindet. Flacher Rahmenbau aus Schmiedeeisen, Bemalung später erneuert; Waaggewichte spätere Ergänzung, Höhe 40 cm.

Mainfränkisches Museum, Würzburg.

einem Ring angeordnet, der entsprechend je 30 Tagen in Ringabschnitte unterteilt ist.

c) Bei der interessantesten (und wahrscheinlich ältesten) Tierkreisdarstellung ist der Tierkreis in der beim Astrolabium (Abschnitt IIc/1) erläuterten stereographischen Projektion in der Zifferblattebene abgebildet. Der Tierkreis verlagert sich dadurch exzentrisch zum Zifferblattmittel-

Abb. 24. Eiserne Wanduhr, Flachrahmentypus, erste Hälfte des 15. Jahrhunderts; nachweisbar lange Zeit in der Türmerstube von St. Sebald in Nürnberg verwendet; gemaltes Zifferblatt mit 16 Stunden-Teilung und Griffknöpfen. Glockenauslösung vom Walzenrad erfolgt alle Stunden. Schwingdauer der Waag ca. drei Sekunden. Zifferblattdurchmesser 28 cm. War nur zur Verwendung während der Nacht gedacht.

Germanisches Museum, Nürnberg.

punkt, welcher die Erde vorstellt (vergleiche Abb. 40a oder 44a). Der Stundenzeiger mit 24 h Umlaufzeit repräsentiert die Sonne; nur sind die Übersetzungen so ausgelegt, daß der Tierkreis sich mit Sternzeit um den Zifferblattmittelpunkt dreht. Dadurch zeigt die Stundenzeigerkante am Tierkreis die jeweilige Sonnenstellung. Bei den reichen, astronomischen Kunstuhren der Renaissance insbesonders sind unter dem Tierkreis meist noch die beim Astrolabium näher beschriebenen charakteristischen Kennlinien angegeben, aus denen man Sonnenauf- und -untergang sowie andere, verwandte Indikationen ablesen kann.

Abb. 25. Eiserne Gewichtsuhr, Prismentypus, österreichisch (Steiermark) ca. 1460; mit Originalblatt und Glockenbekrönung, Waaggewichte erneuert. Man beachte das elementar einfache Zifferblatt.

Sammlung Gisler, Zürich.

Abb. 26a und b. Eiserne gotische Uhr, Prismentypus, süddeutsch, ca. 1460–1470, mit Wecker. Schönes Beispiel einer gotischen Stubenuhr zur Aufstellung auf einer Holzkonsole. Sehr strenge, klare architektonische Formen, Dekor auf ein Minimum beschränkt. Die in Fialen endenden Strebepfeiler sind mit dem Gestellrahmen durch Keile zusammengehalten; das gleiche gilt für den Glockenstuhl. Wohl die älteste, von den Turmuhren direkt übernommene Werksbauweise. Zifferblatt in Form eines schmalen Ringes, der mit einem verdrillten Reifen eingefaßt ist. Stundenzeigerrad mit zwölf Löchern für den Weckerauslösestift. Scharfkantig profilierter Zeiger, Gehwerk mit Radunrast in Form eines gotischen Zinnenkranzes. Seitlich links ist der Kipphebel zum Richten der Uhr – hebt die Lappen aus dem Eingriff. Seitlich angeordneter Wecker frühester Konstruktion. (Auslösehebel fehlt.) Radunruhe und Zeiger ergänzt.

Auf Rückansicht *b* sind Details des Stundenschlagwerkes ersichtlich. Man beachte die außen angebrachte Schloßscheibe mit Innenverzahnung, Windflügel und Ratsche zum Auslaufen des letzteren, die kantig gefeilten Wellen der Schlußfalle und des Schlaghammers. – Sammlung Schenk, Winterthur.

Tafel II. Eiserne Gewichtsuhr von Liechti, ca. 1572.

E. MONDSTANDSBEDINGTE INDIKATIONEN

Der sich wiederholende Umlauf des Mondes um die Erde liefert neben Tag und Jahr auch eine dritte, natürliche Einheit zur Messung des Zeitflusses. Während eines Mondumlaufes unterscheidet man vier Phasen: Eintritt des Neumondes, Erstes Viertel, Vollmond, Letztes Viertel.

In den Kalendern werden diese Phasen mit folgenden Zeichen wiedergegeben:

◉ ☽ ☺ ☾

Im Mittel braucht der Mond 29 Tage, 12 Stunden, 44 Minuten, 2,97 Sekunden, um von einer dieser Phasen wieder bis zur gleichen zu gelangen. Dieser Zeitraum wird *Synodischer Mondmonat* oder *Lunation* genannt. Für die Darstellung der Mondphasen sind vier verschiedene Arten zu finden.

a) Durch zwei übereinanderliegende kreisförmige Scheiben (vergleiche Abb. 28b oder 52a), die sich gegeneinander verdrehen, und bei denen die obere Scheibe eine kreisrunde Öffnung, die untere aber eine entsprechend hell und dunkel gefärbte Oberfläche besitzt, so daß in der oberen Öffnung die jeweiligen Mondphasen erscheinen. Bei Kalender- und Astrolabblättern ist dabei die obere Scheibe mit dem Mondzeiger, die untere mit dem Sonnenzeiger verbunden. Auf diese Weise ist auf dem Tierkreis dann auch die Stellung des Mondes im Tierkreis ersichtlich.

b) Durch eine große, innerhalb einer Lunation in täglichen oder halbtäglichen Schritten fortschreitende Scheibe mit einer bildlichen Darstellung der vier aufeinanderfolgenden Phasen. Verschiedene, verwandte Varianten finden sich für diese Darstellungsart (Abb. 22b oder Farbtafel I).

c) Durch halb dunkel und halb hell gefärbte Kugeln (vergleiche Abb. 44a), die sich drehen und jeweils halb abgedeckt sind.

d) Durch eine Folge von Mondphasenbildern, die in einem Kreisring angeordnet sind und auf die der Mondzeiger weist (vergleiche Abb. 51a oder 154).

Meist wird bei diesen Mondstandsindikationen die Periodenlänge auf 29,5 Tage abgerundet; damit ergibt sich in einem Jahr ein Fehler von

Abb. 27. Bildausschnitt aus einer Verkündigung von Filippino Lippi im Museo Civico S. Ciminiano, mit einer gotischen Waaguhr der Mitte des 15. Jahrhunderts. Hier dreht sich das Zifferblatt einmal in 24 Stunden. Die Zeitlesung erfolgt am feststehenden Zeiger unterhalb des Ziffernrades.

Photographie Prof. Morpurgo, Amsterdam.

ungefähr $12 \times 0{,}75$, also neun Stunden, was weniger als ein halber Tag oder $^1/_{59}$ des Umfanges des Mondumlaufes ist. Bei ganz einfachen Mondphasensystemen ist die Lunation bisweilen mit nur 29 Tagen angenommen, was den Fehler pro Jahr auf rund sieben Tage, d. h. rund eine Mondphase erhöht. Genauere Wiedergaben der Lunation sind außerordentlich selten und immer Spitzenleistungen bedeutender Meister. Neben der bildlichen Mondphasendarstellung findet sich auch häufig eine Zifferblattindikation des *Mondalters*. Hierzu sind Ziffernringe mit 29,5 (evtl. 29) Tagen vorgesehen (vergleiche Abb. 87a). Neumond entspricht dort dem Skalenanfang: 0 – 29,5, bzw. 29.

Der Mondumlauf um die Erde – ein *siderischer Mondmonat* – ist kürzer als der auf die Sonne bezogene *synodische* Mondmonat, wie aus Abb. 12 zu erkennen ist. Er beträgt 27,322 Tage, das sind angenähert 27 Tage und $7^3/_4$ Stunden, die bei den allerdings seltenen mechanischen Darstellungen der siderischen Mondumläufe meist auf $27^1/_3$ Tage abgerundet werden.

In Wirklichkeit läuft der Mond mit beträchtlichen Abweichungen von dem vorstehend angegebenen Mittelwert auf seiner elliptischen Bahn um die Erde. Darstellung dieser Schwankungen, die bis zu ± 6 Stunden betragen, ist nach Wissen des Verfassers nur viermal in der Geschichte der Horologie zu verzeichnen (Dondi 1364, Mudge 1779, Cajetano 1793 und Schwilgue 1843). Die notwendigen Getriebe stellen an Berechnung und Ausführung außerordentliche Ansprüche.

Ursache für die großen Schwankungen in den Mondumlaufszeiten ist einerseits die starke Exzentrizität der Mondbahn und andererseits der Umlauf der Mondbahnachsen im Verlauf von ca. 19 Jahren. Zufolge der letzteren werden die Schnittpunkte der Mondbahnebene mit der Ekliptikebene ebenfalls einmal in rund 19 Jahren um die Erde herumwandern. Auf den reicheren astronomischen Uhren werden diese Schnittpunkte (Knoten) durch einen besonderen Zeiger, den *Drachenzeiger*, gewiesen. In Abb. 54 ist der unterste Zeiger aus gebläutem Stahl der Drachenzeiger.

Uhren mit Drachen-, Mond- und Sonnenzeigern indizieren bei richtiger Einstellung das Auftreten von Sonnen- und Mondfinsternissen. Steht bei einer solchen Anordnung der Mondzeiger über dem Sonnenzeiger und beide zugleich über dem Kopf oder dem Schwanz des Drachenzeigers, so ist eine Sonnenfinsternis möglich. Steht aber unter sonst gleichen Umständen der Mondzeiger in Opposition zum Sonnenzeiger, so deutet das auf eine Mondfinsternis. Annähernd gleiche Bedingungen für das Zustandekommen der Mond- und Sonnenfinsternisse wiederholen sich nach einer Periode von je 18 Jahren und $10^1/_3$ Tagen. Diese Periode ist die Resultierende aus der Drachenpunktsbewegung und dem synodischen Umlauf des Mondes.

Eine weitere Verfeinerung sind senkrecht zum Drachenzeiger angebrachte kleine Kreisbogen, auf denen der Grad der Finsternis abgeschätzt werden kann. Die Astrologen schließlich verwenden die *Mondaspekte*, das sind einige besondere Stellungen des Mondes im Tierkreis mit Bezug auf die Sonne. Es sind die *Trigone*, die *Gevierte* und die *Sextile*. Diese sind auf den Renaissanceuhren häufig in der in Abb. 28b ersichtlichen Weise angezeigt.

Gelegentlich wird der Liebhaber alter astronomischer Uhren vor die Aufgabe gestellt, den Drachenzeiger richtig einzustellen. Dies setzt voraus, daß die dem Einstellungstag entsprechenden Daten zur Verfügung stehen. Es sind allerdings Zahlenwerte, deren Bestimmung bisher nicht ganz einfache astronomische Berechnungen, ausgehend von nicht jederzeit verfügbaren Tabellen, verlangte. Nun hat in dankenswerter Weise Professor Ferrari d'Occieppo der Wiener Universitäts-Sternwarte dem Verfasser ein Rechenschema ausgearbeitet, das ohne Rückgriff auf Tabellen mit für alle astronomischen Uhren ausreichender Genauigkeit die notwendigen Bestimmungen elementar durchführen läßt:

Professor Ferraris Rechenschema zum Einstellen der Sonnen- und Mondindikationen

Genügend genaue Daten der mittleren ekliptikalen Längen von Sonne, Mond, Mondbahnknoten (= Drachenkopf), Perihel und Perigäum des Mondes zwecks richtiger Einstellung der diesbezüglichen Indikatoren einer astronomischen Uhr kann man sich leicht nach den folgenden Formeln berechnen.

Das Datum, für welches die Einstellung vorgenommen werden soll, sei entweder im Julianischen oder im Gregorianischen Kalender gegeben durch die Jahrhundertzahl S, die Jahreszahl *innerhalb* des Jahrhunderts J (kleiner als 100!), die Ordnungsnummer des Monats M und das Tagesdatum D; zu D wird in dezimalen Tagesbruchteilen (10 Stunden = 0,42 Tage, 1 Stunde = 0,04 Tage) die Weltzeit, d. h. die seit Mitternacht

Greenwich verflossenen Stunden, hinzugezählt, um die Längen des Mondes und der Sonne mit der von den Formeln gebotenen Genauigkeit zu erhalten.

Um ohne Mitführung einer größeren Zahl von Dezimalstellen die Aufrundungsfehler möglichst klein zu halten und die Ungleichwertigkeit von Gemein- und Schaltjahren gehörig zu berücksichtigen, ist zunächst die Jahreszahl J (*ohne* die vollen Jahrhunderte S!) zu zerlegen in

$$J = 4Q + A;$$

darin bedeutet Q die seit Anfang des Jahrhunderts abgelaufenen ganzen vierjährigen Schaltperioden, A die restlichen Gemeinjahre, so daß immer A gleich oder kleiner als 3 ist.

Zur Berechnung der Mondindikationen ist Q nochmals zu zerlegen in

$$Q = 4Q'' + Q';$$

darin wird Q″ eine ganze Zahl gleich oder kleiner als 6, Q′ wieder gleich oder kleiner als 3.

Ferner werden noch zwei Hilfsgrößen D′ und D″ benötigt, die aus nachstehenden kleinen Täfelchen zu entnehmen sind:

Tafel für D′

Monatsnummer	M	1	2	3	4	5	6	7	8	9	10	11	12
Gemeinjahr		0	1	-1	0	0	1	1	2	3	3	4	4
Schaltjahr	D′	-1	0										

Tafel für D″

Julianischer Kalender	Gregorianischer Kalender			
	bis 1699	1700—1799	1800—1899	1900—2099
immer D″ = O	10	11	12	13

Mit den so gebildeten, mit Ausnahme von (D + Tagesstunde) stets ganzzahligen Hilfsgrößen, S, Q, Q″, Q′, A, M, D, D′, und D″ geht man in die nachstehenden Formeln ein:

Mittlere Länge, bezogen auf wirklichen Frühlingspunkt der Sonne:

$$288{,}3° + 0{,}8\,(S - 15) + 0{,}03\,Q - 0{,}2\,A + 29{,}6\,(M - 1) + 0{,}99\,(D + D' - D'');$$

Mittlere Länge des Mondes: $283{,}6° - 52{,}1\,(S - 15) - 37{,}13\,Q'' + 170{,}7\,Q' + 129{,}4\,A + 35{,}3\,(M - 1) + 13{,}18\,(D + D' - D'')$;

Mittlere Länge des Mondbahnknotens:

$$75{,}1° - 134{,}04\,(S - 15) + 50{,}53\,Q'' - 77{,}4\,Q' - 19{,}3\,A - 1{,}6\,(M - 1) - 0{,}05\,(D + D' - D'');$$

Länge des Perihels (Sonnennähe gegen Erde): $274{,}4° + 1{,}7\,(S - 15) + 0{,}07\,Q$;

Länge des Perigäums (Mondnähe zur Erde):

$$259{,}3° + 109{,}04\,(S - 15) - 68{,}95\,Q'' + 162{,}7\,Q' + 40{,}7\,A + 3{,}35\,(M - 1) + 0\,11\,(D + D' - D'').$$

Gegebenenfalls sind so viele ganzzahlige Vielfache von 360° zu subtrahieren oder zu addieren, daß eine positive Zahl kleiner als 360° übrig bleibt. Die bei einigen Koeffizienten angeschriebenen zweiten Dezimalstellen sind zwecks Vermeidung stärkerer Aufrundungsfehler in der Rechnung mitzuführen; im Endergebnis sind die Formeln etwa auf ± 0,3° genau.

Die Länge des Perihels und des Mondperigäums werden nur gebraucht, wenn durch Exzenter eine angenäherte mechanische Berücksichtigung der Mittelpunktsgleichung an der betreffenden Uhr vorgesehen ist. Die Mittelpunktsgleichung macht beim Mond im Extremfall ± 6,3° aus, bei der Sonne ± 1,9°. Bei gröblich falscher Einstellung eines etwa vorhandenen Exzenters könnten die Fehler in den angezeigten ekliptikalen Längen, abgesehen von den noch vernachlässigten kleinen Störungen, ungünstigenfalls das Doppelte der eben genannten Beträge erreichen. *Kleine* Ungenauigkeiten der Perihel- und Perigäumslängen sind jedoch praktisch unerheblich. Wäre beispielsweise die Exzenterscheibe der Sonne starr auf die dem Jahr 1500 entsprechende Lage fixiert, so würde noch um 2000 der Fehler in den angezeigten Längen innerhalb ± 0,3° bleiben. In den gleichen Grenzen hält sich der Fehler der Mittelpunktsgleichung des Mondes, wenn das Perigäum um weniger als etwa 2,5° fehlerhaft eingestellt ist. Falls also die Exzenterscheibe des Mondes nicht automatisch in entsprechender Weise weitergedreht wird, müßte ihre Einstellung etwa jeden Monat von Hand um ungefähr 3,3° berichtigt und in längeren Abständen durch Nachrechnung gemäß obiger Formel kontrolliert werden.

Gezeitenindikationen

Eng verbunden mit dem Mondumlauf ist der Verlauf der Gezeiten. Ebbe und Flut folgen den Mondphasen; an ein und demselben Ort fallen sie bei Neumond z. B. immer ziemlich genau auf die gleiche Stunde. Erst im Verlauf von Jahrhunderten ergeben sich deutlich merkbare Verschiebungen. Der seit dem späteren Altertum nachweislich bekannte Zusammenhang der Gezeiten mit dem Mondlauf wurde seit dem Ende des 17. Jahrhunderts in England genauer untersucht und von Newton mit Hilfe seiner neuen mechanischen Gesetze theoretisch behandelt. Seither werden speziell in England, das infolge seiner vielen, verschieden gelegenen Häfen an dem Gezeitenverlauf besonders interessiert ist, Uhren mit *Gezeitenblättern* häufig hergestellt. Fast ausnahmslos sind sie für einen bestimmten Hafen eingerichtet und geben dann die Tagesstunde für das Eintreten der Flut in linearer Abhängigkeit vom mittleren Mondumlauf. Wesentlich seltener schon sind *Universal-Gezeitenblätter*, bei welchen durch Verdrehen des äußeren Ringes die Einstellung für einen beliebigen Ort vorgenommen werden kann; um die Einstellung richtig durchzuführen, muß man den Zeitpunkt der Flut bei Neumond an diesem Ort kennen.

Diese einfachen Einrichtungen geben nur eine grobe Annäherung an die wirklichen Verhältnisse. Flut und Ebbe folgen der wahren Mondbewegung, die je nach Erdnähe oder -ferne ziemlich starken Abweichungen vom Jahresmittel unterworfen ist. Nach Wissen des Verfassers gibt es nur eine einzige Gezeitenuhr, die diesen komplizierten Verhältnissen Rechnung trägt.

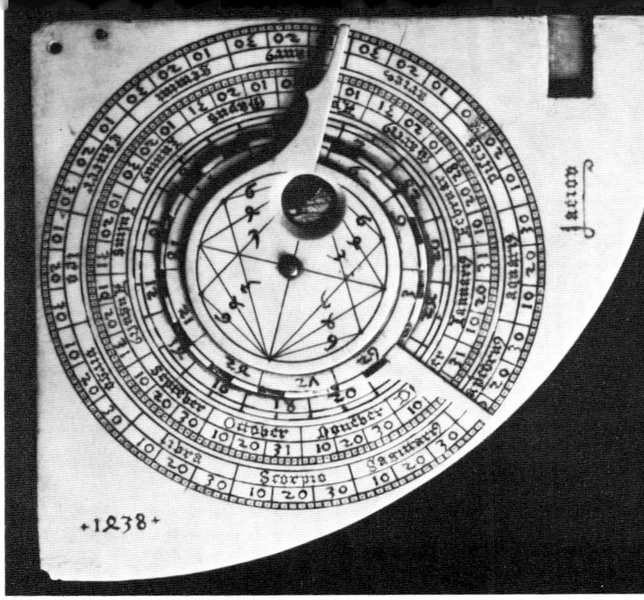

b

Dies ist die berühmte „pendule des marrées", die Antide Janvier 1789 für Ludwig XVI. gebaut hat. Er hat die Gezeiten entsprechend der Gezeitengleichung $H = p + E + k \cdot \mathrm{Arctg}\,\frac{\sin\alpha}{A + \cos\alpha}$ von Laplace ausgelegt; darin bedeuten: p ... Mondpassagezeit durch den Ortsmeridian, E ... eine lokale Konstante, k ... eine von den verwendeten Maßeinheiten abhängige Konstante; α ... Rectascensionsdifferenz zwischen Sonne und Mond; A eine Korrekturfunktion für die Deklination und die Sonnen-Monddistanz.

a

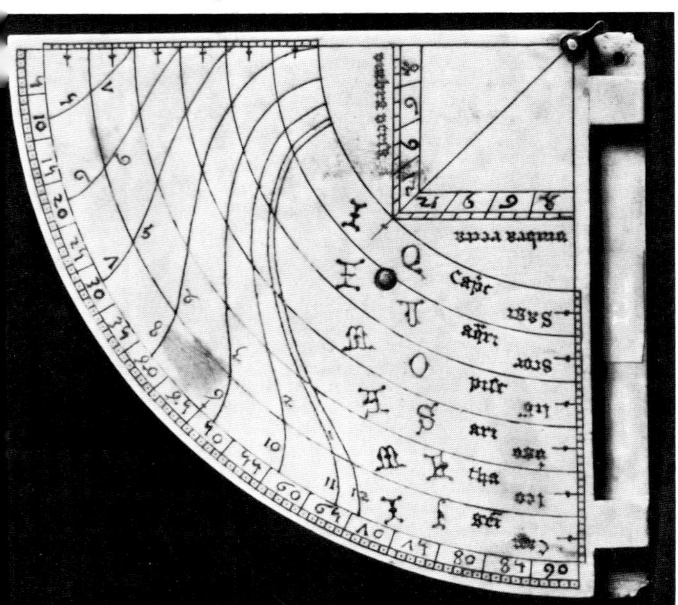

Abb. 28a und b. Quadrant Kaiser Friedrich III.; Elfenbein, datiert 1438; die Kurvenlinien am Quadranten geben die Mittlere Sonnenzeit an; Senkel fehlt. Rückseite hat einen von Hand einzustellenden Jahreskalender mit Mondalterindikationen und Sonne-Mondkonstellationen. Vielleicht von Johann von Gmunden selber, sicherlich aber aus dessen Kreis.

Kunsthistorisches Museum, Wien.

Abb. 29. Schildförmige Horizontalsonnenuhr, zum Aufklappen mit Sternzeiger, 1456. (Originalität nicht erwiesen.)
Bayerisches Nationalmuseum, München.

F. KALENDERDATEN UND KALENDERMACHERHILFSMITTEL

Zweck dieses Abschnittes ist es, nicht nur die wichtigsten Kalenderdaten und ihre Indikationen zu beschreiben, sondern auch jene Angaben darzulegen, die zum Kalendermachen und insbesondere zum Osterfestbestimmen dienen.

Unter Kalender versteht man die Gesamtheit der ein Jahr betreffenden Zeiteinteilungen in Monate, die Zuordnung der Wochentage und Feste zu den einzelnen Tagen des Jahres, die entsprechenden Mondphasen, die Beginne der Jahreszeiten, kurz die Festlegung aller für die Planung und Einteilung des menschlichen Lebens vorhersagbaren Zeitpunkte im Laufe eines Jahres.

Seit etwa 100 Jahren verfügen wir durch die Tageszeitungen und Taschenkalender über alle wichtigen Kalenderdaten so leicht, daß man gar nicht daran denkt, daß früher die Kalenderdaten nicht leicht erhältlich waren und es besonderer Anstrengungen bedurfte, um eine Reise oder ein Jagdunternehmen richtig vorzubereiten. Damals boten Kalenderuhren einen wirklichen Vorteil, weil sie jeweils die wichtigsten Daten tagtäglich anzeigten oder bei den reichen und komplizierten Systemen auch Vorausbestimmungen durchführen ließen. Die Komplikationen in den Kalenderperioden ergeben sich dadurch, daß die natürlichen Einheiten, Tag, Monat und Jahr nicht in ganzzahligen Verhältnissen stehen. Der historische Gang ist so, daß ursprünglich solche ganzzahligen einfachen Relationen angenommen worden waren, die dann im Laufe von Jahrhunderten zu Mißverhältnissen in den gemachten Annahmen führten und durch Ergänzungsmaßnahmen korrigiert wurden.

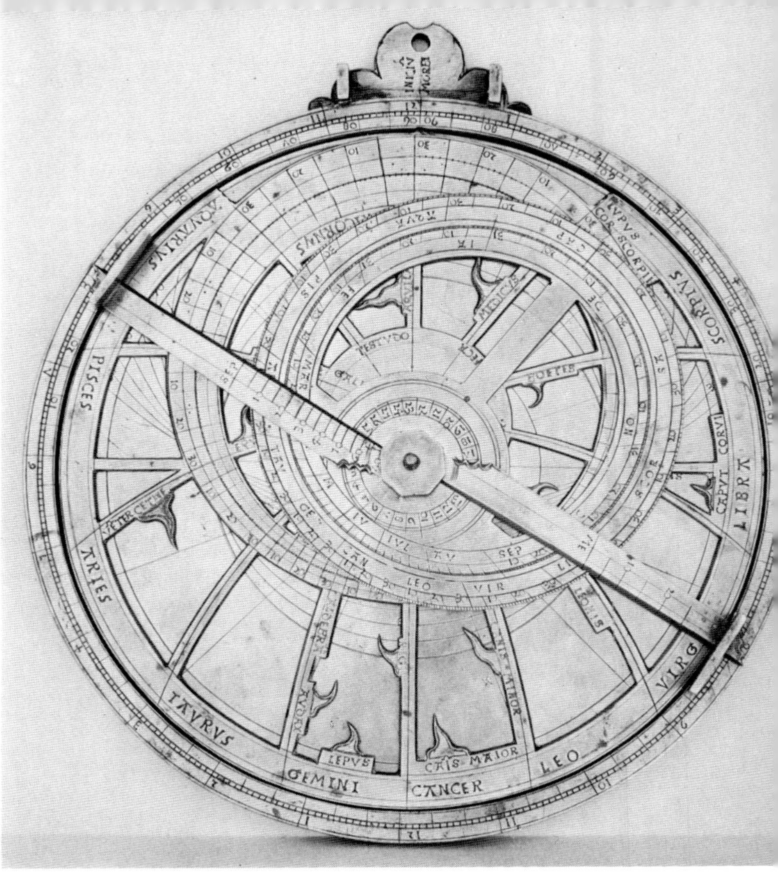

Abb. 30a. Astrolabseite eines spätgotischen kombinierten Instrumentes, ca. 1480, für 45 Grad Breite. Es sind zwei aufeinanderliegende „Rete" vorgesehen. Die untere zeigt 22 Sterne und ist normal ausgelegt, die darüberliegende kleinere Reta aber trägt iatromathematische Angaben deren Verwendung heute nicht geklärt ist. Beschriftung mit römischen Lettern, in die langobardische Schriftzeichen eingestreut sind. Undatiert und unsigniert. Laut Familientradition der d'Hauteville, in deren Besitz es über 300 Jahre nachweisbar ist, ursprünglich von Nostrodamus verwendet. Italienisch oder südfranzösisch; Durchmesser 193 mm.

Ashmolean Museum, Oxford.

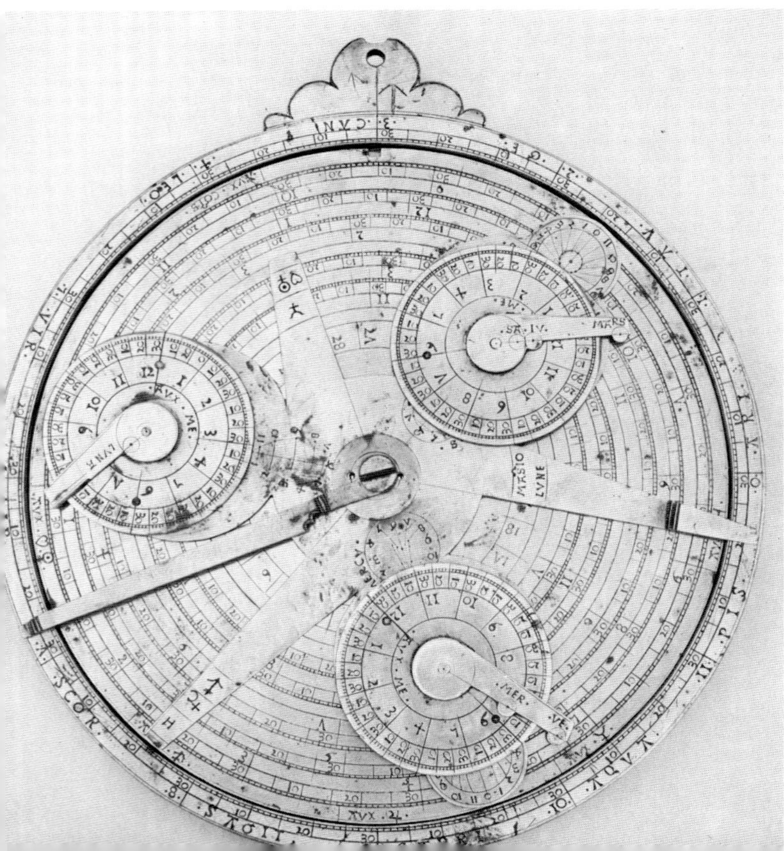

Abb. 30b. Äquatoriumseite des spätgotischen kombinierten Instrumentes (Fig. 32a), mit Scheiben und Äquatoriumsarmen für Saturn, Jupiter, Mars, Venus, Merkur Mond.

a) *Gemeine* und *Schaltjahre, Julianischer* und *Gregorianischer Kalender.* In Europa verwendet man von der späten Antike bis in die beginnende Neuzeit hinein den Julianischen Kalender, genannt nach Julius Cäsar, der ihn 45 v. Chr. einführte. Schon lange vorher waren ähnliche, aber weniger vollkommene Kalender vorhanden, deren Entwicklung auf die Ägypter und Babylonier zurückgeht, auf die hier aber nicht eingegangen werden soll, da Uhren aus diesen Epochen kaum in das Interessengebiet von Uhrensammlern und -liebhabern im landläufigen Sinne fallen.

Nach dem Julianischen Kalender wird das Jahr in zwölf Monate laut untenstehender Tabelle 3 eingeteilt; jedes vierte Jahr ist ein Schaltjahr mit 366 Tagen, die gemeinen Jahre haben 365 Tage. Für die Schaltjahre werden die mit einer durch vier teilbaren Jahreszahl gewählt.

Tabelle 3. Monatstabelle des Julianischen Kalenders

Januar	31 Tage	Juli	31 Tage
Februar	28 (29) Tage	August	31 Tage
März	31 Tage	September	30 Tage
April	30 Tage	Oktober	31 Tage
Mai	31 Tage	November	30 Tage
Juni	30 Tage	Dezember	31 Tage

Man sieht daraus, daß hier bereits die etwas unterschiedlichen Längen der Jahreszeiten auf der nördlichen Erdhalbkugel berücksichtigt sind und daß Frühjahr und Sommer um vier Tage länger sind als Herbst und Winter.

Der Julianische Kalender basiert auf der Annahme, daß das Julianische Jahr mit $365^1/_4$ Tagen gleich dem tropischen Jahr, das ist die Zeit von einer Sonnenwende bis zur nächsten, sei. In Wirklichkeit ist es aber um elf Minuten länger; dieser Fehler addiert sich, so daß in 400 Jahren ein Gesamtunterschied von mehr als drei Tagen entstanden ist. Im 16. Jahrhundert war das Kalenderdatum bereits um zehn Tage gegen die Jahreszeit zurückgeblieben. Es waren die Päpste, die seit dem Ende des Mittelalters die besten Astronomen (Peuerbach, Regiomontan, Cusanus u. a. m.) herangezogen hatten, um eine Kalenderreform durchzuführen. 1582 wurde die Gregorianische Kalenderreform, genannt nach Papst Gregor XIII., eingeführt, die folgende Neuheiten brachte:

1. das Tagesdatum wurde in einem Schritt um zehn Tage vorgesetzt, so daß in diesem Jahre zehn Tage fehlen;

Abb. 31. Sternuhr, um 1500; aus Holz mit Papier überzogen und bemalt. Durchmesser 112 mm.
Germanisches Museum, Nürnberg.

2. von 1582 an sollen nur jene Säkularjahre (Jahre mit Jahreszahlen, die mit 00 enden, wie 1600, 1800, 1900, 2000), die durch 400 teilbar sind, Schaltjahre sein, während die anderen gemeine Jahre bleiben.

Die katholischen Länder nahmen diese Reform sofort an, während die protestantischen Länder mit Verzögerungen folgten. England z. B. führte den Gregorianischen Kalender erst 1752 ein. Die Gebiete der Russisch-Orthodoxen Kirche blieben weiterhin beim Julianischen Kalender. Rußland rechnete noch bis 1923 damit, so daß es damals um 13 Tage hinter Westeuropa im Datum für den gleichen Tag zurück war; seither wird dort auch der Gregorianische Kalender verwendet. Gregorianischer und Julianischer Kalender bezeichnen das Datum, indem sie feststellen, der wievielte Tag im betreffenden Monat vorliegt; z. B. 4. Dezember 1511.

Bei den Kalenderuhren vom Ende des 17. bis ins 19. Jahrhundert hinein befinden sich gewöhnlich die Angaben, wie Monate oder Tage, auf getrennten Zifferblättern (vergleiche Abb. 225, 234 oder 235). In der Mehrzahl der Fälle ist das Tagesdatumsblatt in 31 Teile geteilt, und ein Zeiger springt jeden Tag um einen Schritt weiter; beim Übergang von 31 auf 1 wird der Monatszeiger automatisch auf den nächsten Monat gebracht. In Monaten mit weniger als 31 Tagen aber muß die Korrektur von Hand aus erfolgen. Es gibt aber auch eine Anzahl von Uhren mit regulärem Kalenderwerk, das sind solche Einrichtungen, die die Monatslänge automatisch bei der Datumsangabe berücksichtigen. Es gibt Systeme, die dies für das gemeine Jahr allein tun, oder noch raffiniertere Konstruktionen, die auch die Schaltjahre innerhalb eines Säkulums berücksichtigen (vergleiche Abb. 290 oder 294). Pfarrer Hahn in Württemberg und David a San Cajetano in Wien haben Höhepunkte in dieser Richtung erreicht; Uhren mit regulärem Kalender sind immer sehr gesuchte Sammlerstücke.

Ältere Kalenderuhren hingegen besitzen, wie bereits erwähnt, große, jährlich oder halbjährlich umlaufende Kalenderscheiben, auf denen für jeden Tag ein ganz schmaler Sektor vorgesehen ist (vergleiche Abb. 22c); am äußersten Rand ist das Tagesdatum für jeden Monat, entsprechend dem gemeinen Jahr eingraviert (das Blatt gilt also nicht für Schaltjahre) und neben dem Tagesdatum steht einer der Buchstaben A bis G, fortlaufend im Sinne des Alphabets, beginnend mit A am 1. Januar. Diese Buchstaben dienen zur Bestimmung der Sonntage im betreffenden Jahr und heißen demnach *Sonntagsbuchstaben* (letterae dominicae). Die Handhabung der Sonntagsbuchstaben wird im nächsten Abschnitt im Zusammenhang mit dem Wochenrhythmus erklärt. Auf dem weiter nach innen gelegenen Teil der Sektoren sind manchmal alle, manchmal nur besondere Tagesheilige angegeben. In seltenen Fällen finden sich auch die dem Tag entsprechenden Evangeliumsanfänge.

b) Der *Wochentagsrhythmus* und die *Sonntagsbuchstaben*. Die Woche selber ist ein selbständiges Zeitmaß, unabhängig von dem Tages- und Jahresrhythmus, das von einem Monat in den anderen und von einem Jahr ins andere übergreift und ruht nicht auf astronomischen Grundlagen. Ihr Ursprung ist altbabylonisch; von dort kam auch die astrologische Lehre, daß jeder Tag der Woche unter dem Einfluß eines bestimmten Gestirnes stehe. Diese – die Tagesregenten – finden sich auf vielen alten Uhren angegeben, oft nur durch das astronomische Zeichen des betreffenden Gestirns, wie in der folgenden Tabelle 4 angegeben.

Tabelle 4. Wochentage und Tagesregenten

Sonntag	Dies Solis	Sonne ☉
Montag	Dies Lunae	Mond ☽
Dienstag	Dies Martis	Mars ♂
Mittwoch	Dies Mercurii	Merkur ☿
Donnerstag	Dies Jovis	Jupiter ♃
Freitag	Dies Veneris	Venus ♀
Samstag	Dies Saturni	Saturn ♄

Die sieben Sonntagsbuchstaben unterliegen nun folgender Gesetzmäßigkeit: Jedes gemeine Jahr hat $52 \times 7 + 1 = 365$ Tage, es hört daher immer mit demselben Wochentag auf, mit dem es angefangen hat. Der Buchstabe, der den Sonntag am äußeren Kranz der Kalenderscheibe angibt, wandert daher jedes Jahr um einen Schritt im zyklischen Sinn der Buchstabenreihe zurück.

In Schaltjahren bezeichnet man den 23. und 24. Februar mit demselben Buchstaben, läßt also hier die Kalenderscheibe einen Tag stehen. Dadurch verschiebt sich der nächste Sonntag auch um einen Buchstaben zurück. Schaltjahre haben somit zwei Sonntagsbuchstaben. Da alle vier Jahre ein Schaltjahr ist, wiederholen sich die doppelten Sonntagsbuchstaben alle vier Jahre, allerdings in geänderter Kombination. Dadurch ergibt sich, wie untenstehende Tabelle 5 zeigt, ein Rhythmus von 28 Jahren, der für die alten Kalenderberechnungen von großer Bedeutung war. Man nennt diese Periode den *Sonnenzirkel* und kennzeichnet ein Jahr durch eine Kennziffer, die angibt, das wievielte es im Sonnenzirkel ist.

Tabelle 5. Anordnung der julianischen Sonntagsbuchstaben innerhalb des 28jährigen Sonnenzirkels

Sonnen-Zirkel	Sonntags-Buchstabe	Sonnen-Zirkel	Sonntags-Buchstabe	Sonnen-Zirkel	Sonntags-Buchstabe
1	GF	11	A	20	D
2	E	12	G	21	CB
3	D	13	FE	22	A
4	C	14	D	23	G
5	BA	15	C	24	F
6	G	16	B	25	ED
7	F	17	AG	26	C
8	E	18	F	27	B
9	DC	19	E	28	A
10	B				

Den Anfang dieses 28jährigen Zyklus der Sonntagsbuchstaben hat der römische Abt Dionysius Exiguus im 6. Jahrhundert n. Chr. auf das Jahr 9 v. Chr. verlegt, einem Schaltjahr, das mit Montag beginnt, die Sonntagsbuchstaben GF und den Sonnenzirkel 1 hat. Man versteht nämlich auch unter „Sonnenzirkel" die Zahl, welche angibt, das wievielte Jahr ein bestimmtes Jahr in diesem 28jährigen Zyklus ist. Man erhält diese Zahl als Rest, wenn man die um neun vermehrte Jahreszahl durch 28 dividiert. Geht die Division ohne Rest auf, dann ist 28 der gesuchte Sonnenzirkel. Diese und andere für uns ungewöhnliche Rechenregeln der alten Kalendermacher erklären sich aus der Notwendigkeit, mit ganzen Zahlen zu operieren. Die Eigenart dieser Methode tritt noch stärker bei der Osterfestbestimmung hervor.

Während der Sonnenzirkel beim Julianischen und Gregorianischen Kalender derselbe ist, wurde durch die gregorianische Kalenderreform eine Verschiebung zwischen Sonnenzirkel und Sonntagsbuchstaben hervorgerufen, die sich von Säkulum zu Säkulum verändert und folgende Ursache hat: Im Jahr 1582 wurden, wie vorher erwähnt, zehn Tage ausgelassen; so rückte der gregorianische Sonntagsbuchstabe um zehn Tage, also um eine ganze Woche und drei Tage, d. h. um drei Stellen vor. Das Jahr 1600 ist in beiden Kalendern ein Schaltjahr, so daß von 1582 bis 1. 3. 1700 die gregorianischen Sonntagsbuchstaben um drei Stellen den julianischen voraus sind. Da das Jahr 1700 im Gregorianischen Kalender kein Schaltjahr ist, so ist vom 1. 3. 1700 bis zum 1. 3. 1800 der gregorianische Sonntagsbuchstabe um vier Stellen, vom 1. 3. 1800 bis 1. 3. 1900 um fünf Stellen und von 1900 bis 2000 um sechs Stellen voraus. Die folgende Tabelle 6 zeigt diese Verlagerung der gregorianischen Sonntagsbuchstaben gegenüber den julianischen Sonntagsbuchstaben.

Tabelle 6. Verlagerung der gregorianischen gegenüber den julianischen Sonntagsbuchstaben

Julianische Sonntags-buchstaben	Gregorianische Sonntagsbuchstaben bei einem Unterschied			
	3 Stellen	4 Stellen	5 Stellen	6 Stellen
A	D	E	F	G
B	E 1582	F 1700	G 1800	A 1900
C	F	G	A	B
D	G bis	A bis	B bis	C bis
E	A	B	C	D
F	B 1700	C 1800	D 1900	E 2100
G	C	D	E	F

Fast alle astronomischen Renaissanceuhren und manche spätere, bis zum Ende des 18. Jahrhunderts gebauten, reichen Uhren haben Zifferblätter für die Sonntagsbuchstaben nach Art des Hilfszifferblattes links unten in Abb. 54. Der Zeiger springt hier immer am 1. Januar um einen Schritt weiter und zeigt damit die Sonntage im betreffenden Jahr an. Bei Schaltjahren finden sich zwei Sonntagsbuchstaben, der zweite gilt vom 24. Februar. Bei einem Unterschied, der ein Vielfaches von sieben Tagen ist, sind die Sonntagsbuchstaben im Julianischen und Gregorianischen Kalender die gleichen.

c) Die Festlegung des *Osterfestes*, die *Epakten* und die *Goldene Zahl*. Ostern ist bekanntlich ein bewegliches Fest; der Ostersonntag fällt nach Bestimmung des Konzils von Nizäa auf den Sonntag nach Vollmond, der dem Frühlingsäquinoktium folgt. Trifft der Ostervollmond selbst auf einen Sonntag, so wird Ostern an dem darauffolgenden Sonntag gefeiert. Vom Ostersonntag sind die beweglichen Kirchenfeste abhängig, die von Uhren nicht auf den Jahreskalendern angezeigt werden. Die beweglichen Feste sind, wie folgt, Ostern zugeordnet:

Tabelle 7. Zuordnung der beweglichen Feste auf Ostern

1. Die sechs Fastensonntage *vor* Ostern;	die alle nach dem Introitus-
2. Die sechs Sonntage *zwischen* Ostern und Pfingsten;	beginn bezeichnet werden.
3. Christi Himmelfahrt = 6. Donnerstag nach Ostern;	
4. Pfingstsonntag = 7. Sonntag nach Ostern;	
5. Dreifaltigkeitssonntag = Sonntag nach Pfingsten;	
6. Fronleichnam = Donnerstag der 2. Woche nach Pfingsten.	

Entsprechend der oben gegebenen Definition für den Ostersonntag besteht die Vorausbestimmung des Osterdatums darin, zuerst das Frühjahrs-Vollmonddatum festzulegen und dazu den nächstfolgenden Sonntag zu finden.

Der Ostervollmond wird mittels der *Epakte* bestimmt. Leider ist aber *Epakte* kein eindeutiger Ausdruck. Im Mittelalter verstand man gemäß Dionysius Exiguus unter Epakte das zyklisch berechnete Mondalter am 22. März (wegen der Bedeutung dieses Datums als früheste Ostergrenze eine jedenfalls sehr zweckmäßige Wahl). Seit der Gregorianischen Kalender-

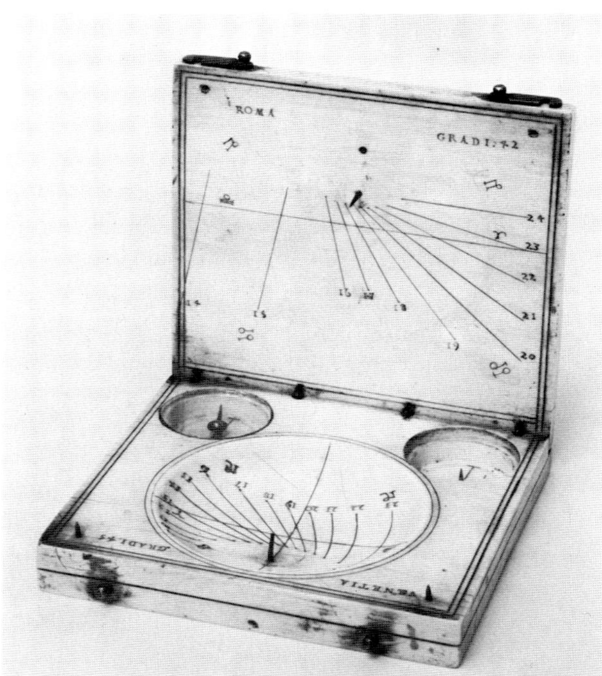

Abb. 32. Kalotten- und Vertikalsonnenuhr-Kombination, Klappdeckelanordnung. Elfenbein, erste Hälfte des 16. Jh., Skalenteilung nach den italien. Stunden, d. h. Tag und Nacht in 24 gleichlange Stunden eingeteilt, mit zählungsbeginn von Sonnenuntergang. Größe ca. 14 cm, italienischer Provenienz. Science Museum, London.

Abb.33. Vielflächen-(Oktaeder-)Sonnenuhr, sign.: Georgius Hartman, Norenberge faciebat anno 1544. Aus Holz mit Papier bezogen und bemalt. Kantenlänge 8,5 cm.
Germanisches Nationalmuseum, Nürnberg.

reform versteht man unter Epakte das Alter des Mondes am 1. Januar, und zwar nicht nur im neuen Gregorianischen Kalender, sondern auch übertragen im späteren Julianischen Kalender des 16. und 17. Jahrhunderts. Aus der auf Seite 39 gegebenen Lunationsdauer folgt unmittelbar, daß nach 19 Jahren die Neumonde wieder nahezu auf dieselben Tage des Sonnenjahres fallen. Diesen Zeitraum von 19 Jahren nennt man daher Mondzirkel oder Epaktenzyklus. Die Zahl, die angibt, das wievielte in diesem Zyklus ein bestimmtes Jahr ist, heißt *Goldene Zahl*. Sie soll von den Griechen seit der Kalenderverbesserung Metons (433 v. Chr.) jeweils in den Tempel mit goldenen Lettern angemerkt worden sein. Dem Jahr 1 nach Christus entspricht die Goldene Zahl 2, u. s. f.

Die sogenannten „Julianischen Epakten" (bezogen auf den 1. Januar), die nach der großen Kalenderreform gelegentlich neben den Gregorianischen Epakten auf astronomischen Uhren vorkommen, sind folgendermaßen entstanden zu denken: Das Mondalter am 1. Januar eines der Kalenderreform zeitlich nahen Jahres mit der Goldenen Zahl 1 (z. B. 1577) betrug rund 11 Tage, seine Januar-Epakte war also 11. Die Berechnung der Epakten für die nächsten Jahre geht folgendermaßen vor sich: Ein Gemeinjahr von 365 Tagen ist um 11 Tage länger als zwölf Lunationen zu rund $29^1/_2$ Tagen. Demnach nimmt die Epakte jedes Jahr um 11 zu, beträgt also ganzzahlige Vielfache von elf: 11, 22, 33, 44, 55, 66, 77, 88, 99, 110, 121, 132, 143, 154, 165, 176, 187, 198, 209. Hiervon (wenn größer als 30) werden jedoch jedesmal die vollen Monate zu je 30 Tagen nach der folgenden Tabelle 8 abgezogen.

Tabelle 8. Zuordnungstabelle der Epakten und Goldenen Zahlen

Goldene Zahl	Julianische Epakte	Goldene Zahl	Julianische Epakte
1	11	11	121—120 = 1
2	*22*	12	132—120 = *12*
3	33—30 = *3*	13	143—120 = *23*
4	44—30 = *14*	14	154—150 = *4*
5	55—30 = *25*	15	165—150 = *15*
6	66—60 = *6*	16	176—150 = *26*
7	77—60 = *17*	17	187—180 = 7
8	88—60 = *28*	18	198—180 = *18*
9	99—90 = *9*	19	209—180 = (29) *30*
10	110—90 = *20*		

Nach den offiziellen Vorschriften der Kalenderreform ist bei der Berechnung des Ostervollmondes ausgehend von dem letzten Neumond des Vorjahres oder von dem ersten Neumond des laufenden Jahres eine Lunation, welche den 5. Februar enthält, mit 29 Tagen in Rechnung zu stellen, allerdings dafür jene, die in Schaltjahren den Schalttag enthält, um einen Tag zu vergrößern; letzteres läuft praktisch im Endergebnis immer auf lauter 30tägige Lunationen im ersten Vierteljahr eines *Schalt*jahres hinaus. Eine *außerordentliche* Verkürzung um einen Tag ergibt sich immer für die Epakte 24. Außerdem ist das Intervall vom Osterneumond zum Ostervollmond, in Analogie zu dem zwischen dem 1. und 14. Nisan des jüdischen Kalenders, sogar nur mit 13 Tagen anzunehmen!

Die Frühlings-Epakten gemäß Dionysius erhält man, indem man alle Epakten der vorstehenden Tabelle um je 11 Tage verkleinert bzw. um 19 vermehrt. Es ist jedoch zu beachten, daß die Dionysischen Epakten für das 6. Jahrhundert die beste Annäherung an die wirklichen Mondphasen ergeben, die Julianischen Januar-Epakten aber für die Zeit um 1600. Nur für Zeiträume von wenigen Jahrhunderten ergibt sich auf so einfache Weise eine gute Annäherung an das jeweilige Mondalter. Der systematische Fehler beträgt nur knapp einen Tag auf 310 Jahren. Dies und zugleich die Periodizität des Epaktenzyklus wird dadurch erreicht, daß am Ende des Zyklus nicht 30, sondern nur 29 Tage abgezogen werden, wie durch die eingeklammerte (29) angedeutet ist.

Tafel III. Renaissance-Wanduhr (Schwarzwald), ca. 1710.

Abb. 34. Krummflächen-Sonnenuhr in Kreuzform aus Elfenbein, sign.: Georgius Hartmann, Nornberg 1544. Abmessung 41 × 97 mm, mit Einsatz für Kompaß der heute fehlt.
Germanisches Nationalmuseum, Nürnberg.

Nun ist in Wirklichkeit das Julianische Jahr nicht genau elf Tage, sondern nur 10,883 Tage länger als zwölf Mondumläufe; dadurch ergeben sich weitere Fehlerquellen. In der kirchlichen Osterrechnung wurden die oben angeführten Annäherungen durch Jahrhunderte angewendet. Dies hat dazu geführt, daß schließlich zur Zeit der gregorianischen Kalenderreform bereits beträchtliche Unterschiede zwischen den errechneten Daten und dem tatsächlichen Erscheinen des Frühjahrsvollmondes entstanden waren. Sie wurden nun ähnlich der bereits beschriebenen Tagesdatum-Korrektur durch die gregorianische Kalenderreform berichtigt. Genau entsprechend dem Auslassen von zehn Tagen des Kalenders im Jahre 1582 wurde nun auch die gregorianische Epakte für den Zeitraum 1582 bis 1700 um zehn Tage kleiner als die julianische erklärt. Entsprechend ist im nächsten Säkulum ohne Schalttag die gregorianische Epakte um elf Tage kleiner. Dies gilt auch für das Säkulum 1800 bis 1900, da die schon erwähnte Differenz zwischen 19 julianischen Jahren und den 235 synodischen Monaten in etwa 300 Jahren einen ganzen Tag beträgt. Ab 1900 erhöht sich aber der Unterschied auf zwölf Tage. Epaktenzifferblätter sind sehr selten; auf Zeitmessern nach der Kalenderreform finden sich unter Umständen sowohl die julianischen als auch die gregorianischen Epakten.

Die Handhabung solcher Zifferblätter ist ohne besondere Anweisung schwierig. So soll ein Beispiel den Gang der Osterrechnung erläutern: Man bestimmte das Datum des Osterfestes für 1956: die Goldene Zahl ist $(1956+1):19=103$. Da der Rest Null ist, ist die Goldene Zahl 19. Die entsprechende julianische Epakte nach vorstehender Tabelle 8 ist *29*. An ihrer Stelle ist die Ausgleichszahl *30* zu verwenden. Die entsprechende gregorianische Epakte ist: *30—12=18*. Demnach fiel der letzte Neumond des Jahres 1955 auf den 32—18=14. Dezember. Die darauffolgenden Vollmonde fallen also auf den 29. XII., 28. I., 27. II., und 27. III. Letzterer ist als erster Vollmond nach dem 21. III. somit der Frühjahrsvollmond. Der Sonnenzirkel ergibt sich aus der parallelen Rechnung:

(1956 + 9) : 28 = 70, Rest 5 = Sonnenzirkel.

Dem Sonnenzirkel 5 entsprechen die julianischen Sonntagsbuchstaben BA (Schaltjahr) und die gregorianischen Sonntagsbuchstaben AG. Auf einer Kalenderscheibe nach Abb. 22b sieht man, daß das erste G nach dem 27. III. auf den 1. IV. fällt. Demnach ist der 1. IV. der gesuchte Ostersonntag.

Harro A. Kühnel, Tiroler Heimat XXI, 1957, Seiten 91–92.

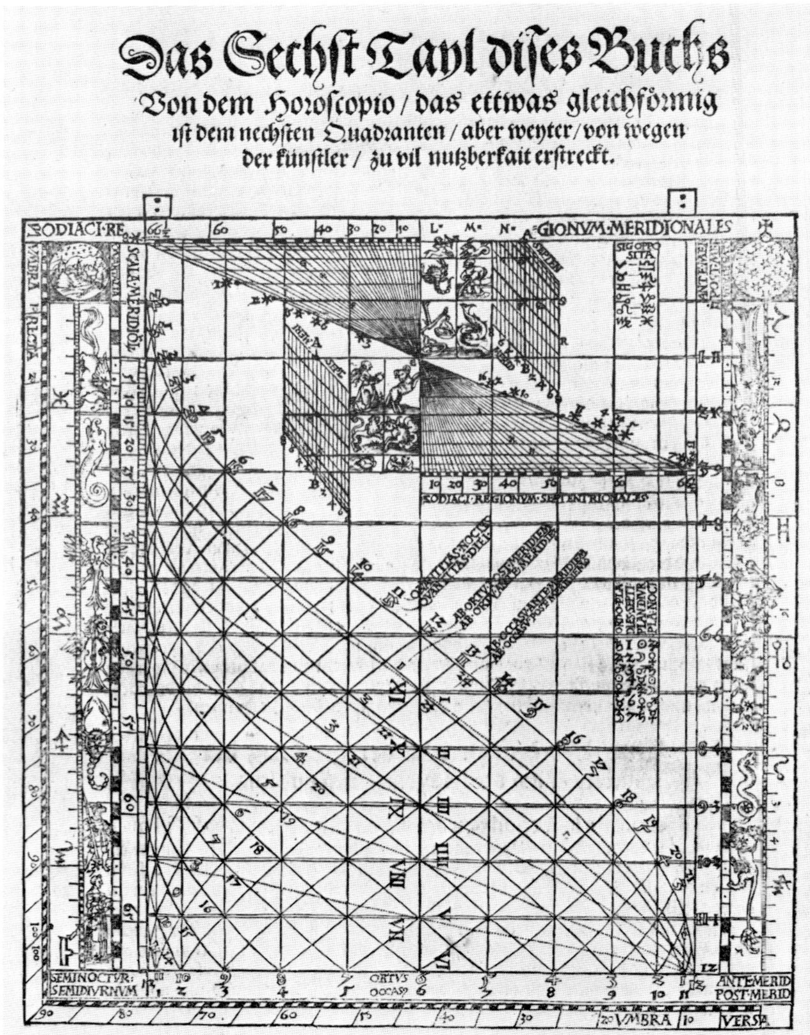

Abb. 35. *Horoscopium* nach Apian, Reproduktion eines Holzschnittes aus Apians Instrument Buch, Ingolstadt 1533; die Handhabung ist aus Abb. 5 zu ersehen.

Abb. 36a und b. Azimutalsonnenuhr; Diopter-Ablesung; Stundenteilung auf ausgebauchtem Teil; unsigniert für 52,30 Polhöhe. 45 mm Durchmesser.
Süddeutsch? – um 1600.
Ashmolean Museum, Oxford. Früher Billmeyr Collection.

Beim Konzil von Nizäa (325), wo die Osterrechnungen festgelegt wurden, war angenommen worden, daß die Frühlings-Tagundnachtgleiche nie vor den 21. III. fallen kann. Damals wurde bestimmt, daß der 21. III. als Frühlingsanfang anzunehmen sei. Mit dieser Festsetzung hat man zu vermeiden versucht, daß der christliche Ostersonntag mit dem jüdischen Passahfest zusammenfällt, was in den seither verflossenen 1600 Jahren auch nur zweimal stattfand (am 14. IV. 743 und am 23. III. 783).

Seit der Herausgabe der Rudolfinischen Tafeln durch Kepler weiß man, daß unter Umständen der Frühlingsanfang vor den 21. III. fallen kann. Rußland hat bei seiner Annahme des Gregorianischen Kalenders im Jahre 1923 den Vorbehalt gemacht, daß der Frühlingsanfang astronomisch bestimmt wurde.

Ostergrenze. Als Ostergrenze bezeichnet man den Tag des zyklisch berechneten Ostervollmondes. Der diesem zunächst folgende Sonntag ist der Ostersonntag. Im Julianischen Kalender ist der 21. III. die früheste, der 18. IV. die späteste Ostergrenze. Dasselbe galt im Gregorianischen Kalender bis 1899; von 1900 bis 2199 ist es aber der 22. III. und der 18. IV.

Die Buchdruckerkunst bemühte sich frühzeitig, die Auffindung der verschiedenen Kalenderangaben durch drehbare Scheiben zu erleichtern. Die

Verbesserung der zyklischen Berechnung des Ostervollmondes war der weitaus schwierigere Teil der Gregorianischen Kalenderreform, der sowohl nach der astronomischen Seite wie nach der rechentechnischen Abstimmung auf geringstmögliche Fehler trotz Verwendung praktisch bequemer Säkularperioden eine höchst beachtenswerte Leistung darstellt. Erst das mathematische Genie von K. Fr. Gauß hat den gesamten Inhalt der Gregorianischen Osterregel in eine noch viel handlichere Form gebracht und erstmals im Jahr 1800 in Zachs „Monatlicher Correspondenz zur Beförderung der Erd- und Himmelskunde" (abgedruckt in Gauß' Werke, Bd. VI (Göttingen 1874), Seite 73f.) veröffentlicht. Und zwar läßt sich die ganze Rechnung auf die Bildung der *Reste* von fünf Divisionen zurückführen, die man sehr bequem der von Gauß selbst (a.a.O. S. 78) angegebenen tabellarischen Übersicht entnimmt:

Es entsteht aus der Division	mit	der Rest
der Jahreszahl	19	a
der Jahreszahl	4	b
der Jahreszahl	7	c
der Zahl (19a + M)	30	d
der Zahl (2b + 4c + 6d + N)	7	e

Hierin sind die Zahlen M und N der folgenden kleinen Tabelle zu entnehmen:

Geltungsbereich	M	N
im Julianischen Kalender	15	6
im Gregorianischen Kalender		
1582 bis 1699	22	2
1700 bis 1799	23	3
1800 bis 1899	23	4
1900 bis 2099	24	5
2100 bis 2199	24	6
2200 bis 2299	25	0
2300 bis 2399	26	1
2400 bis 2499	25	1

Auch M und N könnten noch formelmäßig berechnet werden. Da sie aber für mindestens ein Jahrhundert gleich bleiben, ist die Entnahme aus obenstehender Tabelle bequemer und für alle praktischen Bedürfnisse ausreichend.

Hiermit wird

$$\textit{Ostersonntag} = \left\{ \begin{array}{l} (22 + d + e) \text{ ter März} \\ (d + e - 9) \text{ ter April.} \end{array} \right\}$$

Die Formel gilt mit zwei sehr selten eintretenden *Ausnahmen:*

1. Ergibt die Rechnung den 26. April, so ist immer statt dessen der 19. April zu nehmen, so beispielsweise 1609 und 1987.

2. Ist a $\geqq$ 11 und zugleich d = 28, e = 6, dann tritt anstelle des 25. April der 18. April als Ostersonntag, so bisher erst einmal, nämlich 1954.

Jede Rechnung kann man sich ersparen, wenn man die bis zum Jahr 2400 reichende Tabelle der Ostersonntage nach Julianischer und Gregorianischer Regel in *F. K. Ginzel,* Handbuch der Mathematischen und Technischen Chronologie, III. Band, S. 411–421 (Leipzig 1914), oder die noch ausführlicheren Tabellen in *R. Schram,* Kalendariographische und Chronologische Tafeln (Leipzig 1908), verwendet.

Die Beziehung zur alten Berechnungsweise wird annähernd klar durch folgende Hinweise:

a + 1 = goldene Zahl

22. März + d = Ostergrenze

e dient der Bestimmung des Wochentages der Ostergrenze.

Als *Calendarium perpetuum* werden solche mit der Hand einzustellende Kalender bezeichnet. Es gibt von der zweiten Hälfte des 16. bis zur ersten Hälfte des 18. Jahrhunderts eine Anzahl derselben aus Metall mit Gravierung oder Treibarbeit verzierte, schöne Stücke (Abb. 98b oder 193).

Kalenderveränderungen waren immer Ereignisse von grundsätzlicher Bedeutung für die Menschheit. Dies fand unter anderem auch in der Medaillenkunst seinen Niederschlag. Es gibt daneben zahllose Kalendermedaillen des verschiedensten Inhaltes, z. B. zur Erinnerung an die Aufstellung oder Erneuerung von Monumentaluhren und ihre Beschädigung durch Elementarereignisse oder an die Vollendung von Öhruhren. Diesen vielen Medaillen können wir hier aber ebensowenig wie manchen anderen Miszellaneen horologischen oder astrologischen Inhaltes weitere Beachtung widmen.

G. PLANETENINDIKATIONEN

Planetenstandsindikationen gehören zu den interessantesten, aber auch seltensten auf Uhren wiedergegebenen Systemen. Daher soll diesen Systemen eine etwas eingehendere Beschreibung gewidmet werden.

Heute sind die in der folgenden Tabelle 9 angegebenen Planeten bekannt.

Die Reihenfolge entspricht der Entfernung von der Sonne; die klassischen fünf Planeten waren schon im Altertum bekannt; die äußeren wurden erst im Laufe der Neuzeit entdeckt, wie für jeden einzeln angegeben. Sie konnten daher erst spät, wenn überhaupt, in Planetarien mit Uhrwerksantrieb einbezogen werden.

Tabelle 9. Planeten und Planetenumlaufzeiten um die Sonne

Namen				Tropische Umlaufzeiten			
Innere Planeten	Merkur	☿		87 Tage	23 Std.	14 Min.	32 Sek.
	Venus	♀		224 ,,	16 ,,	41 ,,	25 ,,
	Erde	♁		365 ,,	5 ,,	48 ,,	46 ,,
	Mars	♂		686 ,,	22 ,,	18 ,,	25 ,,
Äußere Planeten	Jupiter	♃		4330 ,,	14 ,,	16 ,,	
	Saturn	♄		10746 ,,	22 ,,	9 ,,	
	Uranus	⛢	1781 entdeckt	30585 ,,	10 ,,	58 ,,	
	Neptun	♆	1846 entdeckt	59807 ,,	10 ,,	53 ,,	
	Pluto	♇	1930 entdeckt	89871 ,,	4 ,,		

Die Sekundenwerte bei den äußeren Planeten wurden weggelassen, weil sie durch langperiodische Störungen Veränderungen erfahren. Auch bei den inneren Planeten sind die angegebenen Sekundenwerte nicht als wirkliche Konstante, sondern nur als Durchschnittswerte aufzufassen.

Planetenbewegungen erscheinen in bezug auf die Erde reichlich kompliziert. Bereits mit den primitiven Beobachtungsmethoden des Altertums und des Mittelalters hatte sich gezeigt, daß sie nicht mit der Gleichmäßigkeit von regelmäßig umlaufenden Sphären in Einklang gebracht werden können. Um die Vorstellung des ptolemäischen, geozentrischen Weltbildes zu befriedigen, nahmen daher die alten Astronomen an, daß die

Abb. 37a und b. Anhänger-(Büchsen-)Federzuguhr, italienisch, vielleicht schon um 1500. Eisernes Gangwerk, mehrfach umgebaut, aber Werkskörper, Federhaus, Schnecke und Kolben original. Durchmesser ca. 65 mm.
Sammlung Graf Lamberti, Rom.

Planeten Bewegungen ausführten, die sich aus der Überlagerung zweier oder mehrerer Kreisbewegungen ableiten ließen. So entstanden die epizyklischen Bewegungsvorstellungen und die überepizyklischen Systeme. Bei ersteren bewegt sich der Planet auf einem Kreis, dessen Mittelpunkt längs eines Trägerkreises (Deferenten) wandert, in deren Zentrum die Erde steht, bei den letzteren verschiebt sich das Bahnzentrum vom Erdmittelpunkt und schließlich vollführt dieses Zentrum unter Umständen noch eine besondere Kreisbewegung.

Am Ende des Mittelalters ist die Theorie der geozentrisch betrachteten Planetenbewegungen bis ins subtilste ausgearbeitet gewesen; dies hat seinen Niederschlag in drei ganz ungewöhnlichen Planetenuhren gefunden, die hier nicht übergangen werden dürfen. Die Darstellung dieser überlagerten Bewegungen ist konstruktiv außerordentlich schwierig. Daher wurden getrennte Indikationsblätter für jeden einzelnen Planeten vorgesehen.

Als erster hat Alexander Dondi del Orologio, Professor für Mathematik und Astronomie in Padua, 1364 ein Planetenwerk gebaut, das die epizyklischen Planetenbewegungen auf fünf eigenen Planetenblättern veranschaulichte. Die Uhr war ein europäisches Wunderwerk, das in technischen

Einzelheiten Probleme aufgriff und löste, die erst von modernen Werkzeug- oder Kalkulationsmaschinen überboten werden. Die Uhr ist leider bei dem Brande von San Yuste 1809 zugrunde gegangen. Doch hat Dondi eine Originalbeschreibung, den Codex Dondi hinterlassen, der mit seinen zahlreichen Berechnungen und Detailzeichnungen ein klares Bild über den Aufbau der Uhr ergibt. H. Alan Lloyd hat das lateinische Manuskript gründlich bearbeitet und die wichtigsten Einzelheiten daraus in seinem letzten Buch (*1*) wiedergegeben. Neuerdings hat er es unternommen, die Dondische Uhr nach den alten Plänen zu rekonstruieren, um dieses in der Geschichte der Uhren und ihrer Technik einmalige Werk der modernen Welt wieder zum Bewußtsein zu bringen.

Die epizyklischen Planetenbewegungen haben nicht nur die mittelalterliche Gelehrtenwelt sehr interessiert, sondern zumindest in groben Zügen darüber hinaus fast zum Allgemeinwissen der Gebildeten gehört. Das erfuhr man so recht, als 1951 D. J. Price ein Manuskript, höchstwahrscheinlich des englischen Dichters und Philosophen Chaucer, mit dem Datum 1418 entdeckte: „equatorium planetarum", (*2*) das ein vollständiges Lehrbuch dieser hochinteressanten, aber nicht einfachen Wissenschaft ist.

Das Hauptwerk der geozentrischen Planetenbewegung aber ist das „Astronomicum Caesareum" (vergleiche Kapitel VII), welches für jeden Planeten besondere Tafeln im Buche eingeheftet hat, auf denen die einzelnen Kreisbewegungen durch winkelrichtige Scheiben von Hand nachgemacht und so die verschiedenen Konstellationen verfolgt werden können.

Landgraf Wilhelm IV. von Hessen, selbst ein bedeutender Astronom und zu seiner Zeit einer der prominentesten Förderer der Astronomie in Deutschland, veranlaßte die Schaffung eines Gerätes, das entsprechend dem „Astronomicum Caesareum" die einzelnen epizyklischen und überepizyklischen Planetenbewegungen automatisch durch ein Uhrwerk im richtigen Rhythmus ausführte. Sein Uhrmachermeister war Baldewein. Die Uhr ist heute noch im Hessischen Landesmuseum Kassel erhalten und von Lloyd (*1*) eingehend beschrieben. Dieses Prachtwerk ist ein Höhepunkt der Renaissance-Instrumentenbaukunst und ein wichtiger Markstein der Geschichte der Technik. Ein zweites, mechanisch gleichwertiges Planetenwerk von Baldewein hat der Landgraf nach Dresden geschenkt, wo es glücklicherweise auch heute noch in gutem Zustand besteht. Darüber hinaus aber sind uns zumindest keine geozentrischen Planetenuhren bekannt. Hier erscheint es notwendig, darauf hinzuweisen, daß beim Umsturz vom geozentrischen zum kopernikanischen Weltbild im 16. und 17. Jahrhundert das Studium der Planetenbewegungen eine wesentliche Rolle gespielt hat (*2*).

Ein wichtiges Hilfsmittel hierzu waren die Himmelskugeln und Himmelssphären, von denen einzelne wie z. B. Abb. 9 oder 125 mit Uhrwerken zum mechanischen Antriebe ausgerüstet waren. Diese konnten selbstverständlich nur die angenäherten Kreisbewegungen wiedergeben und beschränkten sich überdies auf Sonne, Mond, die Knoten und die Fixsternhimmel. In der Zeit zwischen 1550 und 1650 etwa wurden von den bedeutendsten Renaissancemeistern eine Reihe hervorragender derartiger Systeme gebaut. Eine eingehende Behandlung dieses entwicklungsgeschichtlich sehr wichtigen Gebietes ist für den zweiten Band in Aussicht genommen. Kepler hat bei solchen Untersuchungen insbesondere Merkur und Mars genau erfaßt und daraus seine berühmten drei Gesetze abgeleitet. Aus Keplers unmittelbarer Einflußsphäre stammt das erste bisher bekanntgewordene, nicht ptolemäische, mechanische Planetensystem, die Wiener Planetenuhr von Jost Burgi (*3*).

Der sich um diese Zeit anbahnende Umschwung im Weltbild zeigt sich deutlich in den von da an gebauten *Weltmaschinen*, die nunmehr im Sinne von Kopernikus auf die Sonne – also heliozentrisch – ausgerichtet sind.

Die erste, völlig kopernikanische Planetendarstellung im heutigen Sinn ist die große Planetensphäre von Frederiksborg, Dänemark. Im 18. Jahrhundert haben sich insbesonders Pfarrer Hahn in Württemberg und der geniale Antide Janvier in Frankreich intensiv mit mechanischen Planetendarstellungen beschäftigt. Diesem ebenfalls außerordentlich wichtigen System soll im Band 2 auch ein ausführlicher Abschnitt gewidmet werden. Eine eingehende Würdigung der Leistungen von Pfarrer Hahn und Janvier kann hier leider nicht gegeben werden. Der Liebhaber wird auf die diesbezüglichen Biographien von Max Engelmann (*3*) und von Pierre Mesnage (*4*) verwiesen.

Einstellen von Planetenindikationen

Zur Berechnung der Planetenstellungen in einer für die Einstellung astronomischer Kunstuhren völlig ausreichenden Genauigkeit bedient man sich am bequemsten der „Astronomisch-Chronologischen Tafeln“ von Paul *Ahnert* (2. Auflage 1961, Verlag J. A. Barth, Leipzig). Die gleichfalls empfehlenswerte, jedoch wegen ihrer höheren Genauigkeit auch etwas umständlichere „Tafel zur Astronomischen Chronologie“ (II. Teil) von P. V. *Neugebauer* (Verlag Hinrichs, Leipzig/1914) sind leider längst vergriffen.

a

b

c

Abb. 38a, b, c. Dosenuhr; eisernes Werk mit ringförmigem Unrast; Spindelgang; Gangregulierung durch Veränderung der Amplitude durch Anschlagsbegrenzung mittels zweier Schweinsborsten, die von gekrümmtem Hebel getragen werden. Unsigniert: wohl Nürnberg; erstes Viertel des 16. Jahrhunderts. Die Deckelinnenseite trägt die nachträglich angebrachte Gravierung: „Petrus Hele me f. Norimb. 1510“. Trotz der offensichtlich wohl viel später angebrachten Inschrift mag die Uhr vielleicht wirklich aus Henleins Werkstatt stammen. Sicherlich ist sie eine der wenigen gut erhaltenen frühen kleinen, tragbaren Dosenuhren.

Germanisches Museum, Nürnberg.

Abb. 39a, b, c, d. Hals- oder Anhängeruhr eines Bischofs (Köln)? Durchmesser rund 20 mm. Beide Deckel aus Gold, Gehäuse Bronze feuervergoldet; unsigniert; deutsch; um 1550. Text auf Deckelinnenseite IH. O Here Got Dein Blut wasche meine Sünde. Werk teilweise aus Eisen; untere Platine aus Messing; Stackfreed Messing; Schweinsborstenregulierung. ▶

Hessisches Landesmuseum, Kassel.

HERE·GOT
DEIN·BLVT·WA
SCHE·MEIN
SVNDE

INRI

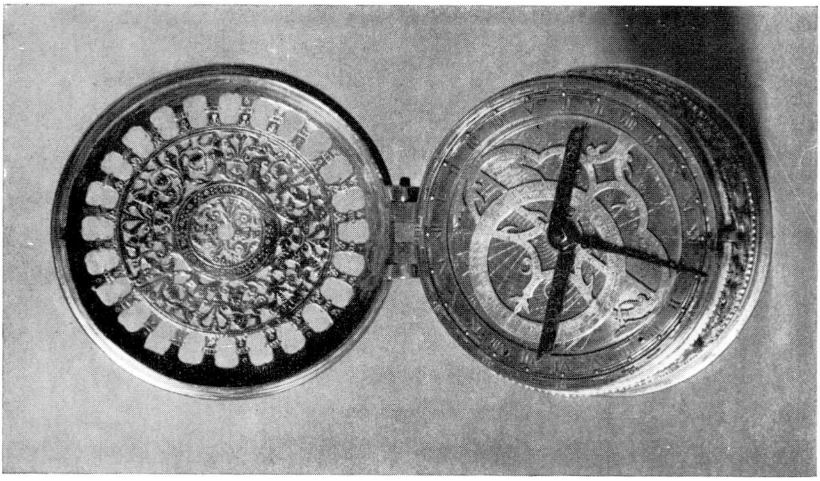

a

b

Abb. 40a und b. Kleine Dosenuhr mit durchbrochenem Deckel zur Zeitablesung, süd- oder mitteldeutsch, ca. 1560–1570; unsigniert. Werk teilweise aus Eisen und Messing; Stundenschlag; kreisrunder Unrast mit Schweinsborstenregulator zur Amplitudenbegrenzung; kreisrunder Stackfreed mit einfacher Ausnehmung; am Zifferblatt Stundenteilung mit Tastknöpfen sowie kleinem silbernem Astrolabium, außerdem ein Minutenzeiger mit Fünfminutenteilung. Durchmesser ca. 10 cm.
Hessisches Landesmuseum, Kassel.

b

c

d

Abb. 41a, b, c, d. Dosenuhr, vergoldete Bronze mit Schauöffnungen im Deckel, süddeutsch, ca. 1580. Mit Stackfreed und Löffelunrast mit Ausgleichsgewichten. Stundenzeiger mit 24stündigem Umlauf; am Zifferblatt Tag- und Nachtlängenindikationen nebst Sonnenauf- und -untergang, auf Rückplatine Jahresscheibe mit Tierkreiszeichen. – Kunsthistorisches Museum, Wien.

b

Abb. 42 a und b. Kugelförmige Anhängeruhr, sog. „Bisamapfel“ mit eisernem Werke, ähnlich dem von Abb. 37, mit Abteil zur Aufnahme eines Geruchschwämmchens, wohl Nürnberg, ca. 1525.

(Reproduktion der alten Illustration eines Bisamapfels der ehem. Sammlung Koch, Frankfurt a. M., in Bassermann-Jordans „Uhren“.) Heute verschollen.

a

Abb. 43b. Werk der Tischuhr von Jakob Zech aus dem Gehäuse herausgenommen. Inschrift auf dem Federhaus deutlich erkennbar. Man beachte, daß für den Werkskörperzusammenbau keine Verschraubung, sondern nur Verkeilungen und Verstiftungen analog der Zimmermannstechnik Verwendung fanden. Lediglich die Gewichte des Unrasts sind verschraubbar zur Gangeinstellung.

Abb. 43a. Kreisrunde Tischuhr, signiert Jakob Zech, Prag 1525. Wappen im zylindrischen Gehäuse – Wappen der Königin Bona aus dem Hause der Visconti/Mailand und ihres Gemahls Sigismund I. von Polen. Höhe 12,5 cm, Durchmesser 25 cm. Einzeigerig mit Griffknöpfen und Sonnenstandsangabe im Tierkreis.
Society of Antiquaries, London.

a

b

c

Abb. 44a, b, c. Quadratische Tischuhr, signiert Steffen Brenner, Kopenhagen 1558, am Ende des 17. Jahrhunderts auf ein Pendel umgebaut.

a Gesamtansicht mit Astrolabium, wobei der Drachenzeiger auch eine kleine, automatisch sich einstellende Mondkugel zur Phasengabe trägt.

b Zifferblatt zur Angabe der Tag- und Nachtlänge sowie der Sonnenauf- und -untergangszeiten.

c Astrologisches Indikatorblatt für die täglichen Stundenregenten; in der Mitte ein 12-Stunden-Zifferblatt. Die kleine Öffnung oben im astrologischen Blatt dient für die Nachstellung des Schlagwerkes innerhalb des 12-Stunden-Blattes; Weckerscheibe im Zentrum.

St. Annen Museum, Lübeck.

Abb. 45. Viereckige Tischuhr, gegossenes Goldbronzegehäuse, unsigniert, wohl süddeutsch, ca. 1560, mit aufgesetztem Weckerwerk (Auslösung des letzteren durch den nach unten bis zum Zifferblatt ragenden Stahlfühler). Tastknöpfe zur Zeitabnahme bei Nacht. Grundfläche ca. 25 × 25 cm.

British Museum, London.

Tafel IV. 2 Renaissance-Tischuhren mit Silberfassung, ca. 1640/50.

a en b

c

d

Abb. 46a, b, c, d. Quadratische Renaissance-Tischuhr mit durchbrochener Kuppel, Messing und Kupfer vergoldet. An den Gehäusewandungen zwei Türchen zum Beobachten des Darmsaitenablaufes auf beiden Schnecken. Sehr schmaler Ziffernring, Stahlzeiger. Im Innern des Ziffernringes Wappen des Duc d'Artois. 4 Schilder haltende Löwen. Werk aus Messing, stark vergoldet, massive Platinen. Geh- und Stundenschlagwerk mit Schnecken und Darmsaiten. Die Schnecken mit sehr viel Umgängen, typisch für französische Uhren, ebenso die schlanken Zähne mit großer Zahnlücke. Hebel und Wellen der Schlagwerkseinrichtung aus Stahl, zum Teil mit gotischen Profilen. Schlußscheibe unter der auffallend laut tönenden Glocke. Werkplatinenunterseite mit stählerner Radunruhe, einfacher angeriegelter Spindelkolben aus Stahl. 2 Schließfedern mit Riegel. Regulierung nur mittels Federvorspannung.

a Gesamtansicht

b Ansicht des herausgenommenen Werkes.

c Bodenansicht (Deckel geöffnet) Bodenunterseite reich graviert mit Rollwerk, Laubwerk, Fruchtbündeln und Krieger. Eingeschlagene Buchstaben bei den Aufzugsöffnungen, M = Mouvement, S = Sonnerie.

d Meisterzeichen vergoldet.

Sammlung A. Schenk, Winterthur.

Abb. 47. Rechteckige Tischuhr mit automatischer Auslösung eines Feuersteinschnappschlosses zum Entzünden einer Lunte. Messinggehäuse graviert und vergoldet, Zifferblatt aus Silber mit eingelassenem transluzidem Email, Grundfläche 174 × 86 mm. Süddeutsch um 1580.
Germanisches Museum, Nürnberg.

Abb. 48. Kreisrunde Tischuhr mit getriebenem und vergoldetem Messingblechgehäuse, signiert Hans Koch, München 1591. Stundenangabe am großen 2 × XII geteilten Ziffernring; kleiner Zeiger gibt auf dem konzentrisch erhöhten kleinen Zifferblatt Viertelstundenangabe, wo auch Minutenkalibrierung vorgesehen ist. Typische französische Bauform, wo die Glocke in der zentralen Wölbung untergebracht ist.
Bayerisches Nationalmuseum, München.

a

b

Abb. 49a und b. Türmchenuhr-Vorläufer; eiserne Federzugsuhr mit Waag; wohl süddeutsch. Eisernes Werk vom Typus der Gewichtswanduhren, vielleicht noch vor 1500. Federhaus am Bodenrahmen nach abwärts angebaut, aber durch einheitliches Gehäuse verdeckt. Früheste heute bekannte Federzuguhr. Höhe ca. 20 cm.
Germanisches Museum, Nürnberg.

a

c

Abb. 50a. Vergoldete Bronze-Türmchenuhr, französisch, signiert Pierre de Fobis, Lyon, um 1540; Gehäuse aus einzelnen Segmenten zusammengelötet; Höhe 12,5 cm, mit Weckerwerk.

b Bodendeckel mit Signatur und Werksboden der Türmchenuhr.

c Werkeinsicht in das Uhrwerk. Man beachte die lange dünne Schnecke, die typisch für frühe französische Arbeiten ist. Von besonderer Bedeutung ist die Geschwindigkeitsregulierung des Schlagwerkes, die nicht durch einen umlaufenden Windfang oder eine schwere Masse, sondern durch eine reguläre Spindelhemmung erfolgt, ihr Kronrad ist deutlich im unteren Stockwerk im linken Felde ersichtlich.

Sammlung Schenk, Winterthur.

b

H. ASTROLOGISCH AUSGERICHTETE PLANETEN-INDIKATIONEN

Bisher wurden in diesem Werk die astronomischen Darstellungen aus dem Gesichtswinkel des an der Klarstellung des Weltbildes interessierten Menschen betrachtet. Planetenstellungen im Tierkreis wurden aber lange Zeit als von grundsätzlichem Einfluß auf den Lebenslauf des einzelnen Individuums angesehen und daher geeignet, durch bestimmte Operationen die Zukunft des betreffenden Individuums abzuleiten. Astrologie heißt diese Lehre; sie entwickelte sich bei den Babyloniern und Ägyptern, wurde von dem bedeutenden Astronomen Ptolemäus in der Tetrabiblos und von späteren in ein Regelgebäude gebracht und von dort über die Araber in die Vorstellungswelt des europäischen Mittelalters übernommen. Von da bis zum Ende des 17. Jahrhunderts hat sie in Europa großes Ansehen genossen. Die Einsicht in funktionelle Zusammenhänge der Lebensvorgänge, die uns seither Physik, Chemie und Biologie gebracht haben, hat aber die Vorstellungen der Astrologen als unbegründet und unrichtig nachgewiesen. Wenn trotzdem diesem überwundenen Aberglauben einige Seiten gewidmet werden, so geschieht dies, um dem Betrachter der schönen Uhren des 16. bis 18. Jahrhunderts den Zugang zu einer Gruppe von Indikationen zu ermöglichen, ohne deren Kenntnis das Verstehen der betreffenden Uhr und ihres Mechanismus kaum möglich wäre. Man erkennt daraus, wie selbst aus grundsätzlich falsch liegenden Vorstellungen wertvolle Resultate für den Entwicklungsgang der menschlichen Zivilisation entspringen, wenn sie nur dazu führen, Fehlschlüsse festzustellen.

Als Grundprinzipien der Astrologie erscheinen:

a) Die Verteilung der Planeten im Tierkreis zur Zeit der Geburt (des ersten Schreies), nach anderen, der Empfängnis eines Menschen, bestimmt sein weiteres Leben. Die graphische Aufzeichnung dieser Planetenverteilung ist das *Horoskop*, und von da an ist „der Stern" des betreffenden Individuums festgelegt.

b) Im späteren Leben bestimmt die Lage „des Sterns" die guten und schlechten Stunden.

Abb. 51a. Rückansicht des Türmchenuhr-Vorläufers (Abb. 6).
Oben: links Wochentagszifferblatt, rechts Monatsdatumblatt
Mitte: Mondphasenblatt, umgeben von folgenden vier Wappen: Heiliges Röm. Reich, Ungarn, Böhmen, Alt-Österreich.
Unten: links 24-Stunden-Blatt, rechts großes astrologisches Blatt mit automatischer Angabe der jeweiligen Stundenregenten.

Abb. 51 b. Werkseinsicht des Türmchenuhr-Vorläufers (Abb. 6). Man beachte das klar aufgebaute eiserne Werk in Fachrahmenbauweise und den später kaum jemals wieder zu findenden Schnurtrieb.

Abb. 52a. Große Türmchenuhr mit maurischen Ornamenten und reichen astronomischen Indikationen. Signiert Philipp Imbser, Tübingen 1555, angefertigt für Kaiser Ferdinand I. Hauptansicht mit Kalender und Planetenindikationen. Man beachte, daß hier neun konzentrische Wellen verwendet sind. Indikationen in folgender Reihenfolge: Sonnenzeiger, Mondscheibe, Mondzeiger, Drachenscheibe und die fünf Planeten Venus, Merkur, Mars, Saturn und Jupiter. Gradteilung der Ekliptik mit Tierkreiszeichen steht fest. Entlang der horizontalen Brüstung des viereckigen Grundkörpers bewegt sich eine weibliche Figur, die mit dem ausgestreckten Arm die Minuten anzeigt. Im oktogonalen Aufbau Automatenfiguren; als Bekrönung umlaufender Himmelsglobus. Messing graviert und vergoldet. Werk später auf ein Pendel umgebaut. Höhe ca. 90 cm. – Technisches Museum, Wien.

Abb. 52b. Detailaufnahme des oktogonalen Aufbaues der großen astronomischen Türmchenuhr (Abb. 52a). Drehachse des Himmelsglobus im Hauptmeridian gelagert; der horizontale Reifen stellt den Horizont dar, die zwischen Hauptmeridian und Horizont liegenden Ringe sind die Himmelshäuserbegrenzungen.

c) Die Verteilung der Planeten wird durch Bezug auf die Tierkreiszeichen und auf die *Häuser* des Himmels beschrieben. Diese Himmelshäuser sind zwölf Sektoren, herausgeschnitten aus dem Firmament durch dächerartig angeordnete Ebenen, deren gemeinsame Achse durch die Schnittpunkte des Ortsmeridians des Himmels mit dem Horizont bestimmt ist; an einigen frühen Sphären (vergleiche Abb. 52b) sind Ringe zur Abgrenzung der Himmelshäuser wirklich vorgesehen; daneben finden sich häufig die Häusergrenzen im Zusammenhang mit den in Abschnitt II C/1 behandelten

Astrolabien angegeben. Es ist hier am Platz, darauf hinzuweisen, daß diese Häusergrenzen keinem der astronomischen Bezugs-(Koordinaten)-Systeme entsprechen; über ihre genaue Bestimmung besteht keine Einhelligkeit unter den Astrologen. Den Häusern des Himmels ist nach einem uralten astrologischen Schema entscheidender Einfluß auf die verschiedensten menschlichen Belange zugeordnet. Wir folgen nun den diesbezüglichen Angaben von Raphael (5), dem „Astrologen des 19. Jahrhunderts":

Das erste Haus diktiert die persönliche Erscheinung des Neugeborenen und beeinflußt seinen Geist zu einem gewissen Grad, besonders wenn irgendein Planet darin steht. Dieses Haus heißt auch „ascendent". Steht ein schlechter Planet darin, dann wird ein Mal oder Fleck am Kopf oder Gesicht stehen, da der Ascendent diese Teile des Körpers regiert.

Das zweite Haus regiert des Neugeborenen Vermögen und dessen weltliche Interessen und Freiheit. Es regiert auch Nacken und Hals.

Das dritte Haus bezieht sich auf die Brüder und Schwestern des Neugeborenen; auf kurze Reisen vorzugsweise auf Schienen oder Landstraßen, auf Briefe, Schriftstücke und Nachbarn, und jeder Planet in diesem Haus hat irgendeinen Einfluß auf das Gemüt. Hände, Arme und Schultern sind die Körperteile, die von diesem Haus abhängen.

Das vierte Haus versinnbildlicht den Vater des Neugeborenen, dessen Erbgut oder Besitz und auch dessen Befinden und Stellung am Ende seines Lebens. Die abhängigen Körperteile sind Magen und Brust.

Das fünfte Haus bezieht sich auf die Nachkommenschaft des Neugeborenen und seine Erfolge bei Wetten, Spekulationen und Glücksspielen. Herz und Rücken sind die kritischen Körperteile.

Das sechste Haus betrifft des Neugeborenen Krankheiten und die Seuchen, für die er vor allem anfällig ist, ebenso seine Diener und Untergebenen und weiter betrifft es auch seine Onkel und Tanten. Bauch und Gedärm werden vom Haus regiert.

Das siebente Haus kennzeichnet Liebe und Ehe, Weib oder Gemahl, öffentliche Feinde, Gerichtsaffären und Streitfälle, Kompanions, kurz alle Angelegenheiten mit nicht verwandten Personen. Regierte Körperteile sind Nieren und Lenden.

Das achte Haus ist das Haus des Todes, der Testamente und Legate, der Mitgift oder des Witwengutes und regiert die Geschlechtsteile.

Das neunte Haus regiert die langen Reisen, Seefahrten, Religion, Träume und Visionen, und die Schwäger. Hüften und Oberschenkel werden davon regiert.

Das zehnte Haus kennzeichnet des Neugeborenen Mutter, seine Ehre, Handel und Beruf. Es regiert die Knie und Waden.

Das elfte Haus regiert des Neugeborenen Freunde, Hoffnungen und Wünsche, und auch das Vermögen seiner Mutter. Es wirkt auf Beine und Sprunggelenke.

Das zwölfte Haus schließlich kennzeichnet die geheimen und persönlichen Feinde des Neugeborenen, seine Arrestierungen, Angriffe durch Räuber oder Wegelagerer Es regiert Fuß und Zehen.

Wir gaben dieses merkwürdige Agglomerat vollständig, weil man sich ohne diese Details von der ganzen kombinatorischen Theorie, mit der die Astrologie arbeitete, keine Vorstellung machen kann.

a

b

Abb. 53a und b. Gewichtswanduhr in Türmchenform; Gehäuse aus vergoldetem Kupfer getrieben und geschnitten. Auf den Seitentüren die Wappen der fürstlichen Familien Massimo (Rom) und Vitelleschi (Città di Castello) eingraviert. Eisernes Werk von ca. 1580, das 1680 etwa auf ein kurzes Pendel umgebaut; italienischer Provenienz. Sammlung Graf Lamberti, Rom.

d) Die Planeten. Die klassische Astrologie verwendet folgende sieben Planeten: Sonne, Mond, Mars, Merkur, Jupiter, Venus und Saturn. – Raphael ist allerdings moderner und hat deren neun, nämlich zusätzlich noch Uranus (Herschel) und Neptun.

Die klassischen Planeten wurden in der Reihenfolge absteigender Umlaufszeiten – also Saturn, Jupiter, Mars, Sonne, Venus, Merkur, Mond – in periodisch durchlaufender Wiederkehr den Stunden jeder Woche zugeordnet; dabei wurde dann der Planet der jeweils ersten Stunde eines Tages zum Herrscher und Namensgeber desselben. In der Planetenwoche war folglich der erste Tag der Tag des Saturns (= Samstag). Zur Erläuterung, wie das gemeint ist, diene die folgende Tabelle, die gelegentlich auch auf Uhren und in Bestecken gefunden werden kann.

Tabelle 10. Planetenstunden

Planetengott	Saturn	Jupiter	Mars	Sonne	Venus	Merkur	Mond
Wochentag/Stunde							
Saturntag (Samstag)	1 8 15 22	2 9 16 23	3 10 17 24	4 11 18	5 12 19	6 13 20	7 14 21
Sonntag	5 12 19	6 13 20	7 14 21	1 8 15 22	2 9 6 23	3 10 17 24	4 11 18
Montag	2 9 16 23	3 10 17 24	4 11 18	5 12 19	6 13 20	7 14 21	1 8 15 22
Marstag (Dienstag)	6 12 20	7 14 21	1 8 15 22	2 9 16 23	3 10 17 24	4 11 18	11 12 19
Merkurstag (Mittwoch)	3 10 17 24	4 11 18	5 12 19	6 13 20	7 14 21	1 8 15 22	2 9 16 23
Jupiterstag (Donnerstag)	7 14 21	1 8 15 22	2 9 16 23	3 10 17 24	4 11 18	5 12 19	6 13 20
Venustag (Freitag)	4 11 18	5 12 19	6 13 20	7 14 21	1 8 15 22	2 9 16 23	3 10 17 24
Saturntag (Samstag)	1	2	wiederholt sich wie oben!				

Dieses Schema ist in Planetenstunden-Tabellen verschiedentlich in den astronomisch-astrologischen Büchern des 16. und 17. Jahrhunderts zu finden. Gelegentlich sind diese Tabellen auch auf astronomischen Bestecken angebracht (vergleiche Abb. 68b). Ganz selten aber sind Stundenregentenblätter, wie das in Abb. 44c gezeigte, bei welchem ein eigener Zeiger den augenblicklich in Kraft stehenden Regenten anzeigt.

e) Einfluß der Planeten. Die Astrologen nehmen nun an, daß die Planeten in größerem oder kleinerem Ausmaß guten oder schlechten Einfluß, je nach dem *Aspekt*, haben, unter dem sie untereinander und im besonderen zum „Stern" des Betreffenden stehen. Aspekt bezeichnet im Sprachgebrauch der Astrologen den Winkel oder genauer einen Winkelbereich, unter dem die betreffenden Planeten von der Erde gesehen erscheinen (astronomische Längendifferenz). Die verschiedenen, in der älteren Astrologie und auf alten Uhren gebräuchlichen Aspekte und die ihnen zugeschriebenen Auswirkungen sind in Tabelle 1 zusammen mit den hierfür geltenden Abkürzungszeichen zusammengestellt.

Tabelle 11. Planetenaspekte und ihre astrologische Bedeutung

☌	Conjunction	abhängig	△	Trigon	immer gut
⚹	Sextil	immer gut	☍	Oppositon	immer schlecht
□	Quadratur	immer schlecht	P	Parallel	wie Conjunction

Conjunction kann je nach den beteiligten Planeten entweder gut oder schlecht sein

Die Feststellung der Planetenstellung an einem bestimmten Tag und zu einer bestimmten Stunde ist eine klar definierte astronomische Aufgabe, deren Lösung seit dem Altertum mit steigender Genauigkeit die Astronomen beschäftigt hat. Mit Kenntnis der Planetenperioden (vergleiche Tabelle 9), Kenntnis der Ausgangslagen für ein bestimmtes Datum und der Größenverhältnisse der Bahnkreise lassen sich die Planetenlagen im Tierkreis mit solcher Genauigkeit berechnen, wie es die astronomischen Voraussetzungen ergeben. Da diese Rechnungen aber sehr zeitraubend sind, verwendet man schon seit vielen Jahrhunderten die sogenannten Ephemeriden, die die Planetenstellungen für jeden Tag des Jahres angeben.

War das Horoskop einmal gestellt und der „Stern" des Betreffenden fixiert, dann scheinen die Planetentafeln und Planetenstundenblätter der astrologischen Uhren den Zweck gehabt zu haben, für das betreffende

Abb. 54. Augsburger Türmchenuhr, rund 1600; Stadtprobe auf beiden Seitentüren einpunziert; Originalerhaltung, mit Radunruhe, zu der später ein Stift und ein kurzes Inversionspendel angefügt wurden (auf Gegenseite – im Bild nicht ersichtlich). Astrolabseite mit Sonnen-, Mond- und Drachenzeiger; oberes rechtes Hilfszifferblatt diente ursprünglich für die Verstellung der Schweinsborste und wurde nach Anbringen des Inversionspendels entfernt; oberes linkes Hilfszifferblatt für die Schlagwerkabstellung und die 12/24 Stundenumstellung; untere Hilfszifferblätter für die kleine Stunde und die goldene Zahl. – Sammlung Dr. E. Gschwind, Basel.

Individuum die augenblickliche Situation rasch zu jeder bestimmten Stunde abschätzen zu können.

Auf der eben geschilderten Grundlage haben die Astrologen mit dem angenommenen Einfluß der Planeten auf die Häusereigenschaften es versucht, mit Einfühlungsvermögen und Geschäftsgeist in die Verhältnisse ihrer Klienten einzudringen. In manchen Grenzfällen mag auch der Apparat der Astrologie ein geeigneter Mantel für Äußerungen eines persönlichen Ahnungsvermögens gewesen sein. Vom Standpunkt des freien Willens des Menschen allein muß man es gründlich ablehnen, daß die Materie des Universums das Lebensschicksal bestimmen könnte. Aber auch rein naturwissenschaftlich gesehen, besteht keine Veranlassung, einen Einfluß entfernter Himmelskörper auf charakterliche Gebiete anzunehmen.

In diese Gruppe fallen schließlich noch die *iatromathematischen* Uhrenblätter, das sind Indikatoren für astrologisch-medizinische Hinweise, welche Daten dies infelices, critici, decretorii sind*, bei welchem Planetenstand man sich an welchem Gliede zur Ader lassen, bei welchem Mondstand man sich die Haare und Nägel schneiden soll und ähnliches mehr. Das Verstehen solcher ungewöhnlicher Blätter stellt den Sammler und Amateur vor manchmal sehr schwierige Probleme, um zu erkennen, was eigentlich damit gemeint war. Manchmal wird es Jahre dauern, bis der Sinn solcher kulturgeschichtlich hochinteressanter Seltenheiten aufgeklärt ist. Dann soll man aber nicht versäumen, den gefundenen betreffenden Sinn von Uhr- oder Instrumentenindikation entsprechend schriftlich festzulegen.

* Also Unglückstage, kritische Tage, Entscheidungstage.

Abb. 55. Krummflächensonnenuhr als zylindrische Säule ausgebildet, ohne Meisternamen, signiert Innsbruck 1548; Schattenstab durch Deckelknauf gesteckt mit Tiroler Herzogswappen. Am unteren Ende der Säule Ortszeitkorrektur. Höhe 238 mm ohne Zeiger. Kunsthistorisches Museum, Wien.

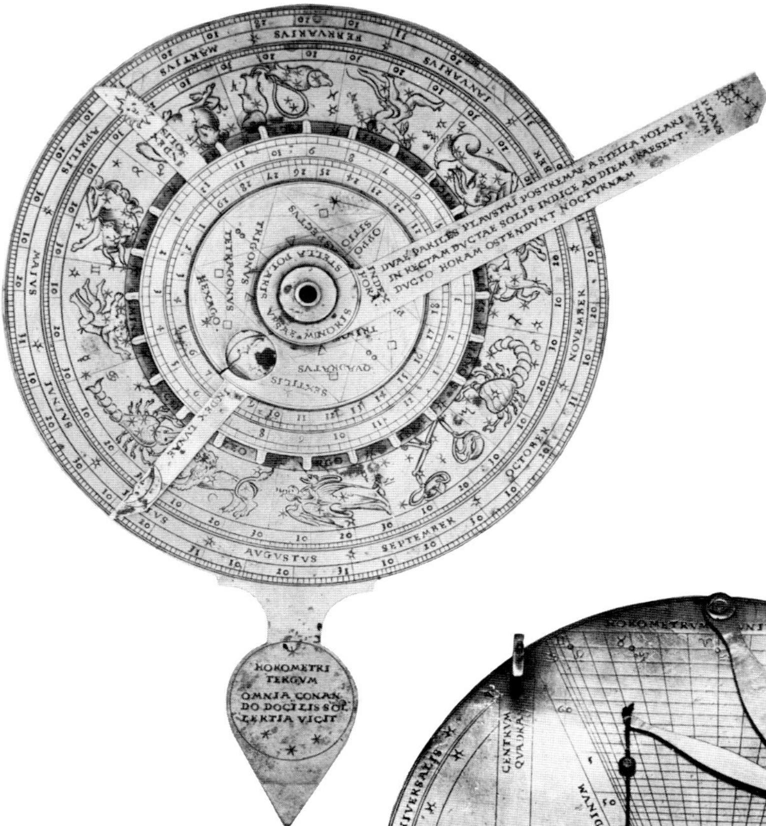

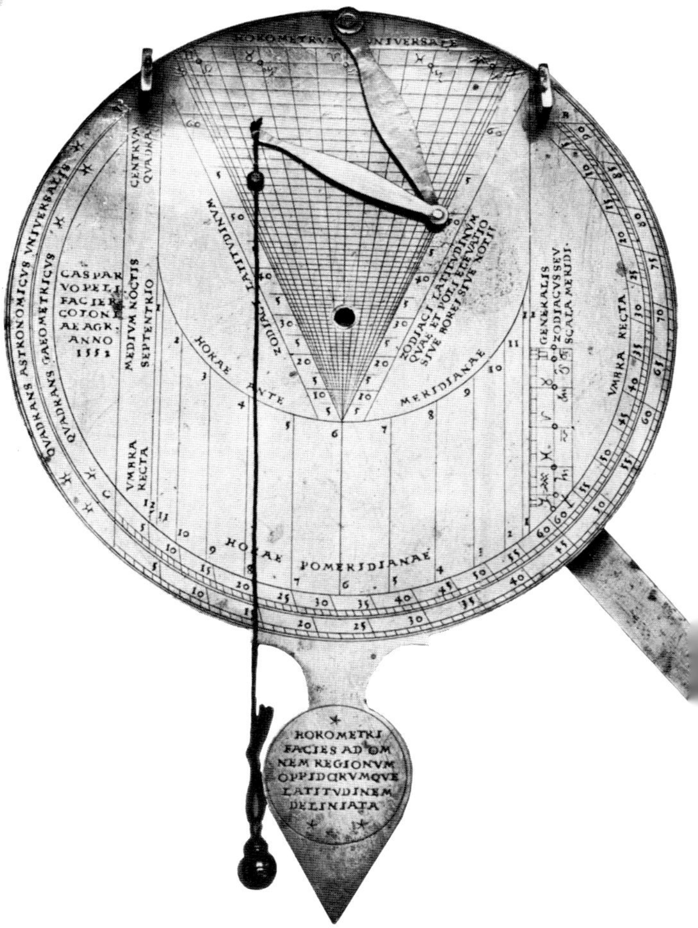

Abb. 56a und b. Kombiniertes Nokturnal (Sternuhr und Regiomontan'sches Uhrtäfelchen), signiert Caspar Vopeli, faciebat Coloniae agr. Anno 1552.

Eingehende Beschreibung im Katalog der Billmeir'schen Sammlungen Nr. 120.

Museum of the History of Science, Oxford.

Abb. 58. Hohlflächen-Sonnenuhr (Skaphe) 1561; Randschatten weist Zeit.
Staatl. Math. Phys. Salon, Dresden.

Abb. 57. Vertikal (West)-Sonnenuhr von Schloß Ambras, Tirol. Die Pfeile stellen die Stundenlinien dar. Wappen des Landesherrn Erzherzog Ferdinand, 1529–1595.
Aufnahme Prof. Kühnelt.

▼ Abb. 59. Vielflächensonnenuhr in Würfelform aus Holz mit Temperabemalung, Florenz, ca. 1560. Süd- und Nordblatt mit italienischen Stunden. Horizontalblatt zeigt babylonische Stunden. Ost- und Westblätter in den alten jüdischen Temporalstunden; sämtliche Blätter für 46 Grad Breite entworfen.
Science Museum, London. (Früher Palazzo Pitti, Florenz.)

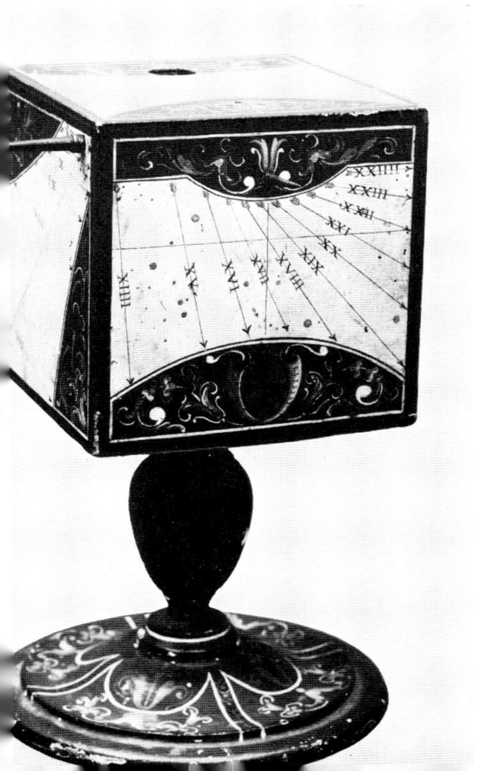

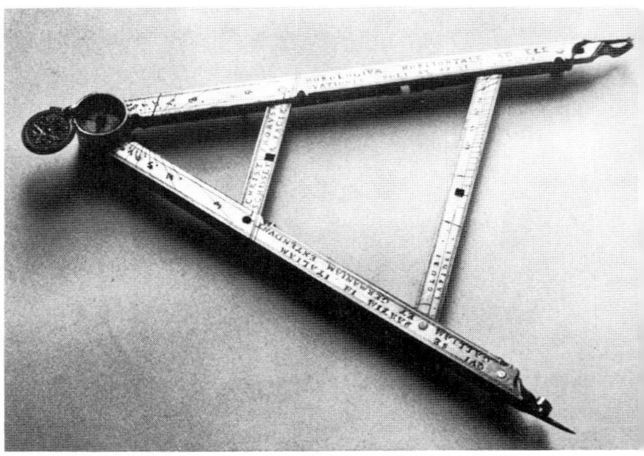

Abb. 60. Sonnenuhr in Zirkelform mit Kompaß; signiert Christoph Schiessler, Augsburg 1565.
Staatl. Math. Phys. Salon, Dresden

Abb. 61. Horizontalsonnenuhr in viereckiger Büchse; signiert Christopherus Schissler faciebat Aug. Vindel. A. D. 1564. Deckel trägt innen und außen Polhöhenverzeichnis einer Reihe von Orten zwischen Sardinien und Danzig. Ein Schieber ist vorgesehen, um entsprechend den schattenwerfenden Faden einzustellen. Zwei Einlegeplatten für 39 und 42, sowie 45 und 48 Grad Polhöhe, mit Loch für Kompaß. Die Rückseite trägt einen Doppeladler, dessen Federn und Stundenlinien 4–12–8 der horizontalen Sonnenuhr entsprechen.

Kunsthistorisches Museum, Wien.

a

b

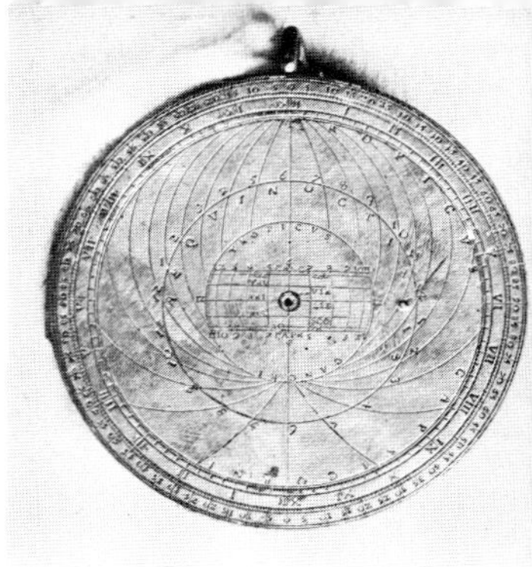

c

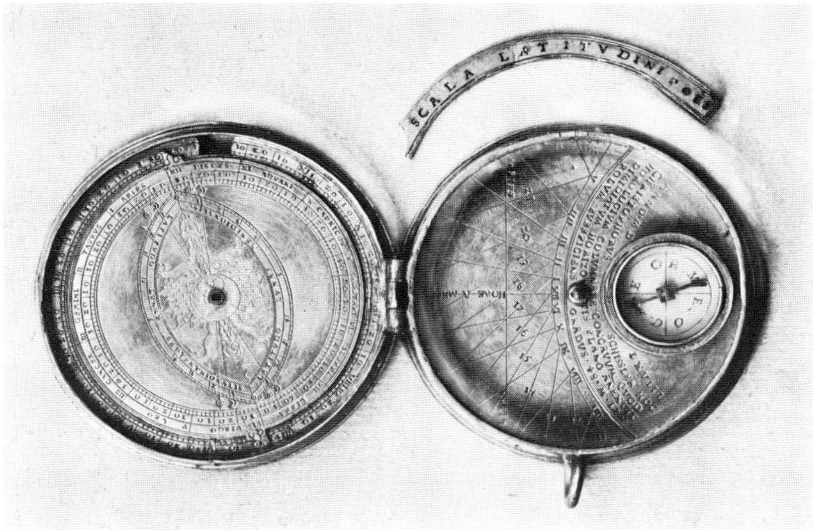

d

Abb. 63a, b, c, d. Universalgerät in Büchsenform; signiert Christophorus Schissler, 1568, Augsburg. Messing vergoldet, Durchmesser 6,5 cm, Höhe 0,8 cm zusammengeklappt.

a Seitenansicht; Deckel enthält Äquatorialsonnenuhr außen und Planetenstundenschieber. Gradbogen zur Breiteneinstellung wie aus b ersichtlich.

b Deckelansicht bei geschlossener Dose (Polos fehlt).

c Doseninnenansicht mit Gradbogen danebengelegt; auf Deckelinnenseite Mondbreitenindikator; im Boden Horizontalsonnenuhr und Kompaß.

d Bodenansicht bei geschlossener Dose mit Stundenlinien und Organum Ptolemäi im Zentrum.

Historisches Museum, Basel – Haus zum Kirschgarten.

◀ Abb. 62. Horizontalsonnenuhr mit Büchse, auf deren Wänden eine Reihe von Hilfsdaten eingraviert sind; signiert Christoph Heiden, Nürnberg 1565. Deckel zeigt oben Tierkreis und Monduhr (im Bild nicht ersichtlich); auf der Innenseite eine Karte von Mitteleuropa. Die Horizontaluhr ist zusammengeklappt in die Büchse einzulegen. Auf der Rückseite derselben ist eine kurze Gebrauchsanweisung. Im Boden ist ein Kompaß nebst einem eingravierten Organum Ptolemäi; auf der Rückseite der Büchse sind die Jahresmerkzahlen von 1560–1599 und das Hessische Wappen eingraviert. (Die Sonnenuhr gehörte ursprünglich der Landgräfin von Hessen.) Durchmesser 9 cm.

Hessisches Landesmuseum, Kassel.

Abb. 64. Kombiniertes Sonnenuhrsystem, bestehend aus: einer Krummflächensonnenuhr in Säulenform mit vier Vertikalsonnenuhren auf dem prismatischen Sockel für die verschiedenen Tageszeiten. Unter der Bekrönung eine Bussole zur Orientierung; bemaltes Holz; Schattenwerfer ausklappbar. Widmungswappen von Erzherzog Karl von Innerösterreich. Signatur: Hieronymo Lauterbach-Mathe. – 1576 Steir. Landschaftsmathematikus. Vorgänger von Keppler. Sonnenstandskorrekturtabelle nach Monaten; für eine Polhöhe von 47 Grad; des weiteren Tageslängentabellen für die verschiedenen Jahreszeiten. Höhe ca. 100 cm.
Steirisches Landesmuseum Joanneum, Graz.

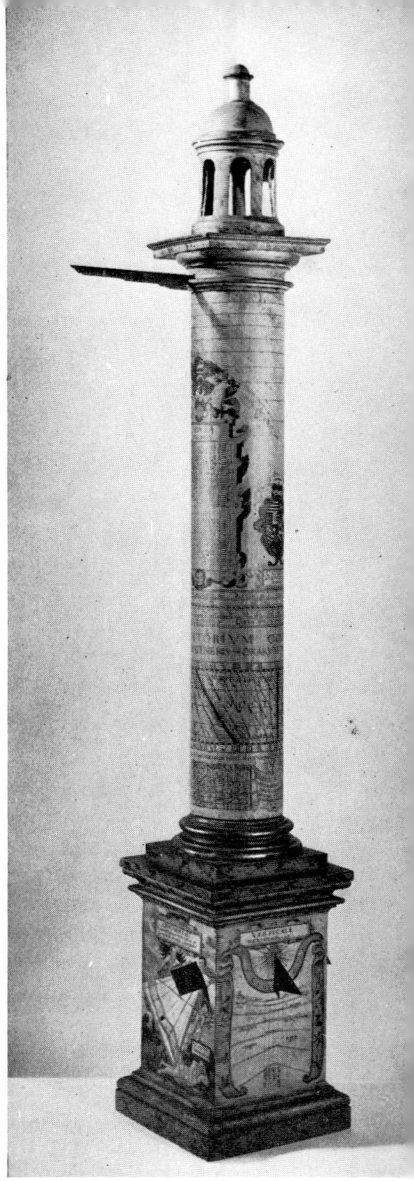

I. HILFSBLÄTTER BEI DEN UHREN

Außer den Indikatoren für die unter A. bis H. genannten, dem Zeitfluß verbundenen Daten finden sich häufig auf Uhren verschiedene Arten durch den besonderen Mechanismus bestimmter Hilfsblätter. Sie fallen im wesentlichen unter folgende Kategorien:

a) Abstellblätter für die Schlag-, Repetitions- und Musikwerke von Schlag- und Spieluhren (vergleiche Abb. 224a rechts oben, oder Abb. 228 Mitte, oder Abb. 235 rechts und links oben).

b) Umstellblätter für die Einstellung des Schlagens nach der Großen oder Kleinen Uhr; diese sind bei den reichen Renaissance-Türmchenuhren meist hinter einer der Seitentafeln angeordnet.

c) Schlagscheiben mit Kontrollziffern (vergleiche Abb. 85b oder 184b), um danach die Schloßscheiben-Schlagwerke, die leicht aus dem Takt geraten, wieder richtig einstellen zu können.

d) Einstell- und Indikationsblätter für Spieluhren, die anzeigen, welches bestimmte Stück wiedergegeben wird (vergleiche Abb. 227 oder 229), wo dies der äußere Ring am oberen Bogen ist.

e) Weckerstellscheiben; diese sind entweder konzentrisch um die Zeigerachse mit Stecklöchern (vergleiche Farbtafel III), oder sie sind ganz separat angeordnet und sehen wie ein Zifferblatt aus (vergleiche Abb. 371a, das Hilfszifferblatt rechts in der Mitte).

f) Auf- und Abblätter, die anzeigen, wie weit die Zugfeder abgelaufen ist.

g) Regulierblätter für die Ganggeschwindigkeit des Uhrwerks. Es gibt solche, mit denen man die Lage der Schweinsborsten verändert (vergleiche Abb. 54), solche, die den Lappeneingriff der Spindel in das Gangrad verstellen (vergleiche Abb. 98), andere, womit man die Vorspannung der Antriebsfeder ändern kann (vergleiche Abb. 94b), und wieder andere, die die aktive Pendellänge variieren (vergleiche Abb. 224a, links oben am Zifferblatt) und schließlich solche, mit denen man die Spannung oder aktive Windungszahl der Spiralfeder der Unruhe verstellt (vergleiche Abb. 218b oder 322b).

Hinweise auf die Bedeutung solcher Hilfsblätter sind in den meisten Fällen bei den Bildbeschriftungen gegeben, wenn der Zweck nicht unmittelbar klar ersichtlich ist.

K. INDIKTIONSZYKLUS

Der Indiktionszyklus oder der Zyklus der Römerzinszahlen steht in keinem Zusammenhang mit den Bewegungen der Himmelskörper. Er umfaßt einen Zeitraum von 15 Jahren und ist Erfindung und Hilfsmittel antiker Steuergesetzgebung. Die Römerzinszahl gibt an, das wievielte Jahr innerhalb dieses fünfzehnjährigen Zyklus ein bestimmtes Jahr ist. Man unterscheidet:

a) die byzantinische oder griechische Indiktion, die mit dem 1. September beginnt;

b) die Beda'sche Indiktion, fälschlich auch die kaiserliche oder konstantinische genannt, die mit dem 24. September beginnt und

c) die römische Indiktion, auch die päpstliche genannt, die am 25. Dezember oder am 1. Januar beginnt.

Auch dafür finden sich manchmal Blätter zur Anzeige.

Abb. 65. Horizontalsonnenuhr, Bronze in Holzfassung, mit eingebautem Kompaß Windrose und Wetterindikationen; ca. 1570.
Bayerisches Nationalmuseum München.

Bibliographie

(1) *H. Alan Lloyd*, Some outstanding clocks over seven hundred years 1250–1950. Leonard Hill Books Ltd., London 1958.
(2) *D. J. Price*, The equatorie of the planetis, Cambridge University Press 1955.
(3) *Max Engelmann*, Leben und Wirken des württembergischen Pfarrers und Feinmechanikers Philipp Matthäus Hahn, Berlin 1923.
(4) *Pierre Mesnage*, L'œuvre l'horlogère d'Antide Janvier, Toulouse, Edouard Privat 1952.
(5) *Raphael*, The key and guide to astrology, Foulsham & Co Ltd., London 1905.

Abb. 66. Vielflächensonnenuhr mit 25 verschiedenen Kalibrierungen; signiert Hans Koch, München 1578; hergestellt für Herzog Ludwig von Württemberg; Messing vergoldet und teilweise farbig emailliert. Kompaß in der oberen Horizontalfläche eingelassen.

Bayerisches Nationalmuseum, München.

Abb. 67. Hohlflächensonnenuhr in Becherform; signiert Marcus Purman, Monachy faciebat ad Elevatio Poli 48 Grad Anno 1590. Messing vergoldet. Höhe 14,5 cm. Germanisches Nationalmuseum, Nürnberg.

a

b

c

Abb. 68a, b, c. Sonnenuhr- und Kalenderkassette; signiert Erasmus Habermel, Prag ca. 1590.

a Deckelseite mit einem Ziffernring für zweimal zwölf Stunden und einem drehbaren 24-Stunden-Innenring.

b Bodenseite der Kassette mit astrologischer Planetenzuordnung zu den einzelnen Tagesstunden.

c Innenseite der Sonnenuhr- und Kalenderkassette.

Links: Horizontalsonnenuhr mit umlegbarem Schattenwerfer, eingebautem Kompaß mit östlicher Fehlweisungsanmerkung.

Rechts: Polhöhenverzeichnis und Drehscheibe zur Entnahme von Tag- und Nachtlängen sowie der Sonnenauf- und -untergangszeiten.

Kunsthistorisches Museum, Wien.

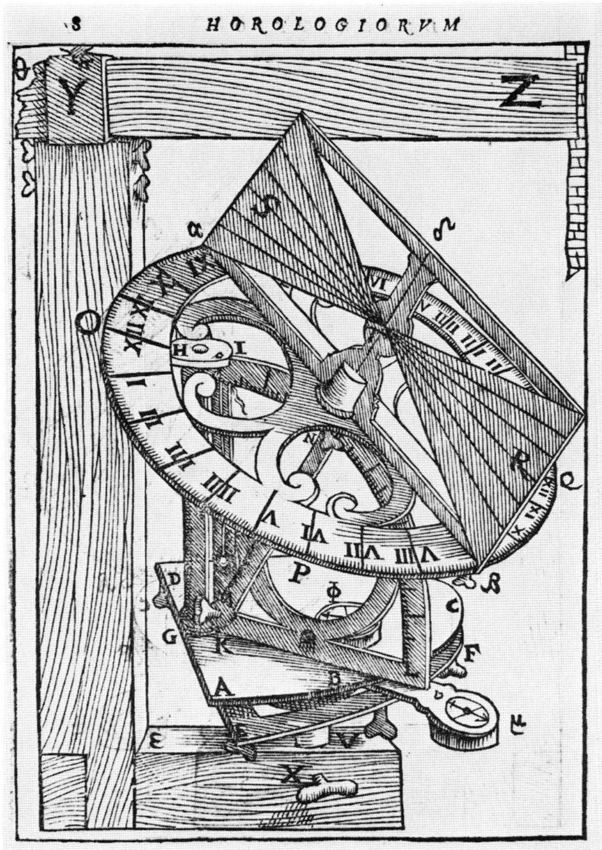

Abb. 69. Torquetumartiges Gerät zur Zeitbestimmung aus astronomischen Beobachtungen nach einem Vorschlag Christophori Clavi, Bambergensis e Societate Jesu. Reproduktion eines Holzschnittes aus: Fabrica et Usus Instrumenti ad Horologiorum descriptionem peropportuna ... et numquam ante hoc in lucem editi, Rom 1586.

GERÄTE ZUR ZEITMESSUNG MIT HILFE ASTRONOMISCHER BEOBACHTUNGEN

Man nützt bei diesen die in Kapitel I beschriebenen Periodizitäten der Himmelskörperbewegungen und zwar vor allem der Sonne aus. Aus geometrischen Zusammenhängen verschiedener Beobachtungen leitet man Unterteilungen der Grundperioden ab. Es gibt eine große Anzahl von Bauformen und Methoden, die zu derartigen Zeitmessungen herangezogen werden können. Wir fassen sie in mehrere größere Familien, entsprechend gemeinsamen Eigenheiten zusammen. Abb. 5 zeigt einen Stich aus dem Jahre 1533 mit den damals wichtigsten Geräten zur astronomischen Zeitbestimmung, der auch erkennen läßt, wie die Geräte verwendet worden sind.

A. SONNENUHREN

Als Sonnenuhren bezeichnet man alle Vorrichtungen, die es ermöglichen, durch Beobachtungen des durch die Sonne von einem geeigneten Körper geworfenen Schattens die Tageszeit zu bestimmen. Das primitivste Instrument zur Zeitbestimmung ist ein auf ebener waagrechter Fläche senkrecht aufgestellter Stab, für dessen Länge und Richtung die Fläche als Beobachtungsebene dient; der Stab wird als *Gnomon* bezeichnet, daher Gnomonik = Lehre von den Sonnenuhren.

Zur Geschichte der Sonnenuhren

Sonnenuhren haben bereits im Altertum in Babylonien, Ägypten, in Griechenland und Rom Verwendung gefunden. Die Sonnenuhrgeschichte sowohl der Antike als auch des Mittelalters ist neuerdings verschiedentlich behandelt worden (*1*) (*2*).

Abb. 70. Torquetum (Türkengerät) wohl von Erasmus Habermel, Prag, ca. 1600; reich graviertes und vergoldetes Gestell mit Kompaß, Lot, Vertikalkreis mit Diopter, breiteinstellbarer Äquatorialebene, usw. – Staatl. Math. Phys. Salon, Dresden.

Im Altertum gab es:

a) Großdimensionierte Sonnenuhrsysteme, deren Schattenwerfer teils Obelisken, teils große Treppenanlagen waren.

b) Sonnenuhren kleineren Formats, die zum Teil sogar tragbar waren; vergleiche z. B. die Ägyptische Schattenuhr (Abb. 14).

c) Ausgehöhlte Halbkugeln, *Skaphe* oder *Heliotropion* (Abb. 13) genannt. Diese wurden waagrecht gestellt und dem Zenit zugewendet, wobei im Zentrum ein schattenwerfender Gegenstand angebracht war. Der Weg, den die Spitze des Schattens auf der gekrümmten Auffangfläche beschreibt, ist ein Abbild des scheinbaren Sonnenweges am Himmel;

d) Tragbare Sonnenuhren – von Vitruv Viatoria pensilia genannt.

Sonnenuhren von verschiedener Form wurden auch in der Völkerwanderungszeit und im frühen Mittelalter verwendet. Es waren primitive Formen wie einzelne noch erhaltene Kirchensonnenuhren, z. B. zu Michaelis in Fulda oder an einigen Sachsenkirchen in England (Abb. 18), oder die vor kurzem in einem Klosterhof von Canterbury ausgegrabene Gold-Elfenbein-Taschensonnenuhr (Abb. 17), von der angenommen wird, daß sie aus dem Besitz des Erzbischofs Alphege stammt, der 1011 bei der Eroberung Canterburys durch die Dänen ermordet wurde. Prof. E. Zinner (*1*) gibt in dem Kapitel „Mittelalterliche Sonnenuhren" ein faszinierendes Bild über die mittelalterliche Geräte-Entwicklung zum Zeitbestimmen mit Hilfe astronomischer Beobachtungen. Dieses Buch sei wärmstens jedem Liebhaber und Interessenten von Sonnenuhren und verwandten Instrumenten empfohlen; er wird erstaunt sein über die wissenschaftlichen Leistungen dieser bisher ganz vernachlässigten Epoche. Als besonderer Vorzug erscheint uns die gewählte Darstellungsweise, die es erlaubt, beliebigen aus dem Zusammenhang willkürlich herausgegriffenen Abschnitten ohne Vorbereitung zu folgen.

Besonders hervorzuheben ist der Abschnitt über die Vorbereiter der großartigen Renaissance-Instrumente. Die frühesten in diesem Zusammenhang erscheinenden Namen sind: Prior Fontolf in Bamberg und Hermann der Lahme, beide am Ende des 11. Jahrhunderts, Robert Grosseter in Lincoln (ca. 1250), Magister Konrad von Straßburg (ca. 1215). Auf diesen fußen dann die Schulen von Erfurt, Heidelberg und Wien mit den Hauptvertretern Johannes von Gmunden, Peuerbach, Regiomontanus und Hans Dorn, wo die *neuen* (im Gegensatz zu den antiken) Sonnenuhren entstanden sind, die in der Renaissance und den darauf folgenden Jahrhunderten verwendet wurden.

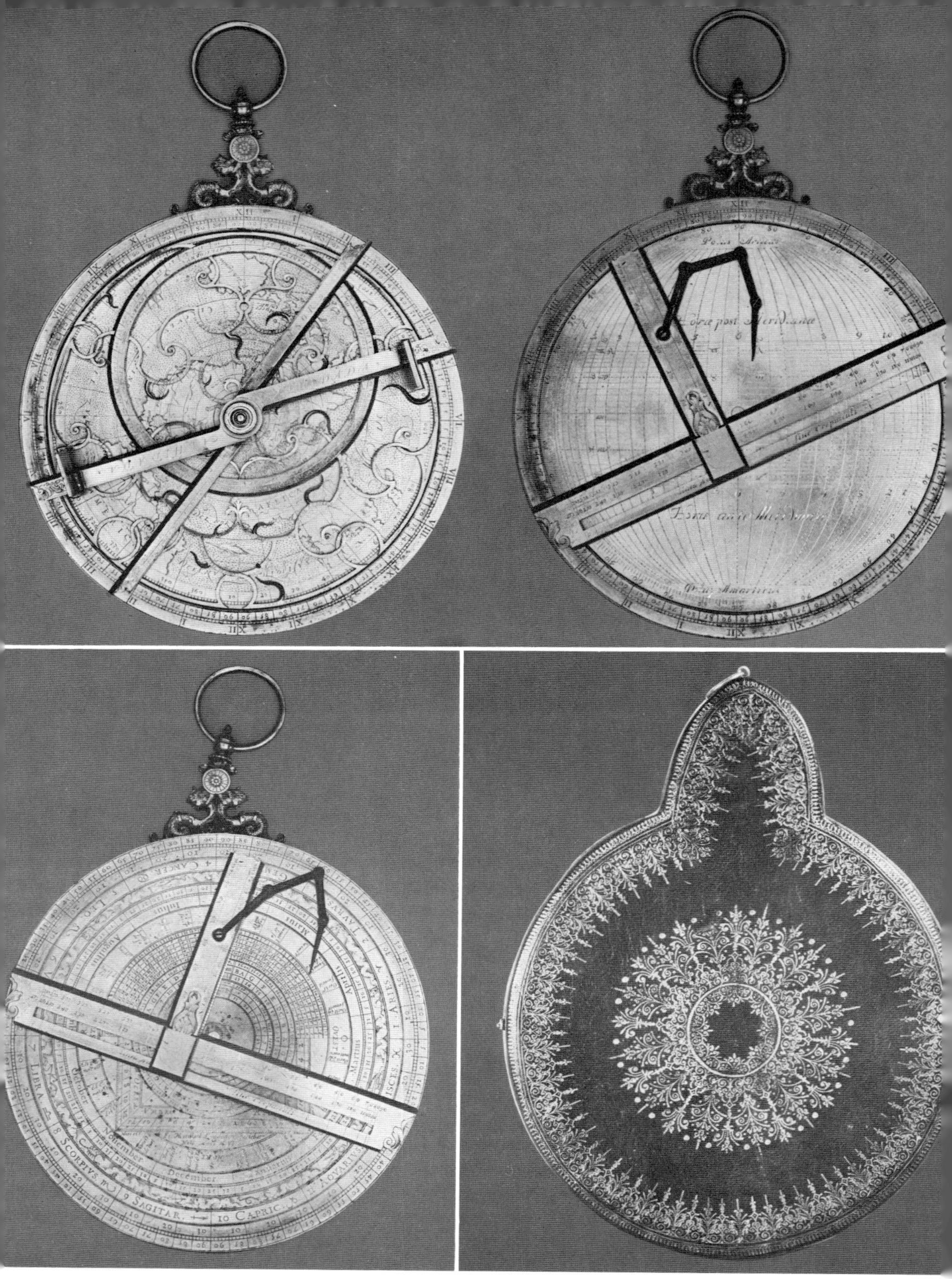

Abb. 71a und b (oben). Astrolab, Endstufe der Entwicklung. Signiert Fr. Morillard Lugdunen faciebat Narb. (1600) mit Ergänzungen von Pierre Sevin 1680.

a Astrolabseite mit Diopter. b Astrolabseite umgebaut in der Projektion des Rojas. c und d (unten). Rückseite des Astrolabs und Futteral aus rotem Maroquinleder mit Goldpressung. Detailbeschreibung der Funktionen im Supplement-Katalog der Billmeir-Sammlung unter Nr. 178. – Museum of History of Science, Oxford.

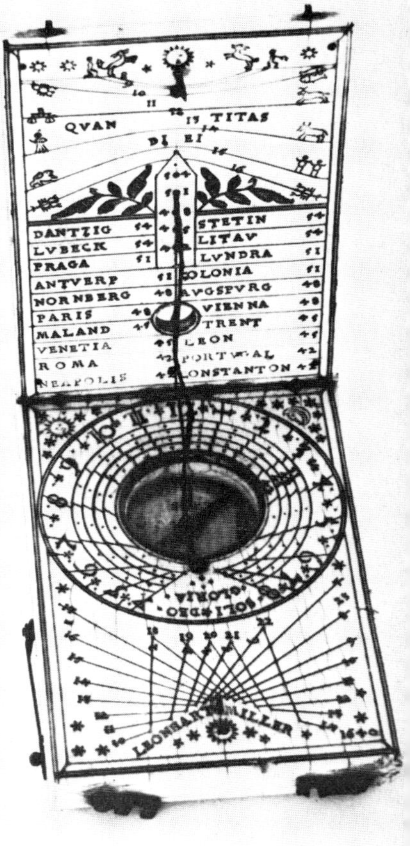

Abb. 72. Viereckige, elfenbeinerne Horizontalsonnenuhr (Klappsonnenuhr) zusammenklappbar, signiert Leonhard Miller, 1640; mit Kompaß, 16teilige Windrose, Polhöhentabelle. Vertikal- und Horizontalzifferblätter sichtbar am Bild; auf Rückseite Monduhr, Abmessung 9 × 5,5 cm.
Sammlung Prof. Kühnelt, Innsbruck.

Zwischen den antiken und den „neuen" Sonnenuhren besteht zunächst der eine fundamentale Unterschied, daß die antiken Sonnenuhren Temporalstunden (vergleiche S. 27), die neuen Sonnenuhren aber Äquinoktialstunden (vergleiche S. 27) zeigen.

Von der zweiten Hälfte des 15. Jahrhunderts an können wir eine rasch zunehmende Verbreitung aller Arten von Sonnenuhren, darunter sehr viele kleine, tragbare feststellen. Die bis dahin verwendeten antiken Bauformen beginnen nun den neueren Sonnenuhren zu weichen; gelegentlich weisen frühe Stücke auch beide Stunden gleichzeitig. Die „neue" Sonnenuhr hat als Zeiger den mit der Erdachse parallel gerichteten Polos, der auf eine beliebige Fläche einen Schatten wirft, welcher, 180 Grad von der Sonne verlagert, um den Stab mit derselben Geschwindigkeit wie die Sonne wandert. Die meisten von ihnen verlangten eine Orientierung nach den Weltgegenden; hierzu hat man häufig einen Magnetkompaß in die Sonnenuhr eingebaut. Die Einführung des Magnetkompasses als Richtungsweiser fällt in die Anfänge der Entwicklung der neuen Sonnenuhren, doch ist unser Wissen über die Einzelheiten, wie und wo er in den abendländischen Kulturkreis eingetreten ist, unbefriedigend.

Auf der Auffangfläche beobachtet man den Weg der Schattenlinie. Der Polos ist entweder ein Schattenstab (vergleiche Abb. 32 oder 33), ein Fadenzeiger (vergleiche Abb. 61), oder ein Zeigerdreieck, dessen Hypothenuse als Polos dient (vergleiche Abb. 62). Außerdem kommen auch Lichtzeiger vor, bei denen der durch ein kleines Öhr einfallende Sonnenstrahl die Zeit anzeigt (vergleiche Abb. 36). Der Winkel, den der Polos mit der Horizontalen bildet, entspricht der geographischen Breite des Beobachtungsortes, die gleich der Polhöhe desselben Ortes ist. Ein Verzeichnis

Abb. 73a und b. Ringsonnenuhr, signiert Johann Koch, Wien ca. 1660. Für Polhöhe 48 Grad; zusammengelegt; Durchmesser 7,5 cm.

Sammlung Prof. Kühnelt, Innsbruck.

der Polhöhen damals wichtiger Städte – eine Elevationstafel, ihre Angaben sind bei älteren Sonnenuhren allerdings oft fehlerhaft – ist an vielen transportablen Sonnenuhren und besonders häufig an Taschensonnenuhren (vergleiche Abb. 61 oder 72) angebracht, um den Polos entsprechend verstellen zu können.

Gegenüber den sich seit dem 15. Jahrhundert ausbreitenden Räderuhren waren die Sonnenuhren zuerst im Vorsprung. Sie behaupteten sich bis zum Aufkommen der elektrischen Nachrichtenübermittlung in der Mitte des 19. Jahrhunderts als Mittel, um die Räderuhren zu „richten", d. h. sie nach den als bindend angesehenen Angaben der aus astronomischen Beobachtungen gewonnenen Zeitbestimmungen einzustellen. Daher waren seinerzeit Sonnenuhren und verwandte Instrumente etwas für den täglichen Gebrauch so Selbstverständliches und Verbreitetes, wie es heute z. B. das Radio oder das Telefon ist. Zur Zeit des Aufkommens der tragbaren Uhren um die Wende des 15. Jahrhunderts waren in den meisten Fällen kleine Sonnenuhren gemeint, wenn von „Orrlein" die Rede ist. Viele Anhänger und Halsuhren der zweiten Hälfte des 16. und Anfang des 17. Jahrhunderts lassen äußerlich oft nicht erkennen, ob sie als Sonnenuhren oder als Räderuhren gebaut sind.

Die Verbesserungen der Taschenuhren im Laufe des späteren 18. und noch mehr im 19. Jahrhundert verdrängen allmählich die tragbaren Taschensonnenuhren. Die elektrische Nachrichtenübermittlung und die

Tafel V. Stockuhr in gemaltem Holzkasten von Schönemann, 1584.

damit verbundene Normalzeitverteilung haben dann endgültig die praktische Bedeutung auch der größeren Sonnenuhren verschwinden lassen. Heute sind Gartensonnenuhren und gemalte Sonnenuhren an Gebäuden nur mehr ein interessanter, traditionsvoller Schmuck. Er mag daran erinnern, daß der Sprachgebrauch unter Uhren bis zum Beginn des 19. Jahrhunderts immer in erster Linie Sonnenuhren verstand, während wir umgekehrt nur an Räderuhren zu denken pflegen.

Zum Abschluß dieses Nachrufes auf die verlorengegangene Rolle der Sonnenuhren für das tägliche Leben gehört es sich aber, darauf hinzuweisen, daß das Normalzeitsignal, nach dem wir unsere Uhren richten, von den Astronomen aus astronomischen Beobachtungen wie früher – nur viel genauer – abgeleitet wird.

Sonnenuhren und die anderen in diesem Kapitel beschriebenen Instrumente wurden ebenso wie die verwandten Geschützaufsätze und die Geräte zur Feldmesserei meist vom Handwerk der Zirkelschmiede hergestellt, soweit es sich um Metallarbeiten handelt. Dieses war in Deutschland unter den „Geschenkten" Handwerken eines der angesehensten. Nürnberg war seit der ersten Hälfte des 15. Jahrhunderts ein Hauptsitz dafür; im 16. Jahrhundert tritt Augsburg in starke Konkurrenz und überflügelt Nürnberg, soweit es sich um komplizierte und kostbare Instrumente handelt. 1471 zieht Regiomontanus von Wien nach Nürnberg wegen der günstigeren dortigen Instrumentenfabrikation und fertigt nach einer alten Chronik „in seiner wohl angerichteten officina allerhand Kompasse"; sein 1476 in Venedig gedrucktes Kalendarium ist wohl das erste Sonnenuhren mitbehandelnde Druckwerk. 1510 schlossen sich zwanzig Nürnberger Kompaßmacher zu einer Gilde zusammen, die bis ins 18. Jahrhundert bestand. Bohn schreibt in seinem „Neueröffneten Waarenlager" (Hamburg 1763) im Abschnitt Sonnenuhren: „die Nürnberger derselben viel hundertley Arten zum Verkauf von Messing, Beine, Holz und andern Materien machen; ... etliche stellen in einer flachen viereckichten Büchse, die man ordentlich nürnberger Compasse (Abb. 72) heißt, und von Elfenbein oder andern Beine gemachet,

Abb. 74 Einfacher Sonnenring, ca. 1600. Sammlung Prof. Kühnelt, Innsbruck.

Abb. 75. Sternuhr, wohl französisch, ca. 1660–1680; Eisen geschnitten mit Silbereinlagen; Höhe 38 cm; Durchmesser 16 cm.
Germanisches Nationalmuseum, Nürnberg.

a b

Abb. 76a und b. Großes silbernes Astrolabium, gestiftet von Fürstprobst Johann Christoph Adelmann von Ellwangen, 1681. Durchmesser ca. 40 cm.
Württembergisches Landesmuseum, Stuttgart.

auch die Zahlen und Striche darauf schwarz oder roth bezeichnet sind ... Es sind dergleichen nürnberger Compasse sehr bequem in dem Schubsacke oder auf der Reise bey sich zu führen. Andere werden schwebend in der Hand gehalten und bloß gegen die Sonne gerichtet, als da sind die messingenen Sonnenringe (Abb. 73) und cylindrische Sonnenzeiger (Abb. 55), dergleichen viele von den nürnberger auf den Märkten herum geführet werden."

Über die Versorgung von Italien und Spanien mit tragbaren Kompaß-Sonnenuhren aus Nürnberg und Augsburg sind verschiedene zeitgenössische Berichte erhalten; z. B. Vimercato: „Dialogo degli Horologi solare", Venedig 1557, 1567, 1585 und ff., oder Pini, der in „Fabrica degli Horologi solare", Venedig 1598, direkt die Kompaßsonnenuhren als Horologetti Tedeschi bezeichnet.

Außer den berufsmäßigen Kompaßmachern stellten im 16. und 17. Jahrhundert nicht selten auch Gelehrte eigenhändig Sonnenuhren und verwandte Instrumente her, wie z. B. Georg Hartmann in Nürnberg (geboren 1489) (vergleiche Abb. 33 oder 34), der der Entdecker der Deklination der Magnet-

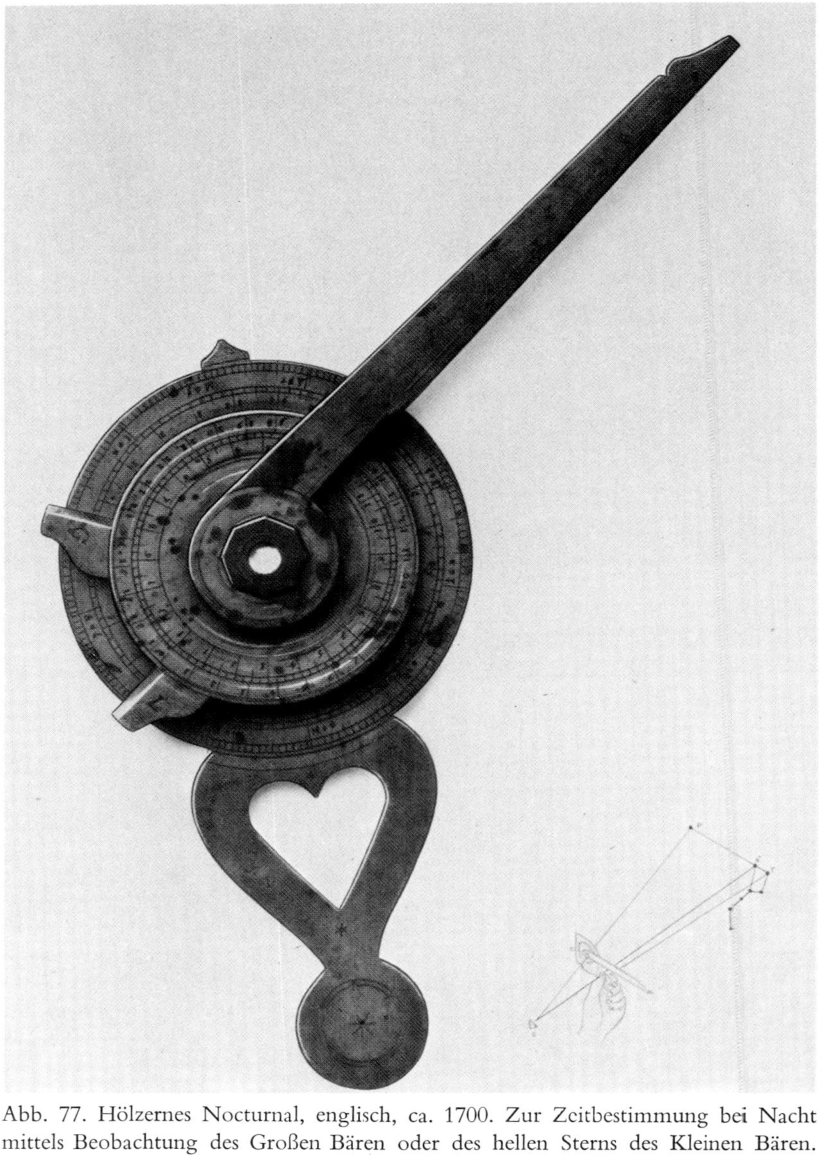

Abb. 77. Hölzernes Nocturnal, englisch, ca. 1700. Zur Zeitbestimmung bei Nacht mittels Beobachtung des Großen Bären oder des hellen Sterns des Kleinen Bären. Beim Gebrauch beobachtet man – wie auf der Nebenskizze angegeben – durch das zentrale Loch den Polarstern, stellt die kleine Scheibe auf das Tagesdatum, hält die Mittellinie des Instrumentes in den Meridian und richtet den langen Arm zum entsprechenden Stern.

Science Museum, London

Abb. 78. Äquatorialsonnenuhr, signiert Johann Martin, Augsburg, ca. 1700. Ablesung vor- und nachmittags getrennt auf den zwei Zylindersegmenten. Polhöhen verschiedener Städte auf Grundplatte graviert, Grundplattenkantenlänge ca. 10 cm.
Bayerisches Nationalmuseum, München.

Abb. 79. Gewichtswanduhr mit Glockenspielwerk, signiert Nicolas Vallin, London 1599; die früheste bekannte Glockenspieluhr, mit Stunden- und Minutenzeiger.
British Museum, London; früher C. A. Ilbert Collection.

Abb. 80. Gewichtswanduhr, Schweiz oder Süddeutschland, Radunrast fehlt; Eisenräder; gemalter Kasten, ca. 1600. Der Unterkiefer des Löwen macht sich beim Schlagen auf und zu. Stundenzeiger am Hauptblatt und separates Viertelstundenblatt, Viertelzeiger ergänzt; Höhe ca. 28 cm.
Sammlung Gisler, Zürich.

nadel war. Es ist klar, daß Geräte aus den Händen bedeutender Männer sich immer besonderer Wertschätzung erfreuen.

Wenn man die Literatur über die Sonnenuhren des 16. bis 18. Jahrhunderts in die Hand nimmt, erschrickt man heute über das Ausmaß an Gedankenarbeit, Mathematik und Geometrie, das den Sonnenuhren-Varianten und ihrer Konstruktion und Berechnung gewidmet wurde. Heute erkennen wir in diesem Ausfluß der Freude an einem guten Betätigungsfeld die sich damals im Menschen neu entwickelnden bzw. sich stärker als bisher äußernden Fähigkeiten zu wissenschaftlich-ingenieurmäßiger Aktivität. Bassermann-Jordan zitiert in diesem Zusammenhang G. v. Bezolds Ausspruch, daß „die alten Mathematiker eine wahre Leidenschaft gehabt haben müssen, die Tageszeit auf gnomonischem Wege zu bestimmen."

Dank der Phantasie und dem Fleiße der alten Sonnenuhrmacher ist die Zahl der Formen und Kombinationen außerordentlich groß; hier müssen wir uns mit einer Angabe der Haupttypen begnügen. Wir beschränken uns weiterhin auf die sogenannten *Direkten Sonnenuhren*, während Reflex- und

Refraktions-Sonnenuhren, die dem Leser nur sehr selten begegnen werden, nicht behandelt werden.

Die beste Methode, Ordnung in die Vielzahl von Typen und Namen zu bringen, erscheint uns, die Namensbezeichnung nach der Orientierung der Skala vorzunehmen, auf der die Ablesung erfolgt, die Ausführung, Dekoration, Größe, das Material oder die Periode aber nicht für die Namensgebung zu benutzen, sondern sie als Attribute anzufügen. Damit wird das Verständnis und die Zugänglichkeit ein in dem Gebildeten heute fremdes Gebiet erleichtert.

Terminologie der neueren Sonnenuhren nach der Skalenlage

1. Horizontalsonnenuhren (vergleiche Abb. 61, 62 oder 65): Ableseskala horizontal. Einstellung nach der Nord-Süd-Richtung notwendig; meist ist eine Magnetnadel in dem Gehäuse vorgesehen. Bei genauen, dauernden Aufstellungen (vergleiche Abb. 197), geschieht die Orientierung ein für allemal mit dem Senkel oder mit einer Wasserwaage bei Verwendung eines getrennten Kompasses; dabei ist die örtliche Mißweisung, d.i. die Differenz zwischen dem geographischen und dem magnetischen Pol, zu beachten*.

Die Berücksichtigung der Polhöhe bei den tragbaren Instrumenten wird durch Versetzen des Fadengnomons oder Verschieben des meist verstellbaren, metallenen Zeigerdreiecks erreicht.

Zu den Horizontalsonnenuhren gehören auch die *Monumentalen* Öhruhren, die durch eine kleine Öffnung im Dache eines Gebäudes einen Sonnenstrahl auf eine in den Boden eingelassene Gradeinteilung einfallen lassen. Solche Öhruhren sind in Observatorien und Kirchen, besonders in Italien, nicht selten; einige haben wahre Berühmtheit erlangt. So wurde die Öhruhr in S. Petronio in Bologna, der sogenannte „Meridian von Bologna", durch eine Medaille und durch mehrere Schriftwerke gefeiert.

Eine interessante Variante der Horizontalsonnenuhren sind die magnetischen Sonnenuhren. Hier befindet sich die Skala am Rand einer Bussole; mit der Magnetnadel fest verbunden ist der Schattenwerfer. Das Instrument wird horizontal zur Sonne gehalten und auf die Weltgegend eingerichtet, worauf die Zeit durch den Schatten sofort abgelesen werden kann. (Abb. 200)

* Die älteste in Europa angestellte Beobachtung ist nach A. Schück, „Der Kompaß", Hamburg 1915, jene von Georg Hartmann in Rom um 1510 mit 6 Grad E = östlich.

Abb. 81. Automatenuhr, signiert Nicolo Roccataglia (1593 bis 1636); Gewichtswerk. Der Bronzeputto (Verrocchio?) schlägt Viertel mit den in den Händen gehaltenen Klöppeln (Doppelschlag), die Stunden mit dem Fuß aber auf jener Glocke, auf der er sitzt. Höhe 47 cm.
Sammlung Graf Lamberti, Rom.

2. *Vertikalsonnenuhren:* Ableseskala vertikal. Skalenebene ist in jedem beliebigen Winkel zur Nord-Süd-Richtung möglich, verlangt aber immer besondere Skalenauslegung; man hat daher Süd- (Mittags- oder Mitternachts-)uhren, West- und Ost-Sonnenuhren. In diese Gruppe gehören alle an Gebäudewänden gemalten Sonnenuhren (vergleiche Abb. 57, 203 oder 205) sowie tragbare Vertikalsonnenuhren (vergleiche Abb. 32 oder 59). Bei letzteren ist beim Gebrauch die Winkellage zum Meridian zu berücksichtigen.

Die verschiedenen Konstruktionen von Wandsonnenuhren behandelt H. H. Kühnelt in „Tiroler Heimat", Jahrbuch für Geschichte und Volkskunde, Jahrgang 1952 und 1954.

Eine besonders bemerkenswerte Variante der Vertikalsonnenuhren waren im 16. Jahrhundert – der Blütezeit der Kabinettglasmalerei – kunstreich auf Glasfenster gemalte Sonnenuhren. Nach zeitgenössischen Nachrichten waren solche gemalte Fenstersonnenuhren in Süddeutschland damals nicht selten. Heute ist leider das meiste hiervon verlorengegangen.

Vertikal- und Horizontalsonnenuhren sind häufig einzeln für sich oder auch kombiniert in aufklappbaren, flachen, viereckigen Rahmen (gerne als Klappsonnenuhr bezeichnet) untergebracht. Diese gestatten auch den Monat selber abzulesen, wozu interessante Hyperbeln und Tierkreissymbole angegeben sind. Diese Zusatzangaben sind ein gutes Kennzeichen für das Alter des betreffenden Stückes; nach 1650 mit Leonhard Miller in Augsburg hört diese Bezeichnungsweise auf.

3. *Äquatorialsonnenuhren:* (auch Äquinoktialsonnenuhren), (vergleiche Abb. 78, 196 oder 202). Zifferblatt rechtwinkelig zum Polos angeordnet. Die Indikationsskala liegt also parallel zur Ebene des Äquators. Da die Sonnenuhren meist zusammengeklappt aufbewahrt werden, muß zum

Abb. 82. Wanduhr mit hölzernem Zifferblattrahmen, eisernem Werk und Eisenblechplatte für die Zifferblätter; Malerei stark abgesprungen; Zifferblatt für Stunden, Monate, Tagesdatum, Wochentage und Mondphasen in der Bekrönung. Signiert J. Q. 1663. Die Uhr ist von vornherein mit dem kurzen Kuhschwanzpendel gebaut worden, da der Pendelträger organisch aus dem Werkskörper herauswächst. Lediglich das vordere Lagerblech ist eine spätere Zutat.

Uhrenmuseum, Wien. Ursprünglich durch Generationen im Gasthaus „Sophiens Doppelblick", Ischl.

Gebrauch die Skala erst in jenem Winkel zur Horizontebene eingestellt werden, der der geographischen Breite, Polhöhe – Elevatio poli – des Beobachtungsortes entspricht. Zur Erleichterung sind meist tabellarische Angaben der Polhöhen auf solchen Äquinoktialsonnenuhren zu finden. Der Polos hat im Sommer nach oben, im Winter nach unten zu zeigen.

Eine besondere Gruppe von Äquinoktialsonnenuhren (manchmal Universalring genannt) ist in Form von Ringgehängen ausgeführt. Sie werden freihängend verwendet (vergleiche Abb. 73 und 194). Zinner (*1*) hat diesen sehr interessanten, aber komplizierten Sonnenuhrtypen, denen besonders im 15. Jahrhundert von den damaligen Instrumenten-Theoretikern besondere Liebe entgegengebracht worden ist, mehrere Seiten gewidmet. Leider ist heute von den früheren Stücken fast nichts erhalten; wir kennen sie vorzugsweise aus zeitgenössischen Literaturhinweisen.

4. *Azimutalsonnenuhren:* Man hat hier zwei Grundtypen zu unterscheiden:

a) Solche, bei welchen die Höhe des Schattenwerfers (häufig ein Öhr) fest ist, wie z. B. bei den einfachen Ringsonnenuhren, die auf der Ringinnenseite eine Linienskala besitzen (vergleiche Abb. 36); solche einfachen Sonnenringe wurden bis in die jüngste Zeit von Hirten verwendet. Es kamen sogar Fingerringe vor, die zugleich Sonnenringe sind. Auch die schinkenförmige Sonnenuhr (Abb. 204) gehört in diese Gruppe.

Hierher gehört auch noch eine hübsche Variante: Die *Mittagskanone* (Abb. 206). Diese wird von der Sonne bei ihrem Höchststand abgeschossen, indem die Sonnenstrahlen durch ein über dem Zündloche angebrachtes Brennglas gesammelt werden. Natürlich muß die Kanone genau in den Meridian eingestellt werden. Mittagskanonen scheinen in der zweiten Hälfte des 18. Jahrhunderts und zu Beginn des 19. Jahrhunderts in Mode gewesen zu sein. In der Schiffahrt wird sie noch heute als ein wichtiges und schönes Zeitzeichen verwendet.

b) Die Analematischen Sonnenuhren, bei welchen der Schattenwerfer beweglich ist und die Stunden durch Skalenteile festgelegt sind. Einen beachtlichen Fortschritt bilden die später eingeführten Kombinationen von je einem analematischen und einem Horizontalsonnenuhrblatt (vergleiche Abb. 195 oder 201). Hier orientieren sich die beiden Zifferblätter gegenseitig; ohne Kompaß erreicht man beachtliche Genauigkeiten. Die Stundenzahlen sind auf dem horizontalen Blatt auf einer Ellipse angeordnet.

5. *Schrägflächensonnenuhren:* Hier sind die Indikationsskalen unter bestimmten Winkeln zu den Hauptweltrichtungen geneigt. Da zu den einzelnen Tageszeiten verschieden zum Horizont mit der Vertikalen geneigte Flächen jeweils genaueste Lesungen ermöglichen, lassen sich mit Schrägflächensonnenuhren innerhalb kurzer Zeitspannen größere Genauigkeiten erzielen als auf den Typen, die den ganzen Tag umfassen. So haben häufig Sonnenuhrbauer ihre Fähigkeit, Skalen auf beliebigen Schrägflächen entwerfen zu können, an Vielflächensonnenuhren bewiesen. Grundsätzlich ist es eine kombinatorische Verallgemeinerung von Projektionsmethoden auf ausgezeichnete Flächen.

Mit dem Namen *Polyedrische Sonnenuhren* bezeichnet Bassermann-Jordan kombinierte Sonnenuhren, deren Zifferblätter reguläre oder halbreguläre Polyeder bilden (vergleiche Abb. 66); Würfel (Abb. 59) und Oktaeder (Abb. 33) sind besonders häufig. „Universalsonnenuhren" ist ein anderer Name für diese Kombinationen. Alle diese Sonnenuhren müssen mit dem Kompaß orientiert werden; häufig ist eine Bussole eingebaut.

Abb. 83. Wanduhr – sogenannte englische Laternuhr – signiert Thomas Tompion, Londini. Messinggehäuse graviert und gesägt, einzeigerig, mit Wecker, ohne Schlagwerk, ca. 1680. Höhe 24 cm.

Englischer Privatbesitz.

Abb. 84a (oben) b und c (unten). Anhängeruhr, anonym (wohl süddeutsch) mit durchbrochenem Bronzegehäuse, ca. 1580. Löffelunrast mit Schweinsborstenregulierung; Drehmomentausgleich durch Stackfreed. Durchmesser ca. 11 cm.

G. W. Willis Museum, Basingstoke.

6. Hohl- und Krummflächensonnenuhren: Hohlflächensonnenuhren (wie Abb. 58) können als Weiterentwicklung der antiken Skaphen angesehen werden; in der Renaissance werden sie gelegentlich in originellen Formen, z. B. als Becheruhren (Abb. 67) gebaut.

Andere Beispiele für Sonnenuhrskalen auf Krummflächen sind die Zylinder-(auch Säulchen- oder Gnomonsäulchen-)Sonnenuhren nach Abb. 55 und 64. Ihren Ausgang hat diese Entwicklung von der in Abb. 17 dargestellten früheren Reisesonnenuhr genommen. Säulen-Sonnenuhren waren lange Zeit die bevorzugten Reisesonnenuhren. Bei diesen, auch *Gnomon-Säulen* oder Cylindrus horarius genannten Sonnenuhren, gibt ein seitlich hervorstehender Zeiger die Stunden durch seinen Schatten auf dem Umfange der Säule an; der Zeiger ist so einzustellen, daß der ganze Schatten seiner Länge lang mit der Linie des Beobachtungstages zusammenfällt, bzw. parallel zu der nächsten Monats- oder Tierkreislinie liegt. (Es gibt aber auch hie und da schlechtgebaute Uhren dieser Type, wo nur das Schattenende schief auf die Skala zeigt). Nach dem Gebrauche kann der Zeiger im Inneren des Zylinders verwahrt werden. Der an weiteren Einzelheiten dieser wichtigen Entwicklung Interessierte ist wieder auf das Werk von Prof. Zimmer (*1*) verwiesen.

Schließlich gehören die sehr seltenen Kugelsonnenuhren, bei welchen die Kugel von Hand jeweils gedreht wird, und einzelne Kreuzsonnenuhren (Crux horologa) (vergleiche Abb. 34 und 198) in diese Gruppe.

Außer den Äquinoktialstunden geben viele Sonnenuhren auch eine der auf S. 27 und 28 angeführten besonderen Stundenunterteilungen an. Viele der zuletzt aufgezählten, frühen Sonnenuhren haben Temporalstundenindikationen, vergleiche (Abb. 32 und 58), während Sonnenuhren des 16. Jahrhunderts gelegentlich auch böhmische oder italienische Stunden zeigen.

Um aus der angezeigten Wahren Sonnenzeit die Mittlere Sonnenzeit zu erhalten, muß die jeweilige Lesung entsprechend korrigiert werden. Zur Erleichterung sind im 18. Jahrhundert gelegentlich Zeitgleichungstabellen an Sonnenuhren mitangebracht worden. Die Genauigkeit der meisten kleineren Sonnenuhren bis rund 1700 war nicht groß; viel mehr als eine Annäherung auf 5 Minuten kann man damit nicht erreichen. In der zweiten Hälfte des 18. Jahrhunderts wurden aber mehrfach Minuten-Sonnenuhren (Abb. 199, 201 und 202), die Lesungen bis auf eine Minute genau erlauben, gebaut. Auf dieser Basis wurden auch Äquinationssonnenuhren hergestellt, die Wahre und Mittlere Zeit abzulesen gestatteten.

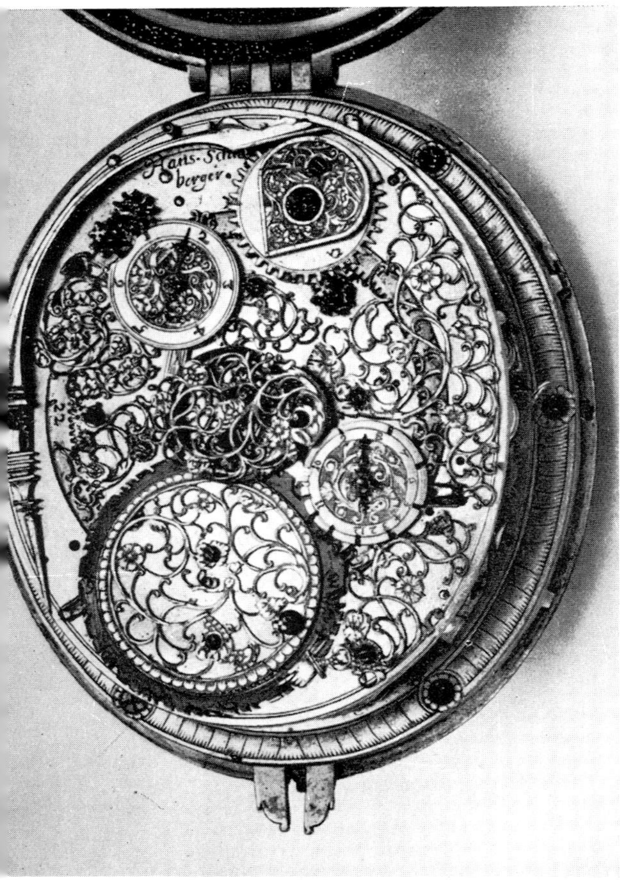

b

c

a

Abb. 86a, b, c. Anhängeruhr aus vergoldetem Messing; silbernes Zifferblatt. Werk mit Stundenschlag und Wecker; zu großem Teil aus Messing. Signiert L. Bergier, à Grenoble, ca. 1620. Schweinsborstenregulierung. Ziffernringdurchmesser ca. 35 mm.

Rückseitengravierung stellt Szene aus dem Leben Esthers dar. Unterschrift Esther: Chap. 5 et 6.

Württembergisches Landesmuseum, Stuttgart.

◀

Abb. 85 (S. 116) a (oben), b und c (unten) Reise-(Sattel-) Uhr, signiert Hans Schneeberger (Augsburg?), Anfang des 17. Jahrhunderts; mit keilförmigem Stackfreed zur Vergleichmäßigung des Antriebes. Zifferblatt zeigt: Stunde am 24-Stunden-Blatt, Sonnenauf- und -untergang, Tag- und Nachtlänge, Sonnen- und Mondstand. Hervorragend schöne Silber-Durchbruchsarbeit mit Gravierungen. 11,5 × 1,8 × 5,6 cm.

National Museet, Kopenhagen.

Parallel zu der hier verwendeten, auf dem Skalencharakter aufgebauten Terminologie finden sich in der horologischen Literatur und besonders in Auktions- und Sammlungskatalogen häufig die äußere Bauweise beschreibende Namen, wie: Tischsonnenuhr, Klappsonnenuhr (Abb. 72), Büchsensonnenuhr, Öhrsonnenuhr, Vielfach-, Universal-, Kreuz-, Kugel- oder Ringsonnenuhr. Meist geben solche Bezeichnungen kein Bild davon, um welche Meßmethoden es sich handelt, da z. B. Horizontal-, Äquatorial- und Azimutaluhren sämtlich in Büchsen oder Klappform gebaut worden sind. Um sich eindeutig auszudrücken, empfehlen wir nochmals, die Sonnenuhr nach dem Skalencharakter zu präzisieren und durch Attribute die Bauform, die Stilperiode, das Material usw. festzulegen.

Gelegentlich basieren Sonnenuhrbezeichnungen auch auf bisher nicht berücksichtigten Eigentümlichkeiten der vorliegenden Konstruktionen, wofür wir folgende Beispiele anführen: *Kompaß-Sonnenuhren* nennen manche Autoren alle Sonnenuhren, an denen zu ihrer Einstellung ein Kompaß angebracht ist. *Helio-Chronometer* bezeichnet man gelegentlich Instrumente, bei denen wie auf Abb. 199 oder 202 die durch Lichtzeiger gewonnenen Angaben durch Einstellen auf ein mit Stunden- und Minutenzeiger versehenes Zifferblatt übertragen werden. Die Mehrzahl dieser Instrumente sind Azimutalsonnenuhren (vergleiche S. 107). *Morgenuhr* nennt man gelegentlich solche Sonnenuhren, die nur die Vormittagsstunden, *Abenduhr* solche, die nur die Nachmittagsstunden anzeigen; die Vertikalebene bei diesen beiden Arten der Sonnenuhren geht von Süden nach Norden.

Die bedeutenden Instrumentenmacher der Renaissance haben häufig mehrere Sonnenuhrtypen mit Kalender- und astrologischen Tabellen zu Universalgeräten oder Bestecken kombiniert, die heute zu den höchst geschätzten Sammlerstücken gehören (vergleiche Abb. 62, 63, 68). Den mit den verschiedenen Bedeutungen der darin enthaltenen Tabellen und dem Wesensunterschied der verschiedenen Sonnenuhrtypen nicht Vertrauten sind diese Bestecke unverständlich; es bedarf einer gewissen Zeit und Mühe, sich ein Bild über Zweck und Art der Verwendung jedes einzelnen Stückes zu bilden. Bei aller Bewunderung für das wissenschaftliche Können und die Kunstfertigkeit der Metallbehandlung kann man die Frage, ob diese Erzeugnisse von wirklichem Nutzen für die Besitzer waren, nicht durchweg positiv bejahen. In vielen Fällen wird es ungenützter Aufwand gewesen sein und vor allem der Eitelkeit des Besitzers gedient haben. Sicherlich

Tafel VI. Türmchenuhr mit Kugelantrieb von Radeloff, 1654.

a b c

Abb. 87a, b, c. Anhängeruhr mit Kalenderwerk; durchbrochenes, graviertes und vergoldetes Bronzegehäuse. Werk signiert T. Chamberlin fecit (Chelmsford, ca. 1630) Dosendurchmesser ca. 60 mm.

Spindelgang. Schnecke und Darmsaite. Arm mit Schweinsborsten für Regulierung (fehlt). Angabe von Mondphasen und Mondaspekten sowie Mondalter; Stundenschlagwerk (Schloßscheibe nicht original).

Victoria and Albert Museum, London.

Abb. 88. Kutschenuhr mit vergoldetem, ziseliertem und durchbrochenem Bronzegehäuse; einzeigerig, Gravierung innerhalb des Ziffernringes: Grablegung Christi nach Dürer. Zifferblattdurchmesser ca. 90 mm. Werk signiert Nicolas Lemaindre à Blois 1630.

Stundenschlagwerk mit durchbrochener Schloßscheibe. Später eine Spiralfeder zur Radunrast nebst Stellsystem eingebaut.

Victoria and Albert Museum, London.

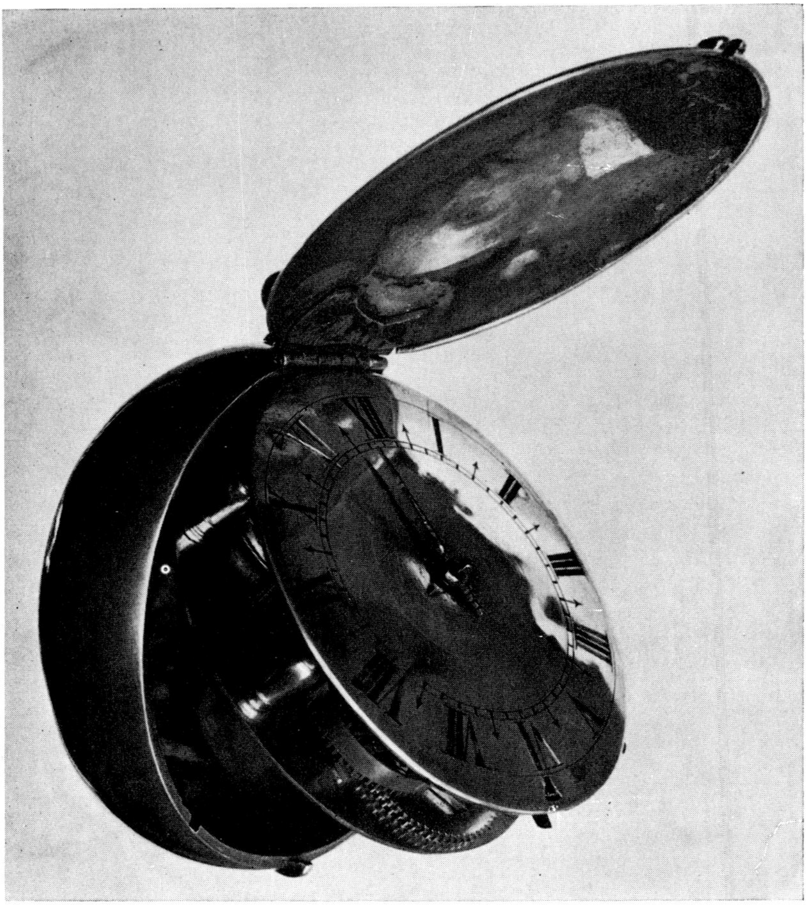

Abb. 89a. Ovale, silberne Reiseuhr, signiert Salomon Coster von Haerlem, ca. 1640, mit den laut Tradition Coster und dessen Sohn darstellenden Portraits auf den beiden Deckel-Innenseiten; Durchmesser ca. 95 mm.
Kon. Oudheidkundig Genootschap, Amsterdam.

haben aber manche der großen Astronomen oder Amateure, wie Kaiser Karl V. oder Rudolf II., mit diesen Bestecken sich gut ausgekannt und überdies auch Spezialisten dafür beschäftigt. Die damalige große Bedeutung der Astrologie macht ein eingehendes Studium der kombinierten Bestecke verständlich.

Abb. 89b. Werkrückseite und Gehäuse-Innenseite der Reiseuhr von Salomon Coster (Abb. 89a).

a

b

c

Abb. 90a, b, c. Eiförmige Taschenuhr, signiert Robert Grinkin, London, ca. 1640 in graviertem Silbergehäuse. Einzeigerig; Stunden- und Halbstundenmarkierung. Gangregulierung durch Veränderung der Federspannung. Zifferblatt ca. 35 mm. Camerer-Cuss Collection, London.

a

b

Abb. 91 a und b. Astronomische Anhängeruhr (Deckel fehlt), signiert Jean Vallier, Lyon, ca. 1640. Größter Durchmesser ca. 75 mm.

British Museum, London.

a

b

Abb. 92a und b. Taschenuhr, signiert David Buschmann. Augsburg; ca. 1650. Blumengraviertes Silbergehäuse; einfacher, ringförmiger Unrast; Gangverstellung durch Veränderung der Federvorspannung. Durchmesser ca. 50 mm.

Kunsthistorisches Museum, Wien (Inv.-Nr. 1564).

a

b

Abb. 93a und b (oben links und rechts) Silberne Taschenuhr, signiert Ehrich Busch, Hamburg, ca. 1660. Ringförmiger Unrast; Gangregulierung durch Veränderung der Federvorspannung mit Hilfe des Schneckentriebes mit Stellungszeiger.

Durchmesser ca. 65 mm.

Hessisches Landesmuseum, Kassel.

c

Abb. 94a, b und c. Silberne Anhänger- oder Sackuhr. Gehäuse gegossen und ziseliert (wohl Londoner Arbeit). Spindelwerk mit einfacher Radunrast, Schnecke und Darmsaite. Wurmtrieb für Federvorspannungsverstellung zur Gangregulierung. Silbernes Zifferblatt mit schwarzen Emailziffern und silbernes Indexblatt. Signiert Henry Terold, Ipswich, fecit, ca. 1660. Durchmesser ca. 60 mm.

Victoria and Albert Museum, London.

a

b

a

b

c

Abb. 95a, b, c Silberne Taschenuhr, signiert Jean Rousseau, ca. 1660. Messingwerk mit Kette und Schnecke. Gangkontrolle durch Triebfedervorspannungsveränderung; einfacher Radunrast. Durchmesser 4,2 cm.

Württembergisches Landesmuseum, Stuttgart.

Abb. 96a, b, c. Silberne Sackuhr mit lederüberzogenem Übergehäuse und Emailblatt von François & Pierre Cheneuiere, ca. 1660. (Frankreich?). Radunrast; Gangverstellung durch Veränderung der Federvorspannung mit Schnecke und Stellrad. Originalschlüssel. ▶

Hessisches Landesmuseum, Kassel.

a

b

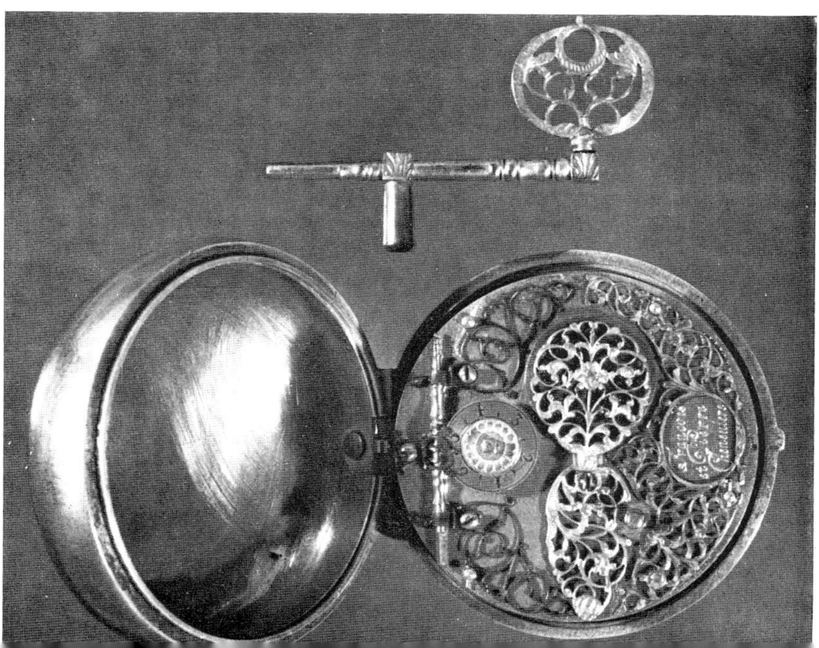

c

Abb. 97a und b (oben), c (unten). Silberne Sackuhr, mit Weckerwerk (zentrale Stellscheibe), signiert Etienne Hubert à Rouen, ca. 1660–1675; Zifferblattdurchmesser ca. 40 mm; flämische Blumengravierung. Radunrast; Gangregulierung durch Federspannungsveränderung mit Wurmschraube.

Victoria and Albert Museum, London.

Abb. 98a, b, c. Tragbare Uhr in Buchform; signiert Hans Kiening, Füssen; ca. 1580 ▶
mit zweimal XII und 24-Stunden-Zifferblatt mit Weckereinrichtung. Die Deckelinnenseite enthält außerdem je eine horizontale Sonnenuhr, eine Bussole und Mondkalender, neben Hauptblatt eine weitere Horizontalsonnenuhr; auf Deckelaußenseite Universalkalender (Perpetual). Deckel aufgeklappt.

Ashomolean Museum, Oxford.

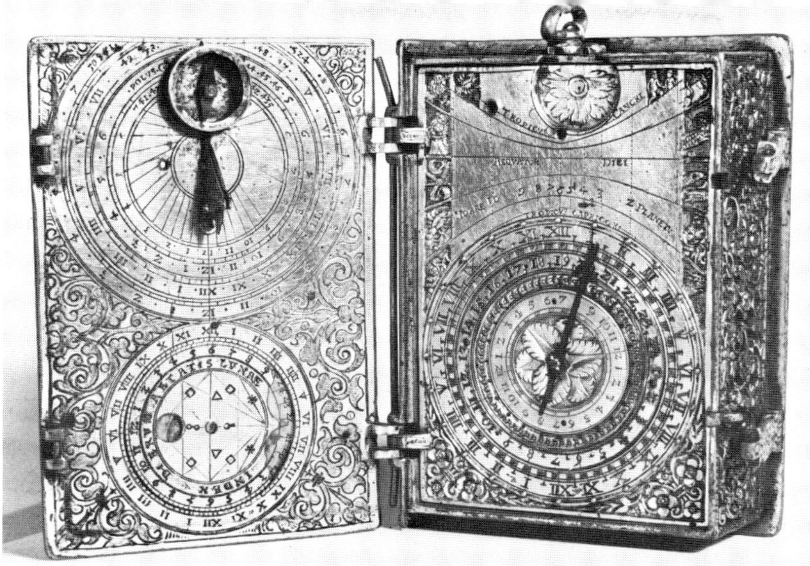

a

b

c

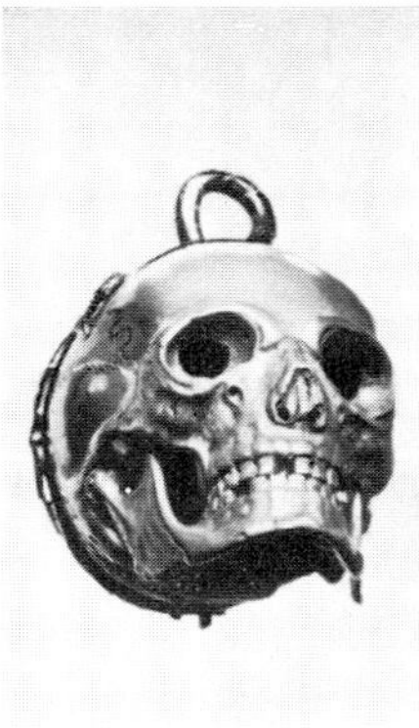

a

Abb. 99a und b. Anhängeruhr in Totenkopfform; wohl Genf; Ende des 16. Jahrhunderts; radförmiger Unrast. Werksdurchmesser ca. 20 mm.

Kunsthistorisches Museum Wien (Inv. -Nr. 1566).

b

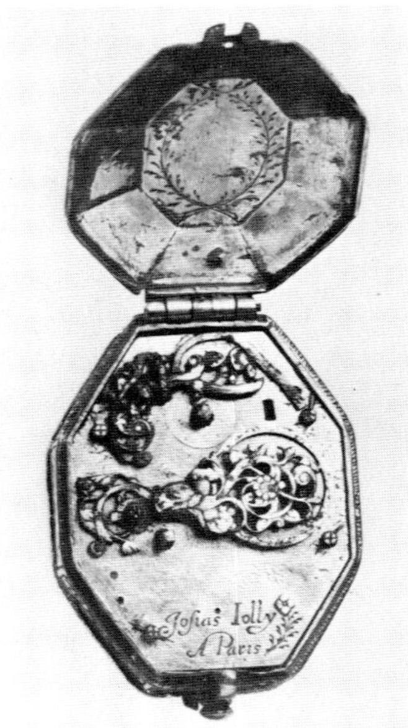

a

b

Abb. 100a und b. Halsuhr, achteckig, graviertes Silbergehäuse; Spindelwerk, einfache Radunrast; Gangverstellung durch Federspannungsveränderung (Sperrad fehlt). Signiert Josias Jolly, à Paris, ca. 1620.

British Museum, London.

Abb. 101 a. Sternförmige Halsuhr, signiert David Ramsay, London, ca. 1620. Silber; vergoldet; allseitig reich mit biblischen Szenen graviert; Rückseite: Anbetung der Magier, Deckelinnenseiten: Mariä Verkündigung und Engl. Gruß. Zifferblatt: Aufopferung im Tempel. Seiten: Fuchs, Geiß, Hase, Hund, Eber und Einhorn. Graveur signiert: de Heck sculp. Uhrwerk: „David Ramsay Scottes me fecit".

Uhr fand sich um 1790 mit einigen anderen Wertgegenständen in einem Geheimfach von Gawdy Hall, wo die Objekte zur Zeit Cromwell's verborgen worden waren. Durchmesser ca. 35 mm.

Innenansicht (unten) Deckel geöffnet.
b Zifferblattseite,
c Werkseite.

Sammlung der „Worshipful Company of Clockmakers", London.

a

b und c

a
und
b

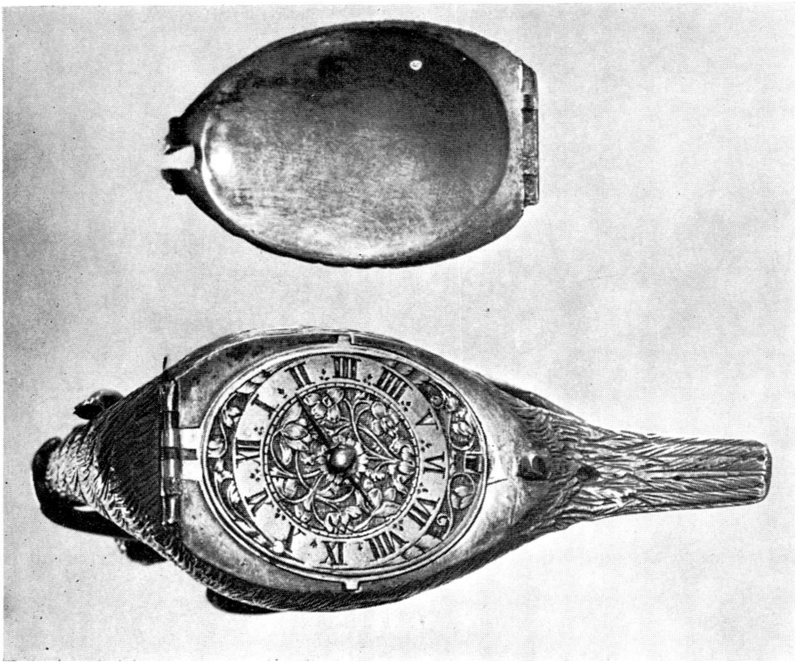

Abb. 102a, b, c, d. Zwei Anhänger-(Form-)Uhren in Vogelgestalt, signiert E. Delafueille, wohl Genf, ca. 1650, Silber. Zifferblätter unter Bauchteil, der aufgeklappt werden kann. Körperlänge ca. 45 mm. Kunsthistorisches Museum, Wien.

c

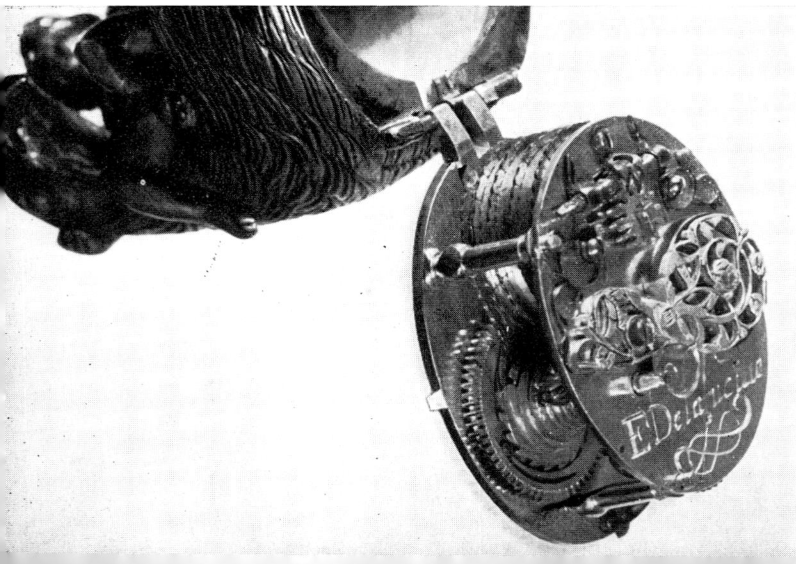

d

a

b

c

d

Abb. 104a, b, c, d. Anhängeruhr in Kreuzform; Silber graviert; Spindelwerk mit einfachem Radunrast, Gangverstellung durch Federvorspannungsveränderung. Signiert Henry Terold of Bury fecit, ca. 1640 (Ipswich and Bury St. Edmonds).

British Museum, London, früher Mallet Collection.

Abb. 103a und b. Anhänger-(Hals-)Uhr in Kreuzform, Silbergehäuse durchbrochen, Werk aus Messing, signiert Nicolaus Rugend (Rugendas) Regensburg, ca. 1630. Kreuzarme 9,8 zu 5,2 cm.

Steirisches Landesmuseum Joanneum, Graz.

a

b

Abb. 106. Große horizontale silberne Tischuhr mit reichem Türkisen- und Granatenbesatz, teilweise vergoldet; fünf Zifferblätter mit allegorischen Figuren als Zeiger, für Stunden, Tag, Datum, Monat, Mondphasen und Sonnenstand. Im Zentrum ein minutlicher Kugellauf ohne Rückwirkung auf das Gehwerk. Viertelstundenschlagwerk, kurzer Pendel. Augsburger Silberbeschauzeichen, Uhrwerk, signiert Caspar Hoffmann, Augsburg. Goldschmiedemeisterzeichen Christoff Drentwehs. Grundfläche ca. 60 cm, ca. 1665.

Schatz des deutschen Ritterordens, Wien.

◀ Abb. 105. Kästchenförmige Tischuhr, signiert Christoph Margraf cum privilegio Rom. Sac. Maj. 1596, Prag. Einzeigeriges Zifferblatt in der Mitte der Vorderseite. Als Zeitstandard ein Kugellauf. Auf der Innenseite des aufgeklappten Deckels ist ein Spiegel angebracht, der das mythologische Bild unterhalb des Kugellaufes erkennen läßt. Vergoldet, reich graviertes Messinggehäuse mit Stellschraubenfüßen. Grundfläche ca. 50 cm.

Kunsthistorisches Museum, Wien.

a

b

Abb. 107a und b. Sechseckige Tisch- oder Reiseuhr aus vergoldetem Messing mit silbernem Zifferblatt; signiert Wilhelm Köberlin, Aüchstet fecet. (sic)

Hölzernes, lederüberzogenes und verglastes Etui und Originalschlüssel um 1725. Höhe 9,5 cm. – Germanisches Museum, Nürnberg.

c

Abb. 108a, b, c. Anhängeruhr; Goldgehäuse mit Smaragd - Rückseite; juwelenbesetzt. Emailzifferblatt. Französisch, ca. 1580–1600. Acht viereckige und ein runder Rubin am Deckel eingesetzt. Zifferblattdurchmesser ca. 60 mm. – British Museum, London.

a

b

Abb. 109a und b. Achteckige Bergkristalluhr, unsigniert, ca. 1580, mit Original-Kurbelschlüssel, wohl Genfer Arbeit, sehr kleines Werk; Kloben aus der ersten Epoche. Spindelgang mit Saite und Schnecke. Federspannungsveränderung mit Sperrad und Klinge; Feinregulierung durch Amplitudenbegrenzung des radförmigen Unrastes durch Schweinsborsten, die auf Kniehebel mit handförmigem Zeiger getragen werden. Zifferblatt ca. 25 × 45 mm. – Musée d'Art et d'Histoire, Genf.

a

b

Abb. 110a und b. Anhängeruhr, signiert Christian Griessenbaeck, ca. 1620, mit Sonnen- und Mondstandsindikation auf der Rückseite. Bergkristallgehäuse. Ziffernringdurchmesser ca. 60 mm. – Hessisches Landesmuseum, Kassel.

a b

Abb. 111a und b. Eiförmige Anhängeruhr, signiert Robert Grinkin, London, ca. 1625, in Bergkristallgehäuse; einzeigerig mit Halb- und Viertelstundenmarkierung; Gangregulierung durch Veränderung der Federvorspannung. Ziffernringdurchmesser ca. 36 mm. – Camerer-Cuss Collection, London.

Abb. 112. Anhängeruhr, signiert Conrad Kreizer, Augsburg, ca. 1625. Gehäuse teilweise vergoldetes Messing, teilweise Bergkristall. Regulierung der Ganggeschwindigkeit durch Veränderung der Federvorspannung, Originalschlüssel. Ziffernringdurchmesser ca. 23 mm. – Hessisches Landesmuseum, Kassel.

a

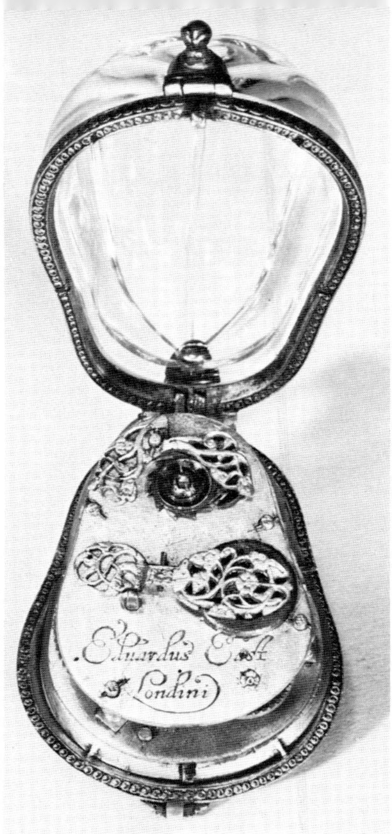

b

Abb. 113a und b. Anhängeruhr in Bergkristallgehäuse; silberner Ziffernring, Ziffern in eingelegtem schwarzem Email; Blatt vergoldete und gravierte Bronze; Gehäusefassung ebenfalls vergoldete Bronze. Ziffernringdurchmesser ca. 23 mm. Spindelwerk, einfache Radunrast, Gangregulierung mit Sperrad und Kegel für Federvorspannung; Schnecke und Saite; signiert Eduardus East-Londini – ca. 1630.
Victoria and Albert Museum, London.

Abb. 114a und b. Halsuhr in Bergkristallgehäuse, Silberfassung. Spindelwerk mit einfacher Radunrast. Gangregulierung durch Federspannungsveränderung. Sperrkegel neu! Signiert Ayme Noel, Frankreich? ca. 1640.
British Museum, London.

a

b

Abb. 115. Goldemailuhr (rot-weiß) mit roten Pastesteinen besetzt. Signiert J. H. Ester, Genf, ca. 1660. Höhe 32 mm. Messingwerk mit einfacher Radunrast.
Victoria and Albert Museum, London.

B. QUADRANTEN

Vertikale Skalen mit einem Senkel, mit welchem zur Zeitbestimmung die Sonne so anvisiert wird, wie es in Abb. 5 dargestellt ist. Hierher gehören:

1. *Reguläre Quadranten:* Den frühesten erhaltenen Quadranten zeigt Abb. 28; er läßt Temporal- und Äquinoktialstunden ablesen. Er stammt aus dem Besitze von Kaiser Friedrich III. und dürfte von Johann von Gmunden selbst oder zumindest nach seinen Plänen angefertigt worden sein.

2. *Das Allgemeine Uhrtäfelchen* (Quadratum horarium generale) (vergleiche Abb. 35, 56b): Dieses sehr seltene Instrument war schon dem Regiomontanus 1476 bekannt; ist verwandt mit dem unten erwähnten Gevierten Quadranten. Es ist meist ein aus Holz gearbeitetes und mit Papier überzogenes Rechteck. Ablesung wie beim regulären Quadranten. Hält man das Täfelchen so, daß ein Sonnenstrahl gerade durch die beiden Schmalseiten fällt, so kann an der Skala mit Hilfe des Senkelfadens die Zeit abgelesen werden. Uhrtäfelchen können auch als Höhenmeßinstrumente verwendet werden.

3. *Der Gevierte Quadrant* (vergleiche Abb. 5b), das Venediger Schiff und das Horoscopium Apians (vergleiche Abb. 5a) sind Verfeinerungen des allgemeinen Uhrtäfelchens. Diese Geräte, die wir praktisch nur aus den Schriften der Renaissance-Astronomen kennen, behandelt ebenfalls Prof. Zinners Buch (*1*).

Trotz ihrer großen Bedeutung werden die Quadranten in der heutigen Literatur immer relativ kurz behandelt. Bobinger (siehe Kap. VII/C) behandelt in seiner Schissler-Biographie eine Reihe wichtiger Quadranten und bringt auch einige gute Bilder.

C. SPEZIALGERÄTE ZUR ZEITMESSUNG

Außer den am meisten verbreitet gewesenen Sonnenuhren und den schon viel selteneren Quadranten hat es noch eine Reihe anderer Geräte gegeben, die auch – allerdings meist nur von Astronomen – zur Zeitmessung herangezogen wurden. Diese astronomischen Instrumente, die nur mittelbar oder teilweise der Zeitbestimmung dienten, können hier nur kurz erwähnt werden, obwohl sie in das hier bearbeitete Sammelgebiet gelegentlich einbezogen werden. Im 16. und 17. Jahrhundert wurde ein Teil gerade dieser Instrumente künstlerisch bedacht; seit Mitte des 18. Jahrhunderts aber setzte sich eine rein wissenschaftliche Behandlung durch, die künstlerischen Schmuck an ihnen zu verbieten schien. Wir erwähnen hier nur kurz:

1. *Die Astrolabien*, auch Astrolabium planisphaerium (vergleiche Abb. 2 16, 30, 71, 76). Die beiden großen Kreisflächen boten sich willig der Kunst dar. Dieses Instrument, dessen Gebrauch vielleicht bis in Aristoteles' Zeit reicht und jedenfalls schon von Claudius Ptolemäus benützt wurde, war das wichtigste astronomische Meßwerkzeug der Araber und der europäischen Astronomen bis zum 17. Jahrhundert. Es besteht aus vier Teilen (vergleiche Abb. 2): die Mater, das eigentliche Planisphaerium, das durchbrochen gearbeitete Rete und das Dorsum. Die Mater ist die vertiefte Scheibe, in der das Planisphaerium festliegt, darüber ist drehbar das Rete aufgesetzt, über diesem wieder ein drehbarer Radius. Auf dem Planisphaerium sind die Haupthimmelskreise für eine bestimmte Polhöhe projiziert. Damit dient es als festes Koordinatensystem.

Größeren Astrolabien pflegen mehrere Planisphaerien für verschiedene Polhöhen beigegeben zu sein. Das Rete ist eine ebene Projektion einer Hälfte des Himmelsgewölbes; dort sind die Ekliptik und einige wichtige (bis zu 30) Sterne angegeben. Das Dorsum dient der Mater als Rückseite, es enthält eine Kreisteilung und ein Diopterlineal.

Das Instrument wird frei am Ringe gehalten und dient zu Höhenmessungen der Sonne und Sterne, zur Ermittlung der Sonnenzeit und der Sternzeit usw.

Das Astrolabium ist wohl das Interessanteste aller frühen Instrumente. Das Eingehen auf seine Grundlagen und Handhabung verlangte mehr Platz, als in diesem als Übersicht gedachten Buche aufgewendet werden kann. Im geplanten 2. Bande aber soll es ein eigenes Kapitel erhalten.

Eine ausgezeichnet erschöpfende Darstellung der Problematik des Astrolabiums in moderner, klarer Darstellungsweise hat vor kurzem H. Michel (*3*) gegeben.

2. Das Äquatorium: Ein spätmittelalterliches, außerordentlich seltenes Gerät (vergleiche Abb. 30b), um die Planetenstellung in bezug auf die Erde zu ermitteln.

3. Die Sternuhr, auch *Horometer* (Abb. 29, 31, 56, 75, 77) dient zur Ermittlung der Stunden bei Nacht. Hier sind in der Regel drei, u. U. aber auch vier konzentrische Scheiben und ein Zeiger vorgesehen. Zur Zeitbestimmung wird das Instrument, wie Abb. 77 zeigt, fest an der Handhabe gehalten. Bei der Benützung ist das Lineal so zu stellen, daß die beiden letzten Sterne des Großen Bären und der Polarstern in eine Linie kommen. Dann zählt man von links nach rechts die vorstehenden kleinen Zacken; die Zahl zeigt die Nachtstunde an.

4. Bei kombinierten Tag- und Nachtuhren (Abb. 29 oder 62) ist eine Sonnenuhr mit einem zweiten System kombiniert, das zum Ablesen der Zeit bei Mondlicht dient, wozu die Kenntnis des Mondalters (vergleiche S. 40) nötig ist. Der Gebrauch der Nachtuhr oder *Monduhr* ist in der Regel folgender: Man liest zunächst auf der Sonnenuhr die Stunde ab, die der vom Mondlichte hervorgerufene Zeigerschatten anzeigt, dann stellt man die drehbare Scheibe auf das im äußeren Kreise angegebene Mondalter, sucht auf der drehbaren Scheibe die abgelesene Stunde und findet ihr gegenüber in dem Kreise, der die Ziffern der Großen Uhr enthält, die ungefähre Nachtstunde. Die entsprechende Formel ist: Sonnenuhr-Angabe $+ {}^4/_5$ des Mondalters; bei Vollmond gilt daher die direkte Ablesung. Es ist interessant, daß viele frühe Sonnenuhren solche Mondumrechnungsscheiben oder Löcher besitzen, durch die die Phasen sichtbar werden, was Prof. Kühnelt als Beweis deutet, daß alle diese Uhren auch als Monduhren gedacht waren.

5. Das Torquetum, auch Türkengerät (vergleiche Abb. 69 oder 70), ist ein Beobachtungsinstrument in der Art einer kombinierten Äquatorial- und Azimutalsonnenuhr und dient nicht nur der Zeitbestimmung, sondern allgemeinen astronomischen Beobachtungen. Es dürfte recht genaue Resultate ergeben haben; die wenigen erhaltenen Stücke sind von einer sehr präzisen Ausführung und haben überdies eine größere Dimension als die üblichen Taschengeräte.

6. Der Jakobstab oder Gradstock (Abb. 5d) ist ein einfaches Visierinstrument, um durch Winkelmessung an zwei Sternen die geographische Breite des Beobachtungsortes und seine Zeit zu ermitteln.

Hier ist zu erwähnen, daß es noch verschiedene weitere Instrumente gibt, die unter Umständen auch für Zeitmessung Verwendung gefunden haben, vorwiegend aber für andere Zwecke bestimmt waren. Bei solchen sind Verwechslungen mit Instrumenten, die ausschließlich der Landaufnahme oder bergmännischen Zwecken dienen, aber leicht möglich.

Die besonders der Nautik dienenden Instrumente wie Quadrant, Oktant und Sextant wurden im 18. Jahrhundert sehr verfeinert, dann aber nur selten mehr verziert. Sie werden den Liebhaber alter Uhren nur am Rande interessieren.

Quadranten und Oktanten waren vor der Erfindung des Fernrohres mit Diopten ausgestattet.

Das *Triquetrum* ist ein aus drei Linealen gebildetes gleichschenkeliges Dreieck. Das eine Lineal ist mit Visieren, das zweite mit einer Teilung versehen. Das Instrument diente vor allem zur Bestimmung der Zenitdistanz der Sterne.

Das Geometrische *Quadrat* (Abb. 5f) wurde vor allem zur Ermittlung der Sternhöhen verwendet, ähnlich wie das früher beschriebene Astrolabium planisphaerium.

Bibliographie zum Kapitel II

1) *Ernst Zinner*, Astronomische Instrumente des 11. bis 18. Jahrhunderts; München 1956.

(2) *A. Lübke*, „Von der Sonnenuhr zur Atomuhr"; VDI Verlag 1958.

(3) *Henry Michel*, Traité de l'astrolabe; Brüssel 1952.

RÄDERUHREN

A. TECHNIK

Bassermann-Jordan begann dieses Kapitel:

„Aus Gründen, auf die im Kapitel „*Kauf*“ näher eingegangen wird, ist für Sammler oder Liebhaber von alten Uhren die Kenntnis des Uhrwerkes, als dem wichtigsten Teil der Uhr, notwendig. Die zünftigen Uhrmacher mögen unbesorgt bleiben, sie sollen nicht umgangen, aber auch nicht wegen jeder Kleinigkeit an einer alten Uhr belästigt werden. Hier gilt immer der viel zu wenig beherzigte Satz aus L. Loeskes Praktischem Hilfsbuch: „Die bei vielen Uhrmachern übliche Geheimniskrämerei muß beseitigt werden. Der unterrichtete Mann, der seine Uhr und auch die Tätigkeit des Uhrmachers kennenlernt, ist ein viel angenehmerer Kunde als der Unwissende.“

Der Amateur soll sich bemühen, bald beurteilen zu können, wie weit seine eigenen Fähigkeiten reichen, und darüber hinausgehende Arbeiten mit Respekt dem wirklichen Meister übertragen. Auch wird er unterscheiden lernen müssen, ob der Betraute Herz, Erfahrung und Verständnis für das betreffende Uhrwerk besitzt. Es gehört viel Können dazu, speziell hochwertige alte Uhrwerke in Ordnung zu bringen; viel Schaden ist angerichtet worden durch stümperhafte Uhrmacher, die aus Mechanismen, die sie nicht verstehen und behandeln können, Teile herausnahmen, um die Uhren irgendwie verwendbar zu machen. Gute Uhren müssen zu guten Meistern, und die sind niemals billig. Für die eigene Tätigkeit halte man sich ein paar gute und gepflegte Instrumente zur Hand – es werden von den Furniturenhandlungen kleine, zweckmäßige Zusammenstellungen in Ledertäschchen geliefert: Zangen, Schraubenzieher und auch einige Uhrschlüssel.

Unter Räderuhren sind keineswegs alle Uhren zu verstehen, an denen Zahnräder angebracht sind, sondern im eigentlichen Sinne nur Uhren, die selbsttätig auf mechanische Weise den Ablauf der Zeit, ohne ständigen Bezug auf die astronomischen Gegebenheiten, zu messen ermöglichen. Räderuhren müssen daher ein Zeitnormal – den Zeitstandard – besitzen, das mechanisch angetrieben wird und über Getriebe mit Rädern Zählwerke betätigen, die das Spiel des Zeitnormals messen lassen.

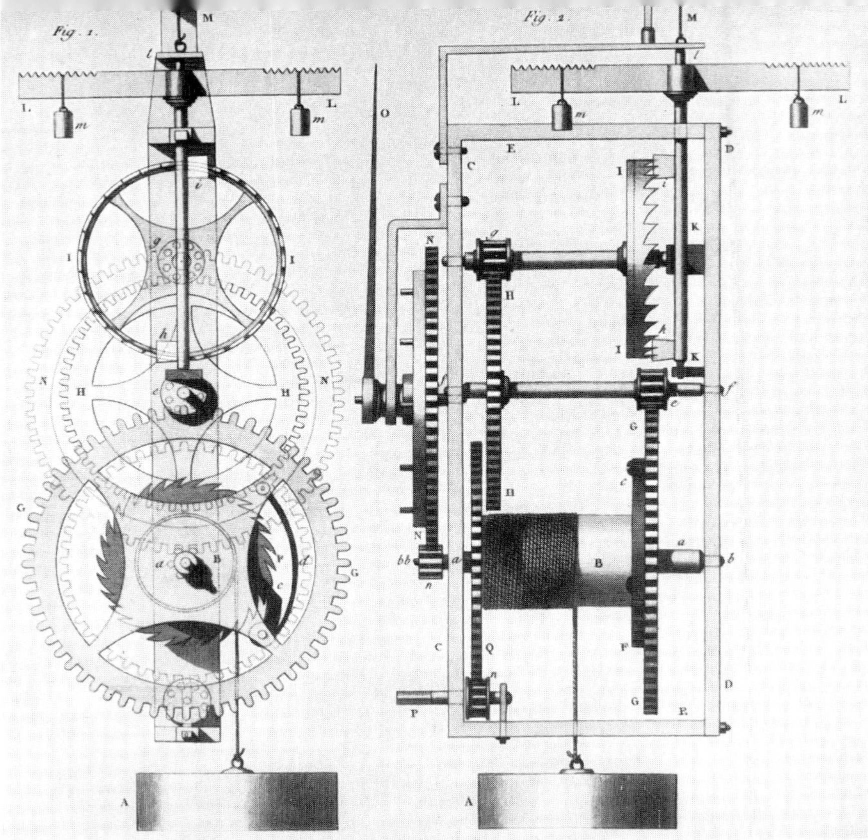

Abb. 116. Räderwerk einer Gewichtsuhr mit Spindelgang und Foliot (Waag); Flachrahmenbauweise. *B* Schnurtrommel; *C, D* Lagerrahmenseiten; *F, c* Gesperr; *G* Trommelrad; *H* Minutenrad; *J* Steigrad; *M* Fadenaufhängung der Spindel, die mit dem Foliot *L* fest verbunden ist; *N* Stundenrad mit Hebnägeln zur Auslösung eines Schlagwerkes, das aber nicht gezeichnet ist; *P* Aufzugsvierkant; *l, h* Spindellappen; *m* Foliotgewichte. Reproduktion eines Kupferstiches aus F. Berthoud's: Histoire de la mesure du temps, Paris 1802.

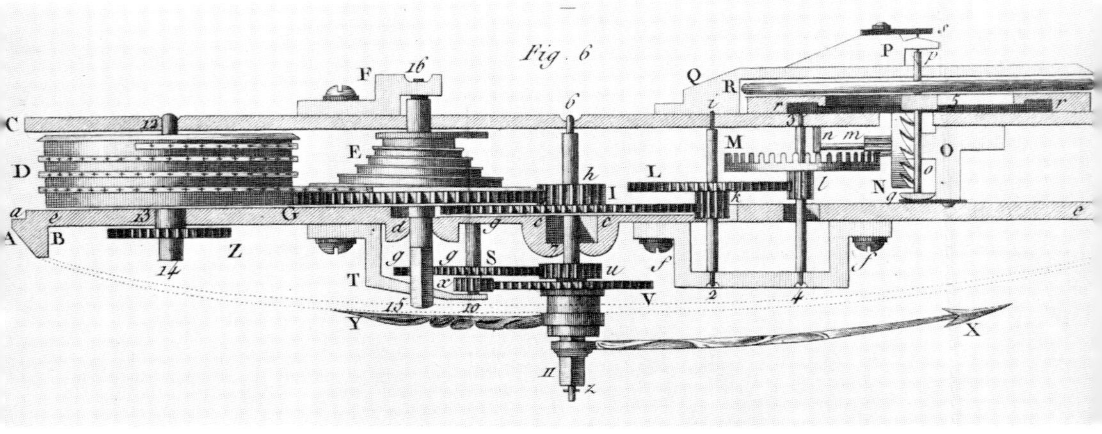

Abb. 117. Querschnitt durch ein Taschenuhr-Spindelwerk. *D* Federhaus mit Kette; *E* Schnecke; *o–p* Spindel; *Q* Spindelkloben; *R* Unruhe; *r* Regulierring für Spiralfeder (vergleiche Nebenfig. 9 von Abb. 168); *J* Minutenrad; *L* Kleinbodenrad; *S* Wechselrad; *X* Minutenzeiger; *Y* Stundenzeiger. – Reproduktion eines Kupferstiches aus F. Berthoud's: Histoire de la mesure du temps, Paris 1802.

Um Übereinstimmung zwischen den Angaben der Räderuhren und dem astronomisch bedingten Zeitlauf, unserer Umwelt zu erzielen und zu erhalten, ist jeweils die Räderuhr zu „richten", das heißt auf die mittelbar oder unmittelbar von dem Sonnen- oder Sternstand abgeleitete Zeit einzustellen. Bis zum Aufkommen der modernen elektrischen Nachrichtenübermittlung war daher das Uhrrichten nach Zeitmeßinstrumenten auf Grund astronomischer Beobachtungen eine Selbstverständlichkeit. So gibt es eine Anzahl von Räderuhren, die zur Vereinfachung des „Richtens" mit einer Sonnenuhr kombiniert sind (Abb. 98). Die Zwiespältigkeit zwischen Wahrer und Mittlerer Zeit machte wegen des Bestehens der Zeitgleichung (vergleiche S. 23) das Richten nach der einfachen Sonnenuhr zu einem komplizierten Problem, sobald durch das Aufkommen der Pendeluhren am Ende des 17. Jahrhunderts gesteigerte Ansprüche an Genauigkeit auftraten. Im 18. Jahrhundert führte dies zum Bau von Äquationsuhren, die selbsttätig Wahre und Mittlere Sonnenzeit angaben (vergleiche Abb. 238, 239, 252, 356).

Räderuhren werden in der Regel durch Gewichte (Abb. 116) oder Zugfedern (Abb. 117) angetrieben. Die Triebkraft wirkt zunächst auf ein großes Zahnrad und von diesem auf eine Anzahl ineinandergreifender anderer Zahnräder, so zwar, daß stets ein großes in ein kleines Rad eingreift, das letzte Rad also sehr schnell laufen würde, während das der Zugkraft nächste Rad nur langsam abläuft. Der langsame und gleichmäßige Ablauf des Werkes wird durch die Hemmung (den Gangregler) erzwungen, die somit das Zeitnormal der Uhr vorstellt. Die Hemmung wird um so besser ihrem Zweck entsprechen, je weniger sie von dem Gehwerk beeinflußt wird. Zufälligkeiten und Unregelmäßigkeiten durch derartige Einflüsse immer mehr auszuschalten, ist seit dem Aufkommen der Räderuhren eine Hauptaufgabe der Uhrmacherkunst; schrittweise entstanden günstigere Hemmungen; trotz der heute schon sehr genauen und verläßlichen „freien" Gänge geht die Entwicklung immer weiter. Ein kurzer Rückblick auf die geschichtliche Entwicklung der Gangregler wird die Kernprobleme der Zeitmessung mit mechanischen Räderuhren am besten verstehen lassen.

Abb. 118. Spiegel-(Monstranz-)Uhr, süddeutsch, mit Astrolab und Weckerwerk. Höhe ca. 45 cm.
Kunsthistorisches Museum, Wien.

a

b

Abb. 119a und b. Stutzuhr in Monstranzform (Spiegeluhr) mit reichen astronomischen Angaben (Astrolab, Kalenderblatt); drehbar auf Sockel; Wecker im bekrönenden Türmchen. Augsburg, Meistermarke P. B., ca. 1615, Höhe ca. 45 cm.
Sammlung Kellenberger, Winterthur, früher Eremitage Petersburg.

a

b

Abb. 121. Stutzuhr in Monstranzform (Spiegeluhr), signiert Gottfried Geiger, Lindau; gravierte und gesägte Frontplatte; Kuhschwanzpendel; ca. 1690; Höhe ca. 55 cm.
Württembergisches Landesmuseum, Stuttgart.

◀ Abb. 120a und b. Kleine Standuhr (Spiegeluhr), signiert Hanns Buschmann, Augsburg, ca. 1635, mit Stunden- und Minutenzeiger, Gangwerk mit Kreuzschlag (Doppelunruhe), Mondphase in Bekrönung; Schlagwerk im Sockel; dieses steuert auch die Kalenderdaten am Sockel; Monat und Monatsdatum, Wochentag und Tagesregent; Bronze vergoldet, einzelne Teile Silber und transluzides Email; Höhe ca. 26 cm.
Schatz des Deutschen Ritterordens, Wien.

Abb. 122. Stutzuhr in Monstranzform (Spiegeluhr); Bronzezifferblatt auf Porzellanfuß; Farbenpalette von Böttger; Meißen um 1720; Uhrwerk Messing. Höhe ca. 40 cm. Württembergisches Landesmuseum, Stuttgart.

Abb. 123. Nachtuhr, monstranzförmig, aus Messing; signiert Johann Storch, Bayreuth, ca. 1750; Stundenschlagwerk und Wecker; Pendel mit Hackengang; Zifferblatt dreht sich; oberste Ziffer und Vogel erscheinen beleuchtet.
Württembergisches Landesmuseum, Stuttgart.

Abb. 124. Tischuhr (Figurenuhr in Kreuzform); Werk signiert C⊞B, Ulm, ca. 1570; mit Unrast, Stackfreed und Stundenschlag. Stundenweisung durch einen Pelikan auf der den Nestkörper bildenden umlaufenden Trommel sowie einem Ausschnitt auf dem Gehäuse. Silbermontierungen teilweise feuervergoldet, sonst Ebenholz. Höhe ca. 30 cm.

Sammlung Dr. E. Gschwind, Basel.

a

b

Abb. 125 a und b. Mechanisch betriebener Himmelsglobus, signiert Georg Roll und Johann Reinhold, Augsburg 1586. Sonnen- und Mondbilder bewegen sich entlang der Ekliptik vermittels entsprechender Führungsreifen. Reiche Bronzearbeit als Gestell. Kompaß in Grundplatte; darüber ein Erdglobus; dieser und bekrönende Armillarsphäre unbeweglich. Höhe 57,5 cm.

Staatl. Math. Phys. Salon, Dresden.

Abb. 126. Tafelaufsatz mit Uhr und Automatenwerk: Gambrinus auf Tonne. Zifferblatt mit 12- und 24-Stundeneinteilung auf Tonne. Silberblatt mit transluziden Emaileinlagen. Bewegung der Arme und Beine. Spielwerk mit Glocken im Sockel. Höhe 56 cm. Süddeutsch, wohl Augsburg, ca. 1570.
Kunsthistorisches Museum, Wien (Inv.-Nr. 6856).

Abb. 127. Figurenuhr auf getriebenem und durchbrochenem Sockel. Bronze feuervergoldet. Augsburg, ca. 1600. Gesamthöhe ca. 27 cm.
Bayerisches Nationalmuseum, München.

Abb. 128. Tafelaufsatz mit Automatenwerk, anonym; Augsburg Stadtpyr., ca. 1600. Holzgehäuse mit silbernen Figuren; Uhr mit Schlagwerk im Sitz von Minerva; mit Fahrwerk und Orgelwerk, dessen vergoldete Pfeifen auf der Rückseite angebracht sind. Gesamtlänge 58 cm.

Kunsthistorisches Museum, Wien.

Abb. 129. Stutzuhr in Vasenform. Getriebenes und durchbrochenes Kupfergehäuse, feuervergoldet. Werk signiert C.R. (Christian Rehn?, Braunschweig), um 1600. Werk mit Stackfreed und Unrast. Stundenweisung durch umlaufende Kugel. Höhe 29 cm.

Sammlung Dr. E. Gschwind, Basel.

Abb. 130a. Stockuhr in Ebenholzgehäuse mit Silbermontierungen und einem „Tödlein“ unter Bergkristallsturz; signiert Hanns Buschmann, Augsburg 1624. Tödlein von Elfenbeinschnitzer Christoph Angermair, dreht sich. Kreuzschlaggehwerk und Stunden- und Viertelstundenschlagwerk. Höhe 715 mm.

Kunsthistorisches Museum, Wien.

Abb. 130b. Werkrückansicht der Tödleinuhr von H. Buschmann. Beachte den zentral angeordneten Kreuzschlag, die versenkte Schloßscheibe für die Stunden- (links) und den Viertelstundenschlagzeiger (rechts).

B. GESCHICHTE DER MECHANISCHEN GANGREGLER (ZEITNORMALE)

Für Messungen von Zeitspannen kürzerer Dauer als ein Tag ist eine wesentlich kleinere Einheit als der Tag erforderlich. Wie im ersten Kapitel beschrieben, haben bereits die morgenländischen Astronomen des Altertums die uns heute selbstverständlichen Subeinheiten: Stunden, Minuten und Sekunden im Verhältnis 24:60:60 eingeführt. Eine Ausnutzung dieses Konzeptes aber war bis zur Neuzeit nur in gröbster Annäherung soweit möglich, als Einrichtungen vorhanden waren, kurze Zeitspannen reproduzierbar abzugrenzen und durch Zählen aufeinanderfolgender Wiederholungen das Vielfache von ihnen zu bilden.

Die Einrichtungen zur wiederholbaren Abgrenzung bestimmter Zeitspannen werden als das *Zeitnormal* bezeichnet. Von der Genauigkeit, mit der sich die Zeitspannen wiederholen, und von der Gleichmäßigkeit, mit der die einzelnen Wiederholungen aufeinanderfolgen, hängt die Präzision der Zeitmessung ab, die die Zeiträume kleiner als ein Tag zu erfassen hat.

Das Schwergewicht der ganzen Entwicklung moderner Zeitmessung liegt in der Schaffung und im Betriebe zweckmäßiger Zeitnormale. Mit dem Vorbild gleichmäßig umlaufender, astronomischer Systeme ist es naheliegend, zu fragen, ob die Verwendung von Zeitintervalle abgrenzenden Zeitnormalen wirklich unumgänglich notwendig ist. Man könnte sich vorstellen, daß es möglich sein müßte, gleichmäßig umlaufende Mechanismen zu bauen und ihre Umlaufzahl mit einem entsprechend kalibrierten Zeigerwerk zu registrieren.

Dergleichen Gedankengänge finden sich zu wiederholten Malen in der Geschichte der Entwicklung der mechanischen Zeitmeßeinrichtungen, die unabhängig von Gestirnsbeobachtungen kürzere Zeiteinheiten als einen Tag anzugeben haben. Die älteste dieser Einrichtungen ist die in Abb. 3 abgebildete Quecksilberuhr des Königs Alphons von Kastilien (ca. 1270). Zufolge der den Quecksilberfluß von Kammer zu Kammer stark bremsenden kleinen Löcher in den Trennungswänden zwischen den einzelnen Kammern der Trommel wickelt sich die Schnur mit dem angehängten Gewicht nur langsam ab; je nach der Gleichmäßigkeit der Bremswirkung der Löcher ist auch die Rotation des angeschlossenen Zeitindikators mehr oder weniger gleichförmig. Wiederholung des Vorganges ist nicht unmittelbar nach Ablauf möglich; die Trommel muß wieder neu bewickelt werden und das Quecksilber muß sich richtig einstellen. Somit war der Gebrauch der Quecksilberuhr auf verhältnismäßig kurze Zeiträume beschränkt und damit weniger für laufende Zeitmessung als für einzelne astronomische Beobachtungen oder bestimmte Demonstration (im gegebenen Falle die Bewegung eines Astrolabs) geeignet. König Alphons hat aber, wohl aus seinen Erfahrungen mit dieser Quecksilberuhr heraus, die Aufgabe gestellt, mechanische, über längere Zeiträume automatisch arbeitende Zeitmeßsysteme zu schaffen. Auf diese Problemstellung geht wahrscheinlich die Erfindung der *Waag*, des ersten, rein mechanisch arbeitenden Zeitnormals zurück, einer Anordnung, deren Grundidee bis zum heutigen Tage noch bei allen mechanischen Räderuhren zu erkennen ist und in Absatz e) dieses Kapitels eingehend beschrieben wird. Vorher sollen die Versuche, mit gleichmäßig umlaufenden Zeitnormalen Zeitmessungen vorzunehmen, erörtert werden.

a) Drehpendeluhren

Die Idee, eine mechanisch (durch Gewichtsantrieb) erzielte, stetige Umlaufsbewegung zur Zeitmessung auszunutzen, taucht urkundlich das erste Mal 1587 auf, als Jost Boedecker als Regulator der Münsteruhr in Osnabrück einen umlaufenden Stern vorsieht. Bassermann-Jordan vertrat in „Alte Uhren und ihre Meister" (1) die Meinung, daß Boedeckers Stern ein Zentrifugalpendel vorstellte und eine radiale Bewegung neben der Rotation ausführen konnte. Wir haben für diese Hypothese keine Beweise, sicher ist uns nur die Luftbremswirkung des umlaufenden Sterns. War der Radius konstant, dann wirkte der Stern wie der Windflügel in den Schlagwerken oder den Folgebewegungssystemen für Fernrohre; in beiden Fällen läßt sich – über nicht zu lange Zeiträume – beachtliche Drehzahlkonstanz aufrechterhalten, so daß dort Windflügel noch bis zum heutigen Tage als Regulatoren verwendet werden. War der Stern nach Bassermanns Vorstellung wirklich wie ein Drehpendel aufgehängt, dann konnte er theoretisch noch besser regulierend wirken, weil bei größerer Geschwindigkeit der wirksame Bremsradius sich vergrößert und umgekehrt gleiche Schwankungen im Antrieb also kleinere Drehzahlveränderungen hervorrufen sollten als bei festem Sternabstand. Praktisch machen eine

Reihe von technologischen Begleiterscheinungen die theoretischen Erwartungen in Kürze zunichte. Da diese sekundären Effekte erst durch die neuzeitlichen Ergebnisse ingenieurmäßiger Materialforschung ihre Aufklärung gefunden haben, ist es begreiflich, daß in der Zwischenzeit immer wieder Versuche unternommen worden waren, die bestechende Idee, mechanische Zeitmessung auf der gleichmäßigen Rotation mechanischer Systeme unter Verwendung von Rotationspendel – im Maschinenbau als Zentrifugalregulatoren bezeichnet – zu verwirklichen. Diese Bemühungen sind um so verständlicher, als eine gleichmäßige Rotationsbewegung mit dem steten Fluß der Zeit, in der wir leben, ungleich verbundener erscheint als ein laufendes Zerhacken des Zeitflusses mit darauffolgender Zählung der einzelnen, künstlich geschaffenen Abschnitte.

Nach seinen grundlegenden Schwingpendelerfolgen hat sich Huygens intensiv mit der Drehpendelregulierung von Uhren beschäftigt (Ende des 17. Jahrhunderts). Diese Arbeiten haben wohl im 18. und 19. Jahrhundert als Anregung zu Versuchsanfertigungen gedient, deren Konstrukteuren die tückischen Veränderungen der Reibung in Lagern, Zapfen usw. nicht wirklich vertraut waren. Drehpendel-Aufhängung, -Lager und -Antrieb sind zufolge des sich in drei Dimensionen abspielenden Vorganges kompliziert. Daraus resultieren unregelmäßige, große, in ihrem zeitlichen Auftreten nicht vorhersagbare Schwankungen im Lauf des Pendels, die bei fortschreitendem Altern die Regulierwirkung des Systems weit überschreiten können. Aus diesem Grunde hat sich diese Art der Regulierung trotz vieler geistreicher Konstruktionen nicht durchsetzen können. Nur eine geringe Anzahl von Drehpendeluhren aus dem 19. Jahrhundert ist in Sammlungen und Museen erhalten (vergleiche Abb. 337).

b) Das Zerhacken des Zeitflusses

Bei eben oszillierenden Systemen sind die konstruktiven Voraussetzungen für Lagerung und Antrieb wesentlich günstiger als bei Drehpendeln; Kombination mit einem stetig rotierenden System ohne störende Rückwirkung ist aber kaum durchführbar. Die gegebene Arbeitsweise für eben oszillierende Systeme ist die Abgrenzung von einzelnen Zeitintervallen. Die prinzipiell den eben arbeitenden Systemen innewohnenden technologischen Vorteile haben daher seit den ersten Anfängen mechanischer Zeitmessung das Zerhacken des Zeitflusses begünstigt und damit die Richtung der Entwicklung bestimmt.

Im Prinzip ist Zeitmessung durch Zerhacken des Zeitflusses uralt. Zuerst wird das Zerhacken durch menschlichen Eingriff jedesmal von neuem durchgeführt. Die ägyptischen Priester füllen die Wasseruhren (vergleiche Kapitel V) immer nach, wenn der letzte Tropfen ausgeronnen ist. Derselbe Vorgang bleibt bei den verschieden komplizierten Klepsydren (Wasseruhren) bis in das Mittelalter hinein erhalten, in dem bestimmten Laienbrüdern oder Mönchen in den Klöstern ihre Wartung übertragen wurde.

Das menschliche Mittun zur Zeitzerhackung setzt sich bis in die jüngste Zeit bei den Sanduhren (vergleiche Kapitel V) fort, von denen Abb. 178 bis 182 einige schöne Exemplare aus dem 16., 17. und 18. Jahrhundert zeigen.

c) Su Sung's Himmelsmaschine

Einen ungeheuren Schritt über diese primitive Art hinaus bedeutet die Automatisierung der chinesischen Wasseruhr von Su Sung, von der Price kürzlich berichtet hat. Im Sinne moderner Kombinationstechnik stellt Su Sung's Maschine eine Synthese verschiedenartiger Einzelvorgänge zwecks fortlaufender Zeitmessung durch Zählung getrennter, aufeinander folgender Intervalle dar. Abb. 1 zeigt eine Reproduktion aus einem von Dr. J. Needham aufgefundenen chinesischen und neuerdings ins Englische übersetzten Buch (2) aus 1090 A.D., das die wesentlichen technischen Einzelheiten der Maschine von Su Sung genau beschreibt.

Ein Konstant-Strömungssystem liefert einen gleichmäßigen Wasserstrahl, der nacheinander die gleich großen, am Umfang eines Mühlenrades befestigten Behälter füllt. Sobald ein Behälter richtig gefüllt ist, gibt eine Vorrichtung eine Hemmung frei, die das Weiterdrehen des Rades bis zum nächsten Becher gestattet, dort aber wieder blockiert. Dieses Spiel setzt sich regelmäßig fort, solange der Wasserzufluß aufrechterhalten bleibt. Damit haben wir alle Elemente einer Zeitmessung durch Zerhacken und Intervallzählung vor uns. Bis jetzt liegt noch kein direkter Beweis für eine Übertragung dieser grundsätzlichen Idee nach Westeuropa vor. Doch lassen die vielen, im Laufe der jüngsten Forschung aufgedeckten Berührungspunkte fernöstlicher, arabischer und abendländischer Kulturen im Mittelalter es annehmen, daß die europäische mechanische, automatische Zeitzerhackung durch die Waag nicht ohne fernöstliche Anregungen entstanden ist.

d) Der Waag-Standard

Aber selbst wenn man die Alphonsinische Erkenntnis der Notwendigkeit einer über längere Zeiträume ununterbrochen erstreckbaren mechanischen Zeitmessung und dazu das chinesische Automatisieren des Zeitzerhackens als gegebene Ausgangspunkte annimmt, erscheint das plötzliche Auftauchen der Waag als Zeitnormal als einer der sprunghaften großen kulturhistorischen Wendepunkte unserer Zivilisation. Trotz intensiver Beschäftigung namhafter Historiker seit Jahrzehnten ist eine auch nur einigermaßen genaue Datierung der Einführung des neuen Prinzips der Waag-Uhr auch heute noch nicht möglich. Der ganze Zeitraum von rund 1000 bis 1300 A. D. steht hierfür zur Diskussion. Man kann nicht einmal mit Sicherheit sagen, in welchem Teil Europas die ersten Waag-Uhren gebaut worden sind. Vielleicht war es Italien; die früheste schriftliche Erwähnung des Räderspiels einer mechanischen Uhr findet sich bei Dante um 1320. Andere Andeutungen aber würden für Deutschland als den Entstehungsort sprechen. Für den vorliegenden Überblick sind Prioritätsfragen belanglos. Abb. 23 zeigt eine der ältesten erhaltenen Uhren mit einer Waag. Das Entscheidende ist der abwechselnde Eingriff der zwei Lappen auf der Spindel in das von dem Gewicht angetriebene Kronrad. Der Eingriff des oberen Lappens dreht die Spindel nach rechts: Da diese zufolge des Waagarmes und der darauf befindlichen Gewichte beträchtliche Trägheit besitzt, erfolgt das Verdrehen langsam. Nach einem gewissen Winkel hört der Eingriff auf und das Kronrad beginnt sich frei zu drehen. Das ist aber nur kurz möglich, weil sehr bald der diametral gegenüberliegende Zahn in die Bahn des unteren Lappens eintritt und an ihn stößt. Darauf erfolgt eine Rückbewegung der Spindel mit der Waag bis zur Freigabe des Lappens, worauf wieder der erste Lappen einsetzt und schließlich das Spiel sich zyklisch wiederholt. Im Moment des Zusammenstoßes zwischen Lappen und Zahn treibt der Lappen das Zahnrad soweit zurück, bis der Schwung der Waag gänzlich aufgebraucht ist. Die Bewegung des Kronrades des Uhrwerkes ist grobbildlich durch ein alternierendes Vorwärts und Rückwärts zu beschreiben: etwa drei Schritte vorwärts, ein Schritt zurück, drei Schritte vorwärts usw. „Rückfallend" ist der Fachausdruck. Obwohl dieses Zerhackungsprinzip schwer verständlich und umständlich erscheint, hat es sich von Anfang an als der richtige Weg zur mechanischen Zeitmessung erwiesen und sehr früh erstaunlich gute Gangresultate ergeben. Was gotische Waag-Uhren leisten können, hat man erst in den letzten Jahren erkannt, als einige Amateure solche

Uhren (vergleiche Farbtafel II) auf den ursprünglichen Zustand restauriert und dann auf Ganggenauigkeit untersucht haben.

Während man früher kurzerhand den gotischen Waaguhren Fehlweisungen von etwa einer Stunde pro Tag in die Schuhe schob, zeigte sich nun, daß bei richtiger Wartung 10 bis 20 Minuten nicht überschritten werden, eine Genauigkeit, die für die Ansprüche des Lebens des 15. und beginnenden 16. Jahrhunderts gut ausreichte.

Der Zeitstandard der Waaguhren ist aus einer Kombination gebildet (vergleiche Abb. 116) bestehend aus: 1. Der eigentlichen Waag (Foliot) – einem an den Enden beschwerten Balken oder einer Kreisscheibe – die sich um eine senkrecht stehende Welle drehen kann. Die entsprechende Ausführungsform für tragbare Uhren wird mit dem alten Namen *Unrast* bezeichnet. 2. Dem Lappensystem auf der Welle und 3. dem Antriebsmechanismus – ein Gewicht oder die wahrscheinlich im 15. Jahrhundert eingeführte Feder.

Die Länge der einzelnen Perioden ist durch das dynamische Gleichgewicht zwischen Antrieb und Bremsung des ganzen Systems bestimmt, d. h., das Waagsystem hat keine Eigenschwingung, ist also unfähig, „isochron" zu arbeiten. Ungleichmäßigkeiten im Antrieb äußern sich daher unmittelbar in einer veränderten Periodenlänge. Mittel, um den Antrieb bei Federn gleichmäßig zu machen, sind in den Abschnitten c) und d) näher beschrieben. Veränderte Reibung an irgendeiner Stelle äußert sich in Gangveränderungen, die durch Antriebskonstanz nicht auszuschalten sind und damit die Genauigkeit von Uhren mit nicht isochronem Zeitnormal bestimmen.

e) Ganggenauigkeitsverbesserung der Renaissance-Uhren und Jost Burgi

Der klare Bedarf nach höherer Genauigkeit mechanischer Uhren tritt erstmalig in den astronomischen Kreisen der zweiten Hälfte des 16. Jahrhunderts betont auf. Den bedeutendsten Niederschlag dieser Bestrebungen zeigen Uhren des Jost Burgi aus Lichtensteig in Toggenburg, der zuerst am Hofe in Kassel für Landgraf Wilhelm IV. und dann am Hradschin in Prag für Kaiser Rudolf II. und seinen Nachfolger arbeitete. Obwohl wir keine kontemporären Aufzeichnungen über Burgis theoretische Stellungnahme zu dem Genauigkeitsproblem des mechanischen Zeitstandards haben, zeigt die Analyse der in den letzten Jahren von ihm aufgefundenen Uhren betonte Konzentration auf die einen wesentlichen Teil des Zeitnormals

a

b

Abb. 131 a und b. „Der Hottentottentanz", Kunstuhr, signiert August Rungel, Augsburg, ca. 1660. Architektonisch reiches, prunkmöbelartiges Holzgehäuse; im bekrönenden achteckigen Aufsatz eigentliche Uhr; auf der Terrasse fünf Tanzgruppen in zeitgenössischen Kostümen; darunter ein Orgelwerk – siehe Detailaufnahme – mit Holzpfeifen und ein mechanisches Cembalo.

Staatl. Math. Phys. Salon, Dresden.

Tafel VII. Goldemail-Sackuhr von Sarrabat, ca. 1635.

Tafel VIII. Goldemailuhr von Burnot, 1648.

bildende Hemmung. Sein ältestes erhaltenes Werk, die ältere Kasseler Observationsuhr, besitzt noch die alte Waagunruhe, allerdings in Präzisionsausführung; zusätzlich ist aber ein Zwischenantriebssystem (Remontoir) – eine täglich zweimal emporgehobene Gewichtstasche mit einer Zahnstange – vorgesehen, die die Ungleichmäßigkeit der Antriebsfeder in verschiedenen Stadien des Ablaufes eliminiert. Weit hinausgehend über diese Konstruktion ist aber Burgis Präzisions-Zeitnormal, welches zwei gegenläufige, etwas federnde Waagarme besitzt, „Kreuzschlag" genannt, mit welchem weit höhere Genauigkeit als mit allen anderen damaligen Zeitnormalen erreicht worden ist. Abb. 183 zeigt eine kleine Kreuzschlaguhr aus dem Kreise von Burgis Nachfolgern. Es ist der Aufbau einer Portaluhr, bei welcher die beiden Doppelhebel mit Engelsköpfen über dem Zifferblatt angebracht sind. Bei Burgis Uhren war es die große Einfachheit in der Getriebeanordnung und die gleichzeitig hohe Präzision der Zähne und Zapfen, die zusammen mit der symmetrischen Arbeitsweise der Kreuzschlagarme die hohe Ganggenauigkeit bewirkt hat. Landgraf Wilhelm IV. konnte so schon von den ersten Kreuzschlaguhren an Tycho Brahe berichten, daß die Fehlweisung dieser neuen Uhren von Burgi gegenüber astronomischen Passage-Beobachtungen unter einer Minute pro Tag lägen.

f) Uhren mit Kugellauf-Zeitstandard

Die Herstellung und Einstellung des Kreuzschlag-Zeitnormals war kompliziert und hat anscheinend das Verständnis des durchschnittlichen guten Uhrmachers überstiegen. So ist es begreiflich, daß daher andere Wege zur Schaffung genauer Zeitnormalen versucht wurden, als der Bedarf für höhere Genauigkeit der Zeitmessung sich bemerkbar machte. Der interessanteste dieser Versuche ist der bis vor kurzem völlig mißverstandene Rollende-Ball-Zeit-Standard. Ausgehend von Galileis Feststellung, daß Körper auf derselben schiefen Ebene die gleiche Strecke in gleichen Zeiten durchrollen, ist es eigentlich naheliegend, in einem Schiefen-Ebene-System Kugeln nacheinander so abrollen zu lassen, daß das Eintreten einer Kugel in die Bahn zeitlich mit dem Verlassen derselben durch die vorangegangene Kugel zusammenfällt und dabei auf einem Zählwerk die Anzahl der Kugelabläufe festzustellen. Wie die Auslösung erfolgt und wie dafür gesorgt wird, daß jederzeit bei Bedarf eine Kugel am Eingang der Bahn vorhanden ist, sind technische Detailfragen. Verschiedene solcher Kugellaufsysteme finden sich in wissenschaftlichen Werken des 17. Jahrhunderts erwähnt; in einzelnen europäischen Sammlungen sind auch einige wenige Renaissance-Uhren mit Kugellauf-Standard erhalten (vergleiche Abb. 105).

Bis vor kurzem waren sie aber als Perpetua Mobilia, also als Fehlkonzeptionen oder als bewußte Täuschungen der unerfahrenen Laienwelt abgetan und von den Horologen gar nicht näher untersucht worden. Daß hier ein prinzipiell neuer Weg zur Schaffung eines Zeitnormals auf anderer Basis als der Waag vorliegt, war übersehen worden. Die Laufzeiten der Kugeln stehen aber auffälligerweise bei den verschiedenen alten Kugellaufuhren in einfachen rationalen Verhältnissen zur Minute. Entweder war es eine Minute oder bei anderen Uhren eine halbe oder eine viertel Minute. Nach jedem Kugelablauf springt der Minutenzeiger um diesen entsprechenden Betrag vorwärts. Neuerdings erst hat E. Neumann in Wien Dokumente gefunden, in welchen der kaiserliche Hofuhrmacher Christof Margraf im Jahre 1595 klar ausspricht, daß ein Kugellauf die Funktion der Waag übernehmen kann. Obwohl Margraf ein kaiserliches Patent auf diese Idee erhielt, wurde seine Erfindung bald verschiedentlich umgangen. Die bemerkenswerteste hiervon ist die prächtige Pyramidenuhr im Braunschweiger Museum aus dem Jahre 1601.

Die Kugellaufuhren-Mechanismen bilden ein besonders interessantes Beispiel für den im 16. Jahrhundert verstärkt auftauchenden Drang im Menschen zu neuen technischen Unternehmungen. Sie sollen im Ergänzungsband ausführlich behandelt werden. Hier muß es genügen, darauf hinzuweisen, daß die absolute Länge des abgegrenzten Intervalls genau wie bei der einfachen Waag mit Lappengang auch beim Kugelstandard und beim Kreuzschlag von äußeren Umständen sehr stark beeinflußt wird. Veränderung der Antriebskraft, Veränderung der Lager- oder Flankenreibung und Größe des Eingriffes bei den ersten zwei Typen, Veränderung der Oberflächenbeschaffenheit der Laufbahn bei der letzteren sowie Varianten in den mit der Registrierung und Kugelnachlieferung verbundenen Vorgängen bewirken beträchtliche Schwankungen der Intervallänge. Die Konstanthaltung der Antriebskraft ist bei Burgis Uhren durch Verwendung der oben angedeuteten Zwischenantriebssysteme (Remontoire) weitgehend ausgeschaltet. Die anderen Faktoren versuchte Burgi durch höchstwertige Arbeit und empirisch gefundene, bestgeeignete Materialsorten in gewissen, engen Grenzen zu halten. Das Weiterbestehen beträchtlicher Ungenauigkeiten trotz hoher Arbeitsqualität zwang die Uhrenbauer, neue Möglichkeiten für Zeitnormale zu suchen.

g) Pendeluhrenvorläufer

Nach dem heutigen Stand der Forschung, speziell dank E. Morpurgos (3) Arbeiten besteht kaum mehr Zweifel, daß schon vor Huygens an verschiedenen Stellen pendelartige Gebilde an Stelle der Waag vorgekommen sind. Bei diesen Systemen aber kam die entscheidende Pendeleigenschaft, die Eigenschwingungsfähigkeit, nur sehr rudimentär zur Auswirkung. Mit auffallend kleinen, knöpfchenartigen Massen, Gesamtlängen von kaum mehr als 10 cm und in starrer Verbindung mit der Spindel waren diese Systeme ähnlich stark rückfallend wie die bereits beschriebene Waag mit Lappengang. Deswegen können solche Pendeluhren kaum merkbar besser als die Waaguhren gegangen sein; ohne die grundlegenden mathematischen, mechanischen und analytischen Kenntnisse Huygen's bestand auch nicht die geringste Veranlassung, die kurzen, starr mit der Spindel verbundenen Pendel für irgend etwas anderes als eine spielerische Variante der Waag anzusehen. Von diesem Gesichtspunkt aus erscheint der immerwährende Zweifel an Galileis und besonders Huygens' Priorität in bezug auf die Pendelerfindung unbegreiflich und ist nur aus dem Unvermögen, Huygens' Leistung physikalisch-technisch zu verstehen, erklärbar. Auftreten einer wohldefinierten Eigenschwingung, die unabhängig von der Größe der Amplitude die gleiche Periode bietet – eine Eigenschaft, die man als Isochronismus bezeichnet –, ist klarerweise die Voraussetzung für ein genaues Zeitnormal, da dieses unabhängig von der Intensität des Antriebes immer den gleichen Zeitstandard als Maßeinheit liefert.

h) Huygens' Pendeluhren

Es ist das unbestreitbare, historische Verdienst von Huygens, sich bewußt für die Verwendung von eigenschwingungsfähigen Systemen als Zeitnormale für mechanische Uhren eingesetzt und damit eine neue Phase in der Zeitmeßtechnik eingeleitet zu haben. Mit Eigenschwingungsfähigkeit bezeichnet man die Eigenschaft eines physikalischen Systems, nach einem Anstoß mit einer für das System charakteristischen Frequenz (Schwingungszahl/Sekunde) zu schwingen; ein System ohne Dämpfung nennt man ein ideales, freischwingendes System; ein solches würde nach einem Anstoß unbegrenzt weiterschwingen. Durch Zählung der seit einem willkürlich festgelegten Anfangspunkt aufgetretenen Schwingungen ergäbe sich eine vollkommene Zeitmessung. Umgebungseinflüsse, vor allem aber die Verbindung mit dem Zählwerk und die Steuerung der Anfachung aber bedingen immer gewisse Beeinflussungen der Frequenz und damit mehr oder weniger große Ungenauigkeiten in der Zeitmessung.

Das auf Abb. 212b ersichtliche, auf einem Faden aufgehängte und mit einer losen, gabelartigen Kupplung angetriebene Pendel gehört zu einer der ersten nach Huygens' Idee gebauten Pendeluhren. Es ist bei weitem noch kein ideales freischwingendes System; Luft- und Fadenreibung sowie Koppelung mit dem Uhrwerk, das gleichzeitig dazu dient, die Pendelbewegung aufrechtzuerhalten und die Schwingungen zu zählen, beeinflussen in der gezeigten Form noch stark die Schwingungsdauer. Aber das praktische Ausmaß dieser Beeinflussung ist doch schon um eine Größenordnung geringer als es bei den Waaguhren war; es ist sogar auch noch geringer als bei den Kreuzschlaguhren, ohne im entferntesten ihre Komplikationen zu haben.

So kommt es, daß die Fehlweisungen schon der ersten nach Huygens' Angaben gebauten stationären Pendeluhren nur mehr Minutenbruchteile je Tag betrugen. Dadurch hat der Huygens'sche Schritt ganz neue Möglichkeiten der Zeitauffassung in das tägliche Leben der Menschheit gebracht. Das volle Verständnis hierfür haben allerdings nicht Huygens' Landsleute in Holland, sondern die Engländer aufgebracht, von denen die neuen Pendeluhren zu ihrem ersten Höhepunkt entwickelt wurden. Auf diesem raschen Erkennen der neuen Möglichkeiten und auf einer instinktiv richtigen Behandlung der damit verbundenen konstruktiven und betriebsmäßigen Probleme ist das über Generationen hinaus sich erstreckende Primat der englischen Uhrmacherei zurückzuführen.

Entwicklungsgeschichtlich ist es bemerkenswert, daß diese Erfolge in England mit der intensiven Teilnahme theoretisch-wissenschaftlich allgemein interessierter Kreise an den handwerklich technologischen Arbeiten der Uhrmacher verbunden waren. Das Studium der Schwingungsprobleme hat damals viele Jahre führende Köpfe der Royal Society in London beschäftigt; sie standen mit den bedeutendsten Uhrmachern und Instrumentenbauern in engstem persönlichen Kontakt, wie wir z. B. aus den Tagebüchern von Dr. Hook wissen. Eine andere günstige Fügung war das rege Interesse der damaligen politisch und gesellschaftlich maßgebenden Persönlichkeiten an der Initiative der Royal Society, welches den notwendigen praktischen Auftrieb zu ihren Unternehmungen und im speziellen Fall den Uhrmachern entsprechende Aufträge brachte.

i) Uhren mit Unruhe

Auch die Kombination einer Masse mit einer Feder, die sie bei Ablenkung der Masse aus der Ausgangsstelle dorthin zurückführt, besitzt sehr ähnliche Eigenschaften wie ein Huygens'sches Pendel. Huygens und Dr. Hook haben diese Eigenschaft bald erkannt und ihre Ausnutzung zur Genauigkeitsverbesserung von tragbaren Uhren benützt, da solche Systeme nicht schwerkraft-orientiert sind wie das Pendel. Durch Kombination einer Spiralfeder mit dem schon seit langem bei tragbaren Uhren üblichen radförmigen Unrast wurde ein neues, eigenschwingungsfähiges Zeitnormal geschaffen, eine Alternativlösung zum Pendel. Wenn heute der Laie von Unruhe spricht, dann meint er unbewußt das aus einer radförmigen Masse mit einer Spiralfeder kombinierte Zeitnormal seiner Armband- oder Taschenuhr. Diese Masse-Feder-Kombination von Huygens und Hook ist somit der Ausgangspunkt für die heute dominierende Zeitnormalform aller tragbaren Uhren geworden.

Seit Huygens mit seinem ersten Pendel das Prinzip eines eigenschwingungsfähigen Systems bewußt in die Zeitmeßkunst eingeführt hat, setzt eine rapide Vorwärtsentwicklung der mechanischen Zeitnormale ein, um dem Ideal des wirklich von äußeren Umständen möglichst unabhängigen, freischwingenden Zeitnormals nahezukommen. Auf Dr. Hook und den Londoner Uhrmacher William Clement gehen das Sekundenpendel und der einfache Ankergang zurück; George Graham entwickelte dann den noch heute nach ihm benannten ruhenden Ankergang, und Thomas Tompion, der „Vater der englischen Uhrmacherei", den Zylindergang, den ersten ruhenden Gang für tragbare Uhren, die alle im folgenden Abschnitt C/a eingehend beschrieben werden. In der englischen Schule entstehen bald darauf weitere wichtige Beiträge zur Verbesserung der Ganggenauigkeit. Harrison war der erste, dem es gelang, Temperatureinflüsse auf das Zeitnormal durch Zusammenwirkenlassen von Metallen verschiedener thermischer Ausdehnung auszuschalten. Sein Prinzip – das Rostpendel, zeigt Abb. 132b. In Abb. 345 ist eine damit ausgestattete Wanduhr. Dem Rostpendel folgte bald eine gleichwertige Lösung von Graham, bei welcher die Konstanz der kritischen Pendellänge durch eine Quecksilberfüllung im untersten Teil des Pendels erzielt wird. (Vergleiche Abb. 132a.) Das Quecksilber mit seinem starken Ausdehnungskoeffizienten ergibt bei Temperaturschwankungen eine zur Ausdehnung der Pendelstange gegenläufige Bewegung des Quecksilberschwerpunktes, bei richtiger Dimensionierung

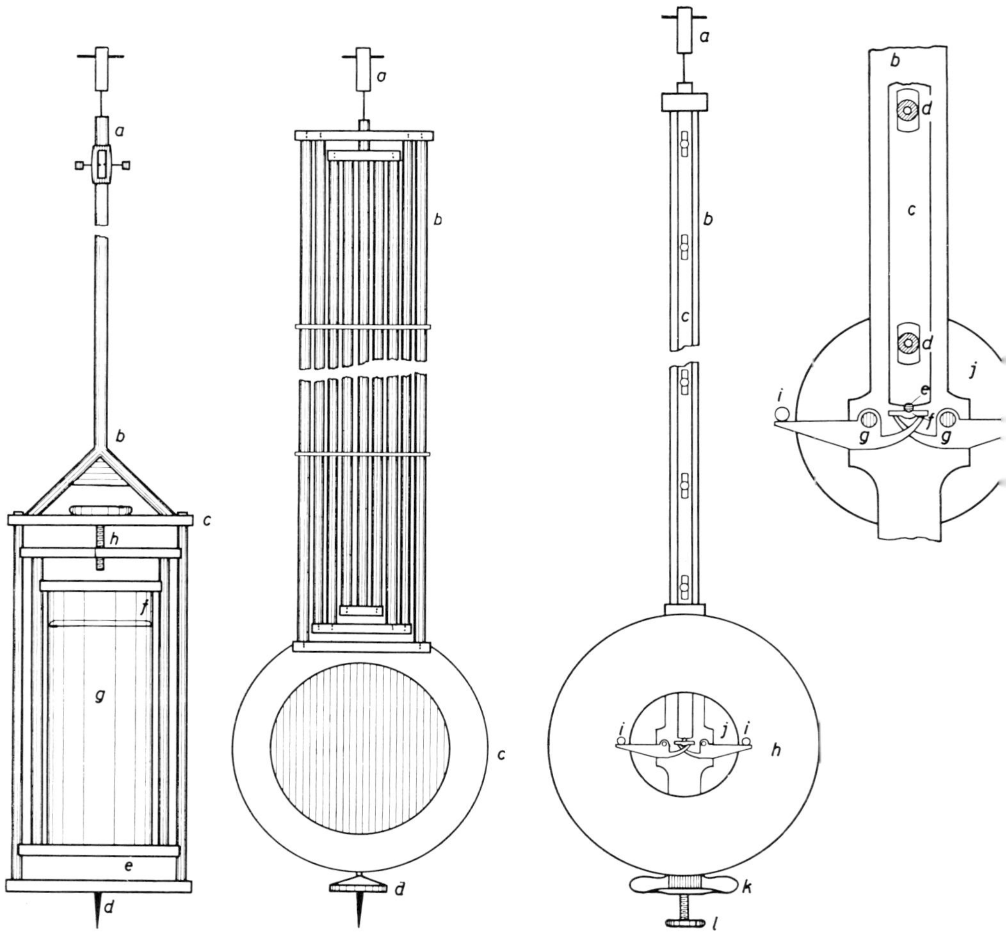

a b c

Abb. 132a, b, c. Pendel mit Kompensation der temperaturbedingten Längenänderungen.

a Quecksilberpendel nach Graham, ca. 1719. Quecksilberinhalt *g* im Glasbehälter *f* muß genau an das Pendelgerüst angepaßt werden, um Über- oder Unterkompensation zu vermeiden, was bis zu einem Jahr Feinanpassung erfordert. Dann sind die Leistungen außerordentlich gut. *h* Mikrometerschraube zur Feineinstellung.

b Rostpendel nach Harrison, ca. 1725; die Stäbe sind abwechselnd aus Eisen und Messing; die letzteren mit größeren Ausdehnungskoeffizienten schieben die oberen Querhaupte mehr nach oben als die unteren nach unten wandern. Eine sehr verläßliche Anordnung, wenn die Materialkoeffizienten richtig sind.

c Kompensationspendel nach Elicott, ca. 1745. Der Pendelstab ist aus Eisen, darauf kann sich der Messingstab *c* verschieben; mit der Hebelübersetzung *e-f-g-i* wird die Pendellinse entgegen der Längendifferenz bewegt. Eine hübsche Konstruktion, die aber höchste mechanische Anforderung stellt, um richtig zu arbeiten.

bleibt dann das Trägheitsmoment des Gesamtsystems erhalten. Abb. 238 zeigt eine der ersten von Graham mit Quecksilberkompensation gebauten Uhren. Pendeluhren mit Temperaturkompensation werden als Regulatoren bezeichnet; Fehlweisungen sind schon bei den frühen Ausführungen auf die Größenordnung von wenigen Sekunden pro Monat reduziert worden.

Genauigkeit und Verläßlichkeit bei am Körper getragenen Uhren auf breiter Basis ist erst seit Verwendung des in Abschnitt C/a beschriebenen „freien Ankerganges" (englisch: detached lever escapment) möglich geworden. Diese wichtige Anordnung wurde 1755 von Th. Mudge erfunden. Seit über 100 Jahren stellt der Ankergang die Regel für am Körper getragene Uhren vor; es hat aber ebenso fast 100 Jahre gedauert, um in die Praxis einzudringen, weil fast drei Generationen ihn kaum verwendeten.

j) Chronometer

Direkten Einfluß auf die Entwicklung der europäischen Machtverhältnisse aber hatte die Lösung des „Longitudinalproblems" durch den Chronometerbau. Unter Longitudinalproblem verstand man im 16. bis 18. Jahrhundert die Längenbestimmung zur See, die zur Voraussetzung eine durch Wochen unbeeinflußt von den komplizierten Störeinflüssen der Schiffahrt aufrechterhaltene Genauigkeit der verwendeten Uhren hatte. Bis in die Mitte des 18. Jahrhunderts war die Längenbestimmung zur See mangels ausreichender Genauigkeit der Uhren so fehlerhaft, daß hierin ein ganz großes Risiko der damaligen Schiffahrt lag. Diese Problematik war auch schon seit dem 16. Jahrhundert erkannt und eines der Hauptantriebsmomente in der geschilderten intensiven Beschäftigung der wissenschaftlichen Kreise mit horologischen Problemen. Bis zu Harrison aber hatte sich kein Erfolg gezeigt. Jahrzehntelange, hingebungsvolle Arbeit Harrisons aber hatte zum Schluß alle sich entgegensetzenden Schwierigkeiten mechanischer, materieller und bürokratischer Natur überwunden und zu einem tragbaren, auch den komplizierten Störeinflüssen der Seefahrt völligen Widerstand leistenden Instrument geführt. Die Einzelheiten dieses dornenreichen Erfindungsganges sind vielleicht am eindrucksvollsten von R. T. Gould (*4*) beschrieben worden. Harrison hat Schritt für Schritt nacheinander 4 Modelle gebaut, bis er schließlich einen Erfolg erzielt hat. Die ersten drei waren maschinenähnliche, große Uhrwerke mit Doppelunruhen, die auf eine Beeinflussung durch Burgis Kreuzschlag schließen lassen. No. 4 hingegen ist von völlig verschiedenem Aussehen und Aufbau; es ist äußerlich kaum von einer der damals üblichen Kutschen- oder Satteluhren zu unterscheiden, erscheint also nur wie eine etwas vergrößerte Taschenuhr.

Hier möge es genügen, zusammenfassend festzustellen, daß Harrison als erster erreicht hat, die Einflüsse von Temperatur- und Lageveränderungen, selbst vehementer und stoßartiger Natur, über längere Zeiten genügend zu eliminieren. Dadurch erreichte er, daß 1761 bei der kritischen Erprobungsreise von 61 Tagen nach Jamaika sein Chronometer, wie bald nachher diese neuen für die Seefahrt entwickelten Uhren genannt wurden, bloß um 9 Sekunden verspätet ging. Das war eine Leistung, so viel besser als alles, was vorher auf Seereisen erreicht worden war, daß die Prüfungskommission an das Ergebnis nicht glaubte und eine zweite Erprobungsreise verlangte. Verwendung eines Remontoirs, das alle $7^1/_2$ Sekunden die Antriebskraft wieder auf gleich brachte, und einer einfachen Temperaturkompensation bei der Spiralfeder der Unruhe zusammen mit einem besonderen Lappengang, der die Unruhe bereits für gewisse Bruchteile der Periode freigab, sind die entscheidenden Schritte Harrisons. Mit dem Schiffahrtschronometer Harrison No. 4 war wieder eine neue Phase in der Zeitmeßtechnik eingeleitet worden.

Nachdem Harrison im Chronometerbau das Eis gebrochen hatte, setzte bald eine große Nachfrage von allen Seiten nach Schiffahrtschronometern ein, da nur mit ihrer Hilfe Längenbestimmungen zur See richtig auszuführen waren.

Frankreichs Meister haben sehr bald eigene, gute Chronometerkonstruktionen nachfolgen lassen; doch blieben die Engländer für mehrere Generationen im Chronometerbau führend. Zwei weitere Menschenalter allein sind erfüllt mit einer Reihe bedeutender Fortschritte und Vereinfachungen, die zu leichterem Herstellen und auch weiteren Genauigkeitssteigerungen der Schiffschronometer führten.

Unmittelbar nach den ersten Erfolgen mit den Schiffschronometern setzt die Entwicklung von Taschenchronometern ein. Die Krönung dieser Bemühungen sind die von Breguet eingeführten Tourbillons (vergleiche Abb. 336, 381), das sind kleine, karussellartig im Uhrwerk umlaufende Drehtische, welche die Unruhe tragen und im Laufe relativ kurzer Perioden ($^1/_2$ meist 1 Minute) eine volle Umdrehung ausführen. Dadurch werden geringfügige Ungleichmäßigkeiten im Massenausgleich der Unruhe völlig kompensiert. Voraussetzung ist natürlich vertikale Lage der Uhr.

Mudge (vergleiche Abb. 283 oder 316), Earnshaw (vergleiche Abb. 324) und Arnold (vergleiche Abb. 325) gehören zu den bedeutendsten Namen dieser Epoche in England. Le Roy, Berthoud (vergleiche Abb. 284) und Breguet (vergleiche Abb. 327, 329, 332) sind die hauptsächlichsten Repräsentanten Frankreichs.

k) Entwicklungstendenzen der letzten Jahrzehnte

Das ganze 19. und auch der Anfang des 20. Jahrhunderts findet immer noch Gelegenheiten für weitere Verbesserungen der mechanischen Zeitnormale. Immer raffiniertere Pendelaufhängungen, Verbindungen mit schweren Fundamenten, Aufstellung in Kellern mit geringen Temperaturschwankungen und Einbeziehung elektrischer Schaltkreise zusammen mit Unterbringung der Pendel in evakuierten Tanks waren die Maßnahmen, durch die bei den stationären Pendeluhren für Sternwarten weitere Verbesserungen erzielt wurden. So erreicht Riefler in München Restfehlweisungen von nur mehr einigen tausendstel Sekunden/Tag, während bald darauf Shortt in London sogar noch unter $^{1}/_{1000}$ Sekunden/Tag kam.

Parallel zu den Verbesserungen der Regulatoren hat auch die Genauigkeit der kleinen, tragbaren Uhren zugenommen. Bis zur Zeit des ersten Weltkrieges handelte es sich dabei im allgemeinen um Taschenuhren; nach dem ersten Weltkrieg aber begannen Armbanduhren, die bis dahin mehr als ein Schmuckstück für Damenhand denn ein verläßlicher Zeitweiser angesehen wurden, die Genauigkeit der Taschenuhren zu erreichen. Dies ist das Ergebnis zielbewußter Forschungs- und Entwicklungsarbeit der Schweizer Industrien und Fachschulen. Das Faszinierende dieser Entwicklung ist, daß fast lediglich durch Auswahl des geeignetsten Materials, Entwicklung von präzisen Arbeitsverfahren und strikte Einhaltung verläßlicher Testmethoden, Armbanduhrwerke geschaffen wurden, die äußeren Einflüssen, wie sie sich durch das Tragen am Handgelenk einstellen, ohne Gefahr von großen Schwankungen standhalten. Solche Einflüsse sind Stöße bei manuellen Arbeiten oder Händeklatschen, Magnetfelder, Eintauchen ins Wasser, Außentemperaturveränderungen und staubige Außenluft. Eine im Jahre 1935 von dem Verfasser erworbene Armbanduhr einer der renommiertesten Marken hat bis zum Jahre 1957 im täglichen Gebrauch eine Durchschnittsfehlweisung von $2^{1}/_{2}$ Minuten im Monat geleistet. Die an ihre Stelle getretene modernste Konstruktion hält Monatsfehlweisungen in der Größenordnung von 5 Sekunden.

Die angeführten Genauigkeiten der heutigen Armbanduhr dürften auf längere Zeit auch sehr scharfen Anforderungen des persönlichen Lebens genügen. Für wissenschaftliche Beobachtungen und speziell für Astronomen aber waren, bald nachdem man sie erzielt hatte, auch die mit den zuletzt geschilderten äußersten Raffinements der Pendelkonstruktion verbundenen Fehlweisungen ungenügend. Nach dem ersten Weltkrieg war man sich klar geworden, daß für weitere Genauigkeitssteigerungen Aufwand und Genauigkeitsgewinn bei dem mechanischen Zeitnormal nicht mehr in ein tragbares Verhältnis zu bringen sei. So mußte man daran gehen, in der damals bereits weiten Vielfalt an neuentdeckten physikalischen Phänomenen einen Ersatz für die grobmechanisch eigenschwingungsfähigen Systeme zu finden und das alte Prinzip zu opfern.

Die damals in stürmischer Vorwärtsbewegung befindliche Radiotechnik bot die geeigneten Mittel, auf die einzugehen aber nicht in dem Rahmen dieses Buches liegt.

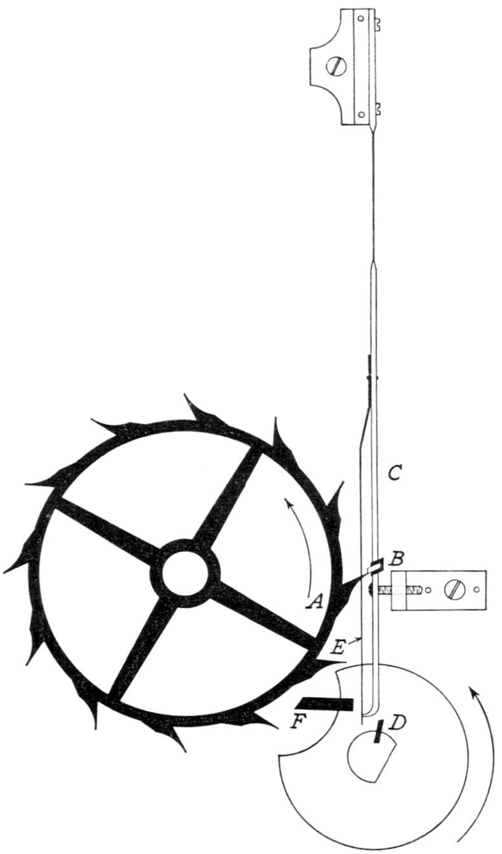

Abb. 133. Chronometergang nach Earnshaw, ca. 1782; auch heute noch in weiter Verwendung bei Marinechronometern. *A* Gangrad; *B* Sperrpalette; *C* Sperrhebel (detent); *D* Auslösepalette (juwel); *F* Impulspalette. – Aus Britten: Old Clock & Watches, 7. Aufl.

C. UHRWERKSELEMENTE

a) Gangreglerkonstruktionen

Die heute etwa 250 bekannten Hemmungen gliedert man nach der Art der Rückwirkung auf das Gehwerk in drei große Gruppen, die im vorigen Abschnitt bereits angedeutet sind:

1. rückfallende Hemmungen,
2. ruhende Hemmungen,
3. freie Hemmungen.

Diese Reihenfolge entspricht der sich steigernden Güte der Hemmungen und ihrem Auftreten in der Geschichte der Technik. Bei rückfallenden Hemmungen wird das am schnellsten gehende Rad des Werkes, das Steigrad, nicht nur Zahn um Zahn von der Hemmung weitergelassen, sondern es erleidet, wie das ganze übrige Werk, nach jedem Fortschreiten eine durch den Gangregler verursachte rückläufige Bewegung. Bei ruhenden Hemmungen aber ist der Gangrhythmus etwa: ein Schritt vorwärts – Ruhe – ein Schritt vorwärts – Ruhe – usw. Während der Ruhestellung reiben sich aber die mit dem Pendel verbundenen Paletten auf den Steigradflanken und ergeben dadurch noch immer eine, wenn auch viel geringere, Dämpfung als die rückfallenden Hemmungen.

Bei freien Hemmungen schließlich erhält der Zeitstandard (Pendel, Unruhe) nur in bestimmten kurzen Zeiträumen Antrieb durch das Werk und steht im übrigen nicht in mechanischem Kontakt mit dem Gehwerk, das durch ein zusätzliches Element dann am Ablauf verhindert wird.

Abb. 324b gibt eine Werkseinsicht in einen Taschenchronometer von Thomas Earnshaw; die Unruhe ist aus zwei viertelkreisförmig gebogenen Bimetallstreifen mit an den Enden aufgesetzten Massen aufgebaut. Temperaturabhängige Verbiegung der Bimetallstreifen macht die Schwingungszeit der Unruhe unabhängig von der Außentemperatur konstant. Abb. 133 stellt schematisch Earnshaws' Chronometergang dar; die Achse der Unruhe liegt bei D; die kleine Palette B bewirkt die jeweilige Auskoppelung des Gangrades A, wenn sie bei Rückwärtsbewegung der Unruhe – entgegen dem Pfeil – sich und die Feder nach rechts bewegt, weil die mit der Unruhe fest verbundene Palette bei D sie zurückschiebt. Eine interessante Lösung sind schließlich die Hemmungen mit konstanter Kraft; mit ihnen werden, speziell wenn sie frei sind, die genauesten Gangresultate erzielt. Sie gehen auf Ideen von Mudge und Reid aus der Wende vom 18. zum 19. Jahrhundert zurück und hatten ihre Blütezeit in der zweiten Hälfte des 19. Jahrhunderts. Die von Lord Grimthors für das Londoner Parlament konstruierte große Turmuhr (Big Ben) ist mit einer solchen freien Hemmung mit schwerkraftbedingten Impulsen konstanter Intensität auf das Pendel ausgerüstet. Big Ben war durch Jahrzehnte die genaueste Turmuhr der Welt, deren tägliche Fehlweisung nur rund $^1/_{10}$ Sekunde beträgt.

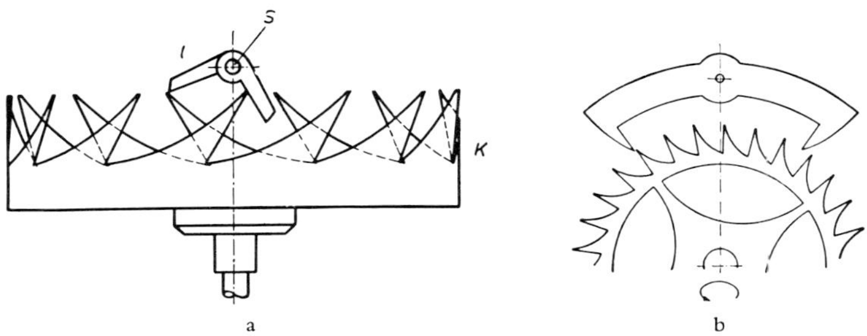

Abb. 134a. Spindelgang (Ansicht in Richtung der Spindel *s*); für räumliche Disposition insbesondere der Lappen *l*, *l*: (vergleiche Abb. 146). Älteste Hemmung für mechanische Räderuhren, vom 14. bis in die erste Hälfte des 19. Jahrhunderts die Uhrmacherei beherrschend. *K*. Kronrad.
Abb. 134b. Clement- oder Hakengang. Der entscheidende Schritt für die Verwendung langer Pendel, eingeführt von William Clement, London, um 1671, wahrscheinlich auf Anregung von Dr. Hoock.

Zusammenstellung der wichtigsten Hemmungen, die dem Liebhaber alter Uhren begegnen:

1. Rückfallende Hemmungen:
   Spindelgang (Abb. 134a, vergleiche auch Abb. 116),
   Kreuzschlag (Abb. 135, vergleiche auch Abb. 183),
   Hakengang (Abb. 134b).
2. Ruhende Hemmungen:
   ruhender Anker- oder Grahamgang (Abb. 136),
   Stiften- oder Amantgang (Abb. 137),
   Zylindergang (Abb. 138),
   Kommagang mit einem degenerierten, beistrichförmigen Anker, der nur zwei Zähne umgreift.
   Duplexgang mit zwei parallelen Steigrädern.
3. Wichtige freie Hemmungen:
   freier Ankergang (Abb. 139a und b),
   freier Chronometergang (z. B. Abb. 133).

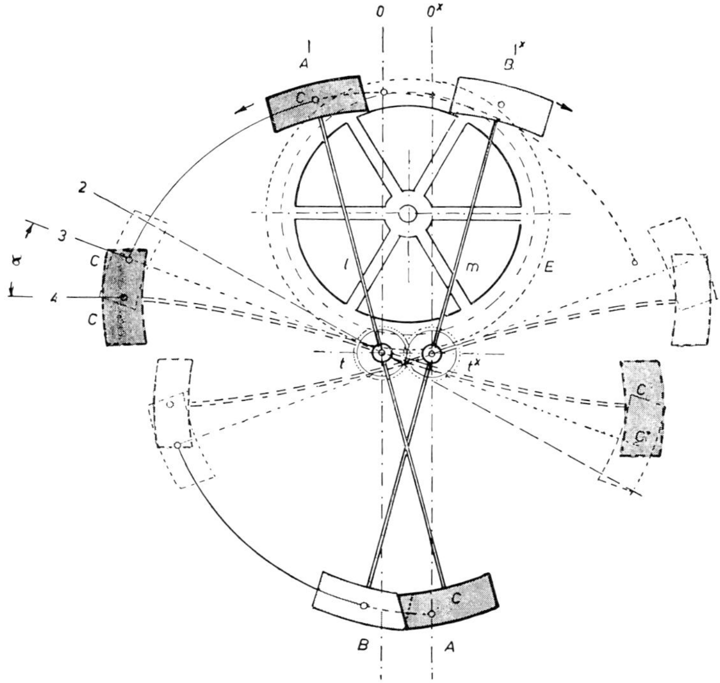

Abb. 135. Kreuzschlag: Prinzipschema.
E ebenes Gangrad; jeder Kreuzschlagarm hat einen Lappen und ist mit dem anderen mechanisch gekoppelt (hier durch Triebe).
AB die zwei Kreuzschlagarme in Mittelposition O,O*
3 Übergangslage des Eingriffes von *A* zu *B*;
4 Ausfedern von *A*; anschließend symmetrisches Arbeiten zu 0,0* auf die andere Seite.

Der Kreuzschlag ist der von Jost Burgi, ca. 1584 in Kassel erfundene Präzisionsgang, der bis in die letzten Jahre vergessen war. In Prag wurde der Kreuzschlag von Burgi und seinem Schüler Hanns Buschmann weiter vervollkommnet. Das symmetrische Arbeiten des Kreuzschlages und vor allem die mit Worten nicht leicht zu beschreibende höchstwertige Werkmannsarbeit Burgis hat die großen Ganggenauigkeitssteigerungen ermöglicht, die mit ein wesentliches Teil an den verbesserten Beobachtungsresultaten von Tycho de Brahe haben.

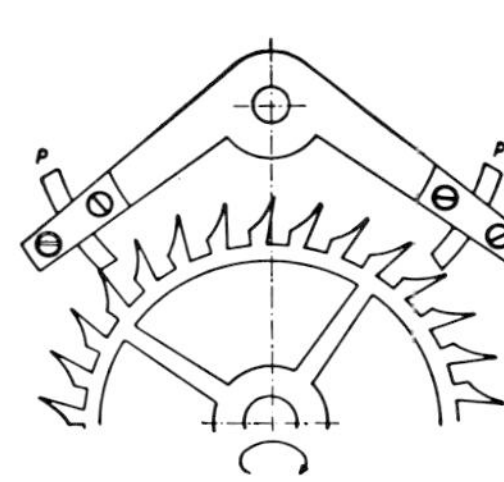

Abb. 136. Graham-Gang. Der erste ruhende Ankergang, erfunden um 1715 von George Graham, dem berühmten Schüler und Mitarbeiter von Thomas Tompion in London, erlaubt Einhaltung hoher Genauigkeit über lange Zeitdauer (zehn Jahre und mehr ohne Wartung, besonders wenn mit Steinpaletten ausgestattet). *p*, *p* Paletten.

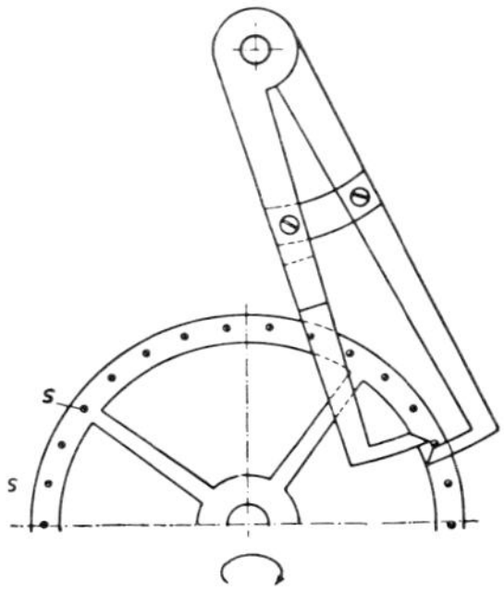

Abb. 137 (links). Scher- oder Stiftengang. Erfunden von Amant. *S* Stiftenrad, *s* Stiften; hier nach Lepaute's Vorschlag einseitig flach gefeilte Stiften, oft aus Gold hergestellt. 1741 verbessert von Lepaute, Paris. Ein ruhender Gang, ausgezeichnet durch besonders geringen Anspruch bezüglich Antriebsmoment; Genauigkeit gleichwertig dem Graham-Gang, unter Voraussetzung einer bestimmten Pflege, wie Stiftenölung in etwa drei- bis fünfjährigen Intervallen.

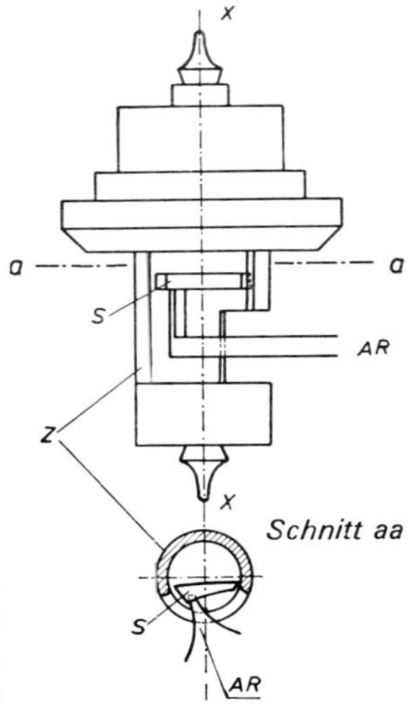

Abb. 138 (rechts). Zylindergang. Der erste ruhende, für Taschenuhren geeignete Gang, erfunden von Thomas Tompion, eingeführt von George Graham 1720. Das Ankerrad *AR* trägt eigenartig geformte, schuhförmige Enden *s*, die in den oberen Teil des Zylinders *Z* eintreten und durch dessen Vorwärts- und Rückwärtsdrehen um die Achse *x—x* das schrittweise Verschieben ergeben. Gangresultate von Zähigkeit des Öls abhängig. Zeichnung stark vergrößert.

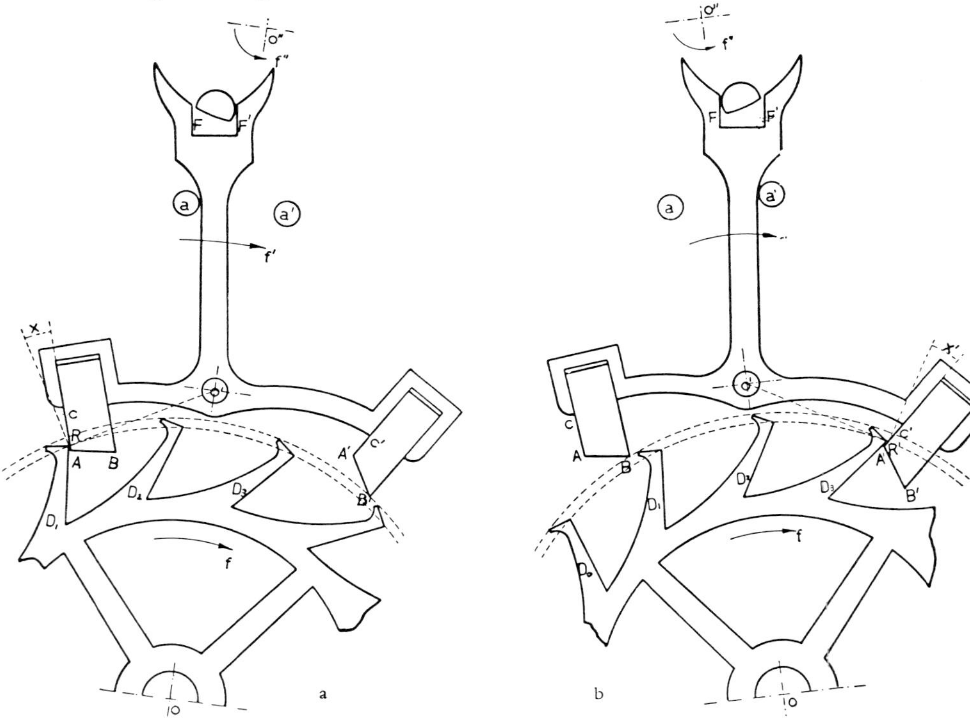

Abb. 139a und b. Freier Ankergang. Prinzipzeichnung, stark vergrößert. Die Unruhe – nicht gezeichnet – hat ihre Drehachse bei 0. – a zeigt die Situation im Augenblick der Freigabe. Der Anker, bewegt durch die Unruhe, beginnt sich im Sinne des Pfeiles *f′* zu bewegen und läßt darauf den Zahn D_1 frei, der an der Seite *R* des Steines ruht. Der Winkel *X* bietet Gewähr für die Sicherheit des Aufruhens bei eventuellen Stößen von außen. – b zeigt die Situation nach dem Antriebsimpakt auf der Flanke *AB* durch den Zahn D_1, wobei die Energie auf die Unruhe über das Horn *F* übertragen worden ist. Nun gelangt der Zahn D_3 an der Seite *R′* der zweiten Steinpalette (gestrichelt bezeichnet) zur Ruhe. Beim Rückschwingen der Unruhe wiederholt sich das Spiel im umgekehrten Sinn. (Aus „Horlogerie" Catalogue du Conservatoire Nationale des Arts et Métiers, Paris 1949.)

b) Pendelaufhängungen und Unruhenlagerungen

Die Güte (geringe Reibung und saubere Parallelführung) der Pendelaufhängung beeinflußt stark die Gangresultate. Seit Huygens den Isochronismus des Zeitnormals mechanischer Uhren in den Vordergrund der Uhrentechnik gesetzt hat, wurde den Lagerungen und Aufhängungen dauernd Beachtung zu Teil. Bei den Pendeluhren der zweiten Hälfte des 17. Jahrhunderts findet man an der Pendelaufhängung gelegentlich die von Christian Huygens angegebenen Backen (Abb. 212b), um den Schwerpunkt des Pendels eine Zykloide beschreiben zu lassen. Diese Zyklodenführungen wurden aber bald aufgegeben, als es sich zeigte, daß Federaufhängungen (vergleiche Abb. 224b) gleich günstige Wirkung zeigen. Bei einfacheren Werken ist die Feder durch einen Seidenfaden ersetzt (vergleiche Abb. 304 oder 313). Besonders interessant sind die Aufhängungen schwerer Pendel, wo Schneiden (vergleiche Abb. 252b) oder gehärtete Spitzen vorgesehen sind. Um das Flattern des Pendels zu vermeiden, sind gelegentlich Doppel-(Bifilar-)Federn, und vor allem Kardanaufhängungen verwendet worden (vergleiche Abb. 347b). Bei den Unruhen aber sind es die Lagersteine und neuerdings die zusätzlichen Stoßfänger, die von entscheidender Bedeutung für die Ganggüte und Verläßlichkeit der Uhren sind.

c) Antrieb und Aufzug

Das Fortbewegen der Zeiger bei den Räderuhren erfolgt durch das Ablaufen von Gewichten oder Federn, die zu diesem Zweck vorher „aufgezogen", das heißt gehoben oder gespannt worden waren.

Wann und wo der Gewichts- und der Feder-Motor zuerst ausgeführt wurde, sind heute noch offene Fragen der Technikgeschichte. Man setzt die Einführung des ersteren gern in Zusammenhang mit der Erfindung der Waag, auf den Beginn des 14. Jahrhunderts, während man die Entstehung des Federantriebes, der sich wahrscheinlich aus den Erfahrungen mit Federschlössern (sowohl bei Türen als auch Waffen) herleitet, in der ersten Hälfte des 15. Jahrhunderts vermutet. Wie es zur Herstellung der ersten Spiralfedern gekommen ist, wissen wir nicht. Hier ist für den historischen Technologen noch ein weites Feld der Forschung offen. Die Herstellung guter, gleichmäßiger Federn ist eine Kunst; dies betrifft besonders die Extreme, und zwar sowohl die ganz kleinen als auch die ganz großen. Im 18. Jahrhundert wurden Federn gelegentlich signiert (vergleiche Abb. 233), womit der Federnmacher eine Garantie für die

Federn gab. Für den regelmäßigen Gang des Uhrwerkes ist die Konstanz des Antriebes von großer Wichtigkeit. Bei den Federtrieben, bei welchen die Kraft von der Anzahl der aufgezogenen Windungen sehr stark abhängt, ist die Notwendigkeit des Antriebsausgleiches zuerst erkannt worden. Die Zwischenschaltung einer „Schnecke" nach Abb. 117 (vergleiche auch Abb. 37b) zwischen Federhaus und Gangwerk, war die meist verwendete Lösung. Um die Zugfeder gleichmäßig auf das Werk einwirken zu lassen, läßt man ihre Kraft vom Federhaus durch eine Darmsaite (später eine Kette) auf diese Schnecke so einwirken, daß die voll aufgezogene Feder auf den kleineren Durchmesser, die ablaufende Feder aber auf die größeren Durchmesser der Schneckenwindungen einwirkt. Ein wichtiger Zusatz zum Federtrieb ist die Aufzugsbegrenzung, ein Anschlag, der ein Zerspringen der Feder durch allzuweites Aufziehen verhindert und die letzten Umgänge der aufgewundenen Feder von der Mitwirkung ausschließt. Hierzu ist bei Uhren ohne Schnecke das dem Aufzug dienende Zahnrad (vergleiche Abb. 40b) nicht entlang des vollen Umfangs gezahnt, sondern ein oder zwei Zähne fehlen; bei Erreichen dieser Stelle wird ein Weiterdrehen unmöglich, während bei Uhren mit Schnecke an dieser ein Daumen angezahnt ist, der durch einen von der Saite oder Kette in seine Bahn gebrachten Anschlag das Weiterdrehen der Schnecke verhindert, wenn die Kette oder Saite nahe an das Ende der Schnecke gekommen ist (vergleiche Abb. 159b oder 214b).

Parallel zu dem Antriebskraftausgleich durch die Schnecke wurde speziell in Süddeutschland im 16. Jahrhundert eine andere Methode, nämlich eine *Stackfreed** genannte Federbremse, zum Ausgleich der wechselnden Federspannung gerne verwendet. Die Bedeutung des Stackfreed ist erst in den letzten Jahren von E. Hillary voll erkannt worden. Beim Stackfreed wird, wie in Abb. 140 gezeigt, am Umfang einer mit der Federachse verbundenen Kurvenscheibe 3 durch eine unter Druck aufliegende Feder 4 eine Bremsung hervorgerufen. Je nach der Form der Kurvenscheibe, die im Laufe des 16. Jahrhunderts den in den Detailskizzen b bis h angegebenen mannigfachen Veränderungen unterworfen wurde, konnte man verschieden intensive Bremswirkungen erzielen, ja unter Umständen sogar eine unterstützende Wirkung der Antriebsfeder hervorrufen. Die bevorzugte Verwendung des Stackfreeds in Nürnberg (vergleiche Abb. 40

* Der Ursprung des Wortes *Stackfreed* ist ungeklärt; es scheint plattdeutscher oder holländischer Provenienz zu sein. Meines Wissens taucht es erstmalig bei Baillie (IV/8) auf.

Tafel IX. Goldemailuhr von Huaud, ca. 1680.

Tafel X. Bodenstanduhr von Tompion, ca. 1695.

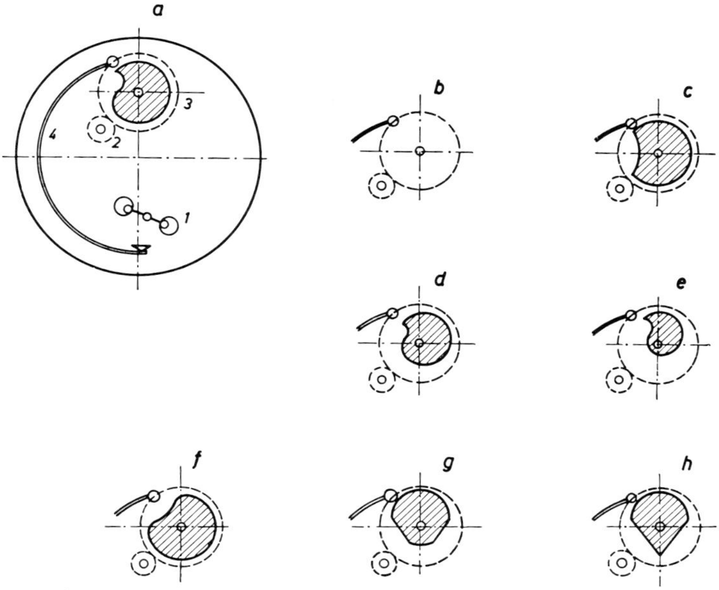

Abb. 140a–h. Entwicklungsgang des Stackfreeds (Federbremse).

a Prinzipanordnung auf Rückplatine: *1* Unrast (Löffelunruhe); *2* Trieb auf Federtrommelradachse; *3* Zahnrad mit aufgesetzter Stackfreedkurvenscheibe; *4* Stahlfeder, die eine Rolle gegen Rand der Kurvenscheibe preßt.

Kurvenscheibenveränderungen im Laufe der Zeit.

b Älteste Ausführung, ca. 1525.
c ca. 1535.
d Schwache Exzentrizität, ca. 1545.
e Starke Exzentrizität, ca. 1555.
f Nierenform, ca. 1580.
g Beginnender Keil, ca. 1600.
h Ausgeprägter Keil, ca. 1620.

Die Variation in der Formgebung bezweckte einen immer besseren Ausgleich der Federspannungsveränderung während des Ablaufes. Die späteren Formen können bei gutem Gleiten der eingepreßten Feder unter Umständen am Ende des Federablaufes etwas zusätzliches Antriebsmoment beisteuern. Eine sehr bemerkenswerte technische Freiheit der frühen süddeutschen Uhren. Nach E. Hillary. Brit. Hor. Journal 1953.

und 41) läßt es wahrscheinlich erscheinen, daß der Stackfreed jene Erfindung ist, durch die Peter Henlein seinen Ruhm auf dem Gebiete der tragbaren Uhren errang. Bei direktem Federtrieb ist das die Feder umschließende Gehäuse – *Federhaus* – fest mit dem Werk verbunden. In ganz seltenen Fällen ist das Federhaus durchbrochen gearbeitet und graviert.

Später wurde für größere Anforderungen an Genauigkeit das von Burgi erfundene „Remontoir“ als Zwischenaufzugsmechanismus vorgesehen, bei dem in regelmäßigen kurzen Zwischenräumen ein kleines Gewicht oder eine kleine Zwischenfeder durch ein großes Federwerk aufgezogen wird.

Durch Jahrhunderte war die Art des Aufziehens im wesentlichen unverändert: einfache Gewichtsuhren wurden durch Herunterziehen der Schnur, an deren anderem Ende das Gewicht hängt, aufgezogen; dabei sind kleine Gegengewichte notwendig, um die Schnur oder Kette am Abrutschen zu verhindern. Gewichtsuhren guter Qualität und Federuhren wurden in der Regel mit einem Schlüssel oder einer Kurbel (Werfel) aufgezogen. Bei Taschenuhren war dies bis in das 19. Jahrhundert üblich. Aufzug mit der Drehkrone (im deutschen Sprachgebrauch auch Remontoir genannt) kam erst in der zweiten Hälfte des 19. Jahrhunderts auf. Bei den beschriebenen Aufzugsweisen bleibt während des Aufziehens die Antriebskraft aus, meist tritt sogar ein im Gegensinn wirkender Antrieb auf, was man am Zurücklaufen des Sekundenzeigers erkennen kann. Um dies zu vermeiden und um die Genauigkeit zu erhöhen, wurden seit Huygens bei anspruchsvollen Uhren Hilfsmaßnahmen vorgesehen, die während des Aufziehens Antriebskraft im richtigen Sinn liefern. Die wichtigsten davon sind:

1. Der Huygens'sche endlose Schnurtrieb (vergleiche Abb. 141).
2. Der englische Bolt- & Shutter-Trieb, bei dem eine Hilfsfeder auf die Welle der Schnurtrommel einwirkt, wenn die Deckőffnungen für die Aufzugslöcher durch einen Schnurtrieb geöffnet werden (vergleiche Abb. 189a, b).
3. Das „Kontra-Gesperr", das aus einer vom Aufziehen selber immer nachgespannten Federzwischenkupplung zwischen Seiltrommel und Seiltrommelrad besteht; eine Anordnung, die für die schönen Regulatoren des späten 18. und beginnenden 19. Jahrhunderts charakteristisch ist.

Die Bedeutung der Antriebskonstanz ist am Ende des 16. Jahrhunderts von den an Ganggenauigkeit interessierten Meistern klar erkannt worden. Neben Burgis Remontoir finden wir verschiedene, dem gleichen Ziel zustrebende Versuche, von denen besonders die Kugelantriebe von großem Interesse für den historisch orientierten Liebhaber sind. Beim Kugelantrieb werden durch zusätzliche Hebemaßnahmen gleich große Kugeln eine nach der anderen in entsprechendem Abstand in das Triebwerk gebracht, um auf diese Weise gleichmäßigen Antrieb des Uhrwerkes zu

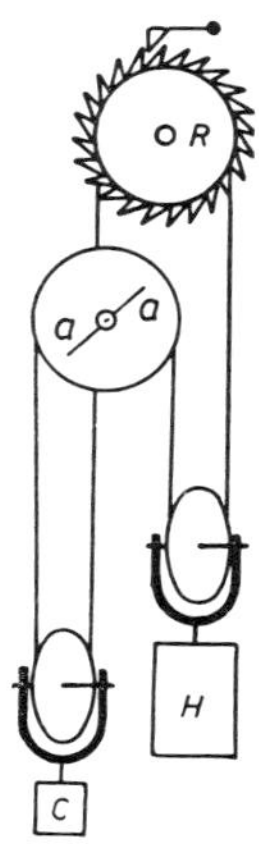

Abb. 141. Huygens' endloser Schnuraufzug: durch das Gewicht *H* wird das Uhrwerk über die Achse *a*, *a* angetrieben; dadurch steigt das Gegengewicht *c*, weil sich die vordere Schnurseite links verkürzt. Zum Aufziehen wird die rückwärtige Schnurseite nach abwärts gezogen und *H* gehoben, weil das Sperrad *R* in dieser Richtung nachgibt; der Antrieb von *a*, *a* wird nicht verändert.

ergeben. Von solchen Kugelantriebsuhren sind heute nur drei Exemplare von Radeloff (tätig in Schleswig um 1650) in natura bekannt (vergleiche *Farbtafel VI*). Nach zeitgenössischen Berichten aber muß damals eine starke Aktivität auf diesem Gebiet geherrscht haben. Kugelantriebsuhren, zusammen mit den Uhren, bei denen als Zeitstandard ein Kugellauf verwendet wird, haben mit Anlaß zu den Perpetuum Mobile-Vorstellungen technisch verschrobener oder unverständiger Erfinder gegeben. Die ursprünglichen Gedanken aber waren physikalisch durchaus gesund. Der früher schon im Zusammenhang mit dem Kugellaufstandard erwähnte Christoph Margraf erklärte ausdrücklich die Unmöglichkeit eines Perpetuum Mobile.

Der Wunsch, automatisch und ohne besonderes menschliches Zutun gehende Uhren zu bauen, geht auf den Beginn des 17. Jahrhunderts zurück; er hat zu den in den letzten Jahrzehnten zu großer Verbreitung gekommenen automatischen Taschen- und Armbanduhren geführt. Prof. Chapius (*4*) beschreibt diese Entwicklung ausführlich. In der zweiten Hälfte des 18. Jahrhunderts wurde von Perrelet* das Auf- und Abschwingen von im Taschenuhrgehäuse untergebrachten besonderen Hilfsmassen (Pedometerprinzip) – hervorgerufen durch die beim Gehen des Trägers entstehenden Stöße – zum automatischen Aufziehen von Taschenuhren eingeführt (*5*). Etwa seit dieser Zeit beschäftigen sich fast alle bedeutenden Uhrmacher mit dem Problem der automatischen Taschenuhr.

Die frühen Ansätze sind aber nicht über interessante Einzelausführungen hinausgekommen, die für den Gebrauch breiterer Kreise außerdem viel zu kostbar waren. Die Geschichte der automatischen Uhren ist ein faszinierendes Beispiel, wie manche technische Ideen mehrere Generationen Vorbereitungszeit brauchen, bis sie endlich zu einem Zeitpunkt, wo die technologischen, physikalischen und konsummäßigen Voraussetzungen endlich erfüllt sind, plötzlich in einen Siegeslauf eintreten.

Parallel zur Ausnutzung der Bewegungen des Trägers laufen Bestrebungen, Veränderungen der Umgebung dazu zu verwenden, Uhren in Gang zu halten. So hat als einer der ersten James Cox um 1780 in London erfolgreich die barometrischen Druckschwankungen zum Antrieb eines Uhrwerkes verwendet, während an anderen Stellen die Umgebungstemperaturschwankungen in ähnlicher Weise herangezogen wurden.

Eine Reihe von Varianten dieser Ideen sind im 19. Jahrhundert ausgeführt worden. Es handelt sich dabei größtenteils aber um konstruktiv wenig aus-

* Abram Louis Perrelet, Le Locle 1729–1826, Meister, bei dem Breguet als Lehrling diente.

gereifte Anordnungen ohne bemerkenswerten künstlerischen Gehalt, die sich überdies nicht eingebürgert haben, sondern als vorübergehende Entwicklungsphasen höchstens eine gewisse technisch-geschichtliche Bedeutung haben. Wir haben daher hier von einem weiteren Eingehen in dieses Gebiet abgesehen.

Ähnliche Gesichtspunkte gelten auch für die wirtschaftlich hochwichtigen elektrischen Uhren, die deswegen hier auch nicht behandelt werden. Wie in vielen anderen Gebieten ist auch bei den Uhren das 19. Jahrhundert sehr fruchtbar an Erfindungen. Nur kurz mögen aus der Fülle der damaligen Vorschläge die auch uhrmacherisch sehr bemerkenswerten Wasserstoffuhren von *Pasquale Andervalt* in Triest erwähnt werden, die in der ersten Hälfte des 19. Jahrhunderts in mehreren sehr gefälligen Exemplaren gebaut wurden (vergleiche Abb. 367). Sie geben mit ihren meist schönen, geschliffenen Wasserstoffentwicklungsbehältern, auf denen sich das Uhrwerk aufbaut, ein Beispiel dafür, wie unter Umständen Technik und künstlerische Tradition gut zusammenwirken können.

d) Getriebe und Schaltwerke

Die Verbindung zwischen den Zeigern und Indikationsscheiben zu dem Antriebssystem erfolgt über Getriebe mit Zahnrädern, wie in Abb. 116 gezeigt. Diese geben entsprechend der Zähnezahl der verwendeten Zahnräder rationale Übersetzungsverhältnisse, d. h. die Bewegung des Zeigers steht in einem ganzzahligen Verhältnis zum Gang des Zeitstandards.

Zahnrädergetriebe als solche stellen eine starre Kupplung aller zusammenhängenden Teile dar. Um einzelne Zeiger oder Zeigergruppen „richten", d. h. willkürlich einstellen zu können, müssen zwischen den Zeigern und dem Gehwerk *Rutschkupplungen* vorgesehen sein. Sie sind ein wichtiges Element aller Uhren seit dem 16. Jahrhundert. Es gibt eine größere Anzahl von Varianten; das Prinzip jedoch ist das gleiche wie in Abb. 142: die starre mechanische Verbindung ist an einer Stelle durch ein Reibungsglied unterbrochen, das wohl die Weiterbewegung der Zeiger starr ausführt, bei zusätzlicher Verstellung aber von außen nachgibt und gleitet.

Kalender- und astronomische Indikationen verlangen häufig große und nicht rationale Übersetzungsverhältnisse zu der Stundenzeigerbewegung. In allen solchen Fällen sind immer nur Annäherung an die wirkliche Situation möglich. Durch Jahrhunderte hindurch war es der Ehrgeiz, bessere Annäherung als vorher zu erzielen, der zur Konstruktion immer raffinierterer mechanischer Systeme geführt hat. Das Verfolgen dieser Bestrebungen ist heute eines der reizvollsten Züge für den Liebhaber alter Uhren.

Ein Weg, gute Annäherungen zu erzielen, sind Übersetzungen mit Zahnrädern, deren Zahnzahlen große Primzahlen enthalten. Herstellung und Berechnung solcher Systeme ist mühsam, da damit viel Rechenarbeit verbunden ist. Pfarrer Hahn hat sich für diesen Zweck Rechenmaschinen

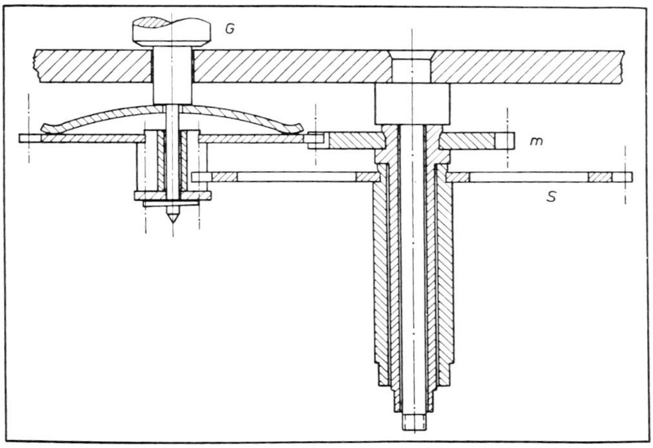

Abb. 142. Rutschkupplung zwischen Gehwerk – Welle *G* und Zeigern, um das „Richten" der Zeiger zu ermöglichen. *m* Minutenrad, *s* Stundenrad (Deutsche Uhrmacherzeitung).

mit vielen Dezimalstellen gebaut; Antide Janvier aber hat mit somnambuler Sicherheit Primzahlenverhältnisse herausgefunden, die für komplizierte Planetarien bessere Annäherungen ergaben als zuvor bekannt. Für uns besteht kaum ein Zweifel, daß das große Interesse der Mathematiker der vergangenen Jahrhunderte an den Eigenschaften der Zahlen, und insbesonders der Primzahlen von den Berechnungen der astronomischen Getriebe für Uhren den Ausgang genommen hat.

Ein anderer Weg, gute Annäherungen an bestimmte Übersetzungsverhältnisse zu erreichen und gleichzeitig mit einfacheren Zahnrädern (d. h. mit kleineren Zahnzahlen und weniger umständlichen Primzahlen) auszukommen, sind die Umlaufgetriebe, und insbesonders die epizyklischen und differo-epizyklischen Getriebe, bei denen ein oder mehrere der verwendeten Zahnräder Achsen besitzen, die nicht in fester Lage in bezug auf die anderen Achsen des Getriebes sind, sondern sich relativ dazu auf Kreisbahnen bewegen. Auf diese Weise lassen sich bei richtiger Auswahl der

Zahnzahlen außerordentlich gute Annäherungen an beliebige Übersetzungsverhältnisse mit relativ einfachen und wenigen Zahnrädern erreichen. Die Renaissanceuhren mit den Astrolabien und Drachenzeigern und die verschiedenen mechanischen Himmelssphären und -kugeln verwenden solche Getriebe in erstaunlichem Umfang. Wie die gewählten Zahnzahlen ermittelt sind, ist heute noch unbekannt; Tatsache ist aber, daß die verschiedenen bisher analysierten Systeme ganz verschiedene, und häufig sehr gute Auswahl der Zahnzahlen zeigen. Das Prinzip dieser differo-epizyklischen Getriebe ist aus Abb. 143 zu erkennen. Wir sprechen von einem rein

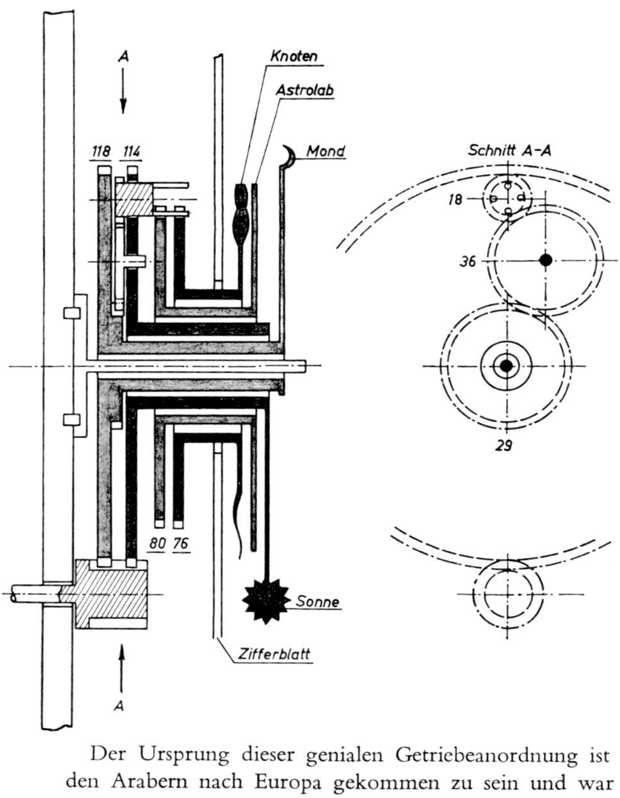

Abb. 143. Kombiniertes Differo-EpicyklischesGetriebe: typisch für die Betätigung der Astrolabien an den süddeutschen und österreichischen Renaissanceuhren. *A* Antrieb vom Werk; Ziffern bedeuten Zahnzahlen der verschiedenen Zahnräder und Triebe. Die Verbindungen zu den einzelnen Indikationen sind deutlich ersichtlich.

Das eigentliche Differo-Epicyklische Getriebe wird von dem durch das Trägerrad (114 Zähne) umgeführte Planetenrad (18/4) gebildet, das seinerseits über das Wechselrad (36) vom Sonnenrad (29) beeinflußt wird, wobei das Sonnenrad selber vom Mondrad (118) mitgenommen wird.

Der Ursprung dieser genialen Getriebeanordnung ist unbekannt; es scheint von den Arabern nach Europa gekommen zu sein und war von den süddeutsch-österreichischen Renaissanceuhrmachern mit Meisterschaft angewendet. Im Laufe des 30jährigen Krieges scheint dieses Wissen völlig vergessen worden zu sein, so daß David a San Cajetano, der anno 1792 die quantitativen, zahlentheoretischen Zusammenhänge dieses Getriebes in seinem Buch: „Neues Rädergebäude" publiziert hat, sich mit gewissem Recht als den Erfinder dieser Getriebeart ansieht, obwohl seine Arbeit nur eine Wiederentdeckung und bessere wissenschaftliche Fundierung bedeutet.

epizyklischen Getriebe, wenn das Zentral(Sonnenrad) 29 feststeht, um das das Planetenrad 36 läuft, während wir von einem differo-epizyklischen Getriebe sprechen, wenn das Zentralrad eine eigene Drehbewegung besitzt. David a San Cajetano (6) in Wien hat nicht nur mehrere hervorragende Uhren gebaut, die solche Getriebe in einer bisher noch nicht gekannten Vollkommenheit besitzen, sondern auch als erster eine Reihe von Rechenregeln aufgestellt, die die Bestimmung der günstigsten Zahnzahlen (günstig im Sinn der Beschränkung auf beliebig wählbare Zahnräder- und Zahn-Zahlen) für gewünschte Annäherungsgenauigkeit bieten. Damit hat er nicht nur der Getriebetechnik, sondern auch der Zahlentheorie geniale neue Mittel gebracht.

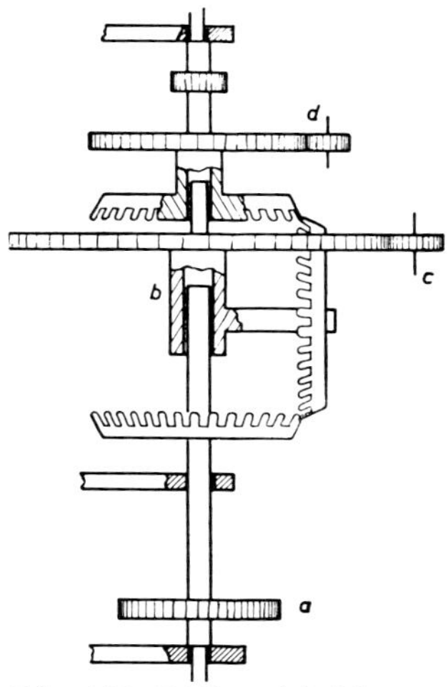

Abb. 144. Differentialtrieb: Prinzipschema. Erstmalig von Joseph Williamson um 1724 für die Zusammensetzung der Geschwindigkeit des Zeigers für die wahre Sonnenzeit aus der mittleren Zeit und der Zeitgleichung verwendet.

a Einspeisung der mittleren Zeit, b Korb des Differentialtriebes, c Einspeisung der Zeitgleichung, d Abtrieb der zusammengesetzten Drehbewegung.

Schließlich gehört in diesen Zusammenhang auch noch das richtige Differentialgetriebe (vergleiche Abb. 144), das heute ein Grundelement aller Straßenfahrzeuge darstellt. Es wurde erstmals 1724 von Joseph Williamson in London für Äquationsuhren verwendet.

Außer diesem, einen stetigen Fortschritt der Zeiger ergebenden Getriebe finden bei den Kalenderwerken auch Schrittschaltwerke in großem Umfang Verwendung, bei welchen die Bewegung der Zeiger oder sonstigen Indikatoren nur schrittweise in bestimmten Abständen stattfindet, und also der Fortschritt nur einmal täglich, wöchentlich oder noch langsamer erfolgt. Abb. 145a und b zeigen als Beispiel eine solche Anordnung, die wir bei den meisten Datumwerken in vielfältigen Varianten finden.

Getriebe jeglicher Art finden heute weiteste Verbreitung in der gesamten Technik. Einen ausgezeichneten Einblick in die Theorie derselben nebst vielen Hinweisen auf die den häufigen Ursprung der modernen Systeme bildenden Uhrengetriebe gibt Asmus (7) „Laufwerke", das wir jedem an den technischen Problemen der Getriebe und Schaltwerke Interessierten wärmstens empfehlen.

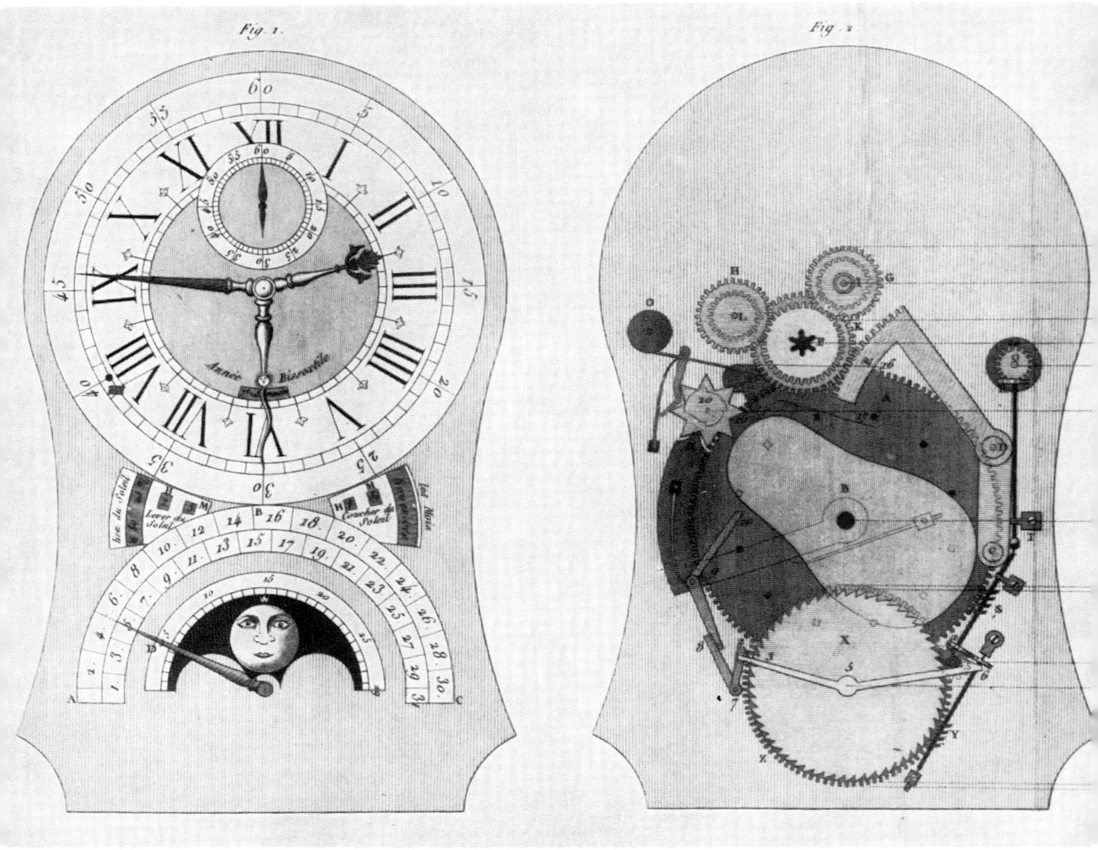

Abb. 145. Zifferblatt und Kadrakturansicht einer komplizierten Pendule oder Bodenstanduhr mit Zeitgleichungsindikation, regulärem Kalender- und Mondalter und Phasenangabe. (Reproduktion einer Kupferstichtafel aus F. Berthold's Histoire de la mesure du temps, Paris 1802.)

Zeitgleichung wird von dem mit einem Sonnenbild gemerkten Zeiger angegeben; die Steuerung desselben erfolgt von der jährlich einmal umlaufenden Kurvenscheibe *B* und dem Fühlhebel *C D E* in Fig. 2.

Die Kalenderscheibe ist mit *B* fest gekuppelt und läuft auch einmal im Jahr um. Die jeweils gültigen Daten sind durch Ringsektorenausschnitte von vorne lesbar; dort sind auch Sonnenauf- und -untergangszeiten ersichtlich.

Das Monatsdatum wird durch den Sprungzeiger in Fig. 1 am Halbkreiszifferblatt angegeben, der Zeiger wird durch das Schrittschaltwerk 2-7-8 täglich um einen Schritt vorwärts geholt; am Monatsende wird der Datumszeiger automatisch auf die Ausgangstellung zurückgestellt. Die Mondscheibe wird durch den Schneckentrieb *Y* gleichmäßig gedreht (zwei Lunationen gleich ein Umlauf).

e) Mittel zur Beeinflussung des Ganges (Regulierung)

Mit der Entwicklung genauer Uhren eng verbunden ist die Ausbildung geeigneter Vorrichtungen, um die Länge der vom Zeitnormal abgegrenzten Einheit verändern zu können. An der Behandlung dieses Problems läßt sich die Regeltechnik von ihren frühesten Anfängen an studieren. In den Abb. 146a, b sind solche Reguliervertahren der frühen Uhren mit Waag, Foliot oder Unrast skizziert, bei welchen der Lappeneingriff verändert

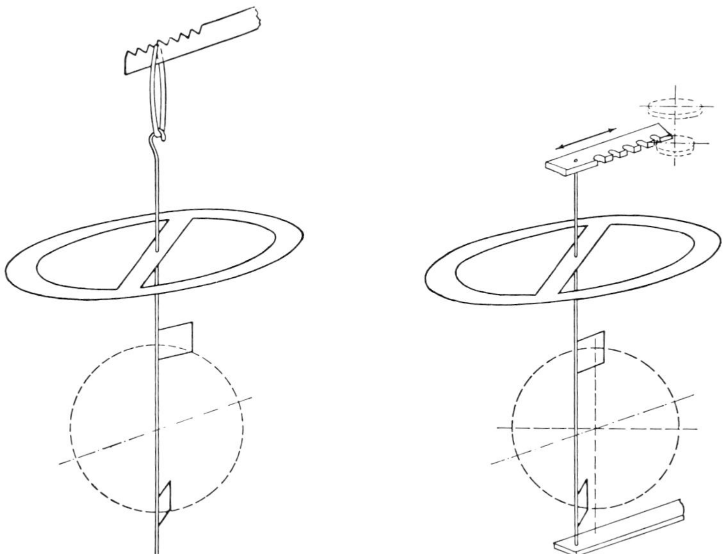

a b

Abb. 146a und b. Regelverfahren bei Waag- und Unrastuhren durch stufenweise Eingriffsveränderung.

a Eingriffsveränderung durch Einhängen der Schlaufe für die Spindel in verschiedenen Kerben.

b Eingriffsveränderung durch Feinverschiebung des oberen Spindellagers mit Mikrometertrieb.

wurde. Dazu kam ferner die Veränderung der Antriebskraft (Verwendung verschieden schwerer Gewichte oder die Veränderung der Federvorspannung). Letzteres ist die Methode, die bis zum Ende des 17. Jahrhunderts bei Taschenuhren allgemein üblich war (vergleiche z. B. Abb. 89b oder 92a). Eine weitere wichtige Reguliermethode bildet die Veränderung des Trägheitsmomentes durch Gewichtsverschiebung, Abb. 147 (vergleiche auch Abb. 51b). Schließlich gehört hierher auch das Regulieren durch Verändern der Amplituden mit Hilfe verstellbarer, rückfedernder Prellvorrichtungen, z. B. Schweinsborsten auf einem Führungsarm, Abb. 148 (vergleiche auch Abb. 40b). Das Verfolgen dieser frühen, leider vielfach in späteren Zeiten durch modernere Verfahren ersetzten Einrichtungen erleichtert das Bestimmen des Alters von Uhren und ihre Provenienz sehr stark; die verschiedenen Konstruktionen sind gleichzeitig auch instruktive Beispiele für die Versuche der Meister, die Problematik der Gangkonstanz zu erfassen und zu lösen.

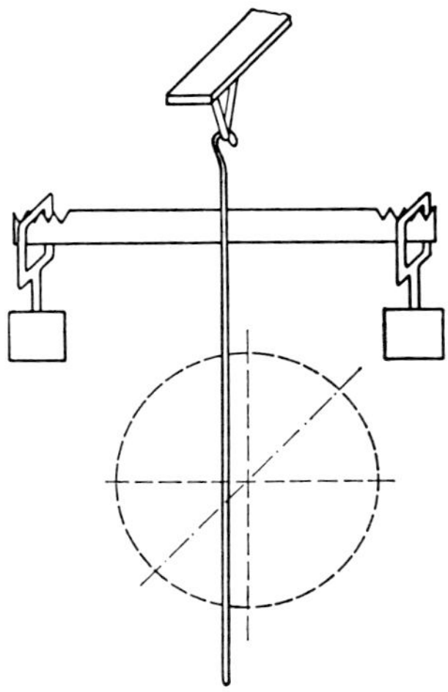

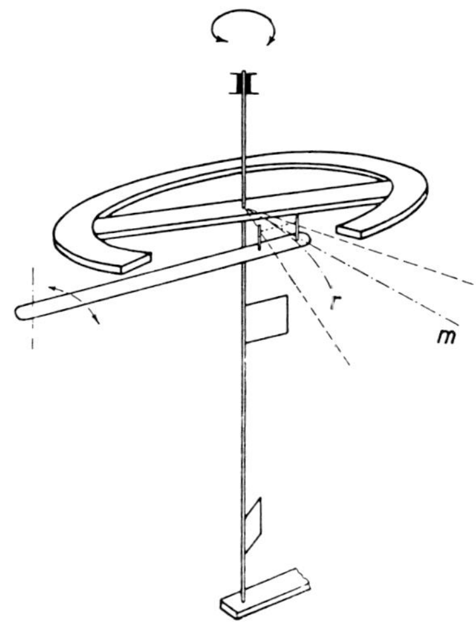

Abb. 147 (links). Veränderung des Trägheitsmomentes der Waag und damit der Energiespeicherung für einen Zahnfortschritt durch verschieden weites Einhängen der Waaggewichte.

Abb. 148 (rechts). Amplitudenvariation durch Veränderung der erzwungenen Umkehrpunkte des Unrast. Umkehrpunkte durch zwei Schweinsborsten bestimmt, die durch Verschwenken des Trägerhebels *r* näher oder weiter gestellt werden können. Eine wichtige, wohl in Nürnberg in der ersten Hälfte des 16. Jahrhunderts gemachte Erfindung (vielleicht von Peter Henlein).

Beim Pendel und der Unruhe sind dank der besser definierten physikalischen Voraussetzungen die Regelaufgaben einfacher. Verlängerung oder Verkürzung des Pendelschwerpunkt-Abstandes von der Aufhängung sind die Lösung im ersten Fall; unter Umständen werden dabei raffinierte Mikrometer notwendig, während bei den Unruhen die aktive Federlänge variiert werden muß. Nach einigen interessanten Vorversuchen, von denen aber nur sehr wenige erhalten sind (vergleiche Abb. 215, 216 oder 220), hat sich eine einheitliche Regelart mit einer Rundführung, die einen kleineren oder größeren Teil des Federendes an der Befestigung am Werkskörper totlegt, eingebürgert (vergleiche Nebenskizze rechts unten auf Abb. 168). Die Feinverstellung der Rundführung R wird dabei mit einem Trieb vorgenommen; R trägt einen Arm a, der die Spiralfeder nahe des Endes umgreift und an derselben mit leichtem Druck gleitet. Bei Taschenuhren kann die jeweilige Stellung der Regulierung an einem Hilfsblatt – vergleiche Abb. 222 – oder einer kleinen Skala abgelesen werden.

f) Werkskörper

Der tragende Bestandteil der Uhrwerke ist der *Werkskörper;* in ihm sind die vorangeführten Zahnräder mit ihren Wellen in der richtigen gegenseitigen Lage gehalten. Entsprechende Festigkeit des Werkskörpers ist Grundvoraussetzung für das gleichmäßige Arbeiten der Uhrwerke. Es gibt verschiedene Bauformen für die Werkskörper, die sich vor allem nach der Verbindungsweise der Lagerträger für die Wellenenden (Zapfen) unterscheiden. Die wichtigsten Formen sind:

1. Flachrahmenbau (vergleiche Abb. 23b);
2. Prismenkörper mit Lagerbändern (vergleiche Abb. 26);
3. Lagerbandblock, ein verbreiterter Prismenkörper mit mehreren parallelen Lagerbandgruppen. Diese Körper waren zum überwiegenden Teil aus Eisen aufgebaut. Wann und wo Messingkörper oder Körperteile aus Messing erstmalig verwendet worden sind, wissen wir nicht. Um 1560 finden sich verschiedentlich aus Eisen und Messing kombinierte Werkskörper in süddeutschen Uhren.
4. Platinenkörper (vergleiche Abb. 90c), bei denen die Zapfen der Räderwellen zwischen zwei, mehr oder minder massiven, parallel zueinander angeordneten, und fast den ganzen Werksquerschnitt einnehmenden Platten *(Platinen)* liegen, die durch *Pfeiler* in Abstand voneinander gehalten sind.

Die Platinenbauweise ist in der Mitte des 16. Jahrhunderts aufgekommen, und seit dem 17. Jahrhundert bis in die Neuzeit die bevorzugte Bauform für kleine und mittlere Uhrwerke. Die Platinenbauweise hat sich im deutsch-österreichischen Raum für Uhrkaliber über jenen der Anhänger-Sack- und Kutschenuhren nur langsam eingeführt. Dort wurden für Bodenstand- und Stockuhrwerke bis weit in die erste Hälfte des 18. Jahrhunderts noch Lagerbandblöcke verwendet, die meist aus Schmiedeeisen mit eingesetzten

a

d

c

Messinglagern aufgebaut waren (vergleiche Abb. 116). Die Platinen der entsprechenden englischen und französischen Uhren waren aber ausnahmslos aus Messing, und zwar aus Messingguß. Erst am Ende des 18. Jahrhunderts beginnen gewalzte Messingplatinen sich einzubürgern. Die zögernde Aufnahme der Messingplatinen im deutsch-österreichischen Raum dürfte auf Beschaffungsschwierigkeiten geeigneter großer Gußplatinen zurückzuführen sein.

5. Brückenbauweise (vergleiche Abb. 326 oder 332c), mit nur einer Platine und getrennten Lagerträgern für jede einzelne Welle *(Brücken)*, die somit an Stelle der zweiten Platine und der Pfeiler getreten sind. Die Brückenbauweise ist wesentlich kostspieliger als die Platinenbauweise.

Abb. 149a, b, c. Gehänge-(Kugel-)Uhr zum Aufhängen; Messing vergoldet, mit eingravierter Globuszeichnung der Erdoberfläche. Durchmesser ca. 10 cm. Signiert Jacques de la Garde, Blois 1552. National Martime Museum, Greenwich.

a

d

g) Zifferblätter

Heute ist für uns ein Zifferblatt gleichbedeutend mit einer kreisförmigen Skala für Stunden- und Minutenangabe, wozu häufig noch ein Sekundenkreis kommt. Alles andere erscheint von unvergleichlich geringerer Bedeutung. Dem mittelalterlichen und Renaissance-Menschen aber waren häufig kalendarische und astronomische Indikationen viel wichtiger; das geht zwangsläufig aus den Dimensionen der Indikationsblätter dieser Epochen hervor; dort treten die Stundenangaben gegenüber astronomischen Daten häufig in den Hintergrund (vergleiche Farbtafel V).

Zur Blütezeit der Renaissance erhielten die süddeutschen Uhren gerne Silberzifferblätter mit Schmelzemaileinlagen (vergleiche Abb. 185). Die Zifferblätter der am Körper getragenen Uhren veränderten sich in den folgenden Epochen etwas anders als die der größeren Stutz- und Standuhren.

Für die kleinformatigen Uhren kam in Frankreich das volle Emailzifferblatt schon anfangs des 1. Jahrhunderts im Zusammenhang mit den gemalten Emailgehäusen in Mode; es handelte sich aber dann immer um kostbare Stücke, während die einfacheren Uhren mit Metallzifferblättern gebaut wurden. Die Mehrzahl der englischen und deutschen Sack- und Kutschenuhren hatten bis weit über 1700 hinaus solche Zifferblätter. Rein weiße Emailblätter für Taschenuhren kommen

Abb. 151 a und b. Silberne Gehänge-(Kugel-)Uhr. Auflagen feuervergoldet, wahrscheinlich in Kopenhagen hergestellt; ca. 1640. Kugeldurchmesser 30 cm, Zifferblatt mit transluzidem Email; Viertelstundenschlagwerk; einfacher Unrast mit Schweinsborsten-Anschlagsbegrenzung. Durchmesser ca. 37 cm.

Dänisches Nationalmuseum, Kopenhagen.

◀ Abb. 150. Gehänge-(Kugel-)Uhr in durchbrochenem und rot unterlegtem Gehäuse; Gelbguß, vergoldet. Futteral aus Maserholz, gedrechselt. Süddeutsch (Augsburg), ca. 1580. Höhe 21 cm. Durchmesser 13,5 cm.

Germanisches Museum, Nürnberg.

am Ende des 17. Jahrhunderts auf, werden aber erst um ca. 1730 die Regel. Um 1800 aber kommt als neue Mode in Frankreich das guillochierte (maschinengedrehte) Zifferblatt (vergleiche Abb. 332a).

Die klassische englische Stockuhr, ab 1670, hat versilberte Ziffernringe (vergleiche Abb. 224a) aus Messing, die meist auf fein gepunzten und feuervergoldeten Messingplatten angebracht sind; solide Silberzifferblätter sind selten. Die französischen Stutz- und Bodenstanduhren des 18. Jahrhunderts besitzen meistens Emailblätter. Zuerst wurden nur Emailplaketten für die Ziffern verwendet (vergleiche Abb. 258 oder 274); dann wurden mit fortschreitender Emailliertechnik die Zifferblätter aus Sektoren und einem Kreiszentrum aufgebaut (vergleiche Abb. 261). Seit der Mitte des 18. Jahrhunderts sind einteilige, meist bombierte Emailblätter (vergleiche Abb. 273, 299) die Regel. Sowohl die Wiener als auch die Schweizer Emailleure folgen diesen Errungenschaften und erzeugen hervorragend schöne Emailblätter, die für die Wiener Stockuhren und Regulatoren der Empire- und frühen Biedermeierzeit kennzeichnend sind. Farbig gemalte Emailzifferblätter sind dabei relativ selten; es gibt aber zum Teil von hervorragenden Malern Stücke, die Spitzenwerke der Emailminiaturmalerei darstellen (vergleiche Abb. 282 und Farbtafel XV).

Bei Sekundenuhren unterscheidet man nach der Anordnung der Zifferblätter Uhren mit exzentrischer Sekunde und Uhren mit Sekunde aus der Mitte; man unterscheidet nach der Technik Uhren mit schleichenden Sekunden und Uhren mit toter Sekunde, d. h. Uhren, bei denen die Sekundenzeiger schnell vorwärtsspringen und dann stillstehen, und Uhren, die Teile von Sekunden anzeigen. Ferner Uhren mit unabhängiger Sekunde, d. h. Uhren, bei denen der Sekundenzeiger von einem getrennten, eigens aufzuziehenden und aus- und einschaltbaren Werke bewegt wird. Solche Taschenuhren wurden in der Schweiz am Ende des 18. Jahrhunderts erstmalig gebaut, sie sind die Vorläufer unserer heutigen Chronographen oder Stoppuhren. Sie wurden auch früh schon mit Nullstellung versehen, während erst im 20. Jahrhundert der Chronograph mit Minutenzähler versehen und zum Doppelchronographen weiterentwickelt wurde.

Indikationsblätter für kalendarische und astronomische Angaben haben den künstlerischen und konstruktiven Talenten der Meister weitesten Spielraum zur Entfaltung ihrer Ideen gelassen. Die Vielfalt solcher Indikationssysteme und die sie steuernden Getriebe bilden eine fast unerschöpfliche Quelle der Überraschungen für den Sammler und Liebhaber.

Abb. 152. Kronleuchter der Banketthalle Christian IV. in Rosenborg mit Uhr im Kugelkörper, ca. 1640. Kronleuchter teilweise Silber, teilweise vergoldete Bronze. Kugeldurchmesser ca. 35 cm.
Heiligengeistkirche, Kopenhagen.

h) Zeiger

Zeiger sind für die einzelnen Epochen und häufig sogar für die Meister kennzeichnend. Gelegentlich sind bei Reparaturen von unverständigen Uhrmachern dem Charakter der Uhr widersprechende Zeiger zum Ersatz gebrochener Zeiger eingebaut worden. Bei Restaurierungen ist Erfahrung und Anlehnen an richtige Vorbilder notwendig. Vielfach ist die schöne Eisenschnittarbeit auch bei den einfacher gezeichneten Zeigern des 16. und 17. Jahrhunderts beachtenswert. Der spätere Barockstil und das Rokoko gefallen sich in reicher Durchbrucharbeit. Die Zeiger werden teilweise aus blauem Stahl, gelegentlich auch aus Messing oder Silber, seltener aus Gold hergestellt. Es ist ein Prüfstein für das künstlerische Empfinden des Uhrmachers, ob die Zeiger das Ablesen leicht oder schwer machen. Die Stundenzeiger der klassischen englischen Periode reichen nur zum inneren Rande des Zifferblattes. Das Höchstmaß an Klarheit bietet aber Breguet mit seinen auf ein Minimum an Körper reduzierten Zeigern (vergleiche Abb. 329).

i) Gewichte und Uhrschlüssel

Auch die Gewichte der verschiedenen Stilepochen weisen bestimmte Eigenarten auf. Gelegentlich finden sich verzierte Gewichte; solche Gewichte aus dem 16. Jahrhundert gehören zu den allergrößten Seltenheiten. Die gotischen Uhren hatten oft behauene Steine, die sich bei Bauernuhren bis ins 19. Jahrhundert finden. Guß- und Schmiedeeisengewichte (vergleiche Abb. 237, 290, 291), sind bei den Wanduhren des 17. und 18. Jahrhunderts üblich. Um die Wende des 18./19. Jahrhunderts finden sich gelegentlich Glasgewichte.

Die Bodenstanduhren und Säulenuhren haben meist rohe oder messingumkleidete Bleigewichte. Regulatoren haben gelegentlich ovale oder taschenförmige Gewichte (vergleiche Abb. 349). Die Flaschenzüge zur Gewichtsaufhängung sind meist funktionell einfach; hie und da aber gibt es reich ausgebildete Konstruktionen, wie z. B. in Abb. 345 gezeigt.

Die Entwicklung der Uhrschlüsselformen und deren Verzierungen sind durch die jeweiligen Stilrichtungen beeinflußt. Die Uhrschlüssel des 17. Jahrhunderts (vergleiche Abb. 211), haben reiche Durchbruchs- und Gravierungsarbeiten und besitzen häufig einen Dorn zur Korrektur des Schlagwerkstandes. Selten und gesucht sind die kurbelförmigen Schlüssel der tragbaren Uhren des 16. und 17. Jahrhunderts, besonders wenn sie noch mit der Uhr durch das originale Kettchen verbunden sind (vergleiche Abb. 215).

Uhrschlüssel sind um die letzte Jahrhundertwende ein bevorzugter Spezialsammelgegenstand gewesen. Taschenuhrschlüssel haben sich entsprechend den Stilformen dauernd bis in die Mitte des 19. Jahrhunderts verändert. Für größere Uhren aber haben sich schon in der Mitte des 18. Jahrhunderts einfache Formen (Kurbeln oder glatte Steckschlüssel) eingebürgert. Das Vorhandensein des Originalschlüssels erhöht den Wert einer alten Uhr beträchtlich. Es war mir leider nicht möglich, viele Originalschlüssel zusammen mit der Uhr zu finden und abzubilden.

a

b

Abb. 153a und b. Zwei Gehänge-(Kugel-)Uhren auf Originalaufhängearm; signiert George Seydell, in Coelln a. d. Spree, ca. 1650. Uhrkörper stellt das Antriebsgewicht dar und senkt sich allmählich. Aufzug durch Heben des Uhrkörpers.

Werkseinsicht in die größere Uhr, wo Schwanz des Meerweibchens den Zeiger vorstellt und Ziffernring sich dreht. Durchmesser ca. 16 cm.

Hessisches Landesmuseum, Kassel.

Abb. 154. Telleruhr; signiert Hanns Buschmann, Augsburg, ca. 1620. Außen Kalenderring mit jährlichem Sonnenumlauf und Tagesdatum, Sonntagsbuchstaben, Tagesheiligen, Monat- und Tierkreiszeichen. Zeiger mit Sonnenmarke gibt Tagesdatum an; Mondzeiger mit eigenartigem Phasenindikator; Zwölf-Stundenring und innen Wochentagszeiger. Durchmesser 280 mm.

Kunsthistorisches Museum, Wien.

Abb. 155a und b. Miniatur-Wanduhr, signiert Jacob Schlange 1642, Copenhagen. Durchmesser 13,5 cm. Kreisförmiges Silberblatt mit Wappen des Axel Urop. Kalendarische Daten in Segmentöffnung und den beiden Kreisausschnitten von Hand nachzustellen. Waagunrast mit Schweinsborstenregulierung. Originalschlüssel.
Dänisches Nationalmuseum, Kopenhagen.

a

j) Indikationszahlen der Instrumente Gravierungen an den Uhrwerken und Uhren

Einen besonderen Reiz vieler alter Uhren bieten die Gravierungen zur Verzierung verschiedener Werksteile. Bis in die zweite Hälfte des 16. Jahrhunderts beschränken sich die Gravierungen auf die Indikationsskalen der Instrumente und Uhren sowie auf Verzierungen einzelner Metallflächen der Gehäuse. Von da an finden wir die Gravierungen auf Konstruktionselementen, den Werksrückseiten (vergleiche Abb. 40), wo sie häufig mit Durchbruchsarbeit kombiniert werden. Zuerst handelt es sich nur um Kloben und Schlagscheiben; ab 1600 werden aber auch die Werksrückseiten immer reicher ausgestaltet (vergleiche Abb. 130b). Typische Dekors, die im mitteleuropäischen Raum des 17. Jahrhunderts bevorzugt wurden, sind die Erdbeer-, die wilden Männer- und die holländischen Blumenmotive, letztere mit Narzissen, Tulpen und Anemonen. Vorher aber waren maurische Ornamente sehr beliebt. In Frankreich werden zwischen 1550 und 1650 vorzugsweise klassizierende Ornamente mit figuralen Einzelheiten verwendet.

Die grundsätzlichen Anregungen für alle diese Verzierungen lieferten Vorlagebücher, die im 16. und 17. Jahrhundert von einer Reihe namhafter Künstler entworfen wurden; wir nennen in diesem Zusammenhang: Etienne Delaune (Stephanus), Jacques Vauquer, Hendericks, Michael Wernle.

b

a

Nach dem 30jährigen Krieg ist die Gravierkunst stark zurückgegangen. Sie lebt zuerst in England wieder auf, wo die Rückplatinen der Stockuhren mit prächtigen Gravierungen bedeckt werden (vergleiche Abb. 224c); eine Gepflogenheit, die wir auf den entsprechenden kontinentalen Stockuhren durch das ganze 18. Jahrhundert wiederfinden. Die französischen Pendulen aber, sowie sämtliche Bodenstanduhren haben fast ausnahmslos glatte Rückplatinen.

Besondere Vollendung erreicht die Gravierkunst bei den Spindelkloben und Brücken der Taschenuhren. Diese Teile sind ähnlich wie die Schlüssel Gegenstand von Spezialsammlerinteresse geworden. Häufig sind durch das Wegnehmen derselben schöne Uhren oder gute Werke verstümmelt worden.

b

Abb. 156a und b. Telleruhr, signiert Martinus Hyllius (Martin Hiller), Dresden, ca. 1660; einzeigerig; Teller mit reichem Kameen- und Halbedelsteinbesatz; Werk mit Unrast; Gangregulierung durch Veränderung der Federvorspannung.

Staatl. Math. Phys. Salon, Dresden.

Abb. 157. Silberne Telleruhr, signiert Ferdinand Miller „Kayserlicher Hofbefreiter“ (Uhrmacher), Wien, ca. 1700; Spindelgehwerk mit gravierter Rückplatine, Kuhschwanzpendel vor Zifferblatt. Ornamentmalerei auf Rückseite des Tellers und auf Werksschutzkappe.

Sammlung R. Hübner, Wien.

Abb. 158. Telleruhr, süddeutsch, ca. 1750, zum Aufhängen auf Konsole. Kuhschwanzpendel vor Zifferblatt. Teller aus getriebenem, versilbertem Messing. Höhe ca. 40 cm.

Bayerisches Nationalmuseum, München.

k) Spindelkloben und Spindelbrücken

Zum Schutz der Unruhe an tragbaren Uhren, Reise- und Stutzuhren dienen die Spindelkloben (mit einer Befestigung) (vergleiche Abb. 113b) bzw. die Spindelbrücken (mit zwei Befestigungen) (vergleiche Abb. 275). Ihre Aufgabe ist es, den empfindlichsten Teil einer tragbaren Uhr, die Unruhe, zu schützen. Sie wurden bis in die erste Hälfte des 19. Jahrhunderts schön und reich verziert. Die Kloben des 16. Jahrhunderts und der ersten Hälfte des 17. Jahrhunderts sind alle einfüßig, klein, meist oval, mit schmalem Fuße, im ganzen kellenförmig. Das Aufkommen der Spiralfeder seit 1674 bedingt eine runde Klobenform; da die jetzt meist drei- anstatt zweischenkelige Unruhe größer wird, wächst mit ihr auch der Kloben. Das 18. Jahrhundert bildet diesen Werkteil vollkommen aus.

Die oben genannten Gravierungsvorlagebücher waren über ganz Europa verbreitet. Wegen dieser Vorlagebücher und wegen des Wanderns der jungen Uhrmacher, und auch weil fertige Kloben vielfach versandt und in Uhren anderer Schulen eingesetzt waren, wie z. B. am Anfang des 18. Jahrhunderts Kloben aus Friedberg in Bayern in größerem Umfang nach England exportiert worden sind, finden wir überall ähnliche Formen und Verzierungen.

Provenienzbestimmung von Uhren nach den Kloben ist daher nicht unbedingt zuverlässig; trotzdem ist der Kloben bzw. die Brücke ein wichtiges Hilfsmittel, um unklare Fälle zu beurteilen. Bassermann-Jordan gibt eine Reihe von Ratschlägen an:

Deutsche und englische Spindeluhren haben durchwegs, auch im 18. Jahrhundert, Kloben; hingegen waren in Frankreich und in der Schweiz Spindelbrücken die Regel.

Erschien einem fremden Meister bei einem großen deutschen Kloben der eine Fuß nicht als ausreichende Befestigung, so brachte er noch einen oder unter Umständen sogar zwei weitere Befestigungsfüße an.

Französische und holländische Brücken (vergleiche Abb. 274 bzw. 275) sind durch starke architektonische Betonung in der Ornamentik und starke Reliefgravierung ausgezeichnet.

Bei den englischen Kloben der klassizistischen Periode hingegen überwiegt die reine Gravierarbeit, während die Durchbrüche möglichst klein gehalten und die Ornamentik kaum modelliert ist (vergleiche Abb. 324).

Abb. 159a und b. Eiserne Renaissance-Federzugstanduhr in bemaltem prismatischem Gehäuse auf vorspringendem Sockel mit Kugelfüßen; bekrönt von Balustergalerie. Vorn am Gehäuse Wappen der Züricher Familie von Meiss. Datumwerk. Die Barockornamente vom Anfang des 18. Jahrhunderts, ca. 1730–1740. Gehwerk mit flachem Radunrast, Stundenschlagwerk; auf der Rückseite (nicht sichtbar) Schlagzifferblatt. Zwei eiserne von Hand gefeilte Schnecken. Außer den Federtrommeln, die aus Messing sind, ist alles aus Eisen gearbeitet. Sehr seltenes einmaliges Beispiel einer Renaissance-Federzuguhr ganz in Eisen. Solche Türmchenuhren sind ja sonst immer in Messing und Kupfer vergoldet. Vermutlich Züricher Arbeit ca. 1630–1640. Höhe ca. 30 cm.
Sammlung Kellenberger, Winterthur.

a

Kloben und Brücken mit Figuren, ebenso wie mit Wappen, Emailbildnissen u. a. m. sind sehr selten, aber kaum für irgendeine bestimmte Epoche oder Schule kennzeichnend.

In diesem Buch sind bei den am Körper zu tragenden Uhren meist nicht nur die Außenansicht, sondern auch die Rückseite abgebildet, um ein Bild über die ungeheure Vielfältigkeit in der Kloben- und Brückenausgestaltung zu vermitteln. Man sieht daraus, daß die vorgenannten Richtlinien nur in groben Zügen zutreffen; die einzelnen Uhrmacher haben sehr häufig ihre Phantasie frei spielen lassen. Das Material ist fast stets feuervergoldetes Messing, selten Silber, das dann meist besonders sorgfältig bearbeitet ist. Unter den zahllosen erhaltenen Stücken zwei vollkommen gleiche nachzuweisen, ist sehr schwierig, fast ebenso selten ist es, zu einem erhaltenen Kloben die direkte, genau kopierte graphische Vorlage aufzufinden. Die Phantasie und die künstlerische Selbständigkeit der Ausführenden war ganz erstaunlich; vielfach waren dies Frauen, wie wenigstens für Friedberg feststeht, das auch zeitweise nach Augsburg die Kloben lieferte. Die Klobenfakrikation war an den meisten Orten vollkommen getrennt von der Herstellung der Uhrwerke.

Auch verschiedene andere Teile der Uhrwerke wurden, wie die Werkabbildungen zeigen, je nach den örtlichen und zeitlichen Gepflogenheiten schön verziert. Wir nennen hier z. B. die Rücker-Stellscheibe,

Abb. 160. Türmchenuhr, italienisch, wohl erste Hälfte des 17. Jahrhunderts; um 1680, anscheinend auf Pendel umgebaut. Gehäuse, Wände. Eisentafeln gemalt. Profile, Säulen, Kartuschen: vergoldete Bronze. Federzugswerk. Stundenschlag. Höhe ca. 55 cm.

D. Black, London.

Abb. 161. Türmchenuhr, sechseckig; Augsburg, ca. 1670; zwölf verschiedene Zifferblätter, Bronze vergoldet, mit Silberauflagen; Uhrwerk aus 18. Jahrhundert. Höhe ca. 65 cm. – British Museum, London, früher C. A. Ilbert-Collection.

Abb. 162. Türmchenartige Tischuhr, signiert Sevryn & Johann Oosterwyk, Amsterdam, Ende des 17. Jahrhunderts, quadratischer Querschnitt. Zifferblätter auf Gegenseiten; Querseiten mit Wappen in Miniaturmalereien; Monatswerk mit Viertelstunden-Doppelschlag; Einfachschlag zur Stunde und großem Glockenspiel (13 Glocken). Gehäusekörper vergoldetes Messing; alle Auflagen und Helm in Silber; Säulen mit Silberdurchbruchsarbeit belegt. Höhe ca. 75 cm.

Photographie Sothebys', London.

Abb. 163 (unten). Türmchenartige Renaissance-Prunkuhr, nach einem alten Kupferstich, 18 Wiener Schuh hoch, mit vier verschiedenen Spielwerken; sogenannte Herzanische Uhr. 1702 von Christoph Schöner in Augsburg hergestellt. 1770 von David a San Cajetano restauriert. Bis 1840 im Wiener Zeughaus, 1840 von S. M. Rothschild erworben und seither verschollen.

Standort unbekannt.

Abb. 164. Türmchenuhr; österreichisch oder süddeutsch, ca. 1700. Körper aus ebonisiertem Holz; Zinn-Zifferblatt; Glasfenster in Türen. Kuhschwanzpendel-Linse vom Beginn des 19. Jahrhunderts; Glockenturm, vergoldete Bronze. Höhe ca. 27 cm.

Sammlung R. Hübner, Wien.

die Plattenpfeiler, das Gelenk für die Stellung, schließlich auch das Federhaus. Wurde dieses nicht nur graviert, sondern auch durchbrochen, so ergaben sich mit der sichtbar werdenden Feder aus blauem Stahl eigenartig hübsche Wirkungen.

l) Schlagwerke

Als Schlagwerk bezeichnet man alle jene Zusatzeinrichtungen an Räderuhren, die ausgezeichnete Zeitpunkte durch akustische Signale erkennen lassen. Man unterscheidet dabei:

1. Selbsttätige Schlagwerke, die automatisch und regelmäßig ihre Signale geben und
2. Rufschlagwerke, die nur auf ein besonderes Kommando die Zeit anzeigen.

Die selbsttätigen Schlagwerke werden wie die Gehwerke entweder durch Gewichte oder durch Zugfedern angetrieben. Die Schlagwerksteile sind meist in den gemeinsamen Uhrkörper eingebaut. Von den ineinandergreifenden Rädern des Laufwerkes trägt eines der langsam laufenden – das Hebnägelrad – die Stifte zum Heben des Hammers. Das Anlaufrad vermittelt die genaue Auslösung, als Gangregler dient seit dem 17. Jahrhundert der Windfang, vorher verwendete man Anlaufmassen, und ganz früh, bei den ersten französischen Federzugsuhren, regelrechte Lappengänge (verg. Abb. 50c), wovon aber nur einige wenige Exemplare auf uns gekommen sind.

Rufschlagwerke schlagen nur auf ein bestimmtes Kommando: Ziehen einer Schnur oder Drücken eines Knopfes. Das Kommando bewirkt dabei den Aufzug des Antriebwerkes. Rufschlagwerke waren am Ende des 17. Jahrhunderts und in der ersten Hälfte des 18. Jahrhunderts große Mode. Sie waren vor allem zur Zeitbestimmung im Dunkeln und in der Nacht angenehm, da sie nicht durch dauerndes Schlagen den Schlaf störten und Lichtmachen vermieden. Sie gehen auf einen Vorschlag des Reverend Edward Barlow in London zurück; ein Patentstreit zwischen diesem und Daniel Quare, der kurz nach Barlow eine besonders glückliche Konstruktion entwickelt und dank einer persönlichen Entscheidung König Charles II. obsiegt hatte, hat zu der Beliebtheit sicherlich beigetragen, die Rufschlagwerke bei Uhren größeren Formats und auch bei Taschenuhren in Europa in der ersten Hälfte des 18. Jahrhunderts besaßen. Es gibt eine Fülle verschiedenster Konstruktionen, hie und da mit Fünf- oder Zehn-Minuten-Signalen und in ganz seltenen Fällen sogar mit Minutenindikation. Meist handelt es sich um akustische Signale, bei Taschenuhren hie und da auch um bloße Impulse, die, wenn die Uhr in der Hand gehalten, auf das Tastvermögen einwirkten; solche Rufschlagwerke sind speziell für kürzere Intervalle als $^1/_4$ Stunden recht kompliziert und verlangen gutes technisches Einfühlungsvermögen, um in Stand gehalten zu werden.

Nicht zu verwechseln mit Rufschlagwerken sind Repetitionseinrichtungen, die bei selbsttätigen Schlagwerken ein Nachschlagen der letzten

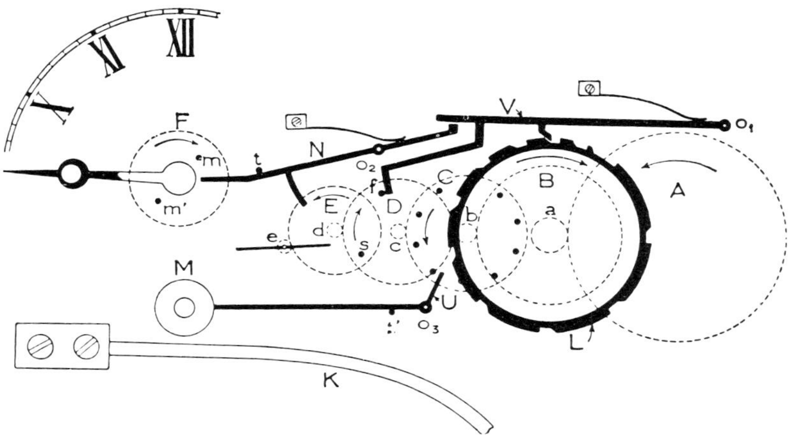

Abb. 165. Schloßscheibenschlagwerk: grundsätzliche Disposition. *A* Federhaus; *aB* Trieb und erstes Zahnrad tragen *L* die Schloßscheibe; *bC* Trieb und Hebnagelrad zur Betätigung des Klöppels *M*; *cD* Trieb mit Zahnrad mit Sperrstift; *dE* Trieb und Zahnrad mit Verzögerungsstift; *e* Windflügel, *F* Auslöserad am Minutenrohr mit zwei Stiften *m* und *m:* für die Auslösung bei den ganzen und halben Stunden; *V* Hebel mit Sperrzahn, *N* Auslösehebel, *K* Tonfeder (oder Glocke). (Aus „Horlogerie", Catalogue du Conservatoire Nationale des Arts et Métiers, Paris 1949).

Indikation erlauben. Hier bewirkt das Ziehen einer Schnur oder Drücken eines Kopfes lediglich das Auslösen des Schlagwerksmechanismus entsprechend der von dem letzten selbsttätigen Schlag her bestehenden Einstellung der Staffel. Der sogenannte Vollzieher an Repetitionswerken verhindert, daß das Werk zu wenige Schläge tut; es sprechen entweder alle Schläge an oder keiner.

Im allgemeinen ist für den Stundenschlag und für den Viertelstundenschlag je ein getrenntes Antriebssystem (mit Federn oder Gewichten) vorgesehen. Es gibt aber interessante Anordnungen, bei denen Viertel- und Stundenschlag von einem Antrieb aus versorgt werden. Uhrwerke, bei welchen sowohl Geh- als auch Schlagwerke von einer gemeinsamen Feder angetrieben werden, wurden am Ende des 17. Jahrhunderts in Holland gebaut; später sind sie sehr selten. Die beiden grundsätzlichen Arbeitsweisen für selbsttätige Schlagwerke sind:

1. Schlagwerke mit Schloßscheibe (vergleiche Abb. 26b oder 50b). Dies ist die ursprüngliche Art, die bei allen mittelalterlichen Uhren, allen Uhren des 16. und 17. Jahrhunderts bis zu der Erfindung des Rechens durch Barlow und dessen Verbesserungen durch Tompion und Quare verwendet wurde. Die französischen Meister behielten die Schloßscheibenschlagwerke bis in die jüngste Zeit bei. Die Schloßscheibenschlagwerke sind einfach, sie geraten aber leicht außer Tritt, wenn sie nicht regelmäßig aufgezogen werden. Abb. 165 zeigt ein auseinandergezogenes Prinzipdiagramm, das die Wirkungsweise unmittelbar verständlich macht. Schlagwerke mit Schloßscheibe sind an die Reihenfolge der Stundenschläge der Schloßscheibe gebunden: bleibt diese einmal stehen oder wird sie nicht richtig arretiert, so ist die Zuordnung zwischen Zeigerstellung und Schloßscheibe verloren. Ältere Uhren sind häufig mit eigenen Schlagzifferblättern versehen, an denen der Schloßscheibenstand abzulesen ist (vergleiche Abb. 85b). Meist ist neben dem Schlagzifferblatt eine Möglichkeit zum Auslösen des Schlagwerkes vorgesehen, z. B. eine Öffnung, in die man einen Nagel einführt, um wieder richtige Zuordnung zu erreichen. Zum Nachstellen muß dann der Sperrzahn so oft von Hand gehoben werden, bis das Schlagwerk wieder in Tritt mit dem Stundenzeiger ist.

2. Schlagwerke mit Rechen und Staffel entsprechen dem auseinandergezogenen Prinzipdiagramm Abb. 167. Hier muß man unterscheiden, ob die

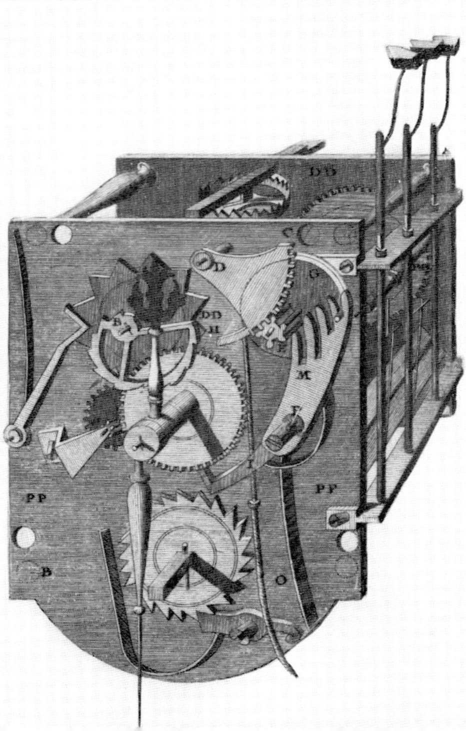

Abb. 166. Federzugs-Uhrwerk mit Rechen-Rufschlagwerk, – schlägt nur nach Ziehen an der Kordel *V* (bei der gezeichneten Ausführung), die ganzen Stunden mit der entsprechenden Anzahl einzelner Schläge, die Viertelstunden aber mit der entsprechenden Anzahl Doppelschläge – alles auf der gleichen Glocke. Die Viertelstunden werden durch die Stellung der Hand *M*, die ganzen Stunden durch den Rechen *D* und die Staffel *B* bestimmt. Französische Konstruktion, abgebildet bei Thiout, „Traité de l'horlogerie" 1747 und in der Encyclopedie, 1757 (Pl. 12).

Staffel vom Zeigerwerk gleichmäßig weiterbewegt wird oder auf einem Stern befestigt ist, der von Stunde zu Stunde um einen Zahn weiterspringt. Alle Repetitionswerke müssen Rechenschlagwerke sein. Rechenschlagwerke bieten dem Konstrukteur viele Möglichkeiten, seine Phantasie zu zeigen. Besonders interessant sind die Konstruktionen der Schweizer Meister der zweiten Hälfte des 18. und des beginnenden 19. Jahrhunderts.

Die Herstellung verläßlicher Rechenschlagwerke ist immer ein Zeichen hochentwickelter und erfahrener Handfertigkeit. Sehr verläßliche Rechenschlagwerke besitzen die Wiener Stockuhrwerke der ersten Hälfte des 19. Jahrhunderts, wie sie in den zahlreichen Biedermeier-Stutzuhren eingebaut sind (vergleiche Abb. 304).

Rufschlagwerke (vergleiche Abb. 166) sind in jedem Fall Rechenschlagwerke, da hier die jeweilige Schlaganzahl durch die Zeigerstellung festgelegt ist. Das Rufen erfolgt hier durch Abziehen der Kordel *v*. Die Aufeinanderfolge der einzelnen Vorgänge kann mit etwas Phantasie aus Abb. 166 und der zugehörigen Legende abgeleitet werden.

Den Hebelmechanismus für die Rechenschlagwerke, und zwar sowohl für die selbsttätigen als auch für die Rufschlagwerke bezeichnen die älteren österreichischen und süddeutschen Uhrmacher als *Kadraktur*.

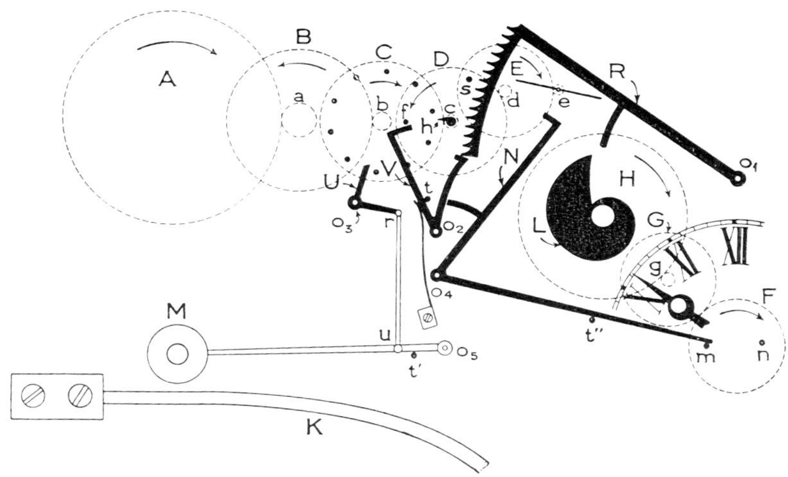

Abb. 167. Selbsttätiges Stunden-Repetierschlagwerk mit Rechen: grundsätzliche Disposition. Antriebselemente gleich bezeichnet wie beim Schloßscheibenschlagwerk Abb. 165. *h* Schöpfer für den Rechen *R*; *L* Staffel, befestigt am Stundenrad *H*, hier durch Spirallinie begrenzt gezeichnet, in Wirklichkeit aber mit zwölf treppenartigen Schritten ausgelegt. (Aus „Horlogerie" Catalogue du Conservatoire Nationale des Arts et des Métiers Paris 1949).

Entsprechend der Art der Signalgabe sind nachstehende Schlagfolgen zu unterscheiden:

1. Einfacher Stundenschlag gibt nur die vollen Stunden durch je einen Schlag an.
2. Schlag der ganzen und halben Stunden (französischer Schlag): außer den ganzen Stunden, wie bei 1. werden auch die halben Stunden durch je einen Schlag meist im gleichen, bisweilen aber auch in einem anderen oder mit Doppelklang (vergleiche Abb. 313b und c) angegeben.
3. Schlag der ganzen und halben Stunden (holländischer Schlag): hier ist der Mechanismus ähnlich wie bei 2., doch meldet das Schlagwerk zur halben Stunde auf einer anderen Glocke die vergangene volle Stunde; dies wird meist durch Verschiebung der Klöppel (Pumpen) erreicht.
4. Viertelschlag (Petite Sonnerie oder englischer Schlag): die drei ersten Viertel werden mit 1 bis 3 Schlägen in einem Ton oder Doppelton, manchmal auch in kleinen fugenartigen Tonfolgen oder Fugen eines Glockenspiels angegeben, die vollen Stunden aber mit einem grundsätzlich unterscheidbaren Ton.
5. Vierviertelschlag (Grande Sonnerie): die vier Viertel werden mit 1 bis 4 Schlägen in einem Ton, Doppelton oder in einer kleinen Fuge geschlagen, beim vierten Viertel wird die Stunde auf einer anderen Glocke nachgeschlagen.
6. Vierviertelschlag mit vollem Nachschlag (Wiener Schlag); oft auch als Vierviertel-Repetierschlagwerk bezeichnet, da man speziell am Ende des 18. und zu Beginn des 19. Jahrhunderts das automatische Nachschlagen genau wie das gerufene Nachschlagen als Repetieren bezeichnete; nach jedem Viertel wird mit einem anderen Ton die verflossene Stunde nachgeschlagen.
   Die logischeste Schlagfolge wäre so, daß zuerst die verflossene Stunde und dann die abgelaufenen Viertel gemeldet werden. Man findet aber diese Schlagfolge nur sehr selten bei Rufschlagwerken aus der Wende vom 17. zum 18. Jahrhundert.

Verwandte der Schlagwerke sind die Wecker und die Spielwerke.

m) Wecker

Wecker sind Uhren, die akustische Signale einmal zu einer vorbestimmten Zeit auslösen. Abb. 168 zeigt die lange Zeit übliche Anordnung mit einer zentralen Stellscheibe. Die Zeichnung läßt die Auslöseaktion leicht verfolgen. Seit der Mitte des vorigen Jahrhunderts sind die Weckerstellblätter meist separat am Hauptzifferblatt angebracht (vergleiche Abb. 371 a).

n) Spielwerke

Mit diesem Namen werden spezielle Uhrwerke, bei welchen der regelmäßige Ablauf zur Erzeugung von Melodien auf mechanische Weise verwendet wird, bezeichnet. Da sie mit der Zeitweisung unmittelbar nichts zu tun haben, obwohl mechanische Spielwerke häufig mit Uhren verbunden wurden und die Auslösung zu bestimmten Zeiten (ganze Stunden, alle drei Stunden, mittags, früh und abends, sonntags, usw.) eingerichtet war, so soll hier nur kurz auf dieses hochinteressante Gebiet eingegangen werden, das eine frühe Phase in der Fähigkeit des Menschen, Automation einzurichten, darstellt. Vom 16. bis zum Beginn des 19. Jahrhunderts waren Glockenspiele nach Abb. 169 (Carillons) besonders beliebt (vergleiche z. B. Abb. 79 oder 320). Im 19. Jahrhundert lag das Hauptinteresse bei den Zungenspielwerken (vergleiche Abb. 323). Parallel dazu, aber wesentlich seltener sind Flöten- und Orgelwerke (teils mit Zinn-, teils mit Holzpfeifen), blecherne (vergleiche Abb. 213b) oder hölzerne Gelächter (xylophonartige Instrumente) und Cembalos.

Das ungemein reizvolle Gebiet dieser frühen mechanischen Musikinstrumente ist sehr wenig erforscht. H. Protz (*8*) hat zum erstenmal die musiktechnischen Unterlagen behandelt, während einen guten allgemeinen Überblick A. Chapuis (*9*) und Chapuis-Droz (*10*) geben. Während der Drucklegung erschien eben ein sehr bemerkenswertes Spezialwerk über mechanische Musikwerke und Spieluhren von Brunner (*11*).

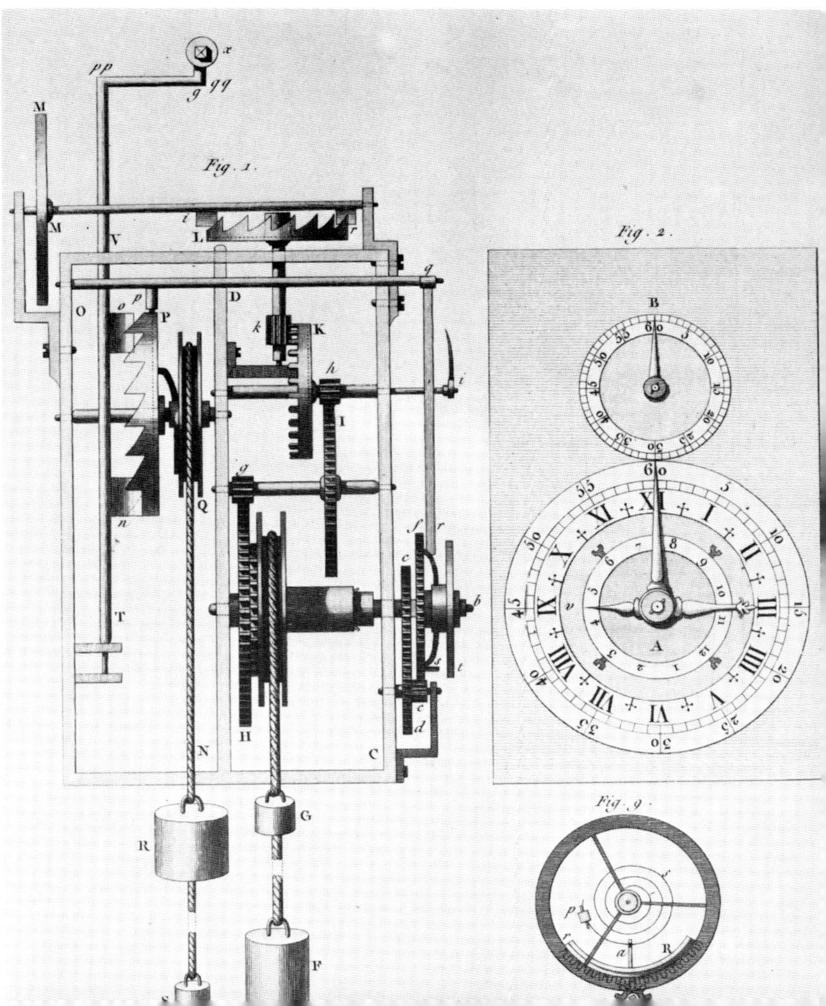

Abb. 168. Werksquerschnitt und Zifferblatt einer Wecker-Wanduhr mit Unruhe und Gewichtsantrieb – nach F. Berthouds': Histoire de la mesure du temps, Paris 1802.

Uhrwerk ähnlich dem von Abb. 116 aufgebaut; Nebenfigur 9 gibt die Details der Unruhe und der Veränderung der wirksamen Federlänge zum Einregulieren. *s* ist der Weckerauslösestift, der Sperre *p–q* löst. Einstellen der gewünschten Zeit durch Verdrehen der zentralen Scheibe *A* am Zifferblatt, der durch drei Jahrhunderte üblichen Weckeranordnung.

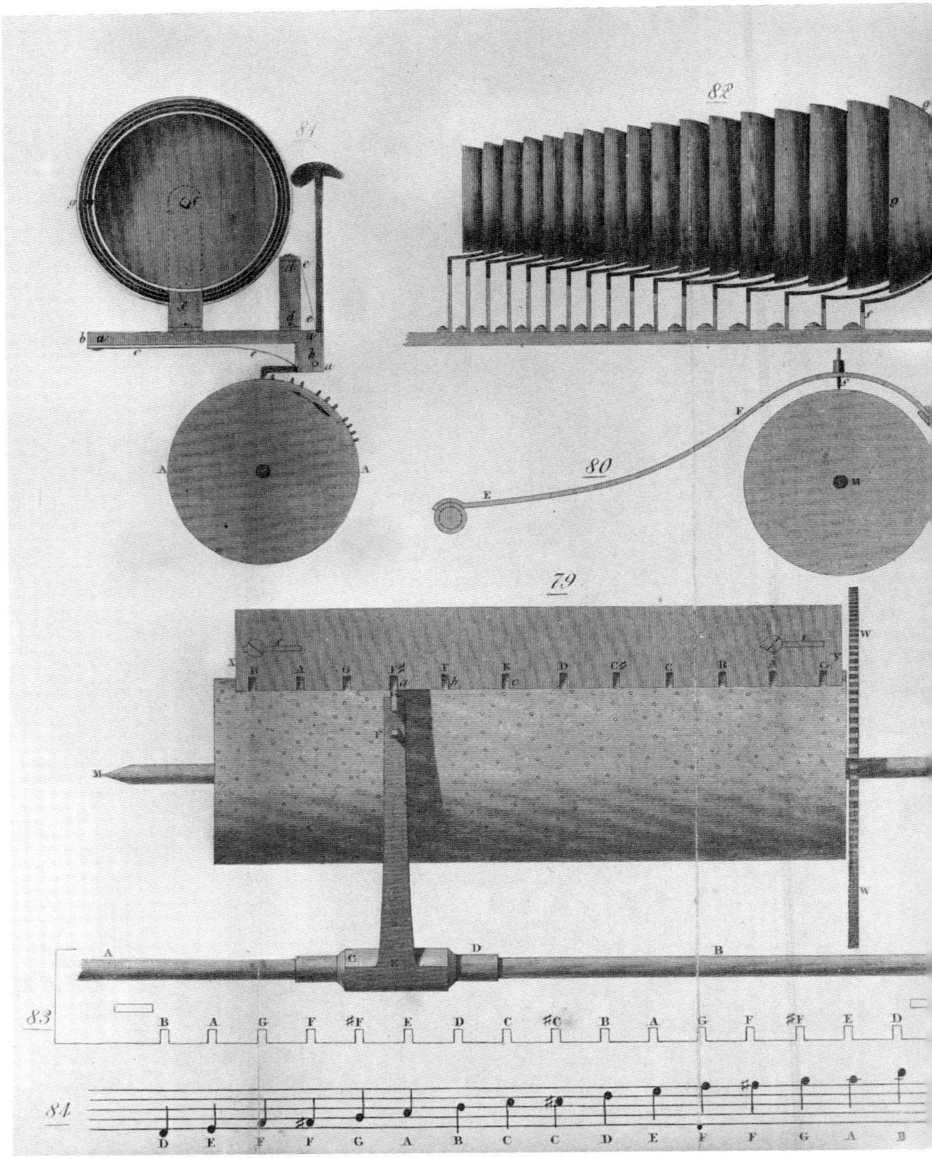

Abb. 169. Mechanisches Carillon mit 17 einzeln befestigten Glocken (die billigeren Konstruktionen haben alle Glocken auf einer Achse mit entsprechenden Distanzstücken). Nebenfigur 81 zeigt Hammerlagerung sowie Rückstell- und Pufferfedern. *A* Spielwalze. Nebenfigur 79 und 80 zeigen eine Methode, um die Stiftlöcher auf der Walze genau anzukörnen. Meist sind die Walzen längsverschiebbar und tragen somit eine größere Anzahl von Melodien.

Reproduktion einer Stahlstichtafel aus Th. Reid's Treatise, Edinburgh 1823.

Bibliographie

(1) *E. Bassermann-Jordan* „Alte Uhren und ihre Meister". Verlag Wilhelm Diebener G.m.b.H. Leipzig 1926.

(2) *J. Needham* "The heavenly clockworck". Cambridge Press 1959.

(3) *E. Morpurgo*, "L'orologio e il pendolo". La Clessidra 1957.

(4) *R. T. Gould*, "The marine chronometer", J. D. Potter, London 1923.

(5) *A. Chapuis & E. Jaquet*, "The history of the self-winding watch 1770–1931". Eigenverlag The Rolex Watch Company, Genf 1952.

(6) *David a San Cajetano*, „Neues Rädergebäude mit Verbesserungen ..." J. David Hörlingersche Buchhandlung, Wien und Leipzig 1793.

(7) *Asmus*, „Laufwerke". Springer-Verlag 1959.

(8) *H. Protz* „Mechanische Musikinstrumente", Kassel 1940.

(9) *A. Chapuis*, "Histoire de la Boîte à Musique et de la Musique Mécanique". Editions Journal Suisse, Scriptar, Lausanne 1955.

(10) *A. Chapuis & E. Droz*, "Les automates". Edition du Griffon. Neuchâtel 1949.

(11) *E. Brunner*, "Mechanical Musical Instruments". Batchworth-London/Astra-Prag 1959.

Abb. 170. Reich durchbrochenes Goldgehäuse, farbig emailliert, für eine Anhängeruhr; englische Goldschmiedearbeit, ca. 1620. Das heute eingebaute Werk mit Zifferblatt und silbernem Übergehäuse wesentlich später. Großer Durchmesser ca. 40 mm. Victoria and Albert Museum, London.

a

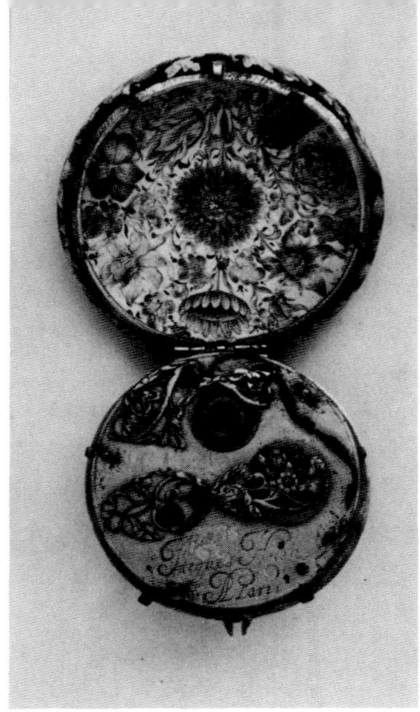

b

Abb. 171a und b. Sackuhr in Goldemail, signiert Jacques Huon a Paris, ca. 1630. Einfacher Radunrast, Spindelgang; Gangverstellung durch Federspannungsveränderung.
Victoria and Albert Museum, London.

Abb. 172a, b, c (unten). Sackuhr, Gold, allseitig emailliert, signiert Blaise Foucher, Blois; ca. 1635. Spindelwerk mit einfachem Waagunrast; Regulierung durch Veränderung der Federspannung; Werksdurchmesser ca. 50 mm.
British Museum, London.

Abb. 173a, b, c, d, e. Kupfer-Emailuhr; Werk signiert Goullon a Paris, ca. 1640; beidseitig zu öffnen. Gehäuse mit Bildern von Louis XIII. und Richelieu, dem Maler Henri Tautin zugeschrieben. Werk später umgebaut auf Spiralfeder; ursprünglich nur einfacher Unrast mit Regulierung des Ganges durch Veränderung der Triebfedervorspannung. Durchmesser ca. 60 mm.
Victoria and Albert Museum, London.

a

b

c

a

b

c

e

a

b

c

Abb. 174a, b, c. Sackuhr, signiert Edward East, London, ca. 1660, in lichtblauem (französisch?) Goldemail-Gehäuse mit schwarzen Ruinen und Figuren auf blauem Grund. Schnecke mit Darmsaite; Radunrast; Gangveränderung durch Veränderung der Federvorspannung. Durchmesser ca. 55 mm.

Victoria and Albert Museum, London.

a

b

c

Abb. 175 a, b, c. Taschen- oder Anhängeruhr, Kupfer-Emailgehäuse, Messingwerk, signiert Salomon Pairas, Blois, ca. 1660. Durchmesser 52 mm. Emailmalereien am Zifferblatt und auf Deckelinnen- und -außenseite.
Württembergisches Landesmuseum, Stuttgart.

Abb. 176 (unten links). Sack- oder Anhängeruhr. Goldgehäuse mit transluzidem, farbigem, Champlevée-Email. Mitte des 17. Jahrhunderts, englisch? (Ursprüngliches Werk durch ein Spindelwerk des 18. Jahrhunderts ersetzt.) Durchmesser ca. 50 mm.
Victoria and Albert Museum, London.

Abb. 177 (unten rechts). Sack- oder Anhängeruhr. Ziseliertes Goldgehäuse mit farbigem Email (das meiste von letzterem fehlt); Mitte des 17. Jahrhunderts, englisch? (Ursprüngliches Werk im 19. Jahrhundert durch neues Spindelwerk ersetzt.) Durchmesser ca. 35 mm.
Victoria and Albert Museum, London.

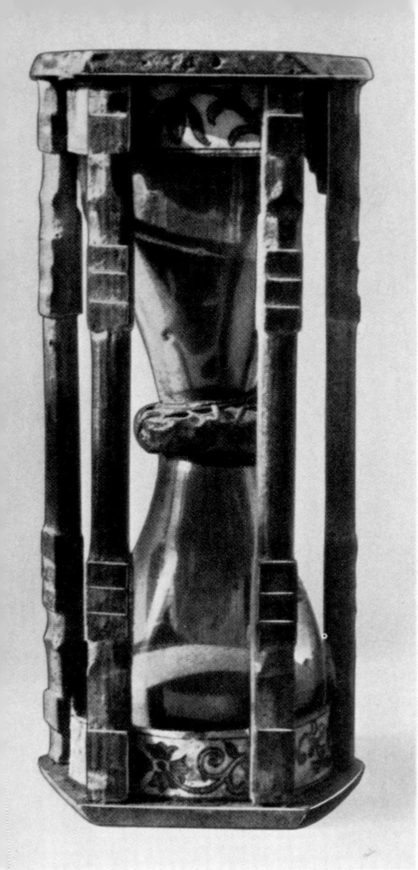

Abb. 178. Sanduhr in rötlich bemaltem Holzgestell; Halterung durch Papierstreifen mit gezeichneten Blumen als Verzierung. Steirisch? Frühes 16. Jahrhundert.

Steirisches Landesmuseum Joanneum, Graz.

a

b

Abb. 179a und b. Zwei Sanduhren mit Holzfassung und Sackleinenfutteral. Niederrheinisch; 17. Jahrhundert? Höhe 13 cm.

Emschertal Museum, Stadt Herne.

HAUPTTYPEN UND -FORMEN DER RÄDERUHREN UND IHRE KURZE CHARAKTERISIERUNG

Die Unklarheit über die Bedeutung der einzelnen Benennungen für Uhren ist heute größer noch als zu Bassermann-Jordans Zeiten, als er darauf hinwies, daß eine *einheitliche* Terminologie sehr zu wünschen wäre. Die Terminologie der Bassermann-Jordanschen „Geschichte der Räderuhr" ist nicht vollständig in den Sprachgebrauch eingedrungen: vielleicht hat es gestört, daß die gewählten Namen aus heterogenen Gebieten zusammengeholt worden waren.

Es ist eine Folge des komplexen Aufbaus der Räderuhren und der verschiedenen Betonung, die bestimmte Züge in den einzelnen Epochen gefunden haben, daß im Sprachgebrauch verschieden gelagerte Merkmale zur Charakterisierung verwendet wurden. So finden wir Bezeichnungen nebeneinander, die auf eines oder mehrere folgender Momente bezug nehmen:

a) Antriebsart oder Regelmechanismus.

b) Äußere Form des Gehäuses, dessen Material oder Bearbeitung.

c) Die Stilperiode, der die Uhr angehört.

d) Der spezielle Zweck oder die besondere Verwendungsart.

Neben diese sachliche Ausrichtung kommt, daß verschiedene Zeiten, Länder und Städte eigene Namen prägten und daß schließlich der Kunsthandel und die Kunstschriftsteller sich auch namensschöpferisch betätigt haben. So haben wir heute ein buntes Durcheinander, das seit Bassermann-Jordan nur noch komplizierter geworden ist, da seither manche damals unbekannte Typen und Formen teils neu entdeckt, teils erst jetzt in die Beachtung der Sammler und Liebhaber eingetreten sind.

Um das Eindringen in die Materie und die Verständigungsmöglichkeit zu erleichtern, soll der von Bassermann-Jordan beschrittene Weg weiter verfolgt und seine Anregungen weiter ausgebaut werden. Gut eingebürgert haben sich bei den Uhren größeren Formats Namen, die unmittelbar die

Abb. 180. Sanduhr mit X–XX–XXX–Minutenkalibrierung. Fassung Limoges-Emailarbeit. 17. Jahrhundert.
Höhe ca. 15 cm.
James Oakes, London.

Form und Verwendung charakterisieren. So wollen wir bei der folgenden Charakterisierung der einzelnen Uhrentypen einheitlich diese Momente als Leitmotiv verwenden und Einzelheiten durch entsprechende Attribute nur soweit festlegen, als es durch eine bestimmte Form nicht schon implizite geschehen ist. Vorher aber wollen wir aussondern, was nicht in den heutigen Sprachgebrauch eingedrungen ist.

A. ZUSAMMENSTELLUNG NICHT IM HEUTIGEN SPRACHGEBRAUCH VERWENDETER UHRNAMEN

a) Groß- und Kleinuhren: Diese Unterscheidung spielte im 16. und 17. Jahrhundert eine große Rolle; die Grenzen waren aber nie klar zu ziehen und gaben häufig zu Auseinandersetzungen Anlaß. Seit langem sind diese Bezeichnungen aus dem Sprachgebrauch verschwunden.

b) Hausuhren: Eine Bezeichnung, die nichts über Uhrform und Konstruktion aussagt, da fast jede Uhrtype in einem Haus verwendet wurde; die Abgrenzung gegen öffentliche, Kirchen- und Turmuhren ist kaum wichtig.

c) Kunstuhren: Bassermann-Jordan dachte sich darunter größere Uhren mit komplizierten, kunstvollen Werken, wie z. B. Abb. 243, zahlreichen astronomischen Angaben usw. Da der Begriff Kunst weit häufiger auf die Qualität der Verzierung angewendet wird als auf die Uhrmacherkunst,

Abb. 181. Sanduhr mit Fassung zum Erleichtern des Umwendens; ca. 1725; gemalt.
Österreichisches Museum für Angewandte Kunst, Wien.

erscheint es richtiger, die mechanisch-horologischen Eigenheiten durch entsprechende Attribute wie „mit reichen astronomischen Indikationen", „mit eingebautem Musik-, Glocken- oder Cymbalspielwerk", „mit Automaten" usw. anzugeben. Außerdem ist der Begriff, was als Uhrmacherkunst zu bezeichnen ist, von Periode und Land stark abhängig.

d) Standuhren: Bassermann-Jordan dachte hierbei an einen Sammelbegriff und schrieb: „Standuhren. Die Mehrzahl der Hausuhren, soweit diese keine Taschenuhren sind und soweit sie nicht direkt an der Wand befestigt sind. Man spricht also auch von Standuhren auf Wandkonsolen."

Dieser Rahmen ist so weit, daß er kaum einen Vorteil als Überbegriff über Formen bezeichnende Namen bringt. Man könnte ihn als Verlegenheitsausweg gegenüber dem tatsächlich fast unerschöpflichen Formenreichtum dieses Gebietes ansehen.

e) Kaminuhr: Dazu sagt schon Bassermann-Jordan: „Ein nichtssagender Ausdruck, da schließlich alle Arten von Standuhren auf dem Kamin verwendet werden können; die französische Pendule de cheminée, woher unser Wort kommt, hat tatsächlich die verschiedensten Formen, denen höchstens das eine gemeinsam ist, daß sie alles Holz am Gehäuse vermeiden und nur Bronze und Stein verwenden. Mit zwei passenden Leuchtern bildet die Uhr zusammen eine Kamingarnitur. Dies gilt auch noch für den Empirestil."

f) Kastenuhren: Worunter Bassermann-Jordan „hohe Standuhren in Holzgehäusen, die vom Boden aus aufsteigen", verstanden wissen wollte. Da wir viele mittlere und kleine, nicht am Boden aufzustellende Uhren in kasten- oder kästchenartigen Gehäusen finden, erscheint der Name auch nicht als genug scharf abgrenzend.

g) Prunkuhren: Das Wort Prunk enthält in sich den Vorwurf, daß der Aufwand über das berechtigte Maß hinausgeht. So wollen wir den Begriff „Prunkuhr" nur dort verwenden, wo der Uhrkastenaufbau in keinem gesunden Verhältnis zur eigentlichen Aufgabe der Uhr steht. Der Einbau von hochwertigen technischen Erzeugnissen, wie es Uhrwerke sind, in künstlerisch behandelte Gehäuse ist zu begrüßen, zeigt er doch, wie sehr die technische Leistung geschätzt wurde. Prunk entsteht dann, wenn der Aufwand für das Gehäuse unverhältnismäßig größer als für das Uhrwerk wird. Mit dieser Einschränkung wird das Wort Prunkuhr immer eine subjektive Einschätzung einer Uhr geben.

Bezeichnung nach Verzierungstechniken

Nicht empfehlen möchten wir Uhrenbezeichnungen nach Verzierungstechniken, wie Lackuhren, Holzuhren, Schmiedeeisenuhren, Emailuhren, Marmoruhren oder Boulle-Uhren. *Boulle* ist eine eigenartige Möbeldekorationstechnik, bei der die Oberfläche mit Einlagen aus Metall – meist vergoldetes Messing – aber auch Silber oder Zinn, sowie mit Schildpatt und farbigen Hölzern verziert ist; der Erfinder der Technik ist André Charles Boulle, 1642 bis 1732, Paris.

Die Arbeiten Boulles und seiner Werkstatt wurden in verschiedenen deutschen landesfürstlichen Residenzen während der ersten Hälfte des 18. Jahrhunderts nachgeahmt. Besonders eifrig war in dieser Beziehung München, wo zum Teil französische Künstler arbeiteten. Boulle-Technik wurde sehr häufig auf Pendulengehäusen angewendet. Abb. 260, 261 zeigen Boulle-Gehäuse französischer Provenienz, Abb. 264 eine entsprechende Münchener Uhr.

Nach dieser Ausscheidung wenig prägnanter und nicht allgemein eingebürgerter Bezeichnungen wollen wir nun konsequent die Räderuhren in Hauptgruppen und Familien nach der äußeren Erscheinung bzw. nach der Verwendungsart einteilen.

Abb. 182. Kanzel-Sanduhr aus vergoldeter Bronze mit barocken Rockaillen und Bandelwerk. Süddeutsch, ca. 1740–1750; Höhe 37,5 cm.
Württembergisches Landesmuseum, Stuttgart.

B. RÄDERUHRENUNTERTEILUNG NACH FORMEN UND VERWENDUNG

A. Turmuhren:

Uhren, die am Äußern von Türmen, Kirchen und großen Gebäuden angebracht sind (nicht aber kleine turmförmige Standuhren). Turmuhren waren der Inbegriff von *Großuhren* im Gegensatz zu allen anderen, den *Kleinuhren.* Uhren, die den Turmwächter in seiner Stube zum Schlagen der Glocken stündlich durch ein Wecksignal veranlaßten, sind nach diesem alten Sprachgebrauch selbstverständlich Kleinuhren und keine Turmuhren.

B. Öffentliche Uhren und Monumentaluhren:

Uhren mit bemerkenswerter architektonischer Eingliederung an prominenten Stellen großer Räume, Kirchen, Rathäuser usw.

Wir sehen in diesem Buche bewußt davon ab, auf Turmuhren und öffentliche Uhren einzugehen, obwohl sie entwicklungs- und kulturgeschichtlich von größter Bedeutung sind. Der dafür erforderliche Platz würde den Umfang der dem Sammler und Liebhaber näher stehenden Uhren mittleren und kleineren Formats störend schmälern. Wir wollen uns daher im wesentlichen auf solche Uhren hier beschränken, die in Wohnräumen Verwendung fanden oder am Körper von Personen getragen wurden. Der mechanische Teil der Monumentaluhren ist bisher wenig erforscht. Den besten Überblick über die bedeutenden Repräsentanten auf diesem Gebiet gibt Ungerer (*1*); auch Lübke (*2*) bringt neuerdings einiges Material hierüber.

C. Bodenstanduhren:

Uhren, deren Gehäuse sich vom Boden aus entwickelt, und die im Innenraum verwendet werden. Diese sind im allgemeinen mit Gewichtsantrieb; Federantrieb ist selten und sollte besonders beachtet werden.

Die älteste Form der Bodenstanduhren sind die

Säulenuhren (Abb. 19 bis 22): Dies ist wohl die ursprüngliche Art der Aufstellung von Uhren im Innenraum, häufig hatten diese auf zwei oder vier Seiten Zifferblätter (vergleiche Abb. 21). Bis in das 17. Jahrhundert stand die Säule allseitig frei; dann wird die Säule zu Beginn des 17. Jahrhunderts gegen die Wand gerückt und das Werk eingesichtig, aber bis in das 18. Jahrhundert finden sich vereinzelt Säulenuhren, speziell wenn es sich um Uhren mit reichen astronomischen Indikationen handelt. Säulenuhren mit erhaltenem Postament sind so selten, daß sie bisher überhaupt noch keinen Platz in der Geschichte der Uhrform-Entwicklung gefunden haben. Mir selbst sind bei allen Kreuz- und Querfahrten durch Europa bisher nicht mehr als fünf Säulenuhren in der Originalfassung zu Gesicht gekommen; in größerer Anzahl aber bin ich Uhrenkörpern für solche Säulenuhren des 16. und 17. Jahrhunderts begegnet, die sich bei oberflächlicher Betrachtung nur als Türmchenuhren vorstellen. Meist sind es werkstechnisch und künstlerisch ganz hervorragende Objekte. So möchte ich annehmen, daß die Säulenuhren als Vorläufer der Bodenstanduhr einmal ein weitverbreiteter Typus gewesen sind, der sich speziell im süddeutsch-österreichischen Raum nicht geringer Beliebtheit erfreut hat. Unter solchen Voraussetzungen wird man vielleicht in Schloßdepots oder Klosterspeichern noch das eine oder andere Originalpedestal finden.

Bodenstanduhren (im engeren Sinn) haben meist einen geschlossenen Kasten, zum Anlehnen, vielfach sogar zum Festschrauben an eine Wand. In Norddeutschland werden sie Dielenuhr, gelegentlich auch Kastenuhr genannt; in England grandfather clock, in Frankreich pendule de parquet oder longue ligne. Diese Form entwickelte sich bald nach 1650 in Mitteldeutschland (vergleiche Farbtafel I) aus der Säulenuhr, scheint in Deutschland aber auf wenige, exklusive Verwendungsstellen beschränkt gewesen zu sein. Die englischen Uhrmacher der zweiten Hälfte des 17. Jahrhunderts aber machten die Bodenstanduhr im Zusammenhang mit dem Aufgreifen des Pendels zu einem ausgesprochen englischen Uhrentypus (vergleiche Farbtafel X), der durch mehrere Generationen zum Grundbestand jedes englischen Hauses gehörte. Die architektonisch künstlerischen Wandlungen von 1660 bis etwa 1730 (vergleiche Abb. 189 bis 192 und 238) sind Gegenstand eingehender kunsthistorischer und horologischer Studien (*3*). Zifferblattgrößen, Profile, Holzwahl und -behandlung sind für den englischen Sammler von gleicher Bedeutung wie Meisternamen und Werkdetails. Die bevorzugte Stellung der englischen Uhren im 18. Jahrhundert war nicht unverdient. Die Einführung des langen Pendels, die den deutschen traditionsgemäß auf kompliziertes astronomisches Beiwerk verbundenen Uhrmachern unverständliche Beschränkung auf ein Gehwerk mit einem einfachen Schlagwerk, und schließlich eine instinktive Begabung für die Technologie des Mechanismus (Wellen, Zapfen, Zähne) gaben bei diesen englischen Standuhren vorher nicht mögliche Gangresultate nebst größter Verläßlichkeit. Eine Monatsstanduhr von Daniel Quare im Besitze des Verfassers z. B. scheint seit 1715 etwa mit wenig Unterbrechung in Gang gewesen zu sein. Mit minimalen Anforderungen an Erhaltung arbeitete diese Uhr die letzten 20 Jahre mit Monatsfehlweisungen von durchschnittlich $2^1/_2$ Minuten.

So ist es verständlich, daß die englische Bodenstanduhr konstruktions- und formmäßig eine außerordentlich starke Ausstrahlung gehabt hat. Adelspaläste und Patrizierhäuser wetteiferten darin, Uhren von den großen englischen Meistern zur Schau zu stellen oder zumindest Uhren im englischen Stil zu besitzen.

Innerhalb von ganz Europa wurden im 18. Jahrhundert Bodenstanduhren gebaut, deren Kästen in manchen Städten und Gebieten sich zu reizvollen Sonderformen entwickelt haben. Es war leider nicht möglich, eine der schönen Danziger Bodenstanduhren, die dem Verfasser früher bekannt waren, im Bilde festzuhalten. Immerhin vermögen die Abb. 239 bis 249 einen Begriff von der verschiedenen Behandlung des Grundthemas in Süddeutschland, Holland, Steiermark, Berlin usw. und Abb. 250 und 253 in den USA zu geben.

Zu den Bodenstanduhren gehören ferner die

Pilasterförmige Louis XIV.-Uhr: Dieser schöne Typus wurde vorzugsweise in Paris bis etwa 1785 hergestellt und von dort intensiv exportiert, und die

Boden-Regulatoren: Dies sind Bodenstanduhren mit Kompensationspendel und hochwertigen, häufig glas- oder metallverkleideten Werken. Für die Lager werden vielfach Steine verwendet. In der ersten Hälfte des 18. Jahrhunderts hatten die Regulatoren die damalige Bodenstanduhrform, bald aber wurden Glastüren und Seitenfenster angebracht, um das Kompensationspendel und die Gewichte zu zeigen; Frankreich entwickelte in der zweiten Hälfte des 18. Jahrhunderts eine neue, sachlich einfache Form (Abb. 252), die der Ausgangspunkt für entsprechende Weiterentwicklungen in England (Abb. 357), in Deutschland (Abb. 354, 355) und speziell in Wien wurde; dort entstanden die Wiener Geigenkastenregulatoren (vergleiche z. B. Abb. 356).

Regulatoren müssen an der Wand verankert werden, sonst treten bei bestimmten Lagen der Gewichte Resonanzschwingungen (Pendelsympathie) auf, die den Gang empfindlich stören. Regulatoren waren in erster Linie für wissenschaftliche Zwecke, astronomische Observatorien oder als Vergleichsuhren bei Uhrmachern gedacht; bei letzteren nahmen sie meist

Tafel XI. Stockuhr von Duchesne, 1717.

einen bevorzugten Platz im Gewölbe ein. Es ist selbstverständlich, daß an Qualität interessierte Privatpersonen häufig auch Regulatoren erwarben.

D. Wanduhren:

Unter Wanduhren wollen wir alle direkt an der Wand befestigten Uhren, einschließlich Uhren auf Konsolen verstehen. Hier ist eine gewisse Überlappung mit den unter *E* behandelten Stutzuhren unvermeidlich, da diese schon zu ihrer Zeit nicht nur auf Möbeln, sondern auch auf Konsolen aufgestellt wurden. Wanduhren bieten einen großen Typenreichtum; sie gehören zu den ältesten Räderuhrformen, und da die Wandaufhängung dem Wesen der Uhr gut entspricht, hat man seit Anbeginn jeder Stilrichtung und jeder mechanischen Neuerung entsprechend geeignete Formen für die Wanduhren ausgebildet.

Gotische Wanduhren: Diese sind entstanden aus der Urform der für Innenräume bestimmten Uhren – dem auf einer Säule aufgestellten Gehwerk (Abb. 19). Bei den gotischen Wanduhren sind zwei grundsätzlich verschiedene Werkskörper zu unterscheiden – der Prismenbau (vergleiche Abb. 25 und 26 sowie Farbtafel I) und der Flachrahmenbau (vergleiche Abb. 23, 24) sowie das Werk von Abb. 51 b. Gut erhaltene Exemplare beider Bauformen, speziell mit Originalzifferblättern sind sehr selten. Beide Typen scheinen praktisch unverändert von der Mitte des 14. bis zum Anfang des 16. Jahrhunderts hergestellt worden zu sein; die letztere lebt aber in etwas modifizierten Ausführungen, in der Schweiz bis in das 17. Jahrhundert weiter.

Unsere Kenntnisse über diese frühe Phase des Uhrenbaues sind spärlich; nach verstreutem Hinweis in zeitgenössischen Dokumenten scheinen gotische Wanduhren parallel in Deutschland, Österreich, England, Frankreich und Italien hergestellt worden zu sein. Die ältesten schriftlichen Erwähnungen stammen aus Italien. Die besten Aufschlüsse geben zeitgenössische Bilder, Miniaturen und Stiche, wie Abb. 19 und 20. Daraus kann man den jeweiligen Entwicklungsgrad der Uhren gut erkennen.

Die hier gezeigten Bilder wurden von solchen gotischen Wanduhren ausgewählt, die sowohl dem Werk als auch dem Zifferblatt nach als Originale angesehen werden können. Leider hat die bis in die jüngste Zeit bestehende große Unsicherheit bezüglich der im Mittelalter üblichen Bauformen der Uhren es mit sich gebracht, daß im Laufe der letzten Generationen eine beträchtliche Anzahl guter Uhren mit Zifferblättern im Sinne der Bierstubenromantik des ausklingenden 19. Jahrhunderts „verschönert“ wurden. In Rothenburg ob der Tauber wurde diese Taktik von einem geschäftstüchtigen, auch schriftstellerisch tätigen Antiquar um die Jahrhundertwende praktiziert. Das Germanische Nationalmuseum in Nürnberg besitzt in den Reservebeständen derartige Stücke. In jüngster Zeit wurde sogar eine große Anzahl gotischer Uhren in Phantasieformen mit monstranzartigen Füßen, phantastischen, ritterburgartigen Türmen, schwenkenden Fahnen und ähnliches mehr hergestellt. Eine Werkstatt nahe am Bodensee hat sich in dieser Richtung spezialisiert und kistenweise ihre Erzeugnisse nach dem Westen exportiert. Andere Erzeuger gotischer Uhren arbeiteten bis in die letzte Zeit in München und Reutlingen. Manche großen Sammlungen sind sich nicht bewußt, daß einige ihrer Prunkstücke nichts anderes als Ausgeburten historisch unbeschwerter Phantasten der Neuzeit sind; ein untrügliches Zeichen für die Bodensee-Uhren sind aus Blech geformte Bauelemente mit Lochornamenten. Alle bisher als authentisch zu agnoszierenden gotischen Uhren sind entweder aus geschmiedetem Profileisen aufgebaute Prismenuhren oder einfachste Flachrahmen. Gerade wegen der spärlichen Kenntnis ist das Gebiet der frühen Wanduhren ein besonders reizvolles. Bei aufmerksamem Studium von zeitgenössischen Schriften, Büchern und Bildern wird zweifelsohne noch manche Aufklärung über die wirklichen Verhältnisse gebracht werden können.

Spätere einfache Wanduhren: (16. bis 19. Jahrhundert.) (Abb. 79 bis 83, Farbtafel III, 236, 237, 290 bis 293, 362, 363.) Unmittelbar von den gotischen Wanduhren leiten sich die einfachen Wanduhren ab, die sich im Äußeren der jeweils modernen Stilrichtung anpassen. So finden wir Renaissance-Wanduhren, Barockwanduhren, Rokokowanduhren, klassizistische Wanduhren, Biedermeieruhren usw. Diese alle haben meistens Gewichte bis in unsere Zeit; sie stellen das große Kontingent der Gebrauchsuhren in Bürger- und Bauernhäusern und in den Wirtschaftsräumen der Herrenhäuser dar. Ihnen allen ist gemeinsam ein an die Wand zu befestigender Werkskörper (Abstandsspitzen) und ein vom Werkskörper getragenes, im Zeitgeschmack ausgebildetes Zifferblatt. *Die Schwarzwälderuhren* sind markante Vertreter dieser Entwicklung; analoge Linien fanden sich in Österreich oder der Schweiz und in England.

Die frühen Typen haben Waag oder ringförmige Unrast, später ist ein kurzes Pendel – meist vor dem Zifferblatt – üblich (Fliegenwedel oder Kuhschwanz); um die Mitte des 19. Jahrhunderts wird ein langes Pendel rück-

Abb. 183. Portaluhr; signiert Franciscus Schwartz in Brüssel, ca. 1630, mit Kreuzschlaggang. Bronze vergoldet, teilweise Silberapplikationen. Gesamthöhe 17 cm. Gangregulierung durch Veränderung der Federvorspannung, deren Größe durch Hilfsblatt auf Rückseite indiziert wird. Kreuzschlagarme ergänzt.

Sammlung H. von Bertele, Wien.

Abb. 184a. Stutzuhr in Phantasieform (sog. Säulenuhr), signiert David Buschmann, Augsburg, ca. 1630–1640. Zeitangabe durch an der Säule sich heraufschraubenden Zeiger. Reiche Silberdurchbruchsarbeiten am Sockel. Schildpattfurnier, verschiedene kalendarische und astronomische Indikationen auf der Trommelbasis der Säule. Vierviertel-Schlagwerk. Höhe ca. 90 cm.

Kunsthistorisches Museum, Wien.

Abb. 184b. Sockel-Detailansicht.

wärts vorgesehen (vergleiche Farbtafel XX). Alle diese Wanduhren haben robuste Werke; mit etwas Liebe lassen sich auch die frühen Stücke in dauerndem Gang halten. Die erzielbare Genauigkeit wird zwar ein bis zwei Minuten Fehlweisung pro Tag ausmachen, doch wird das lebendige und unverwüstliche Ticken dieser Uhren dafür entschädigen. Überdies stellen die gemalten Zifferblätter und Kasten immer einen schönen Schmuck des Raumes dar, wenn sie nur einigermaßen sachgemäß restauriert sind.

Abb. 184c. Werks-Detailansicht.

Telleruhren: (Abb. 154 bis 158.) Dies ist eine spezifisch deutsche, wohl in Augsburg oder Nürnberg am Ende des 16. Jahrhunderts entstandene Form der Wanduhren. Das Zifferblatt ist wie ein Prunkteller mit breitem Rand versehen, der einen Ring trägt, welcher zum Aufhängen der Uhr an einem Wandarm dient. Die frühen Stücke des späten 16. und des 17. Jahrhunderts sind sehr selten. In der zweiten Hälfte des 17. Jahrhunderts wurden in Wien sehr schöne Exemplare mit Silbertellern hergestellt. In der ersten Hälfte des 18. Jahrhunderts waren einfachere Stücke mit auf dem Modell getriebenen, versilberten Blechtellern in barocker Phantasieform sehr beliebt. Damals scheinen die Teller in großer Zahl von Augsburg an Uhrmacher auswärts abgegeben worden zu sein. Diese gefälligen Stücke passen gut in moderne Interieurs. Telleruhren sind fast immer Federzugsuhren. Zuerst haben die Telleruhren einen innenliegenden Unrast, später fast immer ein kurzes Pendel vor dem Blatt.

Cartelluhren: Cartell = Rahmen, französisch (Abb. 310, 311). Dies ist eine typisch französische Bauform, bei der das Federzugsuhrwerk in ein mehr oder weniger reich ausgebildetes, flach an der Wand liegendes Gehäuse eingesetzt ist. Die französischen Bronzegießer haben hier ein geeignetes Feld gefunden, ihre Kunst und die des Architekten unter Beweis zu stellen. Die Blütezeit fällt in die Zeiten Louis XV. und XVI. Gute Bronze-Cartelluhren, speziell wenn von einem der anerkannten Bronzegießer signiert, gehören zu den bei internationalen Auktionen heute heiß umkämpften Stücken des Kunstmarktes, da sie wegen der dekorativen Wirkung von Möbel- und Bronzesammlern gleich gesucht sind.

Als große, schwierige Bronzegüsse waren die französischen Cartelluhren schon zu ihrer Zeit sehr kostbar und nur sehr Begüterten zugänglich. Um die schöne Dekorationswirkung auf billige Weise zu erreichen, hat sich speziell im Wiener Raum und in Stockholm eine Parallelentwicklung ergeben, wo der Cartellkörper aus Lindenholz geschnitzt und dann mit Blattgold belegt wurde. Die Blütezeit dieser österreichischen Cartelluhren fällt in die zweite Hälfte des 18. Jahrhunderts; dadurch, daß die französischen Formen nicht sklavisch kopiert wurden, sondern nur als Anregung gedient haben, mit den Stilformen des Rokoko und Klassizismus ähnliche Schmuckwirkungen unter Ausnützung der Eigenheiten der Holzschnitzerei anzustreben, hat sich hier eine reizvolle, eigenständige Uhrtype ergeben, die auch die gleichzeitigen Stutzuhren (vergleiche Abb. 314), beeinflußte.

Eine verwandte, in den architektonischen Details und den benutzten Dekors verschiedentlich abweichende Bauform hat sich auch in der gleichen Zeit in der Schweiz entwickelt. Hier ist dem Uhrkasten selber und dessen Flächen vor allem Beachtung zugewendet, während Schnitzereien und Bronzegüsse zurücktreten. An die Stelle der letzteren tritt in vielen Fällen das wesentlich billigere getriebene Messingblech (laiton repoussé). Die Schweizer Cartelluhren sind im Verhältnis zu den aristokratischen französischen Uhren breitbürgerlich gefällig.

Rahmen- und Bilderuhren: (Abb. 374 bis 376.) In der zweiten Hälfte des 18. Jahrhunderts kommt in Frankreich die Mode auf, gerahmte, bildartig aufgebaute Szenen mit Uhrwerken sich bewegen zu lassen. Vielleicht ging die Idee von Friedr. Chr. Hirt im Rheinland aus. Diese frühen Stücke sind außerordentlich selten. Hie und da ist auch ein Zifferblatt mit einer gehenden Uhr vorgesehen. Die Idee, Landschafts- oder Architekturbilder mit gehenden Uhren auszurüsten, ist zu Beginn des 19. Jahrhunderts in Wien

Abb. 185. Figurenuhr in Form eines Elefanten mit Kampfturm, aus Silber, teilweise vergoldet, auf Ebenholzfundament, signiert Tobias Kramer, Augsburg, ca. 1620. Stundenschlagwerk im Sockel. Höhe 265 mm.
Kunsthistorisches Museum, Wien.

Abb. 186. Figurenuhr in Form einer Kreuzigungsgruppe, auch „Kruzifixuhr“ genannt, vergoldete Bronze; signiert Iseb (Isaak Ebert), Steyr, ca. 1650. Kugeläquator trägt Stundenreif. Schlag- und Gehwerk im Sockel.

Bayerisches Nationalmuseum, München.

und in der Schweiz öfter ausgeführt worden. Darüber hinaus hat das Biedermeier speziell in Wien eine eigene Wanduhrtype entstehen lassen, bei der der typische Biedermeier-Bilderrahmen, entweder mit geschnitzten Ochsenaugenleisten oder mit Metall- oder Papiermachéauflagen (Blondelrahmen) als Fassung des Zifferblattes herangezogen wird. Eine vergoldete Holzplatte ist Träger des Werkes. Zungenspielwerke sind ein häufiges Attribut dieser Bilderuhren.

Eine verwandte Bauform sind die in Frankreich und der Westschweiz in der ersten Hälfte des 19. Jahrhunderts üblichen Federzugsuhren im Zentrum eines holzgeschnitzten und vergoldeten Strahlenkranzes, hie und da auch Sonnenuhren genannt.

Pendule en Cartell: (Abb. 260, 261, Farbtafel XII, 263, 299). (Häufig auch Pendule avec console): französische Bezeichnung für Pendulen (vergleiche nächsten Abschnitt) auf Wandkonsolen, meist dem zweiten Drittel des 18. Jahrhunderts angehörend. Grundsätzlich aber sind fast alle im folgenden behandelten Stock- und Stutzuhren als „Pendule en Cartel“ zu verwenden, wenn sie nur auf einer Konsole aufgestellt sind, was tatsächlich sehr häufig der Fall gewesen ist. Das englische Gegenstück z. B. zur „Pendule en Cartel“ ist die „bracket clock“, eine Stockuhr des englischen Kästchentypus mit einer dem Kasten entsprechenden Konsole. Auch die Schweizer Pendulen haben häufig hübsche Originalkonsolen mit dem gleichen Dekor wie der

Abb. 187. Figurenuhr. Muttergottes im Strahlenkranz. Kronreif trägt Ziffernring in Silber-Treibarbeit. Signiert Hötzer, München, ca. 1700.
Bayerisches Nationalmuseum, München.

Abb. 188. Uhr zum Ablauf auf schiefer Ebene. Signiert Gerhard Muth, Frankfurt, ca. 1660. Originallaufbahn im Krieg vernichtet. Höhe ca. 24 cm.
Hessisches Landesmuseum, Kassel.

Pendulenkasten. Abb. 299 zeigt schließlich eine österreichische Portaluhr (vergleiche S. 388) auf Originalkonsole.

Laterndl- (auch Geigenkasten-) Uhren, sowie verwandte amerikanische Formen: (Abb. 345 bis 352.) Eine in Wien am Ende des 18. Jahrhunderts entstandene Wanduhrtype, die sich vor allem in der ersten Hälfte des 19. Jahrhunderts großer Beliebtheit erfreute. Laterndluhren wurden in verschiedenen Größen gebaut. Solche mit Sekundenpendel erfreuen heute noch durch große Ganggenauigkeit ihren Besitzer; unter ihnen gibt es Meisterwerke, die Spitzenleistungen der Uhrmacherkunst sind. Dann gibt es Laterndluhren mit $^3/_4$-Sekundenpendel, die dementsprechend kürzer und leichter unterzubringen sind, weiter kleine Laterndluhren mit $^1/_2$-Sekundenpendel und schließlich ganz kurze Miniaturuhren. Die Kästen sind meist Beispiele hochwertiger Tischlerkunst, mechanisch außerordentlich fest trotz Reduktion des Traggerüstes auf ein Minimum. Diese Laterndluhren charakterisieren gut die Sachlichkeit des Biedermeiers. Eine verwandte, allerdings viel weniger ausgedehnte Entwicklung findet sich auch in der Schweiz (vergleiche Abb. 346).

In der zweiten Hälfte des 19. Jahrhunderts wurden in einer für Erzeugung in größeren Stückzahlen geeignete Modifikation in Wien hergestellt und in beträchtlichem Umfang exportiert. Im Westen sind sie als „Vienna Regulators" bekannt. Die Stücke besserer Qualität weisen gute Gangresultate auf und sind bei Sammlern beliebt. Bei einzelnen, billigen Exemplaren sind gelegentlich unrichtig weisende Sekundenzeiger zu finden; die guten Exemplare mit Pendel, die 40 volle Schwingungen pro Sekunde machen, haben keine Zeiger auf der Steigradwelle. Die Kastenarbeit der Uhren der zweiten Hälfte des 18. Jahrhunderts ist hochwertig, doch sagen die Bauformen der Gründerzeit nicht immer den sich für ältere Stilperioden interessierenden Sammlern heute noch zu.

Brettluhren: (Abb. 342 bis 344). Eine andere, im Biedermeier-Wien beliebte Bauform, die vor allem für Uhrwerke billigerer Ausführung verwendet wurde, sind die Brettluhren, bei denen kleine Gewichts- oder Federzugswerke auf einem lackierten oder mit Politur behandelten Wandbrett aufgehängt wurden.

Gehängeuhren: (Abb. 149 bis 153, 353.) Wohl aus den am Körper getragenen „Bisamapfel-Uhren" (vergleiche Abb. 42) heraus haben sich sehr früh ball- oder korbartige Uhren größeren Formats entwickelt, die man von der Decke herabhängen ließ und bei welchen sich das Zifferblatt horizontal nach unten zeigte. Im 17. Jahrhundert vergrößerte sich der Durchmesser des Werkkörpers. In dieser Zeit ist auch das erste Mal die Kombination einer solchen Gehängeuhr mit einem Kronleuchter (vergleiche Abb. 152) zu finden, eine reizvolle Anordnung, die besonders um die Wende vom 18. zum 19. Jahrhundert häufiger ausgeführt wurde (vergleiche Abb. 253). In diese Gruppe gehören schließlich auch die netten Vogelkäfige mit künstlichen, singenden Vögeln und einem großen, nach unten schauenden Zifferblatt, die eine Spezialität des Schweizer Jura waren.

E. Stutz-Uhren:

Wie der Name ausdrückt, handelt es sich hier um im Verhältnis zu den Bodenstanduhren, kurze – scheinbar gestutzte – Uhren. Im 16.–17. Jahrhundert wurden sie als „Stötzer" bezeichnet. Stutzuhren ist ein sehr weiter Begriff, da er Uhren zur Aufstellung in Innenräumen zuläßt, die nach Belieben auf Kommoden, Konsolen, Tischen, Kaminen, Borden, Pedestalen, in Nischen oder auf Nachtkästchen usw. Verwendung finden können. Hier liegt ein besonders großer, stark lokal betonter Formenreichtum vor, der sich in einer Vielzahl von Eigennamen bemerkbar macht, die wir hier als Unterbegriffe anführen:

Tischuhren: (Abb. 43 bis 48, 105 bis 107, 283, 285.) Dosen- oder kassettenförmige Uhren, bei denen das Zifferblatt parallel der Standfläche angebracht ist und die ihrer Größe nach für den Gebrauch auf Tischen geeignet sind. Dies ist eine sehr frühe Form der Federzugsuhr, die sich vom 16. bis zum Beginn des 18. Jahrhunderts großer Beliebtheit erfreute. Man kann sehr deutlich zwischen der süddeutsch-österreichischen Entwicklung mit ebenen Oberseiten und der französischen Richtung mit kuppelförmigen Aufbauten unterscheiden; die letztere hat stark auf die zeitgenössischen Tischuhren Englands abgefärbt.

In Frankreich und England verschwindet diese Type bereits in der ersten Hälfte des 17. Jahrhunderts; in Süddeutschland und Österreich aber erfreut sie sich bis ins 18. Jahrhundert hinein weiter Beliebtheit. In Schlesien, Ostpreußen und den baltischen Provinzen werden bis zur Mitte des 18. Jahrhunderts noch Tischuhren in den alten Grundformen, aber mit den dem Zeitgeschmack entsprechenden Dekors und verschiedenen technischen Neuerungen ausgeführt.

Außer den dosenförmigen Tischuhren mit Metallgehäusen kommen gelegentlich auch solche mit Bergkristall- oder Glasverkleidungen des Werkes vor (vergleiche die obere Figur von Farbtafel IV). Hier finden sich auch bei deutschen Meistern die sonst für französische Türmchen (siehe S. 72) üblichen zwei-etagigen Anordnungen von Geh- und Schlagwerk. Von einfachen, kleinen Gebrauchsuhren angefangen, finden wir hier alle Zwischenstufen bis zu Spitzenleistungen der Metallkunst darstellenden Prunkuhren.

Türmchenuhren: (Abb. 6, 49 bis 54, 159 bis 164.) Damit bezeichnet man heute im deutschen Sprachgebrauch alle Stutzuhren, bei denen die Indikationsblätter auf den senkrechten Flächen häufig allseitig angebracht sind. Sie erinnern mehr oder weniger an die Uhrtürme der Renaissance und besitzen meist architektonisch reich gestaltete Gehäuse. Diese Type stellte etwa von der Mitte des 16. Jahrhunderts durch über hundert Jahre den Inbegriff der Uhrmacherkunst dar; hier haben die Meister Nürnbergs, Augsburgs, Innsbrucks, Wiens usw. die erste Hochblüte der Uhrmacherei hervorgebracht. Diese Türmchenuhren waren zum größten Teil Federzugsuhren; es finden sich aber auch gelegentlich Gewichtsuhren zur Aufstellung auf Säulen (vergleiche Abb. 21) oder Konsolen; im letzteren Fall waren sie nur mit einem einzigen Zifferblatt ausgerüstet.

Die Historie dieses interessanten Typus ist leider lückenhaft. Nürnberg scheint der Ausgangspunkt der Idee im deutschen Raum gewesen zu sein und Türmchen mit quadratischem Querschnitt bevorzugt zu haben. Augsburg, Innsbruck, Wien haben scheinbar sehr früh rechteckige Querschnitte verwendet.

Der Werkaufbau dieser Türmchen ist durch zwei horizontale Endplatten mit Abstandssäulen und dazwischen liegenden Lagerbändern für die Wellen gekennzeichnet, die in den Endplatten gefaßt sind. Die früheren Werke bevorzugen Eisen; Augsburg scheint in der zweiten Hälfte des 16. Jahrhunderts als erstes auf Messing übergegangen zu sein. Es gibt aber eine Reihe von süddeutschen Türmchenuhren, die gleichzeitig teils Eisen, teils Messing für das Werk verwenden.

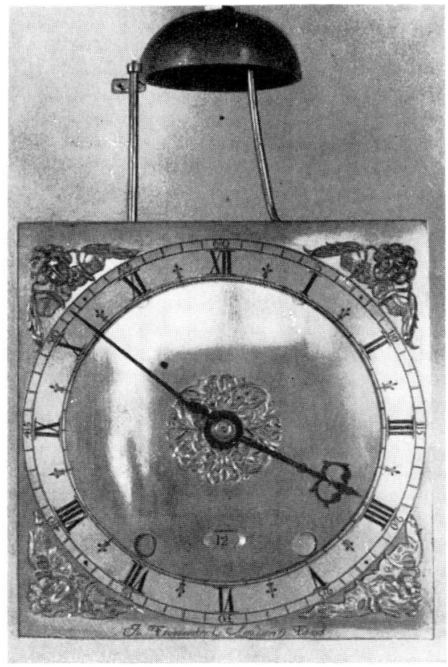

b

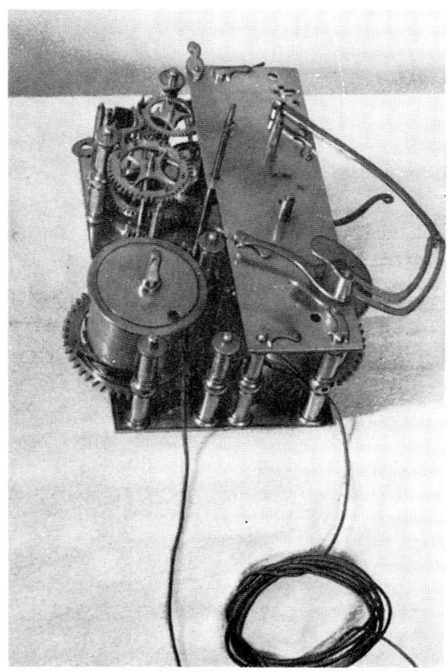

a

c

Abb. 189a. Bodenstanduhr, signiert Ahasverus Fromanteel, London, ca. 1660–1665; ebonisiertes Birnholz; hervorragend schöne Bronzeappliken, Wappen von Fitzolan Howard of Arundal – Herzog von Norfolk. Achttage-Gewichtswerk mit Kraftreserve während des Aufziehens. Kurzes Pendel. Höhe ca. 170 cm.

b Zifferblatt mit engem, aber gut leserlichem, aufgesetztem Ziffernring, matt vergoldete Grundplatte, aufgelegte Rosette und Ecken.

c Wochenwerk; kurzes Pendel; Vorderplatine zweiteilig. Aufziehlöcher normal abgedeckt, zum Aufziehen geöffnet und dadurch zusätzliche Federspannung appliziert, um Werk in Gang zu halten (sog. bolt & shutter-Mechanismus).

Sammlung P. Gwynn, Epsom.

b

a

Abb. 190a. Bodenstanduhr, signiert Johannes Knibb, Oxford, ca. 1675, mit reichem Marketeriekasten und teilweise polychromiertem, geschnitztem Aufsatz. Höhe ca. 200 cm.

Abb. 190b. Großaufnahme des Kopfes von Abb. 190a. Monatswerk, Aufziehöffnungen nur zum Aufziehen freigemacht, dadurch zusätzliches Antriebsmoment.

Mr. Ronald Lee, Hampton Court.

Die *reicheren* Türmchenuhren haben meist auf einer Seite ein kombiniertes Kalender-Stundenindikationsblatt, auf der gegenüberliegenden Seite aber ein mechanisches Astrolab. Die Anordnung ist im Prinzip bei allen Stücken weitgehend ähnlich, da dies durch die Meisterordnungen vorgeschrieben wurde. Die Getriebsanordnung besteht aus einem differo-epizyklischen System (siehe S. 186). Auch der Werkaufbau bleibt in dem genannten Zeitraum wesentlich gleich. In der Metallarbeit findet man aber die jeweiligen Moderichtungen wiedergegeben. Für ein näheres Eingehen auf diese künstlerisch und kulturgeschichtlich außerordentlich wichtige Bauform ist ein viel reicheres Bildermaterial notwendig als es hier gebracht werden kann. Eine größere Anzahl von Türmchenuhren-Details sind für ein Kapitel im zweiten Band vorbereitet.

Obwohl nach verschiedenen Andeutungen in der alten Literatur hie und da kurze Pendel Verwendung gefunden zu haben scheinen, ist bis heute keine Türmchenuhr bekannt, die authentisch vor der Mitte des 17. Jahrhunderts mit einem Pendel ausgerüstet worden ist. Alle bisher analysierten Stücke sind nachträglich von der Waag umgebaut. Wie Pendel vor dem Huygens'schen Pendel ausgebildet waren, kann man nicht angeben. Sicherlich ist das vor dem Zifferblatt schwingende Kuhschwanzpendel nicht im Sinne der Bauharmonie der Renaissance gelegen. Tastknöpfe am Rand

Abb. 191. Jahres-Äquationsuhr, signiert Daniel Quare, London, ca. 1705. Das Hilfszifferblatt links oben erlaubt, die Uhr entweder mit automatisch sich nach der Zeitgleichung verändernder Pendellänge gehen zu lassen oder mit konstanter Pendellänge. In ersterem Fall zeigt die Uhr wahre Sonnenzeit, im zweiten mittlere Zeit an. Reicher Blumen-Marketeriekasten. Höhe ca. 220 cm.

Privatbesitz, London.

Abb. 192. Bodenstanduhr, österreichisches Barock, anonym, Wien?, ca. 1720. Eisernes Monatswerk mit Sekundenpendel, Rufschlagwerk. Gesägtes Silberzifferblatt auf blauem Stoff aufgelegt. Kasten mit Bandelwerk eingelegt. Höhe ca. 240 cm.
Blasius Fornach, Wien.

des Zifferblattes zur Zeitbestimmung bei Nacht sind immer ein untrügliches Merkmal für den nachträglichen Umbau, da ein vor dem Zifferblatt schwingendes Pendel beim Abtasten unwiderruflich zum Stehen gekommen wäre.

Parallel und möglicherweise auch zeitlich früher finden wir von den süddeutsch-österreichischen Türmchen eine unabhängige analoge Entwicklung in Frankreich. Hier sind es meist polygonale Querschnitte der Gehäuse, bei welchen das Werk selber in übereinanderliegenden Etagen aufgebaut ist. Bei den frühen Stücken ist ein Spindelgang im Schlagwerk an Stelle des später allgemein üblichen Windfanges vorgesehen. Diese französischen Türmchenuhren sind außerordentlich selten; anscheinend sind sie im Laufe der Zeit, als im 17. und 18. Jahrhundert viel besser arbeitende Uhren erhältlich waren, zum großen Teil der Vernichtung anheimgefallen. Ein Weiterverfolgen der sich hier andeutenden Spuren wird vielleicht Aufklärung bringen, wann und wo die Feder als Antriebsorgan in die Uhrentechnik eingetreten ist.

Nicht vergessen werden darf an dieser Stelle, daß auch Italien im 16. und 17. Jahrhundert Türmchenuhren hergestellt hat, die erst in jüngster Zeit in das Blickfeld der Historiker gerückt sind (vergleiche Abb. 53), eine Tatsache, die beweist, wie in der Zeit des ausklingenden Mittelalters intensive Querverbindungen über ganz Europa bestanden haben und neue Ideen rasch anderswo aufgenommen worden sind. Unter solchen Umständen wird die Frage doppelt interessant, wo wirklich die ersten Türmchenuhren gebaut worden sind.

Spiegel-(Monstranz)Uhren: (Abb. 118 bis 123.) Diese, zuerst in den Inventaren Karls V. erwähnte Bauform, war besonders beliebt von 1580 bis 1630. Die Gehäuse sind teils ziselierter Bronzeguß, teils getriebenes und vergoldetes Kupfer- und Messingblech. Die Werke sind meist von gleicher Bauweise wie jene der Tischuhren. Meist gibt es nur eine Schauseite,

Tafel XII. Pendule von Courvoisier, ca. 1765.

während das Werk auf der Rückseite sichtbar ist. Man findet verschieden große Abmessungen: kleine Spiegeluhren waren am Anfang des 17. Jahrhunderts eine Spezialität von Augsburg. Bei größeren Spiegeluhren sind reiche astronomische und kalendarische Indikationen die Regel. Diese Bauform findet bis in die erste Hälfte des 18. Jahrhunderts Nachfahren, in den späteren Stilperioden aber kaum mehr eine Wiederbelebung.

Stutzuhren in *Holzkästchen* (*Stockuhren* im engeren Sinn des Wortes): (Abb. 128, 130, 131, 207 bis 214, 223 bis 228, 229 bis 235, 294 bis 298, 303.) Das Uhrwerk ist bei ihnen in einem prismatischen Holzkästchen mit einer in der Form den jeweiligen Moderichtungen folgenden Bekrönung oder Dach, anfänglich häufig mit einer Figur, später meist mit einem charakteristischen Henkel, eingeschlossen. Auf der Vorderseite befindet sich ein großes Zifferblatt anfänglich frei, später hinter einer verglasten Tür; auch die Kastenseiten sind häufig verglast, gelegentlich aber durch Gitterwerk verschlossen (vergleiche Abb. 228, 232). Im 18. Jahrhundert war dies eine der verbreitetsten Formen in Mitteleuropa; sie wird von vielen Sammlern und Händlern als „Deutsche oder Altdeutsche Standuhr des 18. Jahrhunderts" bezeichnet. Diese Benennungen sind aber nur teilweise begründet. Beim kritischen Verfolgen ihrer Entwicklung wird man zwangsläufig auf das Zusammenspiel der verschiedenen europäischen Nationen geführt, welches das Entstehen der ausgereiften Stockuhren des späten 17. und des 18. Jahrhunderts ergeben hat.

Die Verwendung von Holzkästchen als Uhrgehäuse hat entgegen der oft wiederholten Ansicht, daß die Renaissance nur Metallgehäuse gekannt hat, schon in der zweiten Hälfte des 16. Jahrhunderts in Süddeutschland eingesetzt (vergleiche Abb. 130, 131 und Farbtafel V). Zu Beginn der Entwicklung wurden insbesondere neuartige und aus der Konvention herausfallende Uhren in Holzkästchen eingebaut; solche frühen Stockuhren sind aber im Verhältnis zu den erhaltenen Uhren in Metallgehäusen (Türmchen- und Tischuhren) so selten, daß bis vor kurzem die Existenz dieser Vorläufer der später so verbreiteten Typen gar nicht bekannt war. Die Holzkästchen haben damals – den verschiedenen Moden folgend –, eine mehrfache Wandlung bis zu dem architektonisch völlig ausgereiften einfachen Körper der klassischen englischen Stockuhr durchgemacht, die in den folgenden Paragraphen etwas eingehender behandelt werden.

Altaruhren: (Abb. 207 bis 214.) In der Mitte des 17. Jahrhunderts beginnt eine Baulinie der Holzkästchenuhren, bei denen der Uhraufbau stark an die damals üblichen architektonisch betonten Kirchenaltäre erinnert. Die römischen Nachtlampenuhren von Campani (vergleiche Abb. 208 und 209) stehen an der Spitze dieser Richtung. Daran knüpfen die Tiroler und Augsburger Altaruhren an, gefällige, teils schlichte, manchmal aber auch prunkvolle Uhren, die in konstruktiven Einzelheiten mit den weiter unten näher behandelten österreichisch-süddeutschen Stockuhren verwandt sind. Diese kombinieren italienischen Architektureinfluß mit süddeutscher Metalltreibtechnik. Es paßt in die allgemeine Zeitstimmung, daß in Holland die neuartigen Uhren mit Pendeln nach Huygens ebenalls in Holzkästchen mit altarartiger Architektur eingebaut wurden. Die ersten Pendeluhren nach Huygens' hatten primitive Gehäuse, häufig mit durchbrochenen, auf Samt oder Damast aufgelegten Zifferblättern (vergleiche Abb. 212, 256). Gegen Ende des 17. Jahrhunderts finden sich einzelne, sehr prunkvolle Altaruhren mit reicher Verwendung von Metallappliken (Bronze vergoldet und manchmal auch wieder Silber). Häufig sind im Sockel der hölzernen Gehäuse Laden zur Aufbewahrung der Steckschlüssel vorgesehen (vergleiche Farbtafel XI).

Die englischen Stockuhren: (Abb. 223 bis 228 und Farbtafel XI.) Ähnlich wie die Bodenstanduhr hat auch die Stockuhr in England die entscheidende Reifung durchgemacht. Die englische Stockuhrenentwicklung durchläuft zuerst einige reiche Phasen, und schafft dann durch Weglassen des meisten architektonischen Zierrates bei gleichzeitiger Entwicklung sehr abgewogener Proportionen und Profile eine zeitlos schöne Uhrentype, die klassische *englische Stockuhr*, Abb. 224, von ca. 1700. Um diese Zeit hat auch der Werkbau in ähnlicher Weise, wie bei den Standuhren beschrieben, eine hohe Vollkommenheit erreicht. Um 1700 setzt ein intensiver Export nach ganz Europa ein. In Deutschland, Inner-Österreich, Böhmen, Ungarn, Italien und der Schweiz finden sich noch heute hervorragende Zeugen dieser Periode. Allerdings wandern viele dieser Stücke nach England zurück, dessen Sammler größte Mittel aufwenden, um Stücke aus der Hochblüte der englischen Uhrmacherei zu besitzen. Einen besonderen Sammlerreiz haben solche Stockuhren mit Silbermontierungen; besonders ausgezeichnete Stücke waren nämlich mit gediegenen silbernen Kartuschen, Füßen, Henkeln, Vasen, unter Umständen sogar Helmen und Zifferblättern versehen. Leider sind im Laufe der Zeit solche Silberteile häufig aus Geldnot des Besitzers ins Leihamt gewandert und durch spätere billige Messingteile ersetzt worden.

Abb. 193. „Ewiger" Wandkalender; täglich von Hand einzustellen; zeigt Monat, Tag und Tagesdatum für Woche. Silbertreibarbeit, Augsburg? ca. 1690; Durchmesser ca. 18 cm.

Hessisches Landesmuseum, Kassel.

Um 1720 bis 1730 aber war das damals sehr reich gewordene England der einfachen Form seiner Stockuhren überdrüssig geworden und gab dem bis zu dieser Zeit quadratischen Zifferblatt eine halbkreisförmige Bekrönung etwas kleineren Durchmessers als die Zifferblattkantenlänge. So ist die neue Mode der bogenbekrönten Zifferblätter (vergleiche Abb. 225) entstanden. Dies ist eine typische Barockform, die die kontinentalen Uhrmacher des 18. Jahrhunderts entscheidend beeinflußt hat.

Die englischen Stockuhren haben in den meisten Fällen schwere 8-Tage-Werke mit Stundenschlag- und Rufschlagwerken; letztere besitzen häufig

Abb. 194. Ringsonnenuhr, süddeutsch, um 1700. Außenringdurchmesser 14,5 cm; nördlich und südlich des Äquators zu verwenden. Durchmesser ca. 12 cm.
Steirisches Landesmuseum Joanneum, Graz.

Abb. 195 (unten). Analematische Gartensonnenuhr, signiert Daniel Quare, London, ca. 1715. Größe ca. 40 cm; mit Wappen der burgundischen Familie Broquard de Lavernay. Zum Gebrauch wird der rechtsstehende Polos dem Datum entsprechend eingestellt und darauf die ganze Platte so lange geschwenkt, bis die beiden Polos gleiche Zeit angeben.
Sammlung Dr. Nemanitsch, Wien.

mehrere Glocken. Englische Viertelstunden-Schlagwerke sind selten und besonders gesucht. Kalenderangaben sind meist spärlich, jedoch immer sehr zuverlässig gebaut und für Dauerbewährung geeignet.

Die kontinental-europäischen Stockuhren à l'Anglaise: (Abb. 229 bis 235.) In allen Plätzen, wo es Uhrmacher gab, wie z. B. in Augsburg und München, überall in den kleineren Landes- und Provinzstädten bis hinauf nach Skandinavien, wurden Stockuhren à l'Anglaise in großer Zahl hergestellt. Wir bringen mit den genannten Abbildungen eine Reihe typischer Beispiele, welche die lokalen Modifikationen der Kästchen erkennen lassen.

Im Wiener Sprachgebrauch heißt diese, in Österreich in jedem älteren Haus zu findende Uhrtype noch heute „Altdeutsche Stockuhr". Damit wird anscheinend unbewußt die Bindung zur Urform zum Ausdruck gebracht, obwohl in den Proportionen der englische Charakter dominiert.

Die österreichischen und süddeutschen Stockuhren à l'Anglaise haben meist leichter gebaute, billigere Werke, die täglich aufzuziehen sind, aber sehr häufig volle Viertelstundenrepetition besitzen. Ein Vergleich dieser Uhren zeigt, daß die Werke in vielen Fällen bereits unter Verwendung von in Manufakturen gewerbsmäßig erzeugten Bestandteilen (Zahnräder, Platinen, Zeiger, Zifferblätter usw.) zusammengesetzt sind. Die Ganggenauigkeit liegt bei 2 bis 3 Minuten pro Tag; wenn diese Uhren einigermaßen instand gehalten werden, erfreuen sie den Besitzer mit einer fast unverwüstlichen Lebendigkeit und Gangfreude. Während die Grundform „à l'Anglaise" bis zum Beginn des 19. Jahrhunderts gleich bleibt, wechseln Füßchen und Vasen, Henkel und Zifferblattdetails mit den gerade in Mode stehenden Strömungen; um 1770 kommen Emailzifferblätter auf und

b

Abb. 196a und b. Äquatorial-Sonnenuhr. Holz mit vergoldeten Messingmontierungen; in gepreßtem Lederetui, süddeutsch; erste Hälfte des 18. Jahrhunderts. Lot und Kompaßnadel original. Dosendurchmesser ca. 70 mm.

Steirisches Landesmuseum Joanneum, Graz.

Abb. 197. Horizontalsonnenuhr; signiert Thomas Tompion, London, ca. 1710. Auf Marmorbaluster mit Monogramm von William III., ca. 1780; 1832 im Botanischen Garten an jener Stelle als Erinnerung aufgestellt, wo der Astronom Bradley 1725 die Beobachtung ausführte, die zur Entdeckung der Aberration des Lichtes und der Nutation der Erdachse führten. – Kew Garden, London.

Abb. 198. Vielflächen-Sonnenuhr in Kreuzform; einzelne Flächen gekrümmt; bayerisch, ca. 1720. Höhe ca. 40 cm.

Bayerisches Nationalmuseum, München.

Abb. 199. Minutensonnenuhr, signiert J. Rowley, London, ca. 1730; mit Stellschraubenfüßen, Kompaß, Wasserwaage. Beobachtungsdiopter in Art eines Quadranten; österreichischer Doppeladler auf der Diopterbasis. Zeitablesung im Zifferblatt, das senkrecht zum Diopterträger steht. Höhe ca. 55 cm.

Kunsthistorisches Museum, Wien.

Abb. 200. Navigations-Horizontalsonnenuhr in Holzgehäuse mit gewölbtem Glasdeckel, 18. Jahrhundert; von Adriaküste (ca. 1730).

Steirisches Landesmuseum Joanneum, Graz.

Abb. 201. Minuten-Sonnenuhr, signiert Franz Lubach, Wien, ca. 1730. Skalen in Schiefer graviert, der in Messingrahmen gefaßt. Fester Schattenwerfer; Einstellscheibe mit Diopterlineal und zugehöriger Jahresskala. Größe 17,6 × 22 cm.
Kunsthistorisches Museum, Wien.

damit verändert sich der Eindruck stark ins freundlich klassisch Abgeklärte (vergleiche Abb. 235), besonders, weil gleichzeitig braungebeizte Eichen- und Nußholzkasten an Stelle der „ebonisierten" Birnholzkasten treten und außerdem gern blattgoldüberzogene Zierleisten zum Schmuck verwendet werden.

Zur selben Familie, – doch stärkeres Lokalkolorit zeigend –, gehören die böhmischen Stockuhren (auch Kapellenuhren genannt) (vergleiche Abb. 232). Prag hat seit den Anfängen der Uhrmacherei immer wieder eigenwillige, sehr gute Meister besessen, die der Uhrmacherkunst bedeutende Beiträge lieferten. Einige der besten Namen waren Jakob Zech, Magister Hanusch, Steinmeissl, Burgi, Pater Klein, Joseph Graf und Rzebitschek.

In der Mitte des 18. Jahrhunderts wurden in England zahlreiche Stockuhren mit exotischen Dekors für den Nahen Orient hergestellt. Sie haben meist schön gemalte Holzgehäuse, Zifferblätter mit türkischen Ziffern und Spielwerke (vergleiche Abb. 227).

Pendulen: (Abb. 256 bis 266, 377 bis 380.) Dieser dem französischen „pendule" = Pendeluhr entsprechende Ausdruck wird im Schrifttum in verschiedenem Sinn verwendet:

a) für jede Pendeluhr,

b) für jede französische Pendeluhr,

c) für eine spezielle französische Type, die häufig unlogisch als Boulle-Uhr bezeichnet wird, da der Name Boulle, wie schon in der Einleitung zu diesem Kapitel ausgeführt, nur eine bestimmte Oberflächenbehandlung, nicht aber eine Uhrform bezeichnet. Wir wollen nur jene Gruppe französischer und von diesen inspirierten Stutzuhren als Pendulen bezeichnen, deren Formen dem Typus der hier angeführten Abbildungen entspricht. Ihrer Bedeutung und Verbreitung nach sind sie das französische Gegenstück zu den eben behandelten englischen Stockuhren.

Die Pendule geht um 1660 von dem gleichen Ausgangspunkt wie die englische Stockuhr aus, aber sehr bald zeigt sie eine formmäßig völlig verschieden gerichtete Entwicklungstendenz. Sie erreicht mit den bekannten Prachtstücken des 18. Jahrhunderts ihren Höhepunkt und wurde in vielen anderen Ländern häufig unter Verwendung billigerer Materialien kopiert. Nur in der Schweiz wurde die Pendule richtig bodenständig, was sich nicht nur in der Häufigkeit, sondern vor allem in den neuen Form- und Verzierungsvarianten ausdrückt.

Im Entwicklungsgang der französischen Pendulen lassen sich mehrere charakteristische Phasen unterscheiden, an deren Anfang die holländische Kästchenform steht.

(i) die *Religieuse*, bei der das Kästchen durch Aufsetzen eines Bogens sich nach oben rundete (Abb. 256);

(ii) die *Louis XIV.-Pendule* (Abb. 257, 258);

(iii) die *Regence-Pendule* (Abb. 260), wobei der Körper unter dem Zifferblatt sich etwas einschnürt;

(iv) die *Louis XV.-Pendule* (Abb. 261), bei der diese Tendenz der Einschnürung einen Höhepunkt erreicht. Eine scharfe Taille, immer reichere und schönere Bronzeappliquen und immer raffiniertere Oberflächenbehandlungen sind für diese Periode kennzeichnend.

Nach 1735 etwa läßt die Vorliebe für die eigentliche Boulletechnik nach; es folgen Lackierungen (Vernis Martin), glatt oder mit Malereien und eigenartige Fourniere, gelegentlich sogar mit feinen Metallornamenten eingelegt. Die Bronzen sind am Anfang des Jahrhunderts noch relativ grob, verfeinern sich aber rasch. Um 1750 wird aus Staatsfinanzgründen kurze Zeit das reiche Vergolden verboten und die unvergoldeten Bronzen gestempelt (C-Couronné). Dies sind meist besonders feine Bronzequalitäten. Nachher setzt wieder das Vergolden und wohl auch das verschiedene Färben der Bronze ein. Obwohl es eine namhafte Anzahl dieser prächtigen Pendulen gibt, sind sie schwer für den Sammler und Liebhaber auffindbar. Sie stehen heute noch vielfach wegen ihrer dekorativen Eigenschaft in

a

Abb. 202a und b. Zwei Äquatorial-Sonnenuhren mit Minutenskala; Mitte des 18. Jahrhunderts (ca. 1750).

a Signiert Johann Christoph Voigtlaender, Wien, Zifferblatt-Durchmesser 13,5 cm Basis 20,0 × 14,2 cm.

b Signiert Godfrid Weys, Nürnberg, Höhe 15 cm, Platte 15 × 10,4 cm.

Steirisches Landesmuseum Joanneum, Graz.

b

Abb. 203. Südost-Vertikal-Sonnenuhr an der Kirche von Natters bei Innsbruck, signiert 1759. Berechnet und ausgeführt von dem Tiroler Bauernastronomen Peter Anich. Stundenlinien, Monatskurven, Tierkreiszeichen und Tageslängeangaben.
Photo Prof. Kühnelt.

wohlhabenden Privathäusern. Ein richtiges Urteil über die Bronzen und Oberflächentechniken ist nur durch längere Beschäftigung mit den Originalstücken zu gewinnen.

Die Werke sind durchschnittlich einfach aufgebaut, geben aber – dank ausgezeichneter Handwerksarbeit – sehr gute Gangresultate. Die Pendulenwerke haben direkten Federtrieb vom Federhaus ohne Schnecke und durchweg Schloßscheiben-Schlagwerke mit der Glocke in dem bekrönenden Kopf. Auf der Rückplatine findet sich häufig die Meistersignatur in schöner gravierter Schrift. Leider sind nicht selten die guten alten Werke von geschäftstüchtigen Verkäufern durch moderne Serienprodukte ersetzt und dabei die Zifferblätter verstümmelt worden. In diese Gruppe gehören auch Pendeluhren mit Porzellangehäusen, wie z. B. Abb. 259, die allerdings vor allem den Porzellensammler interessieren.

Abb. 204. Taschensonnenuhr aus Bronze, wohl steirisch 1761
Schattenwerfer nach Datum einstellbar; 6,6 × 4,5 cm.
Steirisches Landesmuseum Joanneum, Graz.

Pendulen, speziell mit Boullekästen, sind im 19. Jahrhundert zweimal wieder kurz in Mode gekommen, nämlich zuerst um 1830 in Frankreich (Louis Philippe) und um 1880 in der Gründerzeit in ganz Europa. Damals hat eine Unternehmung in Berlin Boulle-Uhren in größeren Mengen in recht guter Qualität hergestellt. Diese Uhren bieten zwar vom heutigen Sammlerstandpunkt kaum Interesse, können aber dekorativ gewisse Ansprüche befriedigen.

Von lokalen Weiterentwicklungen der Pendulen wollen wir München (vergleiche Abb. 264), die Steiermark (Abb. 265), wo das Pendulengehäuse in bloßem geschnitztem Nußholz hergestellt wurde, und auch England erwähnen, wo es die sogenannten Ballonuhren (vergleiche Abb. 266) sind. Vor allem aber hat, wie schon angedeutet, die französische Pendulenentwicklung auf die Schweiz eingewirkt; dort ist sie speziell im Kanton Neuenburg in der zweiten Hälfte des 18. Jahrhunderts aufgegriffen und zu einem national wichtigen Zweig geworden. Die Schweizer Pendulen besitzen nicht die raffinierte Kostbarkeit der Franzosen; es sind weniger anspruchsvolle Arbeiten, aber voll ursprünglicher Originalität. Prof. Chapuis (5) hat in einigen meisterhaften Büchern die Eigenheiten und die große Vielfalt an Formvarianten, Zifferblatt- und Zeigergestaltung, Malerei der Neuenburger Pendulen usw. auseinandergesetzt.

Wir können hier nur Abb. 263, 377 und Farbtafel XII zur Andeutung des eigenstämmigen Entwicklungsganges der Schweizer Pendulen bringen. Diese wurden auch zahlreich ins Ausland exportiert. Heute holen die Schweizer Sammler als bewußte Patrioten alle guten Stücke in ihr Land zurück.

Abb. 205. Vertikal-Südsonnenuhr mit Stunden- und Halbstundenteilung, ca. 1800.
Am Gasthof Baldauf in Unterpettneu, Tirol.
Photo Prof. Kühnelt.

Zappler: (Abb. 286 bis 289). Diese sind im Aufbau ähnlich den Telleruhren, haben aber gewöhnlich zwei fußartige Ansätze am Zifferblatt und eine Stütze am Werk zur Aufstellung auf Kommoden, Regalen, Konsolen usw. Der Name kommt von der lebhaften Bewegung des kurzen Pendels vor dem Zifferblatt (Zappeln = mehrmalige Fußbewegungen ausführen, österreichisch, süddeutsch). Die Zappler des 18. Jahrhunderts stammen vorwiegend aus Augsburg, München, Graz und Wien. Im 18. Jahrhundert wurden sie häufig in kleinen, Reliquienschrein ähnlichen Vitrinen untergebracht (vergleiche Abb. 287). Später wurden sie oft unter Glasstürze gestellt. In der ersten Hälfte des 19. Jahrhunderts wurden in Wien ganz kleine Zappler in der Höhe von 2 bis 10 cm als Spezialität gebaut, die heute ein eigenes Sammelgebiet geworden sind (vergleiche Abb. 289). Für die Zifferblätterträger verwendet man Porzellan und Wedgewood, Silber und Messing; gelegentlich findet sich auch Edelstein- und Halbedelsteinbesatz. Die Werke sind vielfach mit einem eigenartigen „Zapplergang", häufig auch mit Doppelpendel ausgestattet. Meist werden sie auf kleinen Holzpostamentchen mit ovalen oder kreisrunden Glastürzen bedeckt; als solche sind sie liebenswürdige Schöpfungen des Biedermeiers.

Portaluhren: (Abb. 183, 299 bis 309.) Bassermann-Jordan fand in dem Nachlaßinventar Karls V., daß der Kaiser eine Uhr in Form eines Portals besessen habe. Abb. 183 zeigt die früheste erhaltene Uhr in Portalform. Im 17. und 18. Jahrhundert scheint die Portalbauform wenig Interesse gefunden zu haben; man begegnet aus diesem langen Zeitraum kaum einer Portaluhr. Am Ende des 18. und in der ersten Hälfte des 19. Jahrhunderts

Abb. 206a und b. Mittagskanone, ca. 1830, im Prinzip eine Horizontalsonnenuhr, wo der vom Kanonier gehaltene Ladestock den Schattenzeiger vorstellt mit einem genau auf Mittag ausgerichteten Brennglas, das die Pulverladung der kleinen Kanone zur Explosion bringt.
Staatl. Math. Phys. Salon, Dresden.

aber war es eine der beliebtesten Anordnungen. In Frankreich ist es das strenge, einheitlich geformte Empire-Portal mit je zwei Säulen rechts und links vom Uhrkörper (vergleiche Abb. 305); der architektonische Aufbau besteht entweder aus vergoldeter Bronze, aus geschliffenem Glas oder Holz mit Bronzemontierungen. Die Werke sind vielfach schon Serienerzeugnisse, allerdings guter Qualität. Man findet aber auch gelegentlich wirkliche Meisterwerke; diese sind dann durchweg handgearbeitet und unter Umständen mit prächtigen Kompensationspendeln oder anderen uhrmacherischen Feinheiten ausgestattet (vergleiche Farbtafel XVI).

Ungleich formenreicher hat sich der Portaluhrtyp in Österreich in der Kongreßzeit und dem anschließenden Biedermeier entwickelt. Die Phantasie der Gehäusemacher hat sich nach allen Richtungen ausgelebt. Einfache, strenge Aufbauten nach den französischen Vorbildern, wechseln mit einreihigen Säulenkolonnaden vor Spiegelhintergründen ab; bald hängt der Uhrkörper nach unten, bald thront er über den Säulen wie bei einem barocken Klosterportal. Einfache gebeizte Hölzer und kostbare Maserhölzer, Alabaster, Marmor und Bronze werden an den verschiedensten Plätzen verwendet, nicht selten sind Aquarellminiaturen, unter Umständen von dem bedeutenden Architekturmaler Wiegand zu finden. Je nach der Qualität spricht der Wiener Volksmund von Hausmeister- oder Hausherrenuhren.

Die Werke sind weitgehend Federzugswerke mit 40 Stunden Gangdauer (die Platinen sind meist viereckig) mit abgeschrägten Ecken (vergleiche Abb. 304). Meist ist ein voller Viertelstunden-Repetierschlag auf Tonfeder vorgesehen. Diese Werke sind unter dem Namen „Wiener Stockuhrwerke" allgemein bekannt; es sind dauerhafte, lebendige Uhrwerke, die bei sachgemäßer Instandsetzung die damit ausgestatteten Uhren zu freundlichen Zimmergenossen machen. Diese Stockuhrwerke wurden ebenso wie die Bronzearmaturen in kleinen Sonderbetrieben in Wien hergestellt und in großen Mengen nach dem Osten – Polen, Ungarn, Balkan – exportiert, dort lokal zusammengebaut und auch lokal – meist am Zifferblatt – signiert. Automatenfiguren: Schleifer und Schmiede, Glockenschläger und andere mehr sind beliebte Attribute.

Neben diesen schon standardisierten Stockuhrwerken haben die Wiener Meister in der ersten Hälfte des 19. Jahrhunderts auch nicht selten Einzelwerke hergestellt; diese sind meist auf runden Platinen aufgebaut und vielfach von hervorragender Handwerksarbeit. Dabei finden sich eigenwillige Kalendersysteme, kunstvolle Skelettwerke (durchbrochene Platinen) und hie und da sogar kurze Gewichtsantriebe an Stelle der Federn (vergleiche Abb. 300). Diese Meisterwerke haben meist 8 Tage Gangdauer.

Figurenuhren und Stutzuhren in *Phantasieformen:* Mehrmals im Verlauf der Entwicklung der Stutzuhren finden sich Epochen, wo neben bestimmten Uhrgruppen, die sich durch scharf ausgeprägte architektonische Merkmale kennzeichnen, eine größere Anzahl von mehr oder weniger phantasievollen freien Formen finden, die häufig Figuren enthielten. Wir fassen hier diese Uhren in zwei Gruppen zusammen: (a) in die eigentlichen Figurenuhren, bei deren Aufbau getriebene, gegossene, geschnitzte oder gemeißelte Figuren eine entscheidende Rolle spielen. Solche Figurenuhren haben mehrmals in den letzten Jahrhunderten sich großer Beliebtheit erfreut; die einzelnen Epochen weisen die zeitgebundenen Stilmerkmale auf, und (b) in Phantasieformuhren, worunter wir Stutzuhren von eigenwilliger Formgebung verstehen, die in ihrem Aufbau Figuren oder Figurengruppen nicht in den Vordergrund treten lassen. Obwohl die einzelnen Vertreter dieser Richtung gelegentlich keine innere architektonische Verwandtschaft aufweisen, fassen wir sie unter einem Oberbegriff zusammen.

Figurenuhren erster Periode: (Spätrenaissance, Gegenreformation.) (Abb. 124, 126, 127 und 185 bis 188.)

Zentrum für die Erzeugung ist Augsburg. Sie stellen vor allem religiöse Motive dar: Christus am Kreuz – *Kruzifixuhren;* Muttergottes mit Kind; St. Sebastian.

Tiere (Löwen, Hunde, eventuell auch Kühe) stellten eine zweite Gruppe dar, Krieger- und Trachtentypen eine dritte.

Die frühen Stücke haben meist einen getriebenen oder ziselierten Metallsockel, die späteren einen Ebenholz- oder schwarz gebeizten Birnholzsockel mit geflammten Profilleiten. Figurenuhren müssen in großer Anzahl hergestellt worden sein, da die Figuren und andere Bauelemente sich häufig wiederholen. Entsprechend dem etwas spielerischen Charakter sind mit dem Gang- oder Schlagwerk Bewegungen von Gliedmaßen, Augen usw. gekoppelt, weswegen diese Stücke hie und da als *Automatenuhren* bezeichnet werden.

Figurenuhren zweiter Periode: (Spätes Rokoko- und Klassizismus.) (Abb. 312 bis 315.) Von Frankreich ausgehend, wo teilweise Bronze- und Marmorskulpturen – manchmal hoher künstlerischer Qualität, manchmal auch Meißner Porzellanfiguren, mit Uhren kombiniert wurden, wurden ähnliche Entwicklungen in ganz Europa angeregt; in Wien besonders entstanden vielfach eigenwillige Holzschnitzereigruppen.

Figurenuhren dritter Periode: (Empire und das folgende 19. Jahrhundert.) Wiederum war Frankreich der Ausgangspunkt für eine große Anzahl von streng aufgebauten Bronze- und Bronze-Marmorkombinationen mit Denkmalcharakter (vergleiche Abb. 364 und 370), die in verschiedenen Größen und verschiedener Qualität sich über ganz Europa verbreitet haben. Bis über die Mitte des 19. Jahrhunderts finden wir Ausläufer dieser Richtung, zum Schluß in billigem, serienweise hergestelltem Zinkguß.

Phantasieform-Uhren: (Abb. 125, 129, 184, 188, 365 bis 369.) In dieser Gruppe ist eine Reihe von besonderen Uhren zusammengefaßt, die viel weniger häufig als die vorbeschriebenen Typen zu finden sind, wie Globusuhren, Tafelaufsätze mit Uhren, Vasenuhren, Säulenuhren, Uhren auf schiefer Ebene, Tempeluhren und andere Formen, für die es nicht einmal einen eigenen Namen gibt. Die Werke dieser Uhren folgen immer den allgemeinen Bautendenzen ihrer Zeit; manche von ihnen sind technisch hochinteressant, besonders die Automaten- oder Musikuhren. Die Uhrkörper selber sind aber immer Zeugen für die lebendige Gestaltungskraft der Kunsthandwerker. In vielen Fällen kann den Stücken dieser Gruppe nur eine sorgfältige Einzelbiographie gerecht werden; hier war es aber nur möglich, einige kurze Hinweise auf besondere Züge in den Bildunterschriften aufzuzeigen; ein detailliertes Eingehen in die Einzelstücke würde den Charakter dieses vor allem der Entwicklung der Uhrentypen gewidmeten Buches stören.

Während in der Renaissance die Phantasieformen von den süddeutschen Meistern meist in Zusammenhang mit besonderen technischen Zügen verwendet werden, bildet sich im 18. Jahrhundert in Frankreich zuerst die Freiheit heraus, auch die nur Stunden und Minuten anzeigenden Uhrwerke in rein von der Phantasie diktierte Formen einzubauen. Tardy (*6*) hat eine große Anzahl guter Abbildungen hierfür zusammengestellt, die die Weite dieses Gebietes erkennen lassen. Wir beschränken uns auf Abb. 312 zur Andeutung dieser Entwicklung. In Wien sind vor allem zur Kongreßzeit und im anschließenden Biedermeier in ähnlicher Weise eine große Anzahl von Stutzuhren in Phantasieformen, teils aus Bronze, teils aus Holz, teils aus Kombinationen dieser und auch anderer Materialien gebaut worden (vergleiche Abb. 314, 365, 366).

Abb. 207. Altaruhr, Spätrenaissance, signiert Joh. Martin, Augsburg, ca. 1675; Achttage-Gehwerk mit Aufzug von vorne durch Zeigerhohlachse; kurzes Kuhschwanzpendel; Zeiger für Stunden, Mondalter und Datum, keine Minutenzeiger; feine Gravierung der vergoldeten Grundplatte. Höhe ca. 50 cm.
Sammlung R. Hübner, Wien.

a

Abb. 208. Altaruhr mit bei Nacht beleuchteten Ziffern, sog. Nachtlampenuhr. Unsigniert, aber wohl von den Brüdern Guiseppe und Pier Tommaso Campani, Rom, ca. 1660–1670. Gemaltes Zifferblatt, Gehäuse mit goldblattunterlegtem Schildpatt furniert. Spindelwerk mit Unrast; 30 Stunden Gangdauer. Höhe ca. 95 cm.

Sammlung Silvio A. Bedini, Ridgefield, Conn./USA.

Abb. 209a und b. Altar-(Nachtlampen-)Uhr, signiert Guiseppe Campani, Rom, ca. 1680, mit nach unten gerichtetem Spindelgang. Höhe ca. 100 cm.

Sammlung Silvio A. Bedini, Ridgefield, Conn./USA.

b

Abb. 210. Altar-Projektions-Nachtlampenuhr, signiert Georg Mayr, München, ca. 1680. Holzkasten mit geflammten (Rumpel) Leisten. Vorderblatt als Tür ausschwenkbar, mit reicher Blumengravur in holländischem Stil. Höhe ca. 90 cm.
Sammlung Ritter, Feldkirch.

Abb. 211 (oben rechts). Stockuhr-Schlüssel, Süddeutschland, ca. 1680; Länge 9 cm, Sammlung Landesgewerbeamt Baden-Württemberg.

Abb. 212a und b. Altaruhr mit Huygens'schem Pendel, signiert Johann van Ceulen im Haag, ca. 1680. Silbernes Skelett-Zifferblatt auf Samtunterlage; Gang- und Schlagwerkantrieb von einem Federhaus. Rückseite des Werkes zeigt Cycloidenführung und große Schloßscheibe für Stundenschlag.
Hessisches Landesmuseum, Kassel.

a

b

Abb. 213a. Venezianer Altaruhr mit Automatenfiguren, Spielwerk und Kalenderangaben; signiert Giovanni Adamo Brugell, Venetia, ca. 1700.
Sammlung Rosmann, Wien.

Abb. 213b. Rückseite der Venezianer-Automatenuhr (Abb. 213a) geöffnet mit Einsicht in das Werk. Man beachte das Stahlzungenspielwerk.

Abb. 214a (links). Österreichisch-alpenländische Altaruhr, anonym (Graz oder Innsbruck?) ca. 1710. Nußmaserholzkasten mit aufgelegtem Schnitzwerk und Schlüssellade im Sockel. Höhe ca. 50 cm. Kuhschwanzpendel vor Zifferblatt.

Englischer Privatbesitz.

Abb. 214b (rechts). Werk der Altaruhr (Abb. 214a), ganz aus Eisen gearbeitet. Rufschlagwerk auf zwei Glocken und Wecker.

Abb. 215a, b, c. Silberne Taschenuhr mit Blattfeder-rückgeführter Unruhe; ca. 1670; signiert Christian Lehmann, Copenhagen; Zifferblattdurchmesser ca. 55 mm mit Originalkette und Schlüssel. Eine der frühesten Taschenuhren, bei der ein isochron arbeitender Zeitstandard angestrebt wird.

Hessisches Landesmuseum, Kassel.

F. Am Körper getragene Uhren:

Diese ungeheuer große Gruppe von Uhren, die stärksten Einfluß auf die Entwicklung des Zeitgefühls des Menschen genommen hat und daher von besonderer Bedeutung für unsere Zivilisation geworden ist, hat in der deutschen Sprache kein eigenes Wort, wie „watch" im Englischen oder „montre" im Französischen. Vom Ende des 18. bis zum Beginn des 20. Jahrhunderts war die Taschenuhr der Inbegriff der am Körper getragenen Uhr; für die heutige junge Generation ist die Taschenuhr kein lebendiger Begriff, ja vielleicht sogar das Kennzeichen eines etwas abseits stehenden älteren und zeitfremden Menschen. Heute ist nur die Armbanduhr modern. Im 16. und 17. Jahrhundert aber war die Taschenuhr nur eine von vielen Spielarten verschiedener am Körper getragener kleiner, transportabler Uhren. Wir wissen kaum etwas über die Verbreitung der einzelnen Varianten und wie tatsächlich der Offizier, die elegante Hofdame oder der Diplomat und Handelsherr im 16. und 17. Jahrhundert seine tragbare Uhr verwendet hat; für den Liebhaber ergibt sich die lohnende Aufgabe, aus alten Modestichen oder zeitgenössischen Berichten ein klares Bild zu schaffen.

Von solcher Warte aus erscheint die am Ende des vorigen Jahrhunderts aufgekommene Frage, wer der Erfinder der Taschenuhr war, unwichtig. Grundsätzlich ist die Taschenuhr ebensowenig wie irgendeine andere am Körper getragene Uhr, etwa Halsuhren, Armbanduhren, Ringuhren oder Anhängeruhren, eine Erfindung. Es sind nur Modephasen einer allerdings höchst wichtigen Entwicklung, nämlich gegen Stoß- und Erschütterung beim Gehen, Reiten oder Fahren unempfindliche Uhren zum Tragen am Körper herstellen zu können. Die Möglichkeit hierzu bot die Einführung des Federtriebes – doch ist es bis heute in tiefstes Dunkel gehüllt, wer als erster die Feder zum Antrieb eines Uhrwerkes herangezogen hat sowie wann und wo dies geschehen ist. Dank des zunehmenden Interesses an der Geschichte der Frühzeit der Entwicklung mechanischer Uhren kommen nun allmählich dokumentarische Belege zutage, die viele unbegründete Vorstellungen berichtigen. Erstaunlich ist, wie technische Kenntnisse und uhrmacherische Leistungen in immer weiter zurückliegenden Epochen dabei auftauchen, viel früher als es seriöse Forscher vor zwei oder drei Generationen für möglich gehalten hatten. Die von Prof. Zinner, einem besonders erfolgreichen Forscher auf diesem Gebiet, zutage gebrachte Handschrift des Uhrmachers Frater Paulus Alemannus (Nr. 2° 209 der Augsburger Stadtbibliothek) mit Skizzen z. B. zeigt, daß die wichtigen

Abb. 216. Sackuhr, signiert Martin Gerdts, Hamburg, ca. 1680. Reich graviertes Silbergehäuse. Als Zeitstandard dient eine eigenartige Kombination eines kurzen Pendels mit zwei Prellfedern (eine fehlt derzeit), die durch eine Schraube näher oder weiter weg vom Pendeldrehpunkt eingestellt werden können. Das System ist stark lagenabhängig und daher für tragbare Uhren nicht zweckmäßig. Es ist aber ein typisches Beispiel, wie nach dem Aufkommen des Pendels für ortsfeste Uhren Versuche unternommen wurden, die erhöhte Genauigkeit dieses Standards auch für am Körper getragene Uhren auszunützen. Regulierung durch Veränderung des freien Ausschlagwinkels. Rückfallender Stundenzeiger (fehlt); Nebenzifferblätter für Viertelstunden- und Minutenunterteilung und Sekunden. Zeiger fehlen. Zifferblattdurchmesser ca. 60 mm. – Hessisches Landesmuseum, Kassel.

Bauelemente der Federzugsuhren wie Federhaus und Schnecke anno 1477 bereits in Verwendung standen. Bedeutungsvolle Dokumente darüber, daß der Mailänder Fürst im letzten Viertel des 15. Jahrhunderts Federzugsuhren am Körper getragen hatte, hat Prof. Morpurgo (7) aufgefunden und vor kurzem publiziert. Der erste, als gewerblicher Hersteller von am Körper getragenen Uhren namentlich genannte Meister ist Peter Henlein in Nürnberg. Ein zeitgenössischer Berichterstatter, J. Cochleus, erwähnt ihn 1512 besonders als Hersteller kleiner, 40 Stunden gehender Uhren, die man am Busen oder in einer Tasche mit sich tragen kann, einer damals anscheinend Aufsehen erregenden Neuerung. Nürnberg war zu dieser Zeit für die Fabrikation von Metallarbeiten (Waffen, Geschirr, Draht und auch von Instrumenten, wie Zirkel, Kompasse, Werkzeuge, wie bereits bei den Sonnenuhren erwähnt) einer der führenden, wenn nicht der führende Platz

Abb. 217a, b, c. Taschenpendeluhr in silbernem Kugelgehäuse. Ein Versuch, das Pendel durch ein Kardangehänge im Uhrgehäuse für am Körper getragene Uhren verwendbar zu machen. Einzeigerig, ca. 1680, anonym; süd- oder mitteldeutsch.

Hessisches Landesmuseum, Kassel.

a

b

c

Abb. 218a, b, c. Silberne Sackuhr, signiert Benjamin Arland, London, ca. 1685. Stundenschlagwerk mit Stundenzeiger und Minutenscheibe; Unruhe; Gangregulierung durch Längenveränderung der Spiralfeder, zusätzlich Federvorspannungsveränderung. Zifferblattdurchmesser ca. 55 mm.

British Museum, London.

a

b

Abb. 219a und b. Sackuhr (oignon) Bronze vergoldet; einzeigerig; eine gemalte Emailscheibe dreht sich mit Zeiger; darauf dargestellt: Gott Vater, Jungfrau Maria, St. Peter, St. Paul; mit Hebelregulierung der Spiralfeder (früheste Form). Zifferblattdurchmesser ca. 60 mm; signiert Nicolas Bovovet; wohl französisch, ca. 1690.
Sammlung Graf Lamberti, Rom.

Europas. Henlein hat wohl durch Anwendung der in diesen Zweigen gewonnenen Erfahrungen zusammen mit eigenen Erfindungen kleine, zum Tragen am Körper bestimmte Uhren dauerhafter, verläßlicher und sicher auch billiger zu Stande gebracht als es früher möglich war. Er hat damit die Verbreitung dieser Art von Uhren maßgeblich beeinflußt und Nürnberg einen wichtigen, neuen Gewerbezweig gebracht. Trotzdem ist es ebenso unrichtig, Peter Henlein den Erfinder der Taschenuhr zu nennen als es falsch wäre, die Rolexfabrik als Erfinder der sich selbst aufziehenden Armbanduhren anzusehen, obwohl es deren Verdienst ist, die heute fast als Selbstverständlichkeit betrachtete automatische Armbanduhr, aufbauend auf einem Patent von Harwood, durch eine Reihe von entscheidenden technologischen Schritten gebrauchsreif gemacht zu haben. Die Abb. 328 bis 331 zeigen eine Anzahl in der Öffentlichkeit bisher so gut wie unbekannter automatischer Uhren aus der Frühzeit dieser Entwicklung, Objekte, deren Bekanntwerden weitgehend das Verdienst des vor kurzem leider verstorbenen Prof. Chapuis (III/5) ist.

Seit den Tagen Peter Henleins bietet die Entwicklung der am Körper getragenen Uhren ungeheuer viel Reizvolles in technischer und künstlerischer Beziehung. Für den Sammler und den Liebhaber bestehen hier Gründe, die noch lange nicht so ausgeschöpft sind wie bei den Instrumenten und den Uhren größeren Formates.

Zum Tragen am Körper bestimmte Uhren aus dem 16. und 17. Jahrhundert sind sehr selten, und heute fast nur noch in großen Sammlungen anzutreffen; seit über hundert Jahren stehen diese Uhren immer im Blickfeld der internationalen Sammler. Bisher wurden sie aber vorzugsweise vom kunsthandwerklichen Gesichtspunkt aus betrachtet (*8*); uhrentechnisch eingehend hat bisher nur Chapuis & Jaquet (*9*) das Teilgebiet der Schweizer Uhren der Frühzeit bearbeitet.

Noch stiefmütterlicher ist das Gebiet der späteren – am Körper getragenen Uhren – bis jetzt behandelt. An modernen Darstellungen kennen wir nur die entsprechenden Abschnitte der letzten Auflage von Britten (*10*), die von C. Clutton auf Grund eingehender Erfahrungen neu bearbeitet sind.

Den vielen guten, tragbaren Uhren des 18. und 19. Jahrhunderts ist – einige besondere Metall- und Emailtechniken ausgenommen – bis in die jüngste Zeit kaum viel Interesse geschenkt worden. Gerade hier aber bietet sich unendlich viel des Interessanten auch für den nicht über große Mittel verfügenden Sammler. Nicht nur die Gehäusekunst, sondern ebenso die Werke können faszinieren, denn sie geben plastisch ein Bild von dem Zug zu immer sich steigernder Genauigkeit, der im Werkbau in einer ganz großen Zahl interessanter Versuchsausführungen seinen Niederschlag gefunden hat.

Die am Körper getragenen Uhren haben bisher weder die Träger noch die Liebhaber und Sammler so stark beschäftigt wie die unmittelbarer ins Auge fallenden Uhren größerer Formate. Das äußert sich deutlich darin, daß im Gegensatz zu den vielen im täglichen Leben üblichen Namen der häufig rein formmäßig verschiedenen Hausuhren fast keine gangbaren Namen für die Formen und Typen der am Körper getragenen Uhren vorhanden sind. Um das Verständnis für diese Uhren zu erleichtern, soll im folgenden eine Klassifikation verwendet werden, die nach den Hauptstilperioden gegliedert ist. Begründung für diese Klassifikation möge sein, daß bei den am Körper getragenen Uhren zu gleichen Zeiten fast überall ähnliche Bautendenzen vorherrschten; in der Mehrzahl der Fälle läßt es sich allerdings mit gewisser Sicherheit angeben, in welchem Lande oder Gebiete die betreffende Form zuerst und vorzugsweise aufgetaucht war. Die Schnelligkeit, mit der neue Ideen aber anderweitig aufgenommen und wiederholt wurden, ist verblüffend. Ein anderer bemerkenswerter, allgemeiner Zug der am Körper getragenen Uhren ist, daß lokale Eigenheiten viel weniger scharf ausgeprägt sind als bei den früher behandelten Uhren großen Formats.

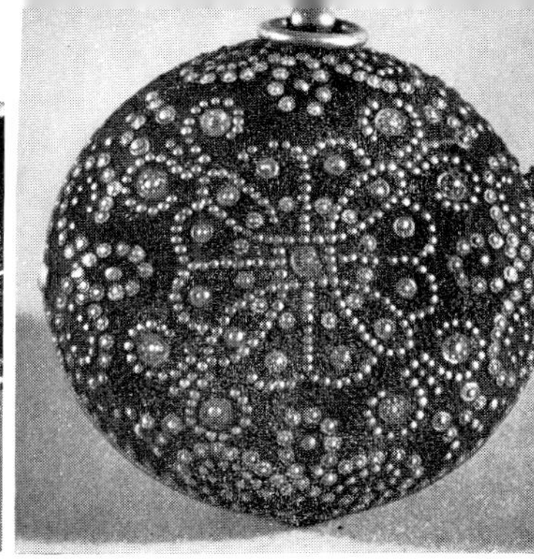

a b c

Abb. 220a, b, c. Silberne Sackuhr, signiert Laudreau in Bordeaux, ca. 1680–1690. Übergehäuse mit Lederüberzug und Silberknopfverzierung. Eigenartige Unruheanordnung mit einer, nach Dr. Hooks Vorschlag teils geraden, teils am Ende eingerollten Feder, wobei am geraden Teil ein Schlitten zur Veränderung der aktiven Länge dient. Einer der frühesten Zeugen des Überganges vom Unrast zur isochronen Unruhe.

Hessisches Landesmuseum, Kassel.

Abb. 221a, b, c. Achteckige Hals- oder Sackuhr, signiert Johann Planck in Gratz, ca. 1690. Gangwerk mit Unruhe, Kloben im englischen Stil; Stundenschlagwerk mit Schloßscheibe. Zifferblattdurchmesser ca. 55 mm.

Württembergisches Landesmuseum, Stuttgart.

a

b

c

Gruppenunterteilung der am Körper getragenen Kleinuhren nebst ihrer Charakterisierung

Zylindrische *Dosenuhren* (Anhängeruhren mit metallischem, zylindrischen Gehäuse); 1500 bis 1600 (Abb. 37 bis 41).

Die wenigen erhaltenen, ganz frühen Stücke dieses Typus zeigen, daß der Bau am Körper tragbarer Uhren in Deutschland, Frankreich und Italien im wesentlichen nach den gleichen Prinzipien erfolgt ist; dies macht die Beantwortung der Frage nach dem Ursprung dieser Uhrentype so schwer. Das Entstehen aus den zylindrischen Tischuhren (vergleiche Abb. 43), ist zwangsläufig zu erkennen. Die Tischuhren erlaubten bereits das Tragen von einem Ort zum anderen, ohne den Gang zum Stillstand zu bringen. Die Tendenz, die Uhren immer kleiner zu machen, ist aus dem Wunsch der Meister, ihre Kunstfertigkeit unter Beweis zu stellen, naheliegend. Der Schutz der empfindlichen Zeiger durch einen Deckel ist der entscheidende Schritt, um die Uhr in einer Tasche tragen zu können. Zuerst wurden die Deckel massiv aus Metall, dann durchbrochen, bald darauf durchsichtig aus Bergkristall und schließlich aus Glas angefertigt.

Im Verlauf des 16. Jahrhunderts nimmt Süddeutschland mehrere Jahrzehnte eine führende Stellung ein; künstlerische Ausführung und Werkaufbau wachsen weit über die anderen Länder hinaus. Die Verfeinerung der Konstruktion aber wird schon am Ende des 16. Jahrhunderts zur Ursache der Überflügelung durch Genf und Frankreich. Die klug ausgedachten Mechanismen nach Abb. 40, 41, mit den komplizierten kalendarischen und astronomischen Indikationen erfüllten die Meister so stark, daß sie nicht an Dauerbewährung und die Befriedigung des elementaren Wunsches nach Verläßlichkeit und einfacher Zeitangabe mehr denken konnten; die Meisterordnungen der Zünfte sind der sprechende Beweis. So war eine falsche Vorstellung von Perfektion der Stein des Anstoßes, an dem eine faszinierende Entwicklung zu Fall gekommen ist, von dem sich die Uhrmacherei Deutschlands nie mehr erholt hat.

Bisamapfeluhren, ca. 1520 bis 1540. Werksmäßig eng verwandt mit den früheren Dosenuhren sind die außerordentlich seltenen „Bisamapfel"-Uhren. Bisamapfel wurden um 1500 kleine, am Handgelenk getragene, aus vergoldetem Blech hergestellte, durchbrochene Kugeln genannt, in welche ein mit Geruchsstoff getränkter Schwamm gelegt war. Peter Henlein hat nun nach zeitgenössischen Aufschreibungen zusätzlich Uhrwerke in solche Bisamapfel eingebaut, wobei das Zifferblatt als fußartiger Ansatz zum Bisamapfel vorgesehen wurde. Bassermann-Jordan hat einige solcher Bisamapfel in natura untersuchen können und darauf seine Beschreibung begründet. Heute sind leider alle damals bekannten Bisamapfeluhren verschollen, so daß hier nur auf relativ bescheidene Bildreproduktionen zurückgegriffen werden mußte (vergleiche Abb. 42).

Wulstförmige *Dosenuhren* (Anhängeruhren mit metallischem, wulstförmigen Gehäuse), ca. 1580 bis 1660 (Abb. 84 bis 97).

Im letzten Viertel des 16. Jahrhunderts wird diese Gehäuseform in Süddeutschland üblich; vereinzelt scheint sie vorher aber schon in Frankreich verwendet zu sein. Solche Gehäuse sind wegen der abgerundeten Kanten angenehmer am Körper zu tragen als die scharfkantigen, zylindrischen Dosen, und sind daher funktionell richtiger. Die wulstförmigen Dosenuhren unterliegen im Lauf der Zeit verschiedenen modischen Wandlungen. Zuerst wird reiche Durchbruchsarbeit der Metallgehäuse bevorzugt, die künstlerisch eine Freude, technisch aber ein großer Nachteil ist, da Schmutz, Sand und Staub zu leicht in das Werk gelangen und dadurch in kurzer Zeit den Gang unmöglich machen. Später aber überwiegen geschlossene Gehäuse. Zusätzlich sind die Gehäuse meistens graviert, gelegentlich aber auch damasziert. Aus den wulstförmigen Dosenuhren entwickeln sich in der zweiten Hälfte des 17. Jahrhunderts die eigentlichen Taschenuhren; wir wissen aber wenig, wie sich der Übergang von den vorzugsweise als Anhänger getragenen Uhren zur richtigen Taschenuhr vollzogen hat.

Die Werke sind einfache Unrastwerke mit Gangregulierung durch Zugfederspannungsveränderung, die zuerst nur grob mit Hilfe von einfachen Sperrkegelrädern, später aber feinstufig mit zwischengeschalteten Schnekkentrieben vorgenommen werden konnte. Der Zug nach weitestgehender Einfachheit der Werke dürfte von den Uhrmachern des mittelfranzösischen Raumes (Blois, Lyon) seinen Ausgang genommen haben. Die gleiche Tendenz aber finden wir ebenso bei den Genfer und englischen Meistern dieser Zeit, deren Uhren alle im wesentlichen auf dem gleichen Stand zu stehen scheinen.

Renaissance-*Phantasieform-Anhängeruhren*, ca. 1580 bis 1660.

Im letzten Viertel des 16. Jahrhunderts beginnt die bis in die Mitte des 17. Jahrhunderts in Blüte stehende Mode, kleine Uhrwerke in verschiedenartig geformte Gehäuse einzubauen. Sterne und Kreuze, muschelförmige Dosen, Totenköpfe, Vögel und manche andere Form, häufig in hervorragender Juwelierarbeit wurden hierzu verwendet. Der Kunsthandel des

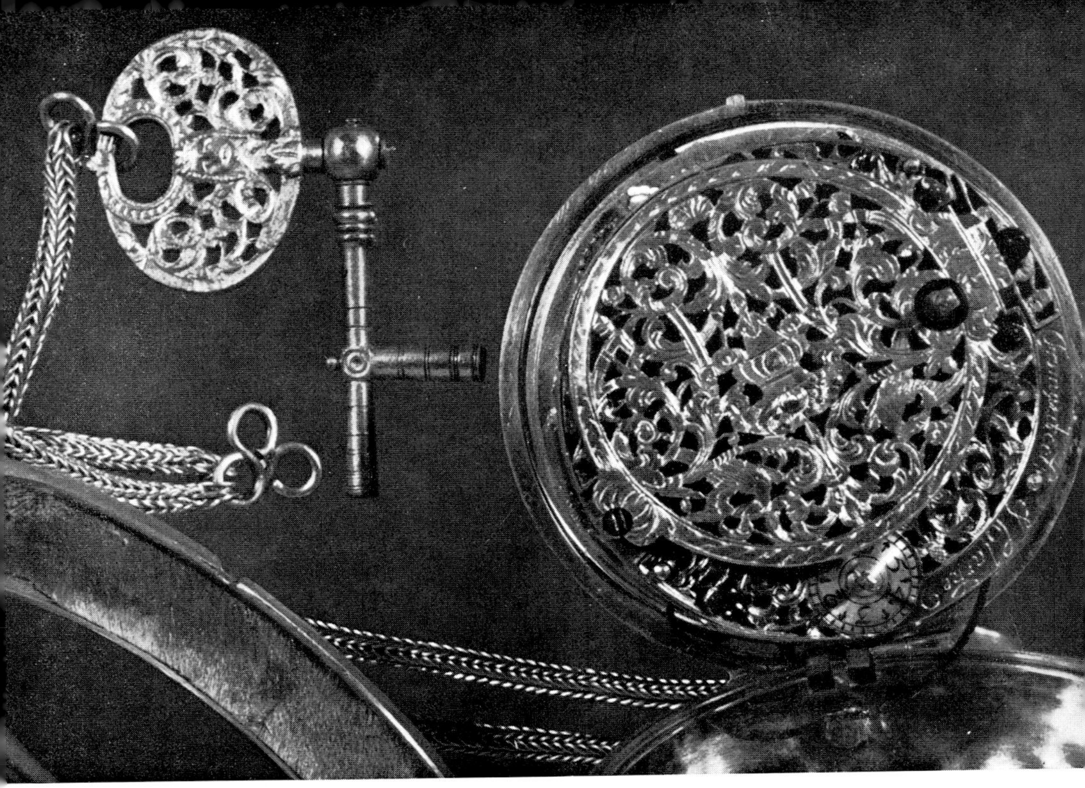

b

c

Abb. 222a, b, c. Silberne Sackuhr, signiert Fromenteel & Clarke, London, ca. 1695. Zeitangabe (nur Stunden) mit Viertelstundenteilung durch Pfeil auf rotierende Scheibe. Tagsüber ist Sonnenbild ersichtlich; letzteres verändert seinen Abstand vom Zentrum und gibt damit Stand in Ekliptik und durch Überschreiten der Grenzkurven Sonnenaufgang und Sonnenuntergang an. Hilfszifferblatt für Mondalter und Tagesdatum, Brückenkloben und Originalschlüssel.

Hessisches Landesmuseum, Kassel.

späteren 19. Jahrhunderts prägte den wenig aussagenden Namen „*Formuhren*", der ohne Unterscheidung auf alle, nicht taschenuhrförmigen kleinen, am Körper zu tragenden Uhren außergewöhnlicher Form einschließlich jener des 18. und 19. Jahrhunderts angewendet wurde.

Je nach dem Material, welches bei den Gehäusen überwiegt, unterscheiden wir zwei Gruppen:

a) Phantasieform-Anhängeruhren mit metallischem Gehäuse (Abb. 98 bis 104).

Meist sind es Silbergehäuse, die hervorragend graviert und gelegentlich auch durchbrochen sind. Besonders deutlich zeigen die Schönheiten dieser Familie die Farbtafeln des heute eine bibliophile Kostbarkeit darstellenden Katalogs der Pierpont-Morgan-Sammlung (*11*).

b) Phantasieform-Anhängeruhren mit Gehäusen aus Bergkristall oder wertvollen Steinen (Abb. 108 bis 115). Hier liegt das Schwergewicht vielleicht noch stärker als bei a) in der Juwelierarbeit selbst. Nach den signierten Stücken zu schließen, waren Genf und der Schweizer Jura die Zentren der Erzeugung und wohl auch der Ursprung dieser Idee.

Die Werke aller dieser frühen Phantasieform-Anhängeruhren sind durchwegs einfach (vergleiche Abb. 102) und entsprechen im Aufbau weitgehend jenen der wulstförmigen Dosenuhren der gleichen Epoche.

In der zweiten Hälfte des 17. Jahrhunderts verlieren sich die verschiedenen Phantasieformen zugunsten der glatten Metallgehäuse mit abgerundetem Rand.

Anhänger- und Sackuhren mit Emailgehäusen. Emailgehäuse für am Körper zu tragende Uhren waren mehrmals große Mode.

(i) Die erste Phase, ca. 1630 bis 1670 (Abb. 170 bis 177 und Farbtafeln VIII und IX).

Zu Beginn des 17. Jahrhunderts kommt – anscheinend zuerst in Blois, der damaligen Residenz der französischen Könige, – die Mode auf, kleine, zum Tragen am Körper bestimmte Uhren in emaillierten Dosen in ähnlicher Form wie die weiter oben behandelten, metallischen, wulstförmigen Gehäuse einzubauen. Wir zeigen hier einige Beispiele für diese, wiederum in erster Linie Juwelierkunst betreffenden Emailuhren. Um die durch das Aufbringen der Emaillage am Grundmetall (bei der ersten französischen Epoche meist Gold) auftretenden Spannungen auszugleichen, mußten die Dosen mit einer Innenlage aus Email (Contre-Emaille) versehen werden, die gleichzeitig gebrannt werden mußte. Emailfarben und Malerei haben in Blois einen großartigen Höhepunkt erreicht, wie es auch den Hauptprodukten der Technik (kleine Döschen) bekannt ist. Ziemlich parallel tritt dann Paris mit einer wohl gleichwertigen Emaillierkunst hervor.

Wir finden in der Mitte des 17. Jahrhunderts englische und österreichische Uhrmachernamen auf Werken, die in ganz erstklassigen Emailgehäusen eingebaut sind. Es ist kaum anzuzweifeln, daß die meisten dieser Gehäuse aus Frankreich exportiert wurden, und daß nur die Werke von Londoner oder Wiener Meistern herrühren. Der größte Teil der Gehäuse ist glatt und fest, wir finden aber hier und da (vergleiche Abb. 170 und Farbtafel VIII) auch durchbrochene, plastisch gearbeitete Emailgehäuse.

Die Werke haben einen Zeiger und sind ähnlich einfach aufgebaut, wie die bei den vorbesprochenen Formuhren, die Handwerksarbeit zeigt aber eine deutliche Steigerung der Qualität bei den für die Ganggüte entscheidenden Teilen.

Nicht lange nach dem Aufblühen der Emailuhren in Frankreich wird auch in der Westschweiz die Herstellung von Emailuhren aufgenommen (ca. 1670 bis 1700). Die besten Email-Maler und -Gehäuse-Erzeugerfamilien sind damals die Huaud (vergleiche Abb. Farbtafel IX). Die Werke entsprechen in der Konstruktion weitgehend den französischen und englischen Werken der Periode.

(ii) *Die zweite Phase* (ca. 1740 bis 1780), (Farbtafeln XIII und XIV und Abb. 282).

Nach einem Stillstand von etwa zwei Generationen erscheinen zu Beginn des zweiten Viertels des 18. Jahrhunderts wiederum Goldemailuhren – hauptsächlich Pariser Erzeugung – mit reichen Malereien im Sinn der damaligen Zeit geschmückt. Die Werke entsprechen durchweg den damals in der Führung stehenden englischen Sackuhren, die unter (ii) des nächsten Abschnittes beschrieben werden. Näheres über die Emailuhren der Mitte des 18. Jahrhunderts bringt Gélis (*12*) und Baillie (*8*).

(iii) *Die allgemeine europäische Email-Uhrenmode*, ca. 1770 bis 1830. (Abb. 337 bis 341 und Farbtafel XIX.)

In dieser Zeit werden Emailuhren an verschiedenen Orten in Europa hergestellt. Von den Höfen begünstigte Manufakturen entstehen in Wien (vergleiche Abb. 337), in Berlin, in Süddeutschland, usw.; dauernder Erfolg ist nur der Schweiz beschieden, der die große handwerkliche Tradition im Bau kleiner Uhren den notwendigen menschlichen Rückhalt bietet. Die anderen Manufakturen gehen relativ bald wieder zugrunde.

Am Ende des 18. und in den ersten Dezennien des 19. Jahrhunderts werden in Genf und Wien kleine Anhängeruhren in reizvollen neuen Phantasieformen hergestellt. Die Gehäuse zeigen einen fast unerschöpflichen Reichtum der Phantasie: Blüten und Früchte, Dosen und Musikinstrumente, Haushaltgeräte und Werkzeuge, Insekten und Schmetterlinge, die meist aus Gold mit leuchtendem, teils transluzidem, teils opakem Email natürlich nachgebildet werden.

Die Uhrwerke selber sind fast immer kleine Spindelwerke ohne technische Besonderheiten, mit charakteristisch bombierten Emailzifferblättern. Sie entsprechen im Aufbau den Werken der im nächsten Abschnitt (iv) behandelten klassizistischen Taschenuhren mit Metallgehäusen. Diese Uhren bilden ein Spezialsammelgebiet, welches bisher wenig nach den Quellen und der Verbreitung durchforscht wurde. Es sind kleine Kostbarkeiten, die allerdings nicht leicht zugänglich sind, da sie augenblicklich wieder in Privatsammlungen verschwinden, wenn sie hie und da im Handel auftauchen. Die bekanntesten Sammlungen waren die der Schriftstellerin Marie Ebner-Eschenbach und die von Frau Dr. G. Bloch-Bauer, beide in Wien; leider sind heute diese Uhren in alle Winde zerstreut.

Emailuhren wurden auch nach dieser Epoche und werden bis heute noch immer in Einzelfällen hergestellt. Es war und ist immer eine kostbare Dekorationstechnik, die solche Uhren zu wertvollen Schmuckstücken zu ihrer Zeit und zu sehr gesuchten Sammelobjekten von heute macht.

In der zweiten Hälfte des 17. Jahrhunderts treten bei den am Körper getragenen Uhren jene Züge deutlich hervor, die mit dem Begriff „Taschenuhr" verbunden sind. Der Beginn dieser Entwicklung fällt zeitlich etwa mit dem durch die Einführung des Pendels in breiten Kreisen wachwerdenden Zeitgefühls zusammen. Bei der Entwicklung der Taschenuhren (anfangs Sackuhren genannt) sind mehrere Phasen zu unterscheiden.

Sack-(Taschen)-*Uhren mit gesteigerter Genauigkeit.*

(i) Die Versuchsphase für die Einführung isochroner Schwingungen, ca. 1675 bis 1700 (vergleiche Abb. 215 bis 222).

Die augenfälligen Vorteile, die die Einführung der Huygens'schen Pendel bei den Uhren größeren Kalibers brachte, hat begreiflicherweise auch den Wunsch wachgerufen, bei den am Körper getragenen Uhren, die noch unzuverläßlicher waren als die großformatigen Uhren, die Vorteile eines isochronen (d. h. amplitudenunabhängigen) Zeitnormals auszunützen (vergleiche Kapitel III).

Zuerst wurden verschiedene Schritte zur direkten Verwendung des Pendels unternommen, wovon der in Abb. 217 gezeigte einer der interessantesten ist. Trotz der Zaubergewalt, die damals der Vorstellung des neuen „Pendels" innewohnte, hatte sich aus begreiflichen Gründen dieses Prinzip für am Körper getragene Uhren nicht durchsetzen können, da es zwangsläufig lagen- und stoßempfindlich sein muß. Die prinzipiellen Voraussetzungen für die Einführung der schwingungsmäßig dem Pendel gleichwertigen „Unruhen" mit einer Spiralfeder sind schon oben (Kapitel III/*i*), gegeben worden. Auch hier ist die heutige Form nicht schlagartig entstanden, sondern das Ergebnis eines stetigen Entwicklungsflusses, bei dem besonders die Konstruktion der Anfangsphasen interessieren. Wir erwähnen einen einmaligen Kompromißversuch, Pendel- und Federwirkung zu vereinen (Abb. 216), weiter eine der frühesten Taschenuhren mit einer Feder nach Dr. Hook, bei der die Feder an einem Ende gerade gestreckt und am anderen Ende oben gekrümmt ist (Abb. 220), und schließlich eine der ersten Unruheuhren nach Huygens mit einer ganz spiralig gekrümmten Feder (Abb. 218) allerdings mit wenigen Windungen. Das Studium dieser ganz seltenen frühen Taschenuhren gibt einen faszinierenden Einblick in den Anlauf neuer Entwicklungsphasen der Technik im allgemeinen.

(ii) Die barocke (englische) Phase der Sackuhren, ca. 1690 bis 1730 (Abb. 269 bis 273).

Der bedeutende Stand der englischen Uhrmacher am Ende des 17. Jahrhunderts zeigt sich auch in der Meisterschaft, mit der die Londoner Meister (Tompion, Quare, Fromanteel) in wenigen Jahren eine Taschenuhrtype formten, die für mindestens zwei Generationen den Bau und weitgehend auch die Form der Taschenuhren des übrigen Europas beeinflußte.

Der Übergang von den einzeigerigen Sackuhren mit einfachem Unrast zu den Unruhe-Uhren vollzieht sich in England unabhängig von den Pendelideen fließend. Der Spindelkloben wird vergrößert und für die Feineinstellung der aktiven Haarfedernlänge wird ein kleines Stellzifferblatt auf der Rückplatine angebracht. Die Werke sind fest gebaut, relativ hoch und besitzen meist feingearbeitete Pfeiler. Durch etwa zwei Jahrzehnte experimentiert man noch mit den Zifferblättern; man versucht sechs Stunden Umlauf, um nur mit einem Indikator auszukommen, und man baut Zifferblätter analog den Nachtlampenuhren, bei denen eine Scheibe umläuft und in kreisrunden Öffnungen die Stunde zeigt. Manchmal werden auch Sonnen- oder Mondembleme zur Zeitweisung verwendet. Bald nach 1700 aber hören in England diese Experimente auf und das 12^h-Blatt mit Minutenteilung und zwei Zeigern setzt sich allgemein durch. Spindelwerke sind in der Überzahl. Solche mit Zylindergang nach Tompion und Graham gehören zu den großen Sammlerraritäten. Sie sind ähnlich hochgebaut wie die Spindelwerke. Rufschlagwerke sind häufig. Repetier- und Weckeruhren sind selten. Übergehäuse – unter Umständen sogar zweifach – werden die Regel. Zuerst sind die eigentlichen Uhrgehäuse glatt, bei Schlagwerken durchbrochen und graviert. Bald setzen aber solide, glatte Innengehäuse ein, während die ersten Übergehäuse unter Umständen sehr reich getrieben sind.

(iii) Die barocke Phase in Kontinental-Europa (Abb. 274 bis 281).

a) In Frankreich entwickelt sich im letzten Drittel des 17. Jahrhunderts eine typische Sackuhrform (Oignon) unabhängig von den zeitgenössischen englischen Uhren. Es sind auffallend tiefe Werke mit Brücken an Stelle der Kloben; sie bleiben länger einzeigerig. Die Zifferblätter sind meist ‚en repoussé'*, wobei die Ziffern selber zuerst ins Metall graviert werden, und dann auf eingesetzten kleinen Emailschildern angebracht sind; erst nach 1700 werden einheitliche Email-Zifferblätter die Regel.

Ähnliche Oignons wurden auch im Schweizer Jura und im Elsaß hergestellt.

b) Im österreichisch-süddeutschen Raume kommt die Mode etwas später auf und wir finden bis zum Ende des ersten Viertels des 18. Jahrhunderts noch den englischen Experimentierblättern nachempfundene Anordnungen. Die süddeutsch-österreichischen Meister folgen in dieser Epoche etwas verspätet den Ideen der englischen Vorbilder. Handwerksmäßig finden wir darunter hervorragend gute Arbeiten. Etwa eine Generation hindurch sind die Zifferblätter aus Silber oder Gold, teilweise gepunzt. Später werden weiße, bombierte Emailblätter die Regel.

c) Auch in Holland folgen die Sackuhren jetzt deutlich der englischen Richtung. Besondere Sorgfalt wird dort den Spindelbrücken zugewendet, die reich ausgeführt werden (vergleiche Abb. 275).

(iv) Die klassizistische Periode (ca. 1750 bis 1850), (Abb. 316 bis 336).

Wohl begünstigt durch die bahnbrechenden Arbeiten Harrisons und der unmittelbar damit darauffolgenden englischen Meister Mudge, Earnshaw, Arnold usw. ist die Taschenuhrmacherei in England in der zweiten Hälfte des 18. Jahrhunderts imstande, einen zweiten Höhepunkt zu erreichen, der bis in die erste Hälfte des 19. Jahrhunderts anhält.

* Metallgetrieben.

Das Interesse der englischen Meister konzentriert sich vor allem auf die Werke. Eine Reihe interessanter Hemmungen und Temperaturkompensationen wird von den eben genannten Meistern entwickelt; gleichzeitig werden die Werke flacher, immer präziser und instrumententechnischer ausgeführt. An Stelle von Durchbruchsarbeiten treten feine Gravierungen an den Kloben und Tragteilen. Die Gehäuse selber, besonders bei den hochwertigen Uhren, werden immer sachlicher und genauer in den Passungen.

In der Mitte des 19. Jahrhunderts überflügeln die sich schon damals auf neue Fabrikationsverfahren umstellenden Schweizer die englischen Uhrmacher, von denen nur wenige sich als Chronometer-Spezialisten bis heute behaupten konnten.

In Frankreich werden im 18. Jahrhundert viele gute Taschenuhren gebaut. In der klassizistischen Periode folgen sie im allgemeinen den konventionellen Bahnen; es sind gute und schöne Stücke, die wir von den bedeutenden Meistern Le Roy, Lepine, Berthoud usw. finden. Was aber aus den Händen von Breguet stammt (vergleiche Abb. 332) gehört zum Besten, was je auf dem Uhrengebiete geleistet worden ist. Breguet's Werke und Zifferblätter sind gleichzeitig an Schönheit, genialer Konzeption, an feiner Handwerksarbeit Spitzenleistungen, die zu den Großtaten menschlicher Genies gehören. Viel interessante Einzelheiten über Breguet bringt Sir Salomon's Biographie (*13*). Besondere Höhepunkte in Breguet's Schaffen bilden die Tourbillons (vergleiche Abb. 327) und die automatischen Taschenuhren nach dem Pedometerprinzip (vergleiche Abb. 329).

Breguet's Uhren waren schon zu seinen Lebzeiten vielfach gefälscht worden. Die meisten echten Breguet-Uhren weisen außer der normalen Signatur noch eine nach einem Geheimverfahren hergestellte, nur bei bestimmter Beleuchtung erkennbare Sondersignatur und meist auch eine Kode-Numerierung auf. Breguet-Uhren sind heute eines der gesuchtesten und umkämpftesten internationalen Sammlerobjekte geworden.

In die klassizistische Periode fallen außerdem eine größere Anzahl lokaler Schulen, von denen allerdings nur einzelne mehr als örtliches Interesse beanspruchen können. In erster Linie muß man die „Jürgensen" (*14*) aus Kopenhagen erwähnen, eine Dynastie von Uhrmachern, von denen besonders Urban (1776 bis 1830) sich eines europäischen Rufes erfreute.

(v) Die neuere Zeit (Abb. 382 bis 388), ab ca. 1830.

Es erscheint uns nicht richtig, das Interesse an einem heute lebendigen und wichtigen Gebiete historisch willkürlich abzugrenzen, so wie man gelegentlich die naive Meinung hört: „Für den Sammler käme nur in Frage, was über hundert Jahre alt sei". Was technisch-künstlerischen Inhalt besitzt, soll den Liebhaber, unabhängig vom Alter, interessieren. Wenn ihm die Mittel zur Verfügung stehen, soll er nicht nur Uhren von Altertumswert sammeln, sondern auch dem heutigen Bestreben als Mäzen gegenübertreten. Wir führen daher unsere Ausführungen über am Körper getragene Uhren bewußt bis in unsere Zeit fort, wenn wir hier auch nur Andeutungen über einige Entwicklungstendenzen geben können.

Ruf weit über Deutschlands Grenzen hinaus haben sich z. B. die Glashüttener Uhren erworben, von denen viele mit hervorragenden Tourbillons ausgestattet waren (vergleiche Abb. 381).

Als nächstes müssen wir die interessanten amerikanischen Versuche, Präzisionsuhren in Serienfertigung herzustellen, erwähnen. Die bedeutendsten darunter dürften wohl die Waterbury Tourbillons sein (vergleiche Abb. 382).

Neben diesen, industriell ausgerichteten Uhrenproduktionen finden wir aber noch bis in die Mitte des 19. Jahrhunderts zahlreiche individuelle Uhrmacher, die gefällige Gebrauchsuhren herstellten, darunter für ländliche Kreise der Bauernbevölkerung dicke Silber-Taschenuhren (Zwiebeln oder Brater – wienerisch). Solche Stücke haben besonders für den heimatkundlich ausgerichteten Sammler Bedeutung; aber auch jene Uhrenliebhaber, die die großen Züge der Entwicklung verfolgen wollen, sollen daran nicht vorbeigehen.

Die die heutige Mengenfabrikation einleitende Spezialisierung hat am frühesten in der Schweiz eingesetzt. Zuerst unauffällig, bald aber nicht mehr einholbar, führte dies zu der heute unbestrittenen Vormachtstellung der Schweizer im Bau von am Körper getragenen Uhren, wie eindrucksvoll von Chapuis (*9*) beschrieben ist. Am Beginn dieser Epoche stehen Taschenuhren, die repetieren oder selbst schlagen, solche die Spielwerke mit Glocken (vergleiche Abb. 320) oder mit Zungenspielwerken besitzen, andere, die mit Automatenfiguren, z. B. Idyllen oder singenden Vögeln, manchmal aber auch mit herausfordernd unanständigen Figuren ausgestattet sind. Technisch führte dies zu den heutigen Spezialitäten, den genauen Armbanduhren, den sich automatisch aufziehenden Uhren, den Chronographen und Stoppuhren. Künstlerisch hat sich eine immer engere Verbindung mit der Kunst der Juweliere – der Goldschmiede und Emailleure – eingestellt, als deren Ergebnis immer neue Schmuckstücke für das schöne Geschlecht von heute und damit für den Sammler von morgen entstehen.

Abb. 223. Stockuhr, signiert Edward East, London, ca. 1660–1665; Stundenschlag, Wecker; Zifferblattgrund vergoldet, hellglanz poliert; eine der frühesten englischen Kästchenuhren. Höhe ca. 30 cm.
British Museum, London, früher C. A. Ilbert-Collection.

Abb. 224a. Stockuhr Nr. 249, signiert Thomas Tompion, London, ca. 1705. Acht-Tage-Werk mit Stundenschlag und Viertel-Rufschlagwerk. Ebenholzfurnierter Kasten. Typischer Repräsentant für die englische Kästchenuhr der klassischen Epoche. Höhe ca. 35 cm.

Sammlung P. Gwynn, Epsom.

b

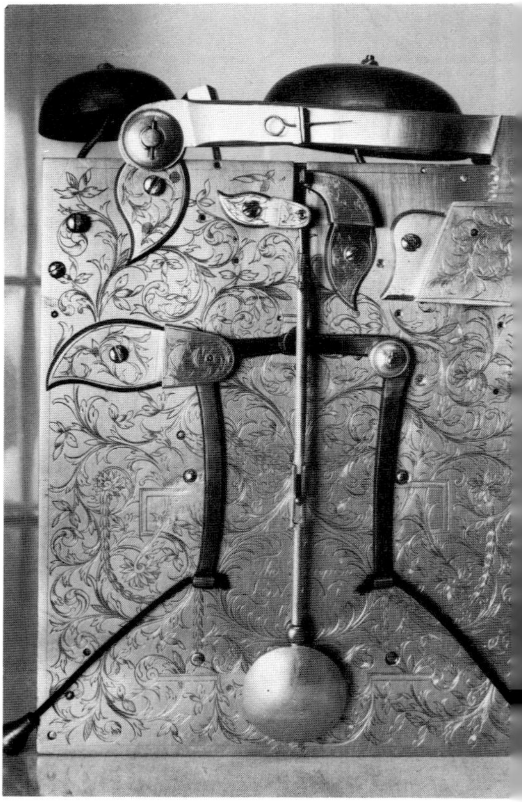

c

Abb. 224b und c. Werksansichten der Stockuhr von Thomas Tompion (Abb. 224a).

b Vorderplatine nach Entfernung des Zifferblattes mit der typischen Tompion-Kadraktur.

c Rückplatine mit typischer Gravur für die Wende vom 17. zum 18. Jahrhundert, beidseitigen Auslösehebeln für das Rufschlagwerk und Hebel mit Zahnbogen zur Pendellängenveränderung von vorne.

[illegible], signiert Daniel Quare, London, ca. 1715: ebenholzfurniertes Gehäuse mit Bronzebeschlägen; Schlagabstellung am rechten, Pendellängenveränderung am linken Hilfsblatt; Monatstagangabe in Mitte des Bogens. Höhe ca. 48 cm.

Privatbesitz, London.

Abb. 226a (oben), Stockuhr signiert Georgius Weakley ca. 1725. Kasten und Werk deuten auf amerikanischen Ursprung; Kasten in Möbelbauweise; Profile entsprechen frühen New Yorker Möbeln, Griff jenen von Daniel Quare nachempfunden. Messingeinlagen und Punktverzierungen; Kolonialstil. Höhe ca. 32 cm.

Ronald Lee, Hampton Court.

Abb. 226b und c. Werksdetails der Stockuhr von Weakley (Abb. 226a). Achttage-Spindelwerk mit Stundenschlag. Gemisch aus englischen und kontinentalen Konstruktionsformen; koloniale Gravur.

Abb. 227. Stockuhr für den nahöstlichen Markt, ca. 1755, signiert George Prior, London, Uhrwerk mit Glockenspiel; zehn verschiedene Stücke zur Einstellung mit langem Zeiger im Halbkreisbogen, dazwischen Mondalter- und Phasenangabe; Kasten mit Blumenlackmalerei und geschliffenen Bleikristallsäulen.
Serail-Museum, Istanbul.

Abb. 228. Stockuhr mit Stundenschlag, signiert Eardley Norton, London, ca. 1780
Höhe ca. 45 cm.
Englischer Privatbesitz.

Abb. 229. Stockuhr, signiert H. Weylandt, Amsterdam, ca. 1725; Gehäuse mit Schildpatt furniert. Reich ziseliertes und geschnittenes Silberzifferblatt. Mondphasen im Bogen. Glockenspielwerk mit Zeiger im Bogen zur Wahl der Melodien. Höhe ca. 40 cm.

Rijksmuseum, Amsterdam.

a

b

c

Abb. 231 b. Werkrückseite der Barock-Stockuhr von Koller (Abb. 231 a).

Abb. 230 a, b, c. Zweigesichtige astronomisch-geographische Stockuhr; von Pater Johannes Klein, Prag; 1738 für den König von Sachsen angefertigt. Geschnitztes, teilweise vergoldetes Holzgehäuse.

◀

a Seite mit Darstellung der nördlichen Erdhälfte, Sonnenstand in Ekliptik und Tag-Nachtgrenze.

b Gegenüberliegende Seite: Zwölf-Stunden-Zifferblattseite.

c Seitenansicht des Werkes. Man beachte das zur Achse geneigte Nutenrad, welches die blaue Glaskalotte steuert, die die Tag- und Nachtgrenze auf der (feststehenden) Erdkugel anzeigt. Der zwischen dem Nutenrad und der Rückplatine an einem Hebel befestigte 5er-Stern dreht sich täglich einmal um die Horizontalachse; dadurch gelangt der Stern selber in kurzzeitigen Eingriff mit dem von der einen Säule oben herausstehenden Stift und bewirkt eine entsprechende kleine Verstellung. In einem Jahr ist die volle Periode vollendet.

Zwischen den Platinen ist ein Sechs-Glockenkarillon in der üblichen Prager Art angebracht, das mit Schnecke und Darmsaite arbeitet.

Staatl. Math. Phys. Salon, Dresden.

Abb. 232. Stockuhr, böhmisches Barock, 1750–1760, signiert Wenterspocher in Cremsier. Reichste Holzschnitzerei, braun gebeizt; mit zugehöriger Konsole. 30 Stunden Gangdauer, Viertelstunden-Repetierwerk mit Datumsblatt über Hauptzifferblatt.
Frau Hofrat Dr. Sack, Wien.

Abb. 231a. Barocke Stockuhr à l'anglaise, signiert Jacob Koller, Winterthur. 1741; intarsiertes Gehäuse, reich gravierte Blattunterlage. Höhe ca. 50 cm.
◀ Bayerisches Nationalmuseum, München.

60
5
10
15
20
25
30
35
40
45
50
55

Abb. 234. Stockuhr, Bamberger Rokoko, signiert Hoyss, ca. 1765; ebonisiertes Holzgehäuse; getriebene Bronzeblechauflagen; Armillarsphäre als Bekrönung. Mondphasen, Tages- und Monatsangaben im Bogen über Zifferblatt; in den vier Ecken Hilfszifferblätter für Pendelverstellung und Schlagwerks-Um- und -Abstellungen; Acht-Tage-Viertelstundenschlagwerk; Carillon für Viertelstundenangaben mit Walzenverschiebung; Doppelpendel nach Dutertre; Pendellängenverstellung von vorne. Man beachte die untere Einziehung des Zifferblattes, um die Pendel zu zeigen.
Mainfränkisches Museum, Würzburg.

◀ Abb. 233a und b. Stockuhr à l'anglaise: mit Automaten; nicht signiert, aber wohl von Jaquet-Droz, La Chaux de Fonds. Federn signiert „Sandoz". Acht-Tage-Werk. Glockenspiel stündlich ausgelöst, sieben Tänze entweder automatisch wechselnd oder immer der gleiche, ca. 1762; Federn, signiert: Sandoz à la Chaux-de-Fonds, bzw. (Gédéon Langin) Sept 62, den Lieferanten von Jaquet-Droz.
Sammlung Dr. E. Gschwind, Basel.

Abb. 235. Stockuhr, Wien ca. 1790; schwarzgebeizter Birnholzkasten mit vergoldeten geschnitzten Holzauflagen. Rotierender Stern mit Glassteinen als Indikator für Gang; Datumblatt im Bogen; Schlagzifferblätter in Ecken.
Uhrenmuseum der Stadt Wien.

UHRENGRUPPEN
MIT NAMEN NACH BESONDEREN KENNZEICHEN

Parallel zu den vorangeführten, von der äußeren Form und Verwendung abgeleiteten Bezeichnungen findet sich eine größere Anzahl teils mehr, teils weniger eindeutiger Namen für Uhrengruppen oder Uhren, die von Sammlern und Händlern gerne verwendet werden. Dabei handelt es sich um relativ seltene, allerdings interessante und den Sammlern besonders wichtige Stücke, deren Eigenarten sicherlich fast immer durch entsprechende Attribute zu den durch die Form bestimmten Namen ausgedrückt werden könnten. Um den Anschluß aber an Kataloge und Veröffentlichungen zu erleichtern, geben wir daher im folgenden eine kurze Zusammenstellung der wichtigsten solcher Bezeichnungen, trotzdem wir sie im Text vermeiden.

(i) Schlaguhren: Uhren mit Schlagwerk zur Angabe von Stunden oder ihrer Teile durch Gehörzeichen. Näheres über die diesbezügliche Terminologie ist bei der technischen Beschreibung der verschiedenen Schlagfolgen und der entsprechenden Mechanismen zu finden (vergleiche Kapitel C).

(ii) Spieluhren oder auch Uhren mit Spielwerk: Hierunter versteht man Uhren, die stündlich oder zu bestimmten Zeiten (mittags und abends oder dreistündig) ein oder mehrere Musikstücke spielen. Es gibt Uhren mit Glockenspielen, solche mit Stahl- oder Holzplattenspielen (früher „blecherne Gelechter", heute Xylophon genannt), wobei Hämmer auf die Platten wie auf Glocken schlagen, Uhren mit Pfeifenwerken (Orgelwerken), Harfen- und Cembalowerke u. a. m. Manche Schriftsteller bezeichnen heute – fälschlich – auch Uhrwerksspieldosen ohne Zifferblätter als Spieluhren. Mechanische Spielwerke sind ein außerordentlich reizvolles Sondergebiet, das auch musikgeschichtlich von großer Bedeutung ist, da die alten Spielwerke Rhythmus, Lautstärke und Intonation der früheren Zeiten wiederzugeben imstande sind. Wir erinnern hier, daß im 18. Jahrhundert große Meister wie Mozart und Haydn eigene Kompositionen für Spieluhren (Laufwerke) gemacht haben. Spieluhren geben immer Melodien oder kleine Musikstücke wieder.

(iii) Carillonuhren (Carillon = Glockenspiel, franz.) gelegentlich als Bezeichnung für Schlaguhren, bei denen die Viertelstunden durch bestimmte, abstrakt geometrisch wirkende Tonfolgen angegeben werden. Hier liegt eine eigenartige, heute noch in England geübte Rhythmik, das „chain ringing" zugrunde. Bei guter Einstellung läßt sich bei solchen Uhren ein sehr gleichmäßiger Ablauf der Tonfolgen erzielen, dessen regelmäßiges Erklingen einer Wohnung eigenartigen Reiz verleiht; leider ist die Kunst des Glockenspieleinstellens weitgehend verloren gegangen. Gerade in England gibt es noch einige Meister mit alter Tradition, die es erreichen, daß die Töne gleichmäßig und rein aufeinander folgen.

(iv) Pendeluhren: Alle Uhren, die als Zeitstandard (vergleiche S. 162) ein Pendel besitzen. Das Charakteristikum für das Pendel ist dabei eine beweglich aufgehängte Masse mit dem Schwerpunkt unter der Auflage, die unter Einwirkung der Schwerkraft in die Ruhelage zurückzukehren sucht und daher bei Auslenkungen harmonische Schwingungen vollführt. Die Eigenschwingungsfähigkeit ist infolge der Schwerkraftrückführung das entscheidende Kennzeichen. Pendeluhren sind ortsgebunden und lageempfindlich.

(v) Kugellaufuhren: Diese wichtigen Zeugen der Fortschrittsbestrebungen der späteren Renaissance sind in Kapitel III mehrfach behandelt (S. 165). Man hat drei prinzipiell verschiedene Typen zu unterscheiden:

a) solche, bei denen eine auf schiefer Ebene abrollende Kugel als Zeitnormal dient; Abb. 105;

b) solche, bei welchen die langsam abrollenden Kugeln den Antrieb gleichmäßig machen sollen (vergleiche Farbtafel VI) und

c) solche, bei denen der Kugellauf nur als belebendes oder spielerisches Beiwerk dient; Abb. 106.

(vi) Uhren auf schiefer Ebene (Abb. 188): Hier wird das Uhrwerk durch das eigene Gewicht der Uhr angetrieben, indem sie eine schiefe Ebene hinabläuft. Dieser Idee liegt die gleiche Tendenz zugrunde wie bei den oben unter b) genannten Kugellaufuhren, über die ganze Arbeitszeit ein gleichmäßiges Antriebsmoment zur Verfügung zu haben.

(vii) Sägeuhren (Abb. 342): Dies sind Uhren, die analog den Uhren auf schiefer Ebene durch ihr eigenes Gewicht getrieben werden, indem sie

Abb. 236. Holländische Stool-Uhr, Provinz Friesland, einzeigerig; ca. 1730. Zifferblatt in Ölmalerei; Verzierungen in Zinnguß-Relief. ▶
Science Museum, London.

an einer Zahnstange hinablaufen. Ganz selten kommt die Umkehr vor, bei der die Uhr mit Federtrieb an einer Zahnstange hinaufläuft und zum Aufziehen herabgezogen werden muß. Sachlich ist letzteres eine völlige Verkennung des zugrunde liegenden, gesunden Prinzips, ein konstantes Antriebsmoment zu schaffen.

(viii) Mysteriöse Uhren: Verschiedenartig aufgebaute Räderuhren, bei denen der oder die Zeiger frei und ohne offensichtliche Verbindung zu einem Gehwerk sich zu bewegen scheinen. Hierher gehören z. B. verschiedene Zifferblattanordnungen mit hintereinander liegenden Glasplatten, ferner

(ix) Uhren mit balancierendem Werk: Diese besitzen meist nur einen Stundenzeiger, der im Ziffernring frei spielt. Ein kleines Werk dient dem Zeiger als Gegengewicht und treibt ihn und sich selbst, indem es in seinem Innern ein Bleigewicht langsam exzentrisch rotieren läßt. Die für diese Art Uhren gelegentlich angewendete Bezeichnung „Ringuhr" ist fehl am Platz, da unter Ringuhr eher ein Sonnenring (vergleiche S. 74) oder ein Fingerring mit Uhr (Abb. 318) verstanden werden könnte; schließlich werden auch schon die Telleruhren als Ringuhren bezeichnet, weil sie an einem Ringe hängen.

(x) Nachtlicht- oder Nachtlampenuhren: Dies sind Uhren zum Gebrauch bei Tag und bei Nacht. Räderuhren, deren Zifferblatt nachts erleuchtet werden kann. Bassermann-Jordan betont, daß „Nachtuhren" nicht als Bezeichnung für Räderuhren verwendet werden soll, sondern nur für solche Instrumente, die aus dem Mondschein oder durch nächtliche Himmelsbeobachtung die Zeit zu ermitteln erlauben (vergleiche S. 141). Die Erfindung der bei Nacht beleuchteten Uhren geht auf die bedeutenden italienischen Instrumentenbauer und Uhrmacher Campani zurück, die in der zweiten Hälfte des 17. Jahrhunderts in Rom tätig waren. Um 1660 baute einer der Brüder – anscheinend als erster – eine Nachtlampenuhr für den damaligen Papst. Bald darauf war die Nachtuhridee große Mode geworden; englische und deutsche Meister variierten die Idee mannigfach – Athanasius Kircher hat die Projektionsuhr (vergleiche Abb. 210) in Art einer Laterna Magica stark propagiert. Später finden sich öfters lichtschirmartige Uhrformen, wie Abb. 123. Die Entwicklungsgeschichte der bei Nacht durch optische Hilfen ablesbaren Uhren ist in den letzten Jahren weitgehend aufgeklärt worden; es ist ja die unmittelbare Vorstufe zu unseren selbstleuchtenden, so weitverbreiteten Leuchtzifferblättern.

Abb. 237. Schweizer Bauernuhr, ca. 1750 (Luzern oder Zug), einzeigerig mit Messingrädern und Originalgewicht; langes (Sekunden-)Pendel. Ziffern ursprünglich wohl römisch. Höhe ca. 36 cm. – Sammlung Gisler, Zürich.

(xi) Reiseuhren, Satteluhren, Kutschenuhren, Nachtkästchenuhren und dergleichen: Im Hinblick darauf, daß diese Uhren auch uhrmachertechnisch eine eigene Familie bilden, sollen sie, obwohl sie formenmäßig sich an drei ganz verschiedenen Familien anschließen, hier einheitlich behandelt werden. Die drei Hauptgruppen sind:

a) Runde, großen Taschenuhren – ähnliche, aber viel schwerer gebaute Uhren in meist wulstförmigen Gehäusen (vergleiche Abb. 85, 88, 89, 277, 279). Häufig sind sie mit Weckereinrichtungen versehen. Wir behandelten diese Gruppe im Zusammenhang mit den entsprechenden, jeweils am Körper zu tragenden Sackuhren.

b) Reiseuhren im Typus der Tischuhren des 16. und 17. Jahrhunderts, doch von einfacherem Äußeren; diese konnten in eigenen lederbeschlagenen Holzkoffern oder ähnlichen Behältern mit oder ohne Glas auf die Reise mitgenommen werden. Reiseuhren des 17. und 18. Jahrhunderts sind seit langem schon ein begehrter Sammlergegenstand.

c) Kleine, den Türmchen- und Stockuhren verwandte Formen in Metallgehäusen – aber auch in Phantasieformen – die im 18. Jahrhundert aufkamen, aber speziell in der Biedermeier- und Empirezeit große Mode waren und außer für die Reise auch häufig auf Nachtkästchen oder Schreibtischen aufgestellt wurden (vergleiche Abb. 267, 268 und 371 bis 373). Viele dieser Reise- und Nachtkästchenuhren des 18. und beginnenden 19. Jahrhunderts besitzen ihre eigenen, meist leder- oder samtgefütterten, aufklappbaren hübschen Schutzetuis. In den letzten Jahren beginnen nun diese nicht lange vorher noch wenig geschätzten Reise- und Nachtkästchenuhren des 19. Jahrhunderts Gegenstand lebhaften Sammlerinteresses zu werden.

(xii) Wecker: Bereits manche der frühesten Räderuhren scheinen so wie die meisten der heute noch erhaltenen gotischen Wanduhren mit Weckerwerk versehen gewesen zu sein (vergleiche Abb. 26 oder Farbtafel I). Dabei war fast immer die Weckerstellscheibe konzentrisch zu den Stundenzeigern angeordnet, wie S. 214 näher ausgeführt. Im 16. Jahrhundert wurde das Weckerwerk bei Tischuhren gern in eigenem Gehäuse über dem Gehwerk angeordnet (vergleiche Abb. 45). Im 17. und 18., sowie am Anfang des 19. Jahrhunderts wurden Bodenstand-, Wand- und Stutzuhren häufig mit Weckerwerken ausgestattet, daher ist hier die attributive Kennzeichnung wie z. B. „Stockuhr mit Weckerwerk“ am Platz.

Heute versteht man unter Wecker meist Massenprodukte, wie die bekannten Küchenwecker.

(xiii) Planetarien: Dies sind eben oder räumlich angeordnete Systeme zum Veranschaulichen der Planetenbewegung. Für zeitgetreue Bewegungsdarstellung sind sie gelegentlich mit Uhrwerksantrieb versehen (vergleiche Abb. 250, 251).

(xiv) Himmelsgloben und *-Sphären:* (Vergleiche Abb. 9, 52b, 125, 295.) Diese Systeme wurden, wie auf S. 21 und 63 ausgeführt, seit der Renaissance gern mit Uhrwerken verbunden. Es handelt sich fast immer um überdurchschnittliche, wenn nicht gar um Spitzenleistungen der Uhrmacher-Instrumentenbaukunst. Als solche stellen sie immer ganz besonders und geschätzte Sammelobjekte dar. Im zweiten Band soll ihnen ein breiter Abschnitt gewidmet werden.

(xv) Automatenuhren: (Vergleiche Abb. 126 bis 128, 130, 131, 163, 213, 233; Farbtafel II., V., XVII., 288, 292, 301, 306, 309, 366, 368.) Man versteht hierunter Uhren mit Automaten, die einen wesentlichen Bestandteil des Uhrsystems bilden. Unter Automaten versteht man durch Uhrwerke angetriebene Figuren, die irgendwelche Bewegungen unabhängig von der Indikation der Zeit ausführen können, obwohl gelegentlich Automatenfiguren auch als Zeiger fungieren. Solche Automaten sind ein wichtiger Entwicklungszweig der Uhrmacherkunst, obwohl sie von Wissenschaftshistorikern lange Zeit als mißglückte Auswüchse des menschlichen Spieltriebes etwas verächtlich angesehen wurden. Obwohl die Wiedergabe von einzelnen menschlichen oder tierischen Bewegungen jeden praktischen Nutzen entbehren, sind sie genauso wie die engverwandten Automatenuhren als Vorläufer der modernen Programmsteuerung für die Geschichte der Automation von großer Bedeutung. Heute beginnen wir zu verstehen, daß beim Automatenbau die Fähigkeiten des menschlichen Geistes, die zu den Großtaten unserer modernen Technik geführt haben, ihre ersten Verwirklichungsversuche unternommen haben. Als solche sind alle alten Automaten hochinteressante, des Studiums und der Betreuung durch Sammler und Museen würdige Objekte.

Zum ersten Male sind diese grundlegenden Zusammenhänge zwischen Uhrmacherkunst und Automatenbau von Prof. Chapuis (*15*) aufgezeigt worden.

Bereits bei den Monumentaluhren der Frühzeit der Räderuhrentwicklung finden sich Automaten. Dies ist eine Fortsetzung der Gepflogenheit der Araber und Mauren, bei ihren monumentalen Wasseruhren Automaten anzuschließen.

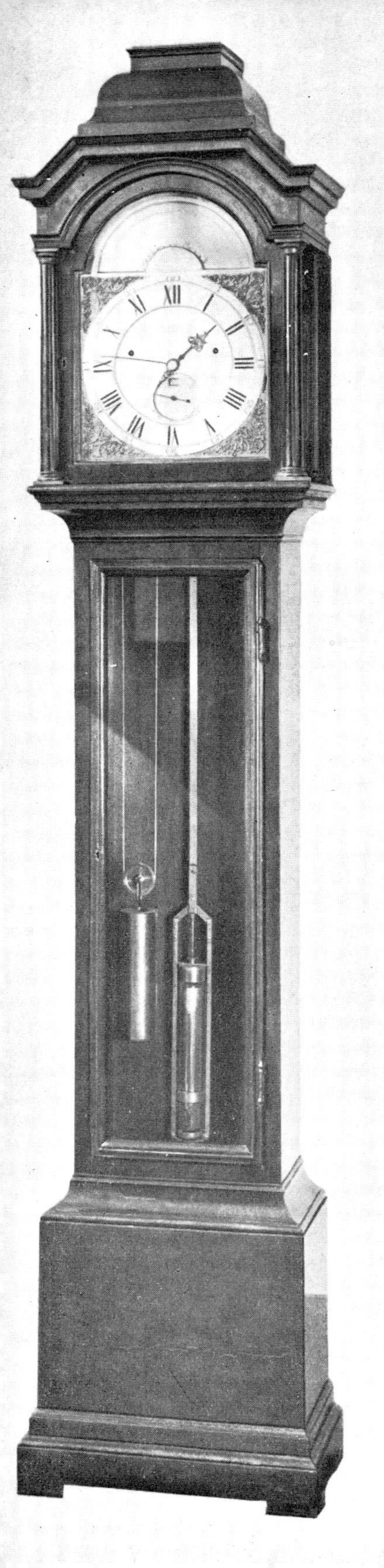

◀
Abb. 238 (links). Bodenstanduhr, signiert George Graham, ca. 1730; einer der ersten RegulatorenmitQuecksilberkompensationspendel. Monatsgangdauer; Äquationswerk mit differo-epizyklischem Getriebe für dritten zentralen Zeiger für wahre Sonnenzeit; Jahreskalenderscheibe erneuert nach 1752, mit Deklination der Sonne, Ekliptikstand, Sonnenaufgangszeit; Zifferblatt ca. 30 × 41 cm. Höhe ca. 230 cm. Gläserne Türfüllung wohl im 19. Jahrhundert anstelle des ursprünglichen Holzfurniers eingebaut.

British Museum, London; früher C. A. Ilbert-Collection.

◀
Abb. 239 (rechts). Louis XV. Bodenstanduhr, ca. 1745. Werk von Gudin, mit reich intarsiertem und bronzemontiertemGehäuse von Duhamel. Äquationszifferblatt im Zentrum. Diverse zusätzliche Kalenderangaben. Höhe ca. 210 cm.

Conservatoire Nationale des Arts et Métiers, Paris.

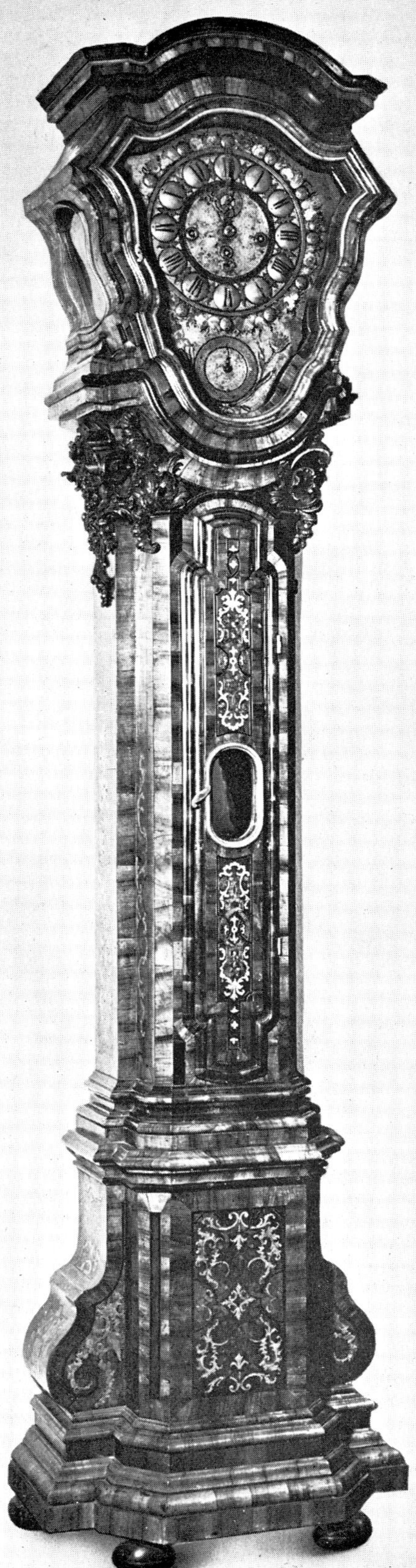

Abb. 240. Würzburger Barockstanduhr mit Datum, 1745 fraglich. Kasten von Wolfgang von der Auvera und Karl Maximilian Mattern. Viertelstundenschlagwerk, großes Hilfszifferblatt zum Abstellen des Schlagens. Höhe ca. 240 cm.

Mainfränkisches Museum, Würzburg.

Abb. 241. Holländische Bodenstanduhr, Mitte des 18. Jahrhunderts. Signiert Jan Beegelaar, Amsterdam. Mondphasen. Wochentag- und Monatsanzeige innerhalb des Hauptzifferblattringes. Schaukelnde Schiffe im Bogenfeld darüber. Höhe ca. 235 cm.

Holländischer Privatbesitz.

b

a

Abb. 242a und b. Bodenstanduhr in rotem Lackgehäuse mit Chinoiserien; typische „Comtoise“ d. h. Lokalbauform der Franche-Comté, ca. 1735. Eisernes Achttagewerk mit vertikal steigendem Rechen, vergleiche Werkseinsicht. Einzeigerig; Zifferring aus Zinn und vergoldete Bronzegußappliken auf vergoldetem Grundblatt; Weckerscheibe. Höhe ca. 220 cm.

Baronin Pasetti, Wien.

Abb. 243a (S. 312) und b. Prunkuhr, signiert Johann Martin Arzt, München, ca. 1765. Vielfältige kalendarische Angaben, großes Spielwerk im Sockel. Ein Zeugnis großer mechanischer Handfertigkeit. Hervorragende Details in den Schnitzereien. Als Ganzes in Beispiel, wohin das Übermaß des Guten führt. Höhe ca. 200 cm.
Bayerisches Nationalmuseum, München.

Abb. 244a. Bodenstanduhr; Monatswerk reich mit astronomischen Indikationen, signiert Gutwein, Würzburg; ca. 1765. Höhe ca. 185 cm.
Mainfränkisches Museum, Würzburg.

Abb. 244b. Zifferblattgroßaufnahme einer Weltzeituhr von Gutwein, Würzburg (ähnlich Abb. 244a). Ebene Projektion der nördlichen Halbkugel in Zifferblattmitte. Zwölf-Stunden- und Minutenzeiger in Stahl, 24-Stunden-Zeiger vergoldet mit Sonnenbild. Jahresindikator ist der im Ringspalt umlaufende Schlitten (eine darin fixierte Stahlnadel fehlt). Datumsgrenze.

Bayerisches Nationalmuseum, München.

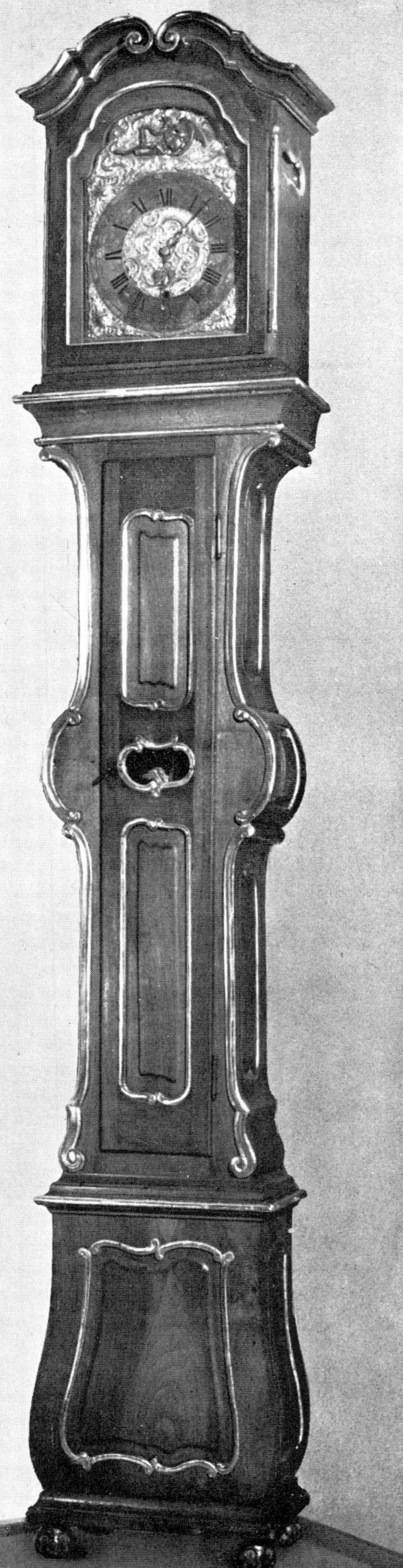

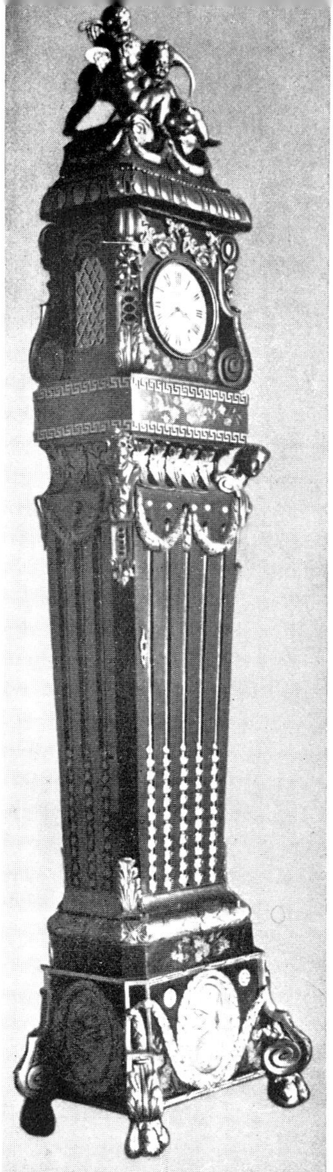

a b

Abb. 247a und b. Bodenstanduhr, signiert Huguenin, Berlin, ca. 1770. Reich intarsierter Kasten mit vergoldeten Schnitzereien. Höhe ca. 280 cm.

Ehemals im Neuen Palais in Potsdam.

◀ Abb. 245 (links). Bodenstanduhr. Intarsierter Kasten, signiert David Roentgen, Neuwied, ca. 1770; Uhrwerk von Kinzing. Ein ursprünglich eingebautes Flötenwerk fehlt leider. Mondphasenangabe im Bogen über Zifferblatt.

Monatsdatum in kleiner Öffnung unter Gangwerksaufzug. Viertelstundenschlagwerk auf Glocken. Höhe ca. 210 cm.

Schloß Wilhelmstal bei Kassel.

◀ Abb. 246 (rechts). Bodenstanduhr – Monatsgangdauer; Rufschlagwerk; signiert Simon Geist, Graz; steirischer Nußholzkasten mit vergoldeten Rokoko-Profilen. Silberne Chronos über Zifferblatt; ca. 1770. Höhe ca. 225 cm.

Frau Lilian von Reininghaus, Wien.

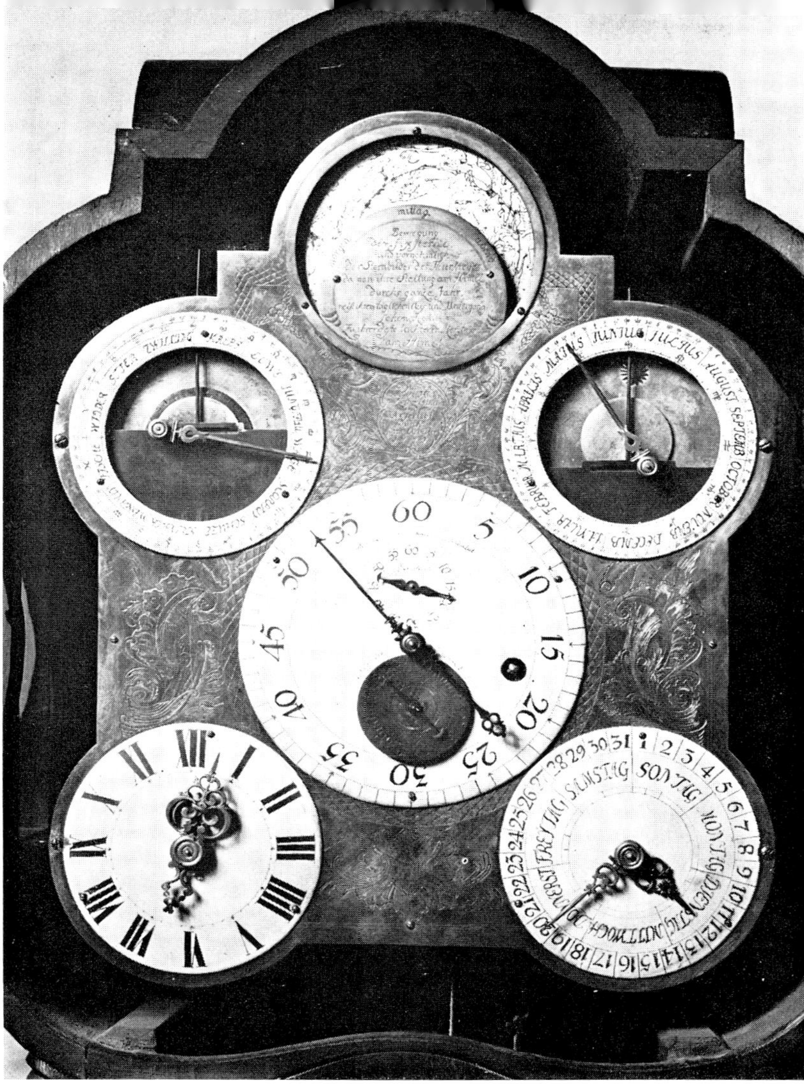

Abb. 249 b. Zifferblatt-Großaufnahme der Basler Jahresuhr von Philipp Matheus Hahn. Man beachte: Stunden – links unten; Minuten und Sekunden – zentrales Zifferblatt, darin unter Hauptzeiger eine Messingscheibe für die „Minuten der Sonnenzeit" (Zeitgleichung); regulärer Kalender (Wochentag und Datum) – rechts unten; Monat, Tag- und Nachtlänge sowie Sonnenstand – rechts oben; Mondalter, Mondstand in Ekliptik und Mondauf- und -untergang – links oben; Sternenhimmelumlauf – Mitte oben.

◀ Abb. 248 (links). Jahres-Äquationsuhr, signiert Ferdinand Berthoud, Paris, ca. 1775, Palisanderholz mit Bronzeapplikationen. Höhe ca. 185 cm.
Bundesmobiliendepot, Wien.

◀ Abb. 249 a (rechts). Bodenstanduhr (Dielenuhr) gebaut von Pfarrer Philipp Matheus Hahn in Württemberg für den Basler Kaufmann Wilhelm Brenner, 1775. Sechs Zifferblätter für Minuten, Sekunden, Wochentag und Datum, täglicher Lauf der Sonne, täglicher Lauf des Mondes, Auf- und Niedergang der in Basel sichtbaren Gestirne. Geschnitztes Rokokogehäuse aus Nußbaumholz. Höhe 185 cm.
Historisches Museum, Basel – Haus zum Kirschgarten.

Abb. 250. Bodenstanduhr mit Miniatur-Planetarium, signiert David Rittenhouse, Pennsylvania, USA, 1785. Uhrkasten im englisch beeinflußten Kolonialstil. Höhe ca. 210 cm.

Besitz Joe Kindig, jun. York, Pennsylvania.

Abb. 251. Astronomisches System, signiert David Rittenhouse, 1770/71 für das College von New Jersey gebaut; ursprüngliches Gehäuse verloren. Alle Planeten, bis einschließlich Saturn, bewegen sich um die zentrale Sonne. Das weiße Hilfszifferblatt zeigt die Jahreszahl. Außer der christlichen Zählung ist ein weiterer, um 4000 Jahre vorgeschobener Anfangspunkt (Alter der Welt) vorgesehen.

Heute Bibliothek der Universität Princeton, USA.

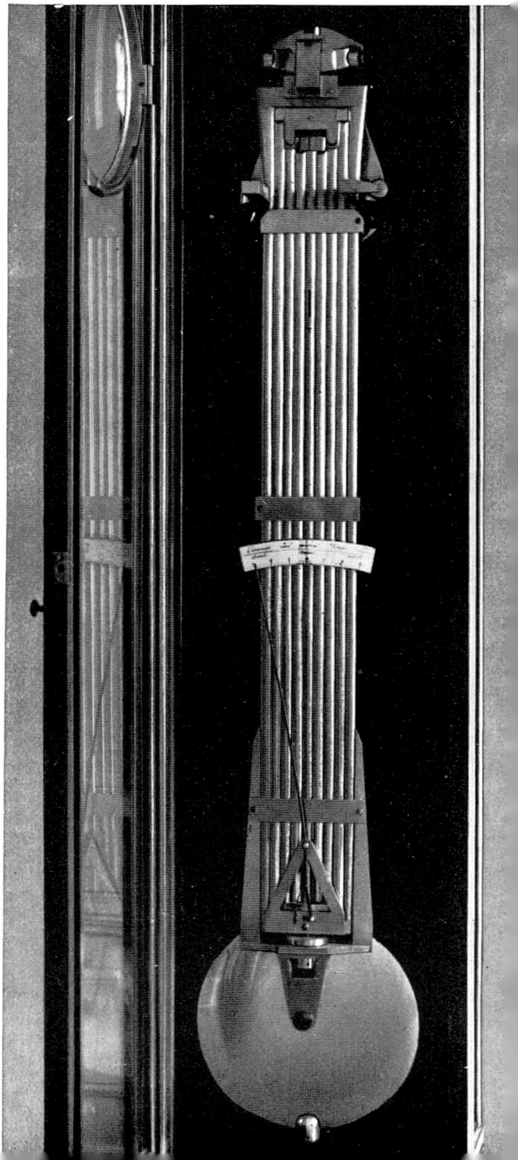

Abb. 253. Bodenstanduhr, signiert Simon Willard, ca. 1800, amerikanische Variante der englischen Grandfatherclock aus den nördlichen Provinzen. Zifferblattdekor und Sägearbeit über Bogen sind besondere Kennzeichen der amerikanischen Provenienz. Höhe ca. 225 cm.

Sammlung Dr. W. Barclay Stephens, Alameda, Californien.

◀

Abb. 252. Bodenstanduhr (Äquationsregulator) mit Monatsgangdauer, signiert Lepine, Paris, ca. 1785–1790; Mahagonikasten von Dubuisson, richtiges Kompensationspendel, Zeitangaben sämtlich aus der Mitte: Sekunde, Minute (sowohl mittlere als auch wahre Sonnenzeit) und Stunde.

a Gesamtansicht.

b Großansicht des Rostpendels.

c Einsicht von oben in das herausgenommene Werk.

Schloß Wilhelmshöhe bei Kassel.

(xvi) Räder-Uhren des Fernen Ostens (China und Japan): Dies ist ein wichtiges, aber wenig aufgeklärtes Gebiet. Unser Wissen darüber ist nicht sehr umfangreich. Bis vor kurzem bestand die Meinung, daß Räderuhren erstmalig durch die Jesuiten im 16. Jahrhundert dem Fernen Osten bekannt wurden. Die Entdeckung des Buches von Su Sung (III/2) zeigte aber, daß die Chinesen bereits im Jahre 1090 unserer Zeitrechnung ein mechanisches Himmelsglobussystem mit einer richtigen Hemmung besessen haben, so daß sie zeitlich an die Spitze der Räderuhrenentwicklung treten. Allerdings ist in den folgenden Jahrhunderten das technische Können völlig verlorengegangen. Wir möchten zwei grundsätzlich verschiedene Linien hier unterscheiden, je nachdem es sich um Export von Europa oder um eigenstämmige Entwicklungen des Fernen Ostens handelt.

Europäischer Export: Zur Zeit, als die Jesuiten die ersten europäischen Uhren nach China brachten, hatten nur wenige Priester eine Ahnung, daß ihre Vorfahren Räderuhrwerke gebaut hatten.

Aus den Archiven der europäischen Kabinette erfährt man viele Details über die kunstvollen Türmchenuhren und Automaten, die von den Jesuiten und Gesandtschaften als Gastgeschenke nach dem Fernen Osten gebracht wurden. Es handelt sich vielfach um Augsburger Kostbarkeiten, aber auch Londoner Erzeuger werden für solche Lieferungen herangezogen. Prof. Chapuis beschreibt in „Les Automates“ (*15*) einige interessante Stücke in diesem Zusammenhang. Ob von diesen Renaissanceobjekten heute noch etwas in China erhalten ist, entzieht sich unserem Wissen.

Im 18. Jahrhundert entwickelt sich ein starker Uhrenexport nach China, dessen Führung in Händen Englands liegt. Vor allem ist es James Cox, ein mechanisch und künstlerisch begabter, die östlichen Bedürfnisse gut erfassender Londoner Unternehmer, der für den chinesischen Hof und die hohen Mandarine eine große Anzahl eigenartiger, kostbarer, farbenprächtiger Uhren mit ungewöhnlichen Automaten herstellt; die Farbtafeln Abb. XVII und XVIII zeigen, in welchen Richtungen der damalige Geschmack verlief. Nach dem Boxeraufstand und bei den folgenden politischen Wirren ist viel von diesem Kunstgut wieder nach Europa zurückgekehrt. Auch die Franzosen und etwas später die Schweizer haben an dem Uhren-Export nach dem Fernen Osten teilgenommen.

Vor allem war es die Ortschaft Fleurier im Jura, wo reich emaillierte Taschenuhren mit besonderen Werksgravuren (vergleiche Abb. 340) für

Abb. 254. Öl-Lampenuhr mit Glasgefäß, in Zinnfassung auf Steinsockel montiert. Letzterer mit Tierkreiszeichen verziert; österreichisch-süddeutsche Arbeit. Anfang 18. Jahrhundert, ca. 22 cm.

Steirisches Landesmuseum Joanneum, Graz.

China in größerem Umfang hergestellt wurden. Hierüber hat Prof. Chapuis eine besondere Biographie (*16*) geschrieben, die über diese besondere Phase gut unterrichtet.

Eigenständige Entwicklung (Abb. 358 bis 361):. Neben den aus Europa importierten Uhren gibt es auch – nicht sehr zahlreich – eigenartige, im Fernen Osten selber gebaute Uhren mittleren Kalibers. Taschenuhren sind erst in der jüngsten Zeit in Japan fabrikmäßig hergestellt worden. Über den fernöstlichen Uhrenbau ist unser Wissen besonders

Abb. 255. Öluhr aus Zinn, ca. 1820, Höhe 35,5 cm.
Germanisches Nationalmuseum, Nürnberg.

spärlich; Hauptquelle ist der entsprechende Abschnitt in Robertson's Buch (*17*). Danach stammen alle Uhren ähnlich den in den oben genannten Abbildungen gezeigten aus Japan. In China hat sich scheinbar keine analoge Tätigkeit entwickelt. Es ist interessant, daß eine große Anzahl von Taschenuhren, aber gelegentlich auch von Stockuhren, chinesische Signaturen besitzen; alle bisher bekannt gewordenen Fälle betreffen importierte Uhren, die von den Chinesen nach dem Import signiert worden sind.

Im Hinblick auf die weiter unten beschriebene, komplizierte Tagesunterteilung, die in Japan bis 1813 gültig war, war der Betrieb einer Uhr nach japanischer Zeit eine umständliche Angelegenheit. Eigentlich war für jede Uhr ein Uhrmacher erforderlich, der jeden Tag, oder sicherlich alle paar Tage, die Uhren den laufenden Veränderungen anpaßte.

Eine Reihe japanischer Uhren ist mit zwei Waagen ausgerüstet, die sich automatisch am Morgen und Abend umschalten. Die Umschaltung erfolgt durch das Schlagwerk. Hier erfolgt die Adjustierung durch eine Versetzung der Waaggewichte.

Die Schlagfolge selber ist völlig verschieden von den europäischen: Die japanischen Stunden sind $^1/_2$ des Tages und bzw. der Nacht; sie zählen von

Tafel XIII. Goldemailuhr mit Chatelaine, ca. 1740.

Tafel XIV. Goldemailuhr mit Figurenmalerei, ca. 1755.

Mittag bis Mitternacht und dann wieder bis Mittag; sie sind 9, 8, 7, 6, 5, 4, gemerkt. Dementsprechend sind die Schläge ausgelegt; die Halbteile sind auch markiert, und zwar alternierend mit ein oder zwei Schlägen. So ergibt sich eine Schlagfolge:

ganze Stunden	9	8	7	6	5	4
halbe Stunden	1	2	1	2	1	2

Nach Drummond Robertson sind drei Bauformen von japanischen Uhren zu unterscheiden:

a) Laternenuhren mit Gewichten, (vergleiche Abb. 358 und 360);
b) Stutzuhren mit Federzug, (vergleiche Abb. 359);
c) Säulenuhren mit gradliniger Ziffernskala (vergleiche Abb. 361).

Die Laternenuhren scheinen der älteste Typ zu sein, der um die Mitte des 18. Jahrhunderts aufgekommen ist. Häufig wurden diese Laternenuhren auf eigenartigen Holzgestellen (vergleiche Abb. 360) aufgestellt.

Die Federzuguhren sollen erstmalig um 1830 hergestellt worden sein.

Bibliographie

(1) *A. Ungerer*, »Les Horloges Astronomiques et Monumentales les plus remarquables.«
(2) *A. Lübke*, Die Uhr, Von der Sonnenuhr zur Atomuhr, VDI-Verlag 1958.
(3) *Cescinsky & Webster*, "English Domestic Clocks" 2 nd ed. Waverley. London 1914
(4) *Edwards*, "The Grandfather Clock" 2 nd ed. Sherratt. Altrincham 1952.
(5) *A. Chapuis*, »Histoire de la pendulerie Neuchâteloise«, 1917, und das dazugehörige Supplement »Pendule Neuchâteloise«, documents nouveaux, 1930.
(6) *Tardy*, »La pendule française.« A. Sirot, Paris.
(7) *E. Morpurgo*, »L'Origine dell'orologio tascabile.« La Clessidra Rom, 1954.
(8) *G. H. Baillie*, "Watches." Methuen & Co., London 1929.
(9) *Chapuis & Jaquet*, »Histoire et Technique de la montre Suisse de ses Origines à nos Jours.« Urs Graf, Basel 1946.
(10) *Britten's "Old Clocks & Watches and their Makers."* E. & F. N. Spon, London 1956.
(11) *Dr. G. C. Williamson*, Catalogue of the Pierpont Morgan Watch Collection. Privately printed London 1912.
(12) *E. Gélis*, »L'Horlogerie Ancienne«. Librairie Gründ, Paris 1949.
(13) *David Salomons*, "Breguet." London 1923.
(14) *A. Chapuis*, »Urbain Juergensen et ses continuateurs.« Attinger Frères, Neuchâtel 1924.
(15) *A. Chapuis & E. Gélis*, »Le monde des Automates«, 1928, und »Les Automates« Neuchâtel 1949.
(16) *A. Chapuis*, »La montre Chinoise« (Relations de l'horlogerie Suisse avec la Chine) Attinger Frères, Neuchâtel 1922.
(17) *J. Drummond Robertson*, "The Evolution of Clockwork, with a special section on the Clocks of Japan." London 1931.

Abb. 256. Religieuse, signiert J. Thuret, Paris, ca. 1675. Rote Schildpattbelegung mit Silber- und Messingeinlagen. Zifferblatt auf Samt aufgelegt. Stundenschlagwerk mit Cycloidenführung. – E. Morpurgo, Amsterdam.

Abb. 257. Pendule Louis XIV, signiert Gribelin, Paris, ca. 1690. Boullekasten, Bronzemontierungen.
Privatsammlung.

Abb. 258. Pendule Louis XIV., ca. 1710; sogenannte „Übergangsform", signiert auf Rückplatine Jean Godde Lenez à Paris; schildpattfurniertes Holzgehäuse mit Bronzegußappliken. Höhe ca. 45 cm.
Sammlung Helen Vaughan, Bethel, Conn./USA.

Abb. 259. Rokoko-Pendule, unbemaltes Meißener Porzellan-Gehäuse, um 1744, von Joh. Friedrich Eberlein modelliert. Medaillon-Wappen der Maria Josepha, Gemahlin König Augusts III. von Polen. Uhrwerk mit Glockenspiel, Wahl des Stückes mittels Einstellzeiger über dem Zifferblatt. Signatur: Hoendschker à Dresden. Höhe 60 cm, Breite 33 cm. – Württembergisches Landesmuseum, Stuttgart.

Abb. 260. Pendule, Boullekasten mit gestempelten Bronzen, C (*c*-couronné) 1745 bis 1750, signiert Julien le Roy, Paris; 14-Tage-Gangdauer; Zifferblatt mit 25 Emaileinlagen. Original-Konsole.

Sammlung Dr. E. Gschwind, Basel.

Abb. 261. Pendule Louis XV., signiert Le Roy, Paris ca. 1755. Kasten Vernis Martin mit Blumenmalerei. Sehr schöne Bronzen; 13teiliges Emailzifferblatt; Originalkonsole.

Privatsammlung.

a b

Abb. 262. Pendule, signiert P. Jaquet-Droz; Neuchâtel; Pariser Boullegehäuse, Messinggrund mit farbiger Marqueterie und vergoldeten Bronzeappliken; Flötenwerk mit Zinnpfeifen; Höhe 104 cm, Breite 52,5 cm; ca. 1765.

b Rückansicht der Pendule mit Flötenwerk; zwei Uhrwerke: Werk rechts für Zeitangabe mit Viertelstundendoppelschlag, Werk links Antrieb des Spielwerkes. Links Signatur auf Halteband der Zinnpfeifen P. Jaquet-Droz à la Chaux-de-Fonds en Suisse.

Historisches Museum, Basel – Haus zum Kirschgarten.

Abb. 263. Pendule; Neuenburger Stil; signiert Jean Baptiste Mayet, à Morbier; ca. 1770; Gehäuse signiert von Louis Ferd. Ducommun le Locle. Alle Bronzen außer Fuß und Vase Repousse, vergoldet; Dreiviertel-Schlagwerk – Stundenschlag – Zugrepetition auf drei Glocken; 14 Tage Gangdauer. Zifferblatt: cadran soleil; Kasten gemalt; Schildpattimitation mit Blumen.

Sammlung Dr. E. Gschwind, Basel.

Abb. 264. Pendule, bayrischer Typ; Nußholzkasten geschnitzt; ca. 1770; Zifferblatt angelehnt an die gleichzeitige Augsburger Version mit auf Model getriebenem Mittelteil. Kreissegment für Pendellängeveränderung.
Bayerisches Nationalmuseum, München.

Abb. 265. Pendule Steiermark ca. 1780; Nußholzgehäuse; signiert Christian Maller, Radkersburg. Reich am Model getriebenes Zifferblattzentrum und Vorderseitenverkleidung verraten Augsburger Einfluß. Zwei Schlagzifferblätter und Wecker; acht Tage Gangdauer.
Steirisches Landesmuseum Joanneum, Graz.

Abb. 266. Englische Stutzuhr von ca. 1785; sogenannte Ballonuhr, signiert Peacock-London mit englischem Schlag auf Glocken, 8 Tagewerk; Satinholzkasten mit Parketterieeinlagen und Bronzemontierung. – Englische Privatsammlung.

Abb. 267. Reiseuhr, signiert Michael Rußwurm, Wien. Silbernes, teilweise vergoldetes Gehäuse; Rufschlagwerk; ca. 1710. Höhe 16,5 cm.
Steirisches Landesmuseum Joanneum, Graz.

ANDERE ARTEN VON ZEITMESSERN

A. Wasseruhren

Prof. Zinner (II/1) bezeichnet die Wasseruhren als eine der großen Erfindungen der Ägypter im 3. Jahrtausend v. Chr. Unter den Ausgrabungen finden sich mehrere Auslaufuhren und eine Einlaufuhr. Bei der ersteren, vergleiche Abb. 15, wird der Behälter gefüllt und das Absinken des Spiegels auf Marken der Innenseite beobachtet. Bei Einlaufuhren aber wird der Uhrbehälter auf eine Wasseroberfläche gelegt und das allmähliche Anfüllen beobachtet. Die frühesten ägyptischen Wasseruhren hatten mehrere Ausläufe für den Gebrauch in den verschiedenen Jahreszeiten. Die älteste Auslaufuhr stammt aus der Zeit Amenophis' III. (1415 bis 1380 v. Chr.), die älteste ägyptische Einlaufuhr aus römischer Zeit.

In der hellenistischen Zeit des klassischen Altertums waren Wasseruhren neben den Sonnenuhren die wichtigsten Zeitmesser. Manche dieser Wasseruhren waren schon mit Räderwerken für astronomische Angaben verbunden und hatten bewegliche Figuren anzutreiben. Hierüber gibt es antike Schriftquellen und ausführliche arabische Handschriften des Mittelalters. Zu letzteren gehören vor allem die Werke des Ridwan, 1203, und des Gazari, 1206. Hier waren die Araber die Bewahrer des antiken hellenistischen Erbes, von dessen Existenz wir sonst nur wenig wüßten. Im früheren Mittelalter wurden Wasseruhren in den Klöstern öfter verwendet (vergleiche Abb. 4). Seit der Wende vom 13. zum 14. Jahrhundert wichen in Europa die Wasseruhren den Räderuhren. Im mohammedanischen Osten aber hielten sich die Wasseruhren, begünstigt durch den Gebrauch der Temporalstunde, länger. Taqi al Din, ein türkischer Gelehrter, schreibt 1585 in Konstantinopel, daß man von ihnen mehr Beschwerde als Nutzen habe. Derselbe Schriftsteller beschreibt auch eine Räderuhr mit Staunen und Bewunderung.

Wir finden gelegentlich, speziell in England und Frankreich, eigenartige Wasseruhren, bei denen Trommeln, die innen in Kammern geteilt sind, die das Wasser langsam durchfließen lassen, an einer mit den Stundenziffern versehenen Skala herabgleiten. Holz und Blecharbeit dieser Wasseruhren, häufig mit Jahreszahlen aus dem 17. Jahrhundert bezeichnet, erwecken das ungute Gefühl, beabsichtigt primitiv zu sein und deuten auf einige wenige gemeinsame Quellen. Heute überwiegt bei den meisten Experten die Ansicht, daß es sich durchweg um Produkte einer Fremdenindustrie der zweiten Hälfte des 19. Jahrhunderts handelt, also einer Zeit, in welcher es im breiten Publikum bereits beliebt war, von Badeorten und Sommerfrischen Gelegenheitskäufe und Antiquitätenfunde heimzubringen. Bevor ein endgültiges Urteil gefällt werden kann, müssen konsequente Nachforschungen nach diesen Trommel-Wasseruhren der Neuzeit angestellt werden. Außer etwa ostasiatischen Stücken meist späterer Entstehungszeit wird diese Art der Wasseruhr fast die einzige sein, die heute dem Sammler begegnen könnte.

B. Sanduhren: (Abb. 178 bis 182.)

Ursprungszeit und Ursprungsland der Sanduhren ist uns unbekannt. Überhaupt ist diesem Kapitel niemals viel kritische Beobachtung zuteil geworden. Unter den arabischen Uhren befindet sich aber auch die Sanduhr, die von den arabischen Schriftstellern öfter erwähnt wird. 1585 schreibt Taqi al Din: „Die Sanduhren sind allgemein bekannt und in jedermanns Hand", 1536 erschien eine Abhandlung darüber, wie die Einschnürung der Sanduhr herzustellen sei. Im 14. Jahrhundert finden wir auch in Europa Hinweise auf Sanduhren, denn in diese Zeit scheint deren Erfindung zu fallen. Die antike Literatur erwähnt die Sanduhr nicht, und es gibt keine antiken Darstellungen von ihr. Ein gelegentlich zitiertes antikes Sarkophagrelief, das am Palazzo Mattei in Rom hoch oben eingemauert ist und in der Tat eine Sanduhr darstellt, stammt in seiner unteren Hälfte, die gerade jene Sanduhrdarstellung enthält, von einem Restaurator des 17. Jahrhunderts.

Zuerst scheinen einfache Holzfassungen, später auch kunstvoll behandelte Metallfassungen für die Sanduhrgläser verwendet worden zu sein. Trotz der stets bekannten Mängel der Sanduhr wurde diese Uhrengattung viele Jahrhunderte lang beibehalten. Die Sanduhr hatte, ebenso wie die einfachen Clepsydren, unter sich gleiche Zeitspannen zu messen, nicht aber Tag und Nacht in bestimmte Abschnitte zu teilen. Diesen Zweck erfüllte die Sanduhr. Eine spezifische Verwendung fand sich auf den Kanzeln, besonders der protestantischen Kirchen, um die Predigtlänge genau überblicken zu können. Bei diesen Kanzel-Sanduhren sind gelegentlich geistreiche Vorrichtungen zur Erleichterung des Umwendens vorhanden (Abb. 181). Heute noch werden Sanduhren gelegentlich als Eieruhr und als Pulsuhr verwendet. Zählvorrichtungen wurden, unter Umständen seit dem 15. Jahrhundert, an

a

d

Abb. 268a. Reiseuhr, signiert Kriedel in Budissin (Bautzen); ca. 1740; mit Stundenschlag und Wecker; Bronzegehäuse; Silberzifferblatt. Höhe ca. 25 cm.
b Rückseite, geöffnet.
Sammlung Ing. E. Anstoß, Wien.

Sanduhren angebracht, um direkt ablesen zu können, wie oft die Sanduhr abgelaufen war. Es wurden auch mehrere Sanduhren in einem Gestell angeordnet, um Stunden und Viertel von getrennten Gläsern anzeigen zu lassen. Welche Bedeutung die Sanduhr auch noch nach der Einführung der Pendeluhr hatte, zeigt ein bei Weigel, Haupt-Stände, Regensburg 1698, S. 405ff., angeführter Bericht, nach dem damals in Nürnberg die Sanduhrmacher zu den „Gesperrten" Handwerkern gehörten und bei der Aufnahme folgende Meisterstücke zu machen hatten: 1. eine kleine Uhr mit Bleisand, 2. eine Uhr mit vier Gläsern, von weißem Sand, die einzelnen Gläser zur Angabe der Stunden und der Viertel, 3. eine Uhr von drei Stunden Ablaufzeit; 4. eine Uhr mit zwei Gläsern, für die ganze und für die halbe Stunde. Auch Taschen-Sanduhren werden erwähnt. Die Metallgehäuse hierfür und für andere Sanduhren machte der Geschmeidemacher, daneben waren Gehäuse aus Holz und Elfenbein gebräuchlich. Es kommen hie und da auch Verbindungen von Sanduhren mit Räderuhren vor, wie z. B. an der zweiten Straßburger Münsteruhr von 1574, oder an der Uhr im Ratssitzungszimmer in Breslau. Ihr einfacher Aufbau hat die Sanduhr (auch Stundenglas) früh zum Symbol des Ablaufs der Zeit gemacht. Sie ist ein Attribut von Figuren geworden, die den Tod oder Chronos darstellen und findet sich unter Umständen auch allein in allegorischen Bildern oder als plastischer Schmuck von Uhren.

C. Öluhren und *Feueruhren:* (Abb. 254, 255.)

Die Idee, das gleichmäßige Abbrennen von Stoffen zur Zeitmessung zu benützen, ist uralt, wie es z. B. die „Duftuhren" in China beweisen. Das „Relogio de la candela" – Kerzenuhr – des Königs Alfonso von Kastilien gehört hierher, wo das Abbrennen entsprechend vorbereiteter Kerzen den Gang der Zeit zu bestimmen gestattete.

Seit dem 17. Jahrhundert werden die Öluhren bei uns häufiger, und besonders die Zinngießer haben sich ihrer im 18. und in der ersten Hälfte des 19. Jahrhunderts angenommen. In Mitteleuropa im 18. und 19. Jahrhundert waren gelegentlich geeichte Öllampenuhren verwendet worden, bei denen der Behälter einer Öllampe ganz oder teilweise durchsichtig und an einer Stelle graduiert ist. Das beim Brennen der Lampe allmählich abnehmende Öl zeigt an der Skala die Brenndauer und damit die Stunden an. Auf diese Weise hatte man gleichzeitig ein Nachtlicht – eine wichtige Einrichtung am Nachtkästchen – solange man nicht über elektrisch jederzeit bereite Lampen verfügte, zusammen mit einer Nachtuhr zur Verfügung.

Tafel XV. Emailzifferblatt der Janvierschen Stockuhr.

Tafel XVI. Portaluhr von Lepaute, ca. 1810.

Abb. 269. Silberne Sackuhr, signiert Thomas Tompion, London, ca. 1690. Einzeigersystem für Minutenablesung; innere Scheibe mit graviertem Zeigerbild dreht sich einmal in sechs Stunden. Äußerer, fester Ziffernring in I bis VI eingeteilt und darüber 7 bis 12 graviert. Rauten für halbe Stunden; am inneren Rand Viertelstunden-Kalibrierung. Scheibe hat auch Noniusteilung 1 bis 15, derart, daß 15 Scheibenteile 16 Teilen des festen Zifferblattes entsprechen (augenblickliche Lesung V oder 11 h + $^3/_4$ h + 7 Min.) Pendant offensichtlich ersetzt. Zifferblattdurchmesser ca. 50 mm.
Hessisches Landesmuseum, Kassel.

Abb. 270. Sackuhr mit glattem Silbergehäuse und Außengehäuse, letzteres aus Schildpatt mit Silberpiqué verziert. Wappen der Familie Strickland (Yorskhire. Spindelwerk, signiert Richard Colston Nr. 281; Schnecke und Kette, Regulator; ca. 1685. Zifferblattdurchmesser ca. 45 mm.
Victoria and Albert Museum, London.

b

a

Abb. 271a und b. Silberne Taschenuhr mit Übergehäuse, signiert Daniel Quare, London, ca. 1710; einsetzbar in 13 cm hohes, stockuhrförmiges Holzgehäuse. Eigenartige Scheibenblattindikation: Die im Halbkreisring sichtbare Scheibe durchläuft den Ausschnitt in einer Stunde. Jeweils ist eine kreisförmige Öffnung darin ersichtlich mit der Stundenziffer I bis XII.

d

c

Abb. 271c und d. Detailansichten zu Abb. 271a und b. Im Holzgehäuse ist ein Kalenderkupferstich eingeklebt mit der Bezeichnung: Heinrich Quemer, Kleinuhrmacher zu Nürnberg in der Neuengas Wohnhafft.

Germanisches Nationalmuseum, Nürnberg.

a

b

Abb. 272a, b, c. Goldene Sackuhr, signiert John Ellicott, London, ca. 1735; mit zwei Übergehäusen, eines aus getriebenem Gold, signiert George Moser (Schaffhausen), eines aus grünem Chagrinleder. Repetierwerk. Durchmesser ca. 50 mm. Zylindergang.
Victoria and Albert Museum, London.

c

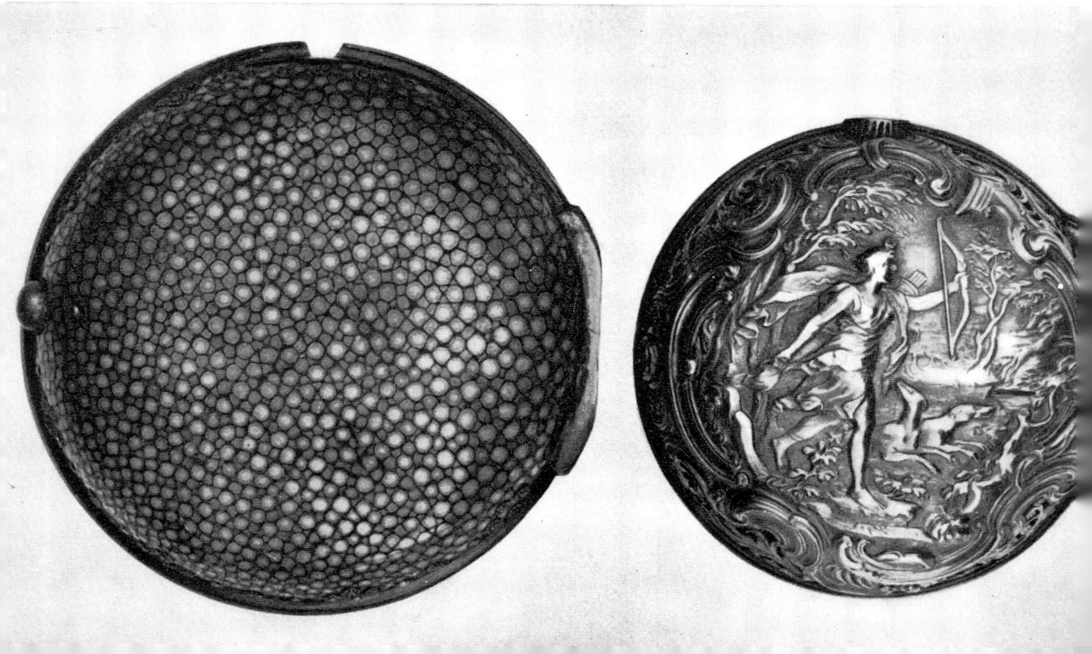

a

b

Abb. 273a und b. Goldene Sackuhr, signiert George Graham, Nr. 6574; Zylindergang; ca. 1750. Stunden- und Minutenzeiger aus Gold; Sekundenzeiger aus der Mitte. (Stunden- und Minutenzeiger wohl spätere Ergänzung); reich getriebenes, goldenes Übergehäuse. Zifferblattdurchmesser ca. 45 mm.

British Museum, London; früher C. A. Ilbert Collection.

a

b

Abb. 274a und b. Sackuhr, sogenannte Zwiebel (oignon); Gehäuse Kupfer vergoldet, Zifferblatt mit Emaileinlagen; signiert Himli a Colmar; ca. 1690–1700. Mit großer französischer Spindelbrücke; Messingwerk mit Kette und Schnecke. Regulierscheibe für Unruhefeder. Längenveränderung. Zifferblattdurchmesser ca. 60 mm.

Württembergisches Landesmuseum, Stuttgart.

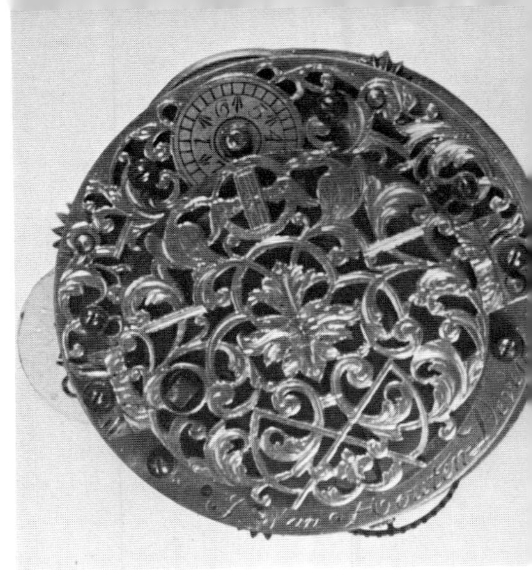

a Abb. 275 a–e. b

c, d, e

Abb. 276. Silberne Sackuhr, signiert A. V. Broechuisen in Gornichen (Gröningen) ca. 1730. Scheibenblattindikation. Stundenziffer erscheint in kreisförmiger Öffnung, kleiner Zeiger darüber weist auf Minuten. Zifferblattdurchmesser ca. 60 mm.

Sammlung Frau M. Boon van Kol, Eindhoven.

◀ Abb. 275 a, b, c, d, e. Fünf holländische Spindeluhr-Rückseiten.

a Taschenuhrwerk, Werk – signiert Marcou Amsterdam, Nr. 1055, ca. 1750, typischer holländischer Kloben.

b Taschenuhrwerk, signiert J. van Houten, Amsterdam, besonders großer holländischer Kloben.

c Taschenuhrwerk mit silbernem Kloben mit Muttergottes-Darstellung, von Adrian de Baghyn, Amsterdam, ca. 1750.

d Taschenuhrwerk mit silbernem Seitenschutz mit Jagdszenen und silbernem Kloben mit Amor als Herzensfischer und Inschrift: „c'est pour choisir". Signatur Will Gid, Rotterdam, Nr. 160.

e Taschenuhrwerk mit àjour Pfeilen. Kloben mit Inschrift „Ik Zal het verkrijgen" A V. Brock Huysen, Nr. 1010.

Sammlung Frau M. Boon van Kol, Eindhoven.

a

c

Abb. 277a, b, c. Kutschenuhr mit silberne Gehäuse; signiert Antony Bradl, ca. 1700, Au burg, dazu ein zweites, mit Schlangenhaut üb zogenes Gehäuse. Durchmesser 16 cm.

Württembergisches Landesmuseum, Stuttgar

b

Abb. 278a und b. Scheiben-Indikation-Sacku signiert Milögg, Wien, ca. 1720. Vergolde Bronzegehäuse. Spindelwerk mit Kette u Schnecke: Messingwerk. Zifferblattdurchmes ca. 55 mm.

Württembergisches Landesmuseum, Stuttgar

a

d

Abb. 279. Kutschen-(Sattel-)Uhr; signiert Johannes Bettelrock in Augsburg mit Werk und Stundenrepetierwerk. Reich getriebenes Silbergehäuse, ca. 1730. Zifferblattdurchmesser ca. 11 cm.

Sammlung Ing. E. Anstoß, Wien.

Abb. 280. Übergehäuse-Rückseite und seitliche Werkseinsicht in die Kutschenuhr von Bettelrock.

a

Abb. 281 a, b, c. Goldene Sackuhr, signiert Johannes Will, Heidelberg, ca. 1750 bis 1760; in der englischen Art; besonders schöne Goldschmiedearbeit. Monats- und Wochentagangabe; Planetenzeichen des Tages.
Hessisches Landesmuseum, Kassel.

b

c

ZEITTAFEL DER WICHTIGSTEN ENTDECKUNGEN UND ERFINDUNGEN

1500 ca. v. Chr. Amenemhet, „Fürst und Führer des königlichen Siegels“, rühmt sich in seiner Grabschrift, für König Amenophis I. eine Wasseruhr gebaut zu haben, „berechnet auf das Jahr“. Die Uhr hatte nur *einen* Auslauf. Vor Amenemhet berücksichtigte man die Verschiedenheit der Nachtlängen überhaupt nicht oder suchte sie durch die Benutzung mehrerer Ausläufe in den verschiedenen Jahreszeiten an den Wasseruhren auszugleichen. (Borchardt, Altägyptische Zeitmessung, S. 60ff.)

600 ca. v. Chr. Der „Schattenmesser“ des Königs Hiskia oder die Treppe des Ahas (2. Könige 20,10–11, Jesaja 38,8), der von Christoph Schissler in Augsburg 1578 als Refraktionssonnenuhr gedeutet wurde. (Sachsen, Horologium Achatz, Christophorus Schissler, Artifex, Philadelphia 1895.) Nach Borchardt (Altägyptische Zeitmessung, S. 41) aber wäre dies kein Zeitmesser gewesen.

550 ca. v. Chr. Anaximandros (611–547 ca.) stellt nach Suidas und Diogenes Laertius die erste „Sonnenuhr“ in Griechenland auf.

350 ca. v. Chr. Platons Nachtuhr, die älteste bekannte Weckeruhr, im Garten der Akademie in Athen. (Diels, Berlin. Sitzungsbericht 1915, S. 824ff.)

330 ca. v. Chr. Parmenio konstruiert Universal-Taschensonnenuhren für die Reise.

263 v. Chr. Papirius Cursor stellt die erste Sonnenuhr in Rom auf. Sie war für Catania auf Sizilien berechnet.

220 v. Chr. Eratostenes (276–195) verwendet in Alexandria große Armillarsphären.

200 ca. v. Chr. Archimedes (287–212 v. Chr.) benützt zur Messung des Sonnendurchmessers einen Stab mit verschiebbarem Zylinder. Dieser „Stab des Archimedes“ geht auf Aristoteles zurück und gibt die Anregung zum „Stab des Hipparchos“, der sogenannten Regula Hipparchi.

164 v. Chr. Q. Marcius Philippus läßt in Rom die erste für Rom berechnete Sonnenuhr neben der des Papirius Cursor aufstellen.

158 v. Chr. Andronikos Kyrrhestes erbaut in Athen den „Turm der Winde", der außen mehrere Sonnenuhren trägt und im Innern eine Wasseruhr enthielt. Von ihm auch das Horologium von Tenos.

100–150 n. Chr. Claudius Ptolemäus in Alexandria verbessert die Instrumente seiner Vorgänger, besonders des Hipparchos aus Nicäa, der um 160–125 v. Chr. in Alexandria lebte und u. a. das erste Astrolabium angegeben haben soll. Ptolemäus benützt ein Meteoroskopion, die später sogenannte Solstitial-Armille, einen großen Quadranten zu Sonnen- und Mondbeobachtungen, die später sogenannte Äquinoktial-Armille, das Organon parallaktikon, das später sogenannte Triquetrum oder die Regula Ptolemaica, und ein schon sehr durchgebildetes „Astrolabon", das wohl das Astrolabium planisphaerium ist. Die meisten dieser Instrumente werden viel älteren Ursprungs sein und zum Teil noch in Aristoteles' Zeiten hinaufreichen. Die Clepsydra genügt Ptolemäus nicht, diese und den Gnomon setzt er als bekannt voraus.

200 ca. n. Chr. Aus dieser Zeit stammen Teile einer monumentalen astronomischen Wasseruhr römischer Provenienz, die in Salzburg gefunden worden war. (Rehm, Jahrbuch des Österr. Instit. VI. 41 ff.)

500 ca. n. Chr. Die Herakles-Uhr von Gaza, eine monumentale Wasseruhr mit beweglichen Figuren, Stundenschlag, nicht von 1 bis 12, sondern von 1 bis 6, von der Figur des Herakles auf ein Schallbecken geschlagen. (Diels, über die von Prokop beschriebene Kunstuhr von Gaza, Abhandlungen d. Preuß. Akad. d. W. 1917, phil.-h. kl. n. 7.)

507 Cassiodorus läßt im Auftrage Theodorichs des Großen durch Boethius zwei Kunstuhren – eine Sonnenuhr und eine Wasseruhr – für Gunibald, König der Burgunder, anfertigen. Die Wasseruhr hatte eine Schlagvorrichtung durch Kugeln, die in ein Metallbecken fielen, durch die trompetende Figur des Diomedes usw. (Mon. Germ. Auct. ant. XII 39, 27.)

700 ca. Papst Paul I. schenkt König Pipin dem Kleinen eine Uhr. (Jaffe, Monum. Carol. S. 101 ff.)

Abb. 282a und b. Herzförmige Taschenuhr, signiert Berthoud, Paris, ca. 1780. Blauer Emailgrund mit Medaillon im Genre von Watteau; Goldkörper. Höhe 54,8 mm, Breite 49,7 mm. Drei getrennte Zifferblätter auf Gegenseite für Stunden und Minuten, Tagesdatum und Wochentage.

Musée d'Horlogerie La Chaux-de-Fonds.

807 Karl der Große erhält aus Bagdad als Geschenk Harun-al-Raschids eine messingene Wasseruhr mit beweglichen Figuren, die in Einhards Annalen (Mon. Germ. Scr. I 194, 14) beschrieben ist; diese erinnert stark an die Herakles-Uhr von Gaza oder auch an die Uhr des Gazari von 1206.

827 ca. Die Syntaxis mathematica des Claudius Ptolemäus wird als „Almagest" ins Arabische übersetzt.

845 ca. Leo der Philosoph stellt für den byzantinischen Kaiser Theophilos ein großes Automatenwerk her.

949 Liutprand von Cremona sieht am Hofe Konstantins VII. in Byzanz ein großes Automatenwerk.

996 Gerbert von Aurillac, der spätere Papst Sylvester II. († 1003) benutzt in Magdeburg ein eigenartiges Gerät mit mehreren in den Meridian eingebauten halbfußlangen Beobachtungsröhren: „Gerbertus in Magdaburg oralogium fecit, illud recte constituens, considerata per fistulam quadam stella nautarum duce". (Ausführliches über Gerbert bei Zinner, Astron. Instr. [II/1]).

1090 Su Sung beschreibt mechanische Himmelsphären mit einem Wasserwerksantrieb, wo gleichmäßige Umlaufdauer durch die Kombination von konstantem Auslauf und einer Laufradhemmung erzielt wird. Vergleiche „Heavenly Clockwork" von Joseph Needham, Cambridge University Press 1960.

1100 ca. Geber (Gaber ben Aflah in Sevilla?) konstruiert ein „Instrumentum quo scitur diversitos aspectum", eine Art Torquetum. (Apian, Instrumentum primi mobilis, 1534.)

1142 Nach einer noch erhaltenen dreisprachigen Marmorinschrift läßt König Roger II. von Sizilien für die Cappella Palatina in Palermo eine kunstvolle Uhr herstellen. (Abb. d. Inschrift u. a. bei Piazzi, Sull' orologio italiano ed europeo, Palermo 1798.)

1160 ca. Die monumentale Wasseruhr am Bab Gairun in Damaskus, verfertigt von Muhammed Ibn Ali Ibn Rustam al Churasani al Sa'ati, nach Brand 1166/67 von demselben Meister wiederhergestellt, 1203 vollkommen erneuert von seinem Sohne Ridwan Ibn Muhammed al Churasani Ridwan Ibn Muhammed Ibn al Churasani.

1206 Gazari (Abu 'l Izz Isam'il Ibn al Razzaz al Gazari Badi al Zaman) vollendet am Hofe der Ortokiden (Dijar Bekr. Amid) sein Werk

Abb. 283a und b. Marinechronometer. Erstes Stück, das von Thomas Mudge gebaut worden war. Acht Tage Gangdauer; Spindelgang mit Remontoir. Die kreisrunden Emailzifferblätter zeigen: Sekunden, Minuten und Stunden. Der Kreisringsektor zeigt den Ablauf der Feder. Silber-Arabeskenverzierung. London 1774.

British Museum, London; früher C. A. Ilbert Collection.

„Über die Kenntnis der geometrischen sinnreichen mechanischen Anordnungen". Gazari ist einer der bedeutendsten Uhrmacher des islamischen Kulturkreises.

1232 Kaiser Friedrich II. erhält aus Bagdad eine große Wasseruhr mit astronomischen Angaben.

In der ersten Hälfte des 13. Jahrhunderts gibt es in Köln eine Urlougingazze, in der hauptsächlich die Kleinschmiede wohnten. Spätere Bezeichnungen: platea Urlugen, Urluges- (1251), Urloges- (1251–1261), Horlogis-Gasse oder platea Horlogesgazen (1266 bis 1271), Orlogesgasse (1280) usw. (Volckmann, Deutsche Monatshefte 1918, S. 120.)

1240 ca. Guilelmus Alvernus, Erzbischof von Paris († 1248), benütz noch Uhren, „qui per aquam fiunt et pondera", also Wasseruhren mit Schwimmer und Gegengewicht.

1275 ca. Albrecht, der Verfasser des „Jüngeren Titurel", beschreibt eine wunderbare Kunstuhr („orolei") im Gralstempel, die u. a. die Bewegung von Sonne und Mond auf einer Kreisbahn zeigt. (Boisserée in d. Abh. d. B. Akad., philos. – philol. Abt. I. Bd. (1834), S. 350ff.)

1300 ca. Zum ersten Male Räderuhren mit mechanischen Hemmungen nachweisbar. (Dante's „Göttliche Komödie", letzter Teil 1316 bis 1321.) Die Übersetzung der diesbezüglichen Zeilen lautet:

„Wie, wohlgefügt, der Uhren Räder tun –
In voller Eil' zu fliegen scheint das letzte,
Das erste scheint, wenn man's beschaut, zu ruhn –".

Um 1300 Beginn der Ausrüstung von Kirchen und Rathäusern mit großen, schlagenden Uhren, die häufig auch mit Automaten und astronomischen Indikationen versehen sind. Wir nennen einige der wichtigsten hiervon:

(*1*) 1300 ca. Pierre Pipelart baut die erste öffentliche Uhr für Paris. (Fremont, Origine de l'horloge à poids, Paris 1915).

(*2*) 1344 Jacopo Dondi erbaut eine schlagende öffentliche Uhr in Padua.

(*3*) 1348 erhält London seine erste öffentliche Schlaguhr.

(*4*) 1354 Die erste Straßburger Münsteruhr, die sogenannte Drei-Königs-Uhr. Nur noch der Hahn erhalten.

(*5*) 1356–1361. Das Nürnberger Männleinlaufen an der Frauenkirche.

(*6*) 1364 Augsburg erhält seine erste öffentliche Schlaguhr.

Tafel XVII. Stutzuhr mit Automaten, Silberemail, ca. 1770.

Abb. 284a und b. Marinechronometer, signiert Ferdinand Berthoud, von 1774. Getrennte Minuten-, Stunden- und Sekundenangabe. Metallrost zur Temperaturkompensation. Antriebsgewichte auf einer dreiseitig geführten Platte.

Musée d'Horlogerie La Chaux-de-Fonds.

(7) 1370 Heinrich von Wyk erbaut in Paris für König Karl V. eine schlagende Turmuhr. Der Meister wohl aus Vic bei Château-Salins in Lothringen gebürtig.

(8) Vor 1382 ist bereits der Jacquemart von Dijon in Courtrai entstanden.

(9) 1497 Ambrogio dalle Ancore fertigt die beiden lebensgroßen bronzenen „Mohren" auf dem Uhrturm der Piazza di San Marco in Venedig. Das Werk dieser Schlaguhr 1499 von Giampaolo und Giancarlo Rainieri vollendet.

Einen guten Überblick über die vielen in Europa in dieser Zeit aufgestellten Großuhren gibt: „Les Horloges Astronomiques et Monumentales" von Theodore Ungerer (IV/1).

1327 Richard von Wallingford erfindet ein neues Beobachtungs- und Zeitmeßgerät „Albion", und baut die berühmte astronomische Uhr in St. Albans.

1300–1350 ca. Die ersten Schlaguhren kommen in Italien auf, die Äquinoktialstunden schlagen und Räderuhren sind. 1336 die erste nachweisbare in Mailand. (Bilfinger, Horen, S. 175 ff.)

1350–1550 ca. Eiserne Uhren in Innenräumen werden häufig. Sie besitzen oft Schlagwerk und Wecker; die Werke sind offen entweder zwischen vier gotisierenden Eckstrebepfeilern mit Fialen eingebaut (Prismenbauweise) oder in einem flachen Rahmen. Beide Typen erhalten sich in vereinzelten Nachzüglern bis gegen 1650. Die gerne aus Holz gearbeiteten Konsolen und die meist unverzierten Gewichte sind äußerst selten erhalten. Vergleiche S. 231.

1364 Giovanni Dondi dall' Orologio vollendet in Padua sein *Astrarium* und beschreibt darauf in einem detaillierten, später mehrfach kopierten Manuskript *Tractatus Astrarium* mit zahlreichen technischen Detailzeichnungen und Berechnungen diese durch Jahrhunderte als einmalige Leistung bestaunte Astronomische Uhr, die ein Höchstmaß an astronomischen Indikationen besaß und hierzu getriebetechnische Raffinements verwendete, die das Können und Verstehen vieler folgender Jahrhunderte vorwegnahm. (H. Alan Lloyd [I/1] hat dieses technisch und kulturgeschichtlich höchst bedeutende Werk eingehend behandelt.)

Um 1425 Erfindung der „modernen" Sonnenuhr, mit Polstab parallel zur Erdachse (wahrscheinlich in Erfurt oder Braunschweig).

Abb. 285. Tischuhr, ca. 1825; einen Brunnen darstellendes Goldbronzegehäuse mit Spiegeldeckel. Die Brunnenfigur: Neptun weist mit seinem Dreizack auf die am Rand des Beckens angebrachte Stundenkalibrierung.
Wien oder Genf.
Sammlung Graf Lamberti, Rom.

Um 1450 Erfindung des Federantriebes und Bau der ersten Federzugsuhren, anscheinend in Flandern oder Burgund. Die Ansicht, daß das im Nürnberger Germanischen Museum befindliche burgundische Reliquiar mit einem eingebauten Uhrwerk zur Zeit Philipps des Guten als Uhr hergestellt wurde, hat sich als unrichtig herausgestellt. Wir sind über die Uranfänge des Federantriebes völlig im unklaren.

1450 ca. Georg Peuerbach (1423–1461), Professor an der Wiener Universität, konstruiert sein „Quadratum geometricum“ oder „Gnomo geometricus“.

1459 Jehan de Lycbourg baut für Karl VII. von Frankreich die erste bisher schriftlich als Federzugsuhr erwähnte Räderuhr. (Gélis, L'Horologerie Ancienne [IV/12].)

1470 ca. Johannes Müller, gen. Regiomontanus (1436–1476), der bedeutendste Schüler Peuerbachs und ebenfalls an der Wiener Universität tätig, konstruiert nach Gebers Vorgang ein verbessertes Torquetum und unter Bernhard Walthers Beihilfe Astrolabia planisphaeria nach arabischen Vorbildern.

1470 Im Inventar der Herzoge von Burgund ist eine kleine goldene Tischuhr mit 12 Rubinen erwähnt, bei der oben ein Mann die Stunden weist (Gélis, IV/12).

1481 Das älteste nachweisbare monumentale Glockenspiel in Alost in Flandern.

Um 1480 Petrus Alemannus in Rom skizziert Details von Federzugsuhren, die zeigen, daß damals Federhäuser, Schnecken, Spindelgang, Schlagwerk u. a. Konstruktionsdetails bereits weitgehend verwendet wurden. (E. Zinner, Aus der Frühzeit der Räderuhr. Deutsches Museum, Abhandlungen und Berichte 1954.)

Um 1480 Der Fürst von Mailand und dessen Hofstaat tragen auf den Gewändern befestigte kleine Uhren, die auch schlagen. Einen Überblick über diese Dokumente gibt: E. Morpurgo in „L'origine dell'orologio tascabile“, einem in Rom 1954 bei La Clessidra erschienenen Büchlein.

1484 gebraucht Bernhard Walther in Nürnberg (1430–1504) zum ersten Male Räderwerke zu astronomischen Beobachtungen. Diese „Uhren“ wurden offenbar nicht zu fortlaufenden Zeitangaben, sondern nur zur Messung bestimmter Zeitabschnitte benutzt.

1494 ca. Lionardo da Vinci zeichnet eine Anordnung, die einem Spindelgang mit fest angebautem kurzen Pendel entspricht.

1500 Lorenzo Benvenuto Della Volpeia baut in Florenz eine 1 Elle hohe Uhr für König Matthias Corvinus aus Eisen mit zahlreichen astronomischen Indikationen von ungewöhnlicher Genauigkeit, derart, daß z. B. der Sonnenumlauf in der Ekliptik 365 Tage und 6 Stunden ausmacht. Die *Volpeia* waren eine Florenzer Uhrmacherdynastie, die schon in der ersten Hälfte des 15. Jahrhunderts tätig ist und bis zum Ende des 16. Jahrhunderts bedeutende Vertreter aufweist. Eine Reihe wichtiger Zeichnungen von ihnen sind in einem Manuskript der Laurentanischen Bibliothek in Florenz vor kurzem aufgefunden worden. (Codex Anitari 17.)

Gegen 1513 Der Chronist Cochleus bemerkt, daß Peter Henlein in Nürnberg kleine, tragbare Uhren mit Selbstschlagwerk herstellt, die dort Aufsehen erregen. Henleins Uhren waren nicht eiförmig, sondern zylindrisch dosenförmig mit relativ scharfen Kanten, wohl mit Löffelunrast und zuerst ohne alle Reguliervorrichtung außer der Schnecke. Eine genaue Kenntnis der ersten Taschenuhr haben wir nicht. Man wird nicht fehlgehen anzunehmen, daß sie sich von den gleichzeitigen Tischuhren mit Federzug nicht wesentlich unterschieden habe.

1518 Julien Couldray in Blois liefert für Franz I., König von Frankreich, zwei Dolche, bei denen im Knauf vergoldete Uhren eingebaut sind. (Gélis, IV/12.)

1500–1550 Die Federzugsuhren-Fertigung wird von dem Nürnberger Handwerk aufgegriffen; mehrere bedeutende Erfindungen scheinen dort entstanden zu sein: der Stackfreed, die Regulierung der Amplitude des Unrast durch verstellbare Schweinsborsten und die Trägheitsmomentkorrektur des Unrast durch unsymmetrisch verschwenkbare Löffelenden. Vielleicht gehört auch der Deckel mit Schauöffnungen zu den Nürnberger Beiträgen zur Uhrenentwicklung.

1538 Hans Yoncter, Juwelier und Goldschmied von Paris, liefert dem König von Frankreich 10 Totenkopf- und perlenbesetzte Anhängeuhren. (Gélis, IV/12.)

1530 ca. Peter Apian, der wissenschaftliche Berater Kaiser Karl V., (1495–1552) verbessert mehrere der älteren Instrumente und benützt wieder Handquadranten, einen „Gevierten Quadranten", ähnlich Peuerbachs Quadratum geometricum, ferner einen Maßstab, der ein Jakobstab in vereinfachter Form ist und bereichert das Torquetum Regiomontanis. Er veröffentlicht seine Arbeiten in prachtvoll ausgestatteten, meist Ingolstädter Drucken; Astronomicum Caesareum 1540, Quadrans astronomicus 1532, Instrument Buch 1533, Introductio geographica 1533, Folium populi 1533, Cosmographia per Gemma Frisium aucta, Köln 1574, Instrumentum sinuum, Nürnberg 1541 usw.

1530 Rainer Gemma Frisius in Löwen (1508–1555) macht als erster den Vorschlag, geographische Längenunterschiede durch Uhren zu bestimmen. (De principiis astronomiae et cosmographiae.) Rainer Gemma Frisius ist zu seiner Zeit der bedeutendste Instrumentenhersteller; auf ihn folgt sein ebenso bedeutender Neffe Arsenius Gualterus. Aus diesem Kreis stammt u. a. Thomas Gemini, der schon vor 1524 nach London kam und dort einer der Begründer des englischen Instrumentenbaues wurde.

1535/58 Juanelo Torriano baut für Karl V. verschiedene kunstvolle Uhren in Spiegel- und Portalform, Automaten mit Uhrwerksantrieb und ein großes Planetarium; praktisch der ganze Uhrenbesitz von Karl V. in San Yuste geht bei dem Brande von San Yuste 1809 im Zuge der Napoleonischen Kriege verloren. Juanelo verwendete bereits eine verbesserte Zahnradschneidemaschine. (Bassermann-Jordan, III/1.)

Ab 1525 Tischuhren mit Federantrieb in Form kreisrunder Dosen oder rechteckiger Kästchen mit waagrechtem Zifferblatt bürgern sich ein. Die Weckerwerke werden zuerst gern getrennt über dem Gehwerk aufgesetzt. Seit der zweiten Hälfte des 16. Jahrhunderts werden Tischuhren mit Köfferchen oder Holzgehäuse als Reiseuhren verwendet.

1534 Kopernikus' Buch „De revolutionibus orbium coelestium libri VI" widerlegt die geozentrische Lehre und bildet dadurch einen Markstein in der Entwicklung der modernen Weltbilder.

1540 ca. Türmchenuhren mit turmartigem Metallgehäuse, die vier Schauseiten bieten, werden zahlreich hergestellt. Wir finden alle Größen von kleinen Miniaturtürmchen bis zu großen Prunkstükken. Die meist schön verzierten Metallgehäuse machten diese

Abb. 286. Stutzuhr; sogenannter Zappler, sign. A. A. Berghauser, Eichstätt, ca. 1775. Bayerisches Nationalmuseum, München.

Türmchen notwendigerweise kostspielig. Wanduhren mit Gewichten aber stellen die Gebrauchsuhren für Bürger und Bauern dar. Dort halten sich dieselben durch das ganze 17. Jahrhundert. Wanduhren mit Federzug sind aber selten. Nürnberg ist zuerst das Zentrum für die gewerbsmäßige Herstellung der hochwertigen Federzugsuhren in Deutschland; es wird ihm jedoch in der zweiten Hälfte des 16. Jahrhunderts produktionsmäßig von Augsburg der Rang abgelaufen. Führende neue Ideen aber bringen die Hofuhrmacher von Innsbruck, Prag und Wien. Straßburgs Uhrmacherei folgt im wesentlichen der süddeutschen Richtung, während parallel in Frankreich – in Blois, Lyon, Abbeville und Paris – Türmchenuhren grundsätzlich anderen Aufbaues und anderer Werksanordnung gebaut werden, die, obwohl nicht so stark im Blickkreis der Sammler und Liebhaber bisher stehend, entwicklungsgeschichtlich höchstes Interesse beanspruchen.

1550 ca. Pierre de Fobis in Lyon baut mechanische Sphären.

1550 Imbser in Göttingen baut die erste Räderuhr im deutschen Raum, die mit einer automatisch umlaufenden Himmelskugel gekoppelt ist.

1553 Orontius Fineus baut für den Kardinal von Lothringen ein Planetarium.

1555–1585 ca. in Nürnberg ist es nunmehr gelungen, die dosenförmigen Federzugsuhren viel flacher als vorher zu bauen, so daß dieselben leicht als Anhänger getragen werden können.

1560 ca. Landgraf Wilhelm IV. von Hessen (1532–1592) errichtet in Kassel die erste Sternwarte Mitteleuropas. Als wesentliche Neuerung kommt die simultane Beobachtung von Position und Zeit der Sterne. Wilhelm IV. nimmt entscheidenden Einfluß auf die Entwicklung von Präzisionszeitmessern. Sein erster Hofuhrmacher ist Baldewein, dem 1578 Jost Burgi folgt.

Nach 1560 Tischuhren und Türmchenuhren werden künstlerisch immer reicher verziert. Die Gehäuse sind teils Kupferguß, teils Messing graviert und werden reich feuervergoldet. Zahlreiche astronomische Daten lassen die Zeitweisung häufig zurücktreten. Türmchenuhren mit Gewichtsantrieb werden auf säulenförmigen Postamenten aufgebaut. Solche Säulenuhren werden allseitig zugänglich in Innenräumen aufgestellt.

Seit 1565 Allmähliche Trennung der Kleinuhrmacher von den Schlossern in Nürnberg, wo die Großuhrmacher bis 1699 freie Künstler waren.

1570 Leonhard Digges erfindet den Theodolit.

1570 Augsburg beginnt Uhrwerke zur Bewegung von Figuren zu verwenden. Daraus entwickelt sich ein bedeutender Gewerbezweig, der ganz Europa mit Automatenuhren versorgt.

In Genf beginnt die bereits 1550 nachweisbare Herstellung kleiner,

Abb. 287. Stutzuhr, sign. Franz Traexinger in Aschach, ca. 1750, mit getriebenem, barockem Metallzifferblatt; Stundenschlag und Kuhschwanzpendel; in reich geschnitztem, vergoldetem Rokoko-Holzschränkchen von ca. 1775.
Sammlung Ing. E. Anstoß, Wien.

am Körper zu tragender Anhängeruhren mit von Goldschmieden gearbeiteten Gehäusen verschiedenster Formen beträchtlichen Umfang anzunehmen. Ausgangspunkt hierfür bildeten die dort ansässigen Gold- und Silberschmiede. Die Werke bleiben konsequent einfacher als die von Süddeutschland, wodurch sich aber größere Dauerbetriebssicherheit ergibt. (Babel, Histoire corporative de l'horologerie, Genf 1916.)

1574 Isaak Habrecht I. vollendet die zweite Straßburger Münsteruhr; die Berechnungen stammen von Konrad Dasypodius und Magister David Wolckenstein. (Dasypodius, Warhafftige Auslegung des astronomischen Uhrwerks zu Straßburg, Straßburg 1578. Poetische Schilderungen von Johann Fischart und – lateinisch – von Philipp Nikodemus Frischlin.)

1576 König Friedrich II. von Dänemark gründet die Sternwarte auf der Insel Hveen. Dort beobachtet Tycho Brahe (1546–1601) mit zum Teil ganz neuartigen Instrumenten. (Vergleiche seine 1596 in Uranienborg und 1602 als Titelauflage in Uranienborg und Prag erschienene „Astronomaie instauratae progymnamata" sowie seine 1598 in Uranienborg und 1602 in Nürnberg erschienene „Astronomiae instauratae mechanica".) Tycho Brahe benützte bei seinen Beobachtungen vier Räderuhren, die Minuten und Sekunden zeigten und von denen immer mindestens zwei im Gebrauch waren. Die größte Uhr hatte nur drei Räder, von denen das größte – aus Messingguß – fast 1 m Durchmesser und 1200 Zähne hatte.

1578–1587 Jost Bodeker erbaute eine Münsteruhr in Osnabrück und bringt an ihr alternativ neben dem Foliot einen umlaufenden Stern an, den Bassermann-Jordan als Zentrifugal-Regulator deutete.

An 1580 In Süddeutschland kommt eine neue eigenstämmige Uhrform, die Telleruhr, auf.

1582 Kalenderverbesserung Gregors XIII. Anschließend an den 4. Oktober wurde gleich der 15. gezählt. Einführung des neuen Kalenders sofort in den katholischen Ländern Österreich, Italien, Frankreich, Spanien usw.: 1587 in Ungarn, 1752 in England, 1753 in Schweden. Die protestantischen Stände Deutschlands nehmen am 18. Februar, ab 1. April 1700 erst den sog. Verbesserten Kalender, dann 1776 vollkommen den gregorianischen an unter dem Namen „Verbesserter Reichskalender".

a

b

Abb. 288a und b. Zappleruhr mit Automatenfiguren; wohl Wien, ca. 1835. Frontplatte zisilierte Goldbronze. Alle drei Minuten tritt der Erzengel in den in der Öffnung ersichtlichen Raum und hebt den Arm zum Gruße, dabei neigt sich Maria langsam und von der Höhe steigt der Heilige Geist herab in Form einer Taube. Dann verschwindet der Engel schnell, während die Taube langsam entschwebt und die Jungfrau in die ursprüngliche Stellung zurückgeht. Die Figuren sind aus Elfenbein und gemalt. Höhe 11 cm.

Sammlung Graf Lamberti, Rom.

Abb. 289 (unten). Zappler, Fassung aus Wiener Porzellan, ca. 1845. Höhe ca. 5,5 cm.

Sammlung Dr. Sobek, Wien.

1583 Galileo Galilei erkennt den Isochronismus der Pendelschwingungen bei ungleichen Größen der Ablenkung.

1584 Jost Burgi (1555–1632) in Kassel stellt Observationsuhren bisher unerreichter Präzision her; „nicht allein per distantiam interse et altitudinem meridianam, sondern durch unser Minuten- und Sekunden-Uehrlein, welches Stunden geben und a meridie in meridiem oftmals nicht eine Minute verirret" (Brief Wilhelm IV. an Tycho Brahe). Burgi's wichtige Erfindungen sind: das Remontoir (Zwischentriebsysteme, die in kurzen Intervallen nachgezogen werden) und der Kreuzschlag; gleichzeitig hat Burgi die Bearbeitung der Werksteile stark verbessert und schließlich eine raffinierte Vereinfachung im Zeitwerk eingeführt.

Um 1585 Jost Burgi baut die ersten Uhren langer Gangdauer (drei Monate).

1595 Christoph Margraf, Hofuhrmacher in Prag, schlägt dem Kaiser Rudolf II. den Kugellauf auf schiefer Ebene als Zeitnormal vor; erhält eine Patent darauf, baut mehrere solcher Uhren und spricht in einem Brief an den Kaiser die Unmöglichkeit eines *perpetuum mobile* aus. Anschließend daran bauen Schlotheim in Augsburg, Rohr in Braunschweig, Grollier in Paris, Gerts in Hamburg und Sayller in Ulm nach Margrafs Ideen eine Reihe von Uhren mit Kugellaufzeitnormalen.

Gegen 1600 Die Anhängeruhr hat die verschiedensten Formen angenommen. Darunter finden sich knospen-, blüten-, tierförmige, Kreuz- und Totenkopfuhren. In der ersten Hälfte des 17. Jahrhunderts sind neben den kreisförmigen vor allem die ovalen Anhängeruhren üblich, deren Eigestalt lange Zeit irrtümlich für die früheste Form der tragbaren Uhren gehalten wurde. Die bedeutendste Produktion dürfte wohl in Genf liegen; parallel dazu laufen bemerkenswerte Produktionen teils im französischen Jura, teils in Süddeutschland; doch darf auch das Aufkeimen einer ähnlichen Entwicklung in England nicht übersehen werden.

Seit 1600 ca. „Singende Uhrwerke" mit Orgel-, Glocken- und Stahlspielen, (mechanische selbsttätige Musikautomaten) werden speziell in Augsburg häufig in Uhren und Tafelaufsätzen eingebaut.

1609 Johann Lipperhey (1560 ca. bis 1619) erfindet das Fernrohr. 1610 Galilei, Kepler u. a. der damaligen Astronomen benützen Fernrohre zu astronomischen Beobachtungen.

Ab 1612 Jost Burgi verwendet bei seinen Kreuzschlaguhren flache Steigräder an Stelle der bisher üblichen Kronräder.

Ab 1600 Entwicklung der Bodenstanduhr dadurch, daß die Säulenuhren nunmehr gegen die Wand gestellt und deren Vorderseite bevorzugt ausgebildet wird.

Ab 1620 In mehreren Orten Englands erzeugen Kleinuhrmacher bemerkenswerte silberne Anhänger (Sackuhren) bedeutender Qualität.

Um 1630 Eine neue Emailmalereitechnik, geeignet für kleine Objekte, wie Uhrgehäuse, wird von Jean Toutin aus Chateaudun entwickelt, die ihren ersten Höhepunkt in Blois erreicht.

1631 Pierre Vernier (1580–1637) veröffentlicht die nach ihm benannten Hilfseinrichtungen zur genaueren Ablesung an Teilungen, auch Nonius genannt.

1638 Galilei veröffentlicht „Discorsi e dimostrazioni matematiche intorno a due nuove scienze“ mit den wichtigsten seiner Lehren über die Pendelbewegung.

1641 Galilei läßt durch seinen Sohn Vincenzo und durch Viviani eine Zeichnung eines Uhrwerks herstellen, bei dem zum ersten Male in bewußter Weise das Pendel als Zeitnormal benutzt wird; es arbeitet nicht mit einer Spindelhemmung, sondern einem freien Gang, ähnlich der späteren Chronometerhemmung. (Diese Tatsachen sind durch Arbeiten von Veladini 1854, Alberi 1856, Biot 1858 und Gerland 1884 festgestellt.)

Ab 1645 Radeloff in Schleswig baut Uhren mit Kugelantrieben, um möglichst gleichmäßiges Antriebsmoment zu gewinnen: die den Antrieb bewirkenden Kugeln werden aus einer Vorratsgalerie nachgeliefert, in welche sie täglich nachgefüllt werden müssen. Bei anderen, von G. Schott beschriebenen Varianten werden die Antriebskugeln automatisch durch federbetätigte Hebwerke zur Ausgangsstellung gebracht. Von hier aus stammen manche Fehlkonzeptionen des 18. Jahrhunderts über Perpetua mobilia.

1646 ca. Johann Hevel (1611–1687), Astronom in Danzig, beschreibt in seiner 1673 erschienenen „Machina coelestis“ die von ihm benutzten Instrumente. Es sind Quadranten, Sextanten und Oktanten mittlerer Größe aus Metall, und nur noch einige große Instrumente bestehen aus Holz. Torquetum, parallaktisches Lineal, Radius astronomicus und Armillarsphären benützt er kaum mehr. Aus seinem Buche ist auch zu ersehen, daß er verschiedenartige Räderuhren bei astronomischen Beobachtungen benützt, darunter sogar auch Kreuzschlaguhren (cum liberamentum duplice). Pendeluhren sind noch in der Minderzahl gegenüber den Foliotuhren.

1649 Vincenzo Galilei führt mit Viviani und Domenico Ballestri Galileo Galilei's Entwurf einer Pendeluhr aus. Der unvollendete Apparat geht nach Vincenzos Tod 1649 verloren.

Um 1650 Die erste bisher bekanntgewordene Uhr mit Jahresgangdauer wird von Hanns Buschmann für den Herzog von Braunschweig gebaut.

1655 Frühestes authentisches Erbauungsdatum einer Räderuhr mit einem Pendel. Die Uhr wurde von Camerini in Rom hergestellt; das Pendel ist kurz und starr mit der Spindel verbunden.

1656 Christian Huygens (1629–1695) (Den Haag) baut seine erste Pendeluhr, wo das Pendel nicht starr mit der Spindel gekoppelt ist, die er 1657 veröffentlicht. Dank seines energischen Eintretens für seine Ideen beginnt damit der Siegeslauf der Uhren mit Zeitnormalen mit ausgeprägten Eigenschwingungen (Isochronismus). Huygens betonte mehrfach die Unabhängigkeit seiner Entwicklung von Galilei; es gibt aber zeitgenössische Ansichten, daß er von Galileis Bestrebungen, das isochron schwingende Pendel als Zeitnormal für mechanische Uhren zu verwenden, zumindest Andeutungen gehabt hatte. Wie die letzten Anlässe für Huygens' Anregung auch liegen mögen, er hat das unbestreitbare Verdienst, der Welt diese Art von Uhren und die damit verbundene Genauigkeit gebracht zu haben.

Abb. 290. Wanduhr aus dem Schwarzwald; ca. 1780; holzgeschnitzter, teilweise vergoldeter Zifferblattgrund. Reiche astronomische Indikationen: Mittelblatt Nordprojektion der Erdkugel für Weltzeitablesung mit eingetragener Datumsgrenze; versilberter Zifferblattring mit zweimal XII Stunden für Tag; außen Jahresring mit Kalenderheiligen für jeden Tag, Mond- und Tierkreiszeichen, Sonnen- und Mondstand. Ursprünglich für das Kloster St. Peter im Schwarzwald angefertigt. ▶

Uhrenmuseum, Furtwangen.

33

Ab 1656 Die Brüder Campani in Rom (Giuseppe und Pietro) erfinden und bauen Nachtlichtuhren mit transparenten Ziffern, die hinter dem Zifferblatt Lämpchen haben und damit das Ablesen der Zeit bei Nacht ermöglichen. Solche Nachtuhren werden in den nächsten Jahrzehnten mehrfach auch in England gebaut.

1658 Christian Huygens gibt die Zykloidenführung an, um Isochronismus der Pendelschwingungen unabhängig von der Größe der Amplituden zu erreichen. (Christian Hugenii Zulichemii, Constantini filii, Horologium oscillatorium, sive de motu pendulorum ad horologia adaptato demonstrationes geometricae, Paris 1673.)

1658 Dr. Robert Hook skizziert einen Kreuzschlaggang mit zwei einlappigen Spindeln, gemeinsamem Steigrade und zwei Unruhen.

1660 Hook versucht an einer tragbaren Uhr den Unrast mit einer *geraden* Feder zu koppeln, um ein eigenschwingungsfähiges System zu gewinnen.

Ab 1660 Die Londoner Uhrmacher East, Fromanteel, Tompion, Knibb Quare und viele andere erfassen die von den eigenschwingungsfähigen Zeitnormalen gebotenen ungeheueren Vorteile und entwickeln innerhalb von 30 Jahren Bodenstand-, Stock- und Taschenuhren, die bei weitem den anderen kontinental-europäischen Uhren überlegen sind. Dadurch gewinnt England für mehrere Generationen die Führung bei der europäischen Uhrenproduktion. Dank der durch die Anwendung des Pendels gesteigerten Genauigkeit erhalten ab 1660 in rasch zunehmendem Maße Stock- und Standuhren Minutenzeiger nach unserer heutigen Anordnung mit Stunden- und Minutenrohr auf der Minutenradwelle, während Minutenzeiger früher nur selten angebracht wurden.

1667 Erste nachweisbare Anfänge der Uhrmacherei im Schwarzwald. (Meitzen, „Uhrenindustrie des Schwarzwaldes“, Freiburg 1900, mit sorgfältiger Literaturangabe; oder Kuckuck, „Die Uhrenindustrie des Württembergischen Schwarzwalds“, Tübingen 1906)

1674 Christian Huygens läßt in Paris die erste Uhr herstellen, wo der Unrast mit einer Spiralfeder gekoppelt ist und erfindet somit die Unruhe im heutigen Sinn, das grundsätzliche Zeitnormal für alle tragbaren Uhren seither.

Tafel XVIII. Juwelenbesetzte Figurenuhr von Cox, 1780.

Abb. 291a und b. Wanduhr; ca. 1780; Gußeisenrahmen; durchbrochenes Blatt mit getrennten Stunden-, Minuten- und Sekundenangaben (Sekundenzeiger läuft einmal in vier Minuten – verkehrt – um). Original Gußeisenpendelkörper, Gewichtstasche mit Rolle und Gegenrolle. (Nach Familientradition der letzten Besitzer amerikanischer Provenienz und auf Grund von Angaben Benjamin Franklins gebaut.)
Museum von Hassocks.

1674 Abbé de Hautefeuille (1674–1724) in Paris, der ähnliche Ideen wie Huygens verfolgt, bringt eine lange, gerade Borste, später eine Prellfeder an den Unruhen der Taschenuhren an. (Abbé de Hautefeuille, Factum de M. L'Abbé de H., touchant les Pendules de poche, contre M. Huygens, 1675.)

1675 Huygens gibt eine Variante des Spindelganges an, bei der zwischen Pendelgabel und Steigrad eine Zwischenübersetzung eingeschaltet ist.

Hook skizziert eine weitere Kreuzschlaghemmung mit zwei verzahnten Unruhen.

1676 Edward Barlow in London (1636–1716) gibt das erste Repetiersystem an. In einem Patentprozeß mit dem diese Idee in verbesserter Form präsentierenden Daniel Quare obsiegt letzterer.

1676 ca. William Clement führt 1680 den (rückfallenden) Hakengang in die Uhrmacherei ein, wobei es möglich ist, daß die grundlegende Idee von Kook herrührt.

Ab 1680 Projektionsuhren nach Art der Laterna Magica kommen in Mode. Die Idee scheint von Campani oder Athanasius Kircher herzurühren.

1680–1700 ca. Erste Blütezeit der Emailuhren in Genf, deren Hauptvertreter die Brüder Jean Pierre (1655–1723) und Ami (1657–1724) Huaud (Huaut) sind. 1686 bis 1700 sind die beiden in Berlin tätig, wo der Große Kurfürst versuchte, eine Uhrenindustrie staatlich aufzuziehen.

Ab 1680 In Frankreich entstehen architektonisch neue Gehäuseformen für die Bodenstand- und Stutzuhren; die wichtigsten sind pfeilerartige Kasten, die unter Umständen reich geschweift sind. Aus dem einfachen Kästchen der ersten Huygens'schen Pendeluhren entwickeln sich zuerst die Religieuse, und durch weitere architektonische Gliederungen die verschiedenen Pendulen. Bis zur Mitte des 18. Jahrhundert überwiegt das Interesse an der künstlerischen Ausführung der Gehäuse, während die Werke zwar ausführungsmäßig hochwertig, aber im Konzept konservativ bleiben.

Ab 1690 Bodenstanduhren mit langer Gangdauer (3, 6 und 12 Monate) werden von den großen Londoner Meistern hergestellt.

1694 Thomas Tompion (1638–1713) und Daniel Quare (1649–1724), beide in London, bauen Bodenstanduhren, die die Zeitgleichung

Abb. 292. Schwarzwälder Wanduhr mit Glasglocken-Spielwerk und Automatenfigur (Eremit läutet Stundenglocke). Zifferblatt entfernt, Holzwerk; Spielwerkwalze von Hand längs verstellbar für verschiedene Melodien; ca. 1790.
Uhrenmuseum, Furtwangen.

genau angeben und damit das Richten der Uhren (nach Sonnenuhrbeobachtungen) einfach, ohne mühsame und zu Fehlern leicht Anlaß gebende Rechenoperationen ermöglichen (die ersten Äquationsuhren). Die Anregungen hierzu dürften von Christian Huygens stammen.

1695 Thomas Tompion erfindet den ruhenden Zylindergang, der später von Graham verbessert wird. (Hillmann, Der Zylindergang, Leipzig 1904.)

Gegen 1700 Der Genfer Fatio erfindet in London die Juwelenlager und verwendet als erster gebohrte Rubine als Zapfenlager.

Ab 1700 Friedrich Hirt (1685–1749) im Rheinland malt Landschaften mit Kirchtürmen, worin gehende und schlagende Uhren angebracht sind.

1701 Martinot in Paris baut ein Planetarium.

1703 Huygens in Den Haag baut ein Planetarium.

1704 De Baufre in Paris stellt einen ruhenden Zylindergang aus einem Diamanten her.

1714 Das Longitudinalproblem (genaue Längenbestimmung zur See), das schon seit dem 16. Jahrhundert im Brennpunkt der wissenschaftlich ausgerichteten Zeitmeßkunst stand, erhält einen besonderen Auftrieb dadurch, daß die englische Regierung den enormen Preis von 20000 Pfund Sterling für den Verfertiger eines Schiffchronometers aussetzt, das auf einer festzulegenden Seereise nach der Neuen Welt die geographische Länge mit einem Fehler von nur $^1/_2$ Grad (entsprechend zwei Zeitminuten) zu bestimmen gestattete. 15000 Pfund Sterling bei $^2/_3$, 10000 Pfund Sterling bei 1 Grad Differenz waren als Trost für nicht völliges Erreichen der Maximalbedingung vorgesehen.

Gegen 1715 Tompion und Graham bauen ein ebenes, von Hand angetriebenes Planetarium für Prinz Eugen in Wien.

1715 ca. George Graham in London (1673–1751) erfindet den nach ihm benannten ruhenden Ankergang.

Ab 1717 Intensive Beschäftigung französischer Uhrmacher mit Äquationsuhren-Problemen. Aus den Untersuchungen von Le Bon, Julien Le Roy u. a. m. stammen wichtige getriebetechnische Fortschritte.

1720–1775 Augsburg erzeugt und exportiert in größerem Umfang Telleruhren mit getriebenen Metallteilen.

Abb. 293. Wanduhr (sogenannte Sorg-Uhr). Joseph Sorg, „Uhrmacher und Resonansfederhersteller" in Neustadt im Schwarzwald, konzipiert ca. 1810 als erster diese kleine gefällige Wanduhr. Minutenzeiger fehlt. Putto in Messingblech getrieben; Höhe 8 cm. Württembergisches Landesmuseum, Stuttgart.

Gegen 1721 Henry Sully in Paris legt eine Längenuhr vor, die aber nicht befriedigt.

1722 Abbé Hautefeuille benützt als erster den Ankergang in tragbaren Uhren. Die Unruhwelle hat dabei ein Trieb, das von einem mit dem Anker fest verbundenen Rechen hin und her geführt wird (Rechenankergang).

1724 Joseph Williamson in London verwendet als erster das Differentialgetriebe für Äquationsuhren, welches voraussichtlich auf eine Anregung von Dave Williamson, Hofuhrmacher in Wien, zurückgeht.

1724 Jean Baptiste Dutertre erfindet den Duplexgang, der gegen 1759 von Pierre Le Roy ausgestaltet wurde.

1726 Harrison erfindet das Rostpendel, bei dem die verschiedene Ausdehnung verschiedener Metalle zur Kompensation der temperaturbedingten Pendellängeneinstellungen verwendet wird.

1726 Graham erfindet das nach ihm benannte Quecksilberkompensationspendel.

1730 Anton Ketterer aus Schönwald im Schwarzwald verfertigt die erste Kuckucksuhr.

Ab 1730 Auf den Gebieten der Stutz- und Bodenstanduhren überflügelt Frankreich England. Die bis dahin in der Führung stehenden englischen Uhrmacher sind durch ihren Konservativismus behindert, an der neuen Entwicklung unbeschwert teilzunehmen. Hier wiederholt sich das gleiche Bild wie etwa 100 Jahre früher in Süddeutschland und Österreich, wo die erstarrten Zunftordnungen das rechtzeitige Anpassen an die neuen Entwicklungstendenzen verhindert haben.

Im 18. Jahrhundert verliert die Augsburger und Friedberger Uhrmacherei ihre letzte Bedeutung. Im Bau von hochwertigen Taschenuhren führt England weiter bis zur Mitte des 19. Jahrhunderts.

1733 Regnaud in Châlons arbeitet an neuen Wegen, den Einfluß des Temperaturwechsels auf die Pendellänge aufzuheben.

1730–1765 wird die Taschenuhr gern frei am Gürtel getragen, wobei das Zifferblatt dem Träger zugewendet ist, Schlüssel und Petschaft sind zusammen mit der Uhr an einer Châtelaine befestigt.

1735 Harrison baut seine erste Längenuhr mit einem temperaturkompensierten, kreuzschlagartigen Zeitnormal.

Abb. 294. Stockuhr; signiert Antide Janvier, Versailles, Nr. 149; ca. 1780. Kasten aus Mahagoni mit Glasplatten an vier Seiten. Zifferblätter Emailmalerei; signiert Coteau (der bedeutendste Emailmaler der Zeit). Zifferblatt gibt Überblick über die damals gebräuchliche Zeitunterteilung in vollendeter Klarheit; Sekunde aus Mitte; darunter mittlere Zeit und Zeitgleichung; darüber Mondstellung in Ekliptik und Mondalter; rechts und links Sonnenauf- und Sonnenuntergang; Tag- und Nachtlängen; unterhalb Hauptzifferblatt regulärer Kalender: Wochentage, Monate, Tierkreis und Schaltjahr. Werk später von Breguet auf einen Chronometergang mit konstantem Antrieb umgebaut.

Musée de Besançon.

Um 1738 Johannes Klein S.J. in Prag baut hervorragende Stockuhren mit ungewöhnlichen astronomischen Indikationen.

1741 Cassini in Paris gibt ein besonderes Kompensationspendel an.

1741 Amant erfindet den Stiftengang.

1749 Passemant in Paris baut ein großes Planetarium, dem ein zweites 1754 folgt.

1749 Rivaz verfertigt eine Federzugs-Schlaguhr mit Jahresgangdauer.

1750 ca. Thomas Mudge (1715–1794), der bedeutendste Meister Englands der klassizistischen Periode, erfindet den ersten freien Ankergang.

1751 Le Plat in Paris verfertigt eine Uhr, die durch die Unterschiede des atmosphärischen Luftdruckes aufgezogen wird. Vorschläge für eine ähnliche Uhr veröffentlicht 1755 Lepaute.

1755 Romilly in Paris verfertigt eine Taschenuhr, die in einem Aufzug acht Tage geht und deren Unruhe Sekunden schlägt; acht Tage gehende Taschenuhren waren allerdings schon früher, z. B. 1690 von Enderlin in Basel, gebaut worden.

1756 Die ersten automatischen (sich selbst aufziehenden) Taschenuhren werden in der Schweiz von Perrelet gebaut. Dies ist der Ausgangspunkt für eine Entwicklung, die immer wieder den Ehrgeiz der bedeutendsten Uhrmacher anfeuerte, aber erst im ersten Viertel des 20. Jahrhunderts von Hans Wilsdorf in Genf wirklich brauchbar gelöst wurde.

1760 Thomas Mudge konstruiert einen ruhenden Ankergang mit zwei Hebflächen.

Ab 1760 Pfarrer Philipp Matthäus Hahn (1739–1790) in Kornwestheim und Echterdingen, verfertigt eine Reihe von hervorragenden Uhren, die mit mechanischen Globen oder Sphären gekoppelt sind. Er legt besonders Gewicht auf möglichst getreue Wiedergabe der astronomischen Perioden und berechnet hierzu mit selbstgebauten Rechenmaschinen die notwendigen Übersetzungszahnräder. Auch eine Reihe interessanter Taschenuhren und besondere Sonnenuhren (Heliochronometer) werden von Hahn ausgeführt. Eine eingehende Biographie „Philipp Matthäus Hahn“ hat E. Engelmann, Berlin 1823, geschrieben. Ein umfassendes Manuskript über Hahn, seine Söhne und Werkstatt, das Bassermann-Jordan als von Engelmann fertiggestellt, in seiner 3. Auflage erwähnt, ist leider nicht zum Druck gelangt und heute verschollen.

Abb. 295. Stockuhr ca. 1815 mit mechanisch betriebenen Himmels- und Erdgloben auf gemeinsamem Postament; signiert Christoph Matthaeus Hahn, Stuttgart (1765–1833). Die Uhr in der Mitte gibt an: große Stunde aus Mitte; mittlere Zeit (Stunden, Minuten, Sekunden) darüber; darunter regulärer Kalender (Datum, Monat, Wochentag mit Monatslängen und Schaltjahrskorrektur); am kleinen Blatt getrennt: Sternzeit und Mondphasen.

Bayerisches Nationalmuseum, München.

1761 John Harrison hat mit seiner Lebensarbeit, das Längenproblem zu meistern, Erfolg. Sein *Timekeeper No. 4* differiert bei der Fahrt der „Deptford" nach Jamaika in 161 Tagen nur um fünf Sekunden. Harrison erhält dafür den Preis der englischen Regierung mit 20000 Pfund Sterling ausbezahlt, die letzte Rate allerdings erst im Jahre 1768. Damit gewinnt die englische Uhrmacherei ein ungeheures Prestige und die englische Schiffahrt einen gewaltigen Vorsprung allen anderen seefahrenden Nationen gegenüber.

1761 Ferdinand Berthoud (1727–1807) vollendet seine erste Seeuhr.

Ab 1765 ca. Der Pendulenbau im Schweizer Jura beginnt sich zu entfalten und eigenstämmige Uhrwerkskonstruktionen und Gehäuseformen hervorzubringen. (Chapuis, IV/5.)

1769 Pierre Le Roy (1717–1785) vollendet seine erste Seeuhr, deren Chronometerhemmung er bereits 1748 publiziert hatte. (Weitere Publikationen darüber: Etrennes chronométriques, 1760; Recherches des longitudes en mer, 1768; Mémoire sur la meilleure manière de mesurer le temps en mer, 1770; Précis des recherches ... pour la détermination des longitudes en mer, 1773, alle Paris.)

1770 Antide Janvier (1751–1835) in Paris baut eine Reihe kunstvoller Uhren, Planetarien und Sphären, die werkstechnisch zu den höchsten uhrmacherischen Leistungen überhaupt gehören. Daneben entwickelt er eine geniale neue Antriebsanordnung für Äquationsuhren, deren Kinematik ein Abbild jener des Sonnen-Erdbahnsystems ist.

1772 David a San Cajetano und Aurelianus in Wien bauen mehrere bemerkenswerte Bodenstanduhren mit reichen astronomischen Indikationen. David a San Cajetano verwendet dazu in großem Umfang epicyklische und differo-epicyklische Getriebe, für die er die notwendige mathematische Theorie aufstellt, Arbeiten, die ihm die Mitgliedschaft der Akademien von Berlin, St. Petersburg und Wien eintragen.

1774 James Cox (gest. 1788), der berühmteste englische Automatenbauer und Exporteur an den chinesischen Kaiserhof, baut eine Bodenstanduhr, die durch die barometrischen Schwankungen mit einem sinnreichen Barometerantrieb in Gang gehalten wird.

Abb. 296. Stockuhr; signiert Philipp Fertbauer, Wien, ca. 1815; handgeschriebenes Zifferblatt. Neben normaler Zeitindikation regulärer Kalender mit Tagesdatum, Wochentag und Tierkreiszeichen; ferner Mondphasen; Sonnenstand, Auf- und Untergang. Vom Viertelstundenschlagwerk ständig nachgezogenes Remontoir für das Gehwerk.

Uhrenmuseum der Stadt Wien.

1775 John Arnold, London (1744–1799), erfindet die zylindrische Spirale für Chronometer.

1780 ca. Mode der Herren, zwei Uhren zu tragen, die vorn unter der Weste stecken, während die Berlocken über den Leib zu beiden Seiten des Latzes, dessen Ränder verdeckend, herunterhängen.

Ab 1780 Kinzing in Neuwied baut schöne Uhrwerke für die prachtvollen Uhrkästen von Röntgen.

1781 Thomas Earnshaw, London (1749–1829), gibt dem Chronometergang mit der Feder seine heute noch übliche Gestalt. (Earnshaw und Arnold, Explanations of timekeepers, London 1806; Earnshaw, An appeal to the public, London 1808.)

1782 John Arnold erhält ein Patent auf eine freie Chronometerhemmung mit gerader Feder und kompensierter Unruhe. Weitere Verbesserungen der Chronometergänge folgen von Ferdinand und Louis Berthoud, A. L. Breguet, Mudge, Dutton u. a. m.

1799 Thomas Mudge d.J. in London veröffentlicht die technischen Einzelheiten der von seinem Vater konstruierten kleinen Chronometer.

Um 1800 Abraham-Louis Breguet in Paris führt eine Reihe bedeutender neuer Konstruktionen in den Taschenuhrenbau ein (Breguetspirale, Tourbillons, Getriebeanordnungen, Tonfeder, Zeigerformen automatische Aufzüge).

Ab 1800 Die Wiener Uhrmacherschule nimmt durch mehrere Jahrzehnte einen führenden Platz in Europa ein; große Mengen der in Wien neu entwickelten Stutzuhrformen, Zappler und besonders die Wiener Regulatoren werden nach Ost- und Südeuropa exportiert.

1820 ca. In der Schweiz werden die ersten Stoppuhren-Vorläufer (Chronographen) mit einem gesonderten Sekundenwerk entwickelt.

1842 2. Oktober, wird die dritte Straßburger Münsteruhr, ein Werk des Straßburger Uhrmachers J. B. Schwilgué, in Betrieb gesetzt. Die feierliche Einweihung geschah bei einem Nachtfest am 31. Dezember 1842. (Veröffentlichungen von Edel 1843. Schwilgué d. J. 1862 und 1863, Schweighäuser o. J. und 1876, Stolberg 1898 und A. und Th. Ungerer.)

1842 Adrien Philippe konstruiert seine erste Remontoiruhr (Kronenaufzug) nach Vorgängen von Breguet, Magnin, J. R. Arnold u.a. Er publizierte: »Les montres sans clef«, Paris 1863.

Abb. 297. Stockuhr von Eli Terry, USA. (sogenannte Pillar & Scroll Shelf Clock): ca. 1816. Solides Mahagonigehäuse mit Mahagonifurnier. Gemaltes Zifferblatt; Vasen zweiteilig gedreht; Säulen Kirschholz; leicht konvexes Glasfenster; Quadratische Gewichte; Höhe ca. 60 cm.

Sammlung Ed. S. Jones, Los Angeles, Kalifornien.

1845 Ferdinand Adolf Lange (1815–1875) gründet die Uhrenfabrik und Firma A. Lange & Söhne in Glashütte bei Dresden. Er führt Taschenuhren mit Stiften-Ankergang, Stahl-Ankerrad und kompensierter Unruhe ein.

1860 Jaeger – Le Coultre in Le Sentier führen Uhren mit Aufzugskrone anstelle der bis dahin üblichen Aufzugschlüssel in breitem Umfang ein.

1914 Harewood in London patentiert die grundsätzlichen Ideen der automatischen Armbanduhren.

Abb. 298. Stockuhr; signiert Aaron Willard, Boston, ca. 1830; Höhe ca. 80 cm. ▶
Sammlung Dr. W. Barclay Stephens, Alameda, Kalifornien.

BOSTON

Abb. 299. Stutzuhr (Portaluhr) mit Originalkonsole; um 1800; spät klassizistisch, signiert Brändl in Wien. Rundes Acht-Tage-Werk mit Wiener Vierviertelschlag auf Glocken. Bombiertes Zifferblatt mit Monatsdatum- und Wochentagsangabe aus Mitte. Wochentagszeiger zentralsymmetrisch springt $^1/_{14}$ des Umfangs pro Tag; Sonntag, Dienstag, Donnerstag, Samstag, Montag, Mittwoch, Freitag, Sonntag. Schwarz gebeiztes Birnholz; einfache getriebene Messingblech-Kartusche im bekrönenden Bogen; Profilleisten auf Säulenbasis fehlen. Höhe 60 cm (ohne Konsole).
Sammlung H. von Bertele, Wien.

Tafel XIX. Goldemailuhr von Bovet, ca. 1805.

ALLGEMEINE SAMMLERPROBLEME

Eine ganze Reihe von Problemen werden in gleicher Weise alle Typen von Sammlern beschäftigen. Hierzu gehört z. B. die Notwendigkeit, andere Sammlungen und Museen kennenzulernen, Vergleichsmöglichkeiten zu beschaffen, die Richtigkeit von Provenienzdaten zu überprüfen, Lebens- und Arbeitszeit der Meister sowie womöglich auch ihre Lehrmeister zu erfahren, die lokalen Meisterordnungen zu wissen, die historische Einordnung in technische oder künstlerische Schulen vorzunehmen, Instandhaltung und Reparaturen in der zweckmäßigsten und richtigsten Art vorzunehmen, die verschiedenen Indikationen der Zifferblätter richtig zu deuten, Ergänzungen und Fälschungen zu agnoszieren, das Erkannte zu katalogisieren und bei Ortsänderungen die Uhren richtig zu verpacken und zu versenden.

Vielleicht das wichtigste und zugleich schwierigste Problem aber, auf das jeder Uhrensammler im Laufe seiner Tätigkeit früher oder später stößt, ist die Problematik des Schrifttums. Zuerst freut sich der Anfänger spielerisch an der Form und dem Rädergang eines Uhrwerkes, sowie dem Stimmenspiel eines Schlag- oder Musikwerkes. Bald aber tritt der Wunsch nach besserer Kenntnis auf, und für eine Weile gilt das gerade vom Zufall in die Hände gespielte erste Buch als unfehlbar. Später aber findet man Differenzen zwischen augenfälligen Tatsachen und den Ansichten des Buches, die zur Suche nach Aufklärung treiben. Hier setzt die systematische Quellensuche ein, die nie endet und immer schwieriger wird, je weiter zurück man sich bewegt, weil immer mehr Widersprüche auftreten, und weil man plötzlich erkennt, daß bestimmte, in vielen verschiedenen Büchern wiederholte Anschauungen zum Schluß nur durch das kritiklose Kopieren ein- und derselben Ansicht entstanden sind. Die Anzahl von Wiederholungen derselben Behauptung ist keineswegs ein Beweis für die größere Wahrscheinlichkeit einer Behauptung; Literaturstudium und das damit verbundene Sammeln der einschlägigen Bücher und Veröffentlichungen ist daher eine zwangsläufige Folge eines ernsthaften Uhren- und Instrumenteninteresses. Der Sammler gerät hierbei leicht in das Gehege der Bibliophilen

Abb. 300. Stutzuhr (Wiener Portaluhr); um 1810; Gewichtswerk, skelettiert mit großem Grahamanker und Quecksilber-Kompensationspendel; Marmorpiedestal; Glassturz entfernt. Höhe ca. 55 cm. – Sammlung Dr. Sobek, Wien.

Abb. 301. Stutzuhr in Glasvitrine, sogenannte Hausherrenuhr; signiert Federl, Wien; ca. 1815; 40 Stunden Viertelstundenschlagwerk auf Tonfedern, mit Glockenschlägern (Automatenfiguren) am Zifferblatt. – Sammlung Dr. Sobek, Wien.

und wird dabei und auch schon früher verspüren müssen, wie schwer es ist, bestimmte, manchmal gar nicht so weit zurückliegende Publikationen aufzutreiben. Besonderer Beliebtheit erfreuen sich natürlich Sonderdrucke und Bücher mit Autorenwidmungen. Aus Platzmangel können in diesem Buche Literaturprobleme nur kurz behandelt werden; ihnen ist das Schlußkapitel gewidmet. Die übrigen allgemeinen Sammlerprobleme werden in den einzelnen Abschnitten dieses Kapitels aufgerollt.

(A) Sammlermotive. Wir können Sammler aus primitiver Freude, Sammler aus technischen oder kunsthistorischen speziellen Interessen, Sammler aus Ehrgeiz, Sammler zum Weiterverkauf und Sammler, die Kapital horten wollen, unterscheiden. Was wir im Leben treffen, werden Mischungen aus mehreren oder allen diesen Momenten sein. Der jeweilige Mischungsgrad wird den Charakter einer bestimmten Sammlung kennzeichnen. Nun folgen wir im wesentlichen Bassermann-Jordan bei diesem Thema:

„Wer nur auf Verkauf sammelt, wird anders sammeln als der Museumsvorstand; anders wird wieder der Liebhaber von altem Hausrat vorgehen, der seine Interieurs komplettiert, oder der Amateur, der bestimmte Zeugen spezieller Entwicklungen um sich sehen will. Immer wird aber der wahre Sammler um seiner selbst und um der Sachen willen sammeln und nicht danach fragen, was „man" zu seiner Sammlung sagen wird. Wer Uhren sammelt, darf nur einen kleinen Kreis von wirklich Interessierten, Verstehenden und Wissenden erwarten. Die Menge aber wird hilflos vor den ihr unvertrauten Indikationen und Mechanismen stehen und bei einer alten Uhr wahrscheinlich nur fragen: „Aber geht sie denn auch noch gut?" Sie wird Gold als Gold, Email als Email bewundern; wer aber mit Gold und Email bestechen will, der sammle besser Schmuck und Dosen, aber keine Uhren. Man kaufe überhaupt niemals, um irgend jemand zu beeindrucken, ob dies nun Laien sind oder Sammlerrivalen, die man übertrumpfen will. Die Freude muß aus der Schätzung der in der Uhr oder dem Instrument enthaltenen Leistung kommen. Es ist ein schwieriges Gebiet, das der Uhrensammler betritt, und ohne ernste Bereitschaft, seine historischen, astronomischen und mechanischen Kenntnisse auszubauen, sollte es eigentlich nicht betreten werden. Beifall der Menge winkt höchstens dem, der nach dem Geschmack der Menge kauft und lärmende Marktreklame zu hand-

Abb. 302. Stutzuhr; signiert Rettich, Wien, in feuervergoldeter Goldbronzefassung; ca. 1815; Ein-Tages-Viertelstundenrepetierwerk mit Tonfedern; Datumzeiger; Glassturz entfernt; Höhe 30 cm. – Sammlung Dr. Sobek, Wien.

haben weiß (Bassermann-Jordan hat mit diesen Andeutungen wohl Marfels im Sinne gehabt, der bei seinen Geschäftsunternehmungen manchmal sehr skrupellos vorgegangen ist). Wer aber in das Wesen seiner Sammlung wirklich eindringt und das rechte Ohr dafür hat, der wird reichen inneren Gewinn haben und die Stimme längst verstorbener alter Meister vernehmen, die von ihren Bemühungen zur Lösung großer und kleiner technischer Probleme berichten, die heute vielfach in anderen Zweigen der Technik und Industrie in breitem Umfang ausgenutzt werden.“

Ein nicht in seiner Allgemeinbedeutung zu unterschätzendes Sammlermotiv ist der Wunsch nach Aufklärung des historischen Entwicklungsganges der Uhren. Noch vieles ist auf diesem Gebiete unklar, und speziell die Frühzeit bietet manche unerschöpften Entdeckungsmöglichkeiten, wo der glückbegünstigte private Sammler mehr Chancen haben konnte, als der Museumskonservator. Hierüber schrieb seinerzeit Bassermann-Jordan:

„Wir müssen uns gestehen, daß wir gar nicht genau wissen, wie die ersten Räderuhren ausgesehen haben, ja, daß wir nicht einmal eine ganz zuverlässige Vorstellung von den ältesten tragbaren Uhren haben; es ist nur ein Wahrscheinlichkeitsschluß, daß die tragbare Uhr, die sich wohl aus der Tischuhr mit Federzug entwickelt hat, dieser sehr ähnlich, wenn nicht gar gleich gewesen ist, und daß also an den ältesten tragbaren Uhren Unruhe und Foliot oder Löffelunruhe verwendet worden sind. Bei dieser Lückenhaftigkeit unseres geschichtlichen Wissens ist es geboten, gerade die genannten Werksteile bei den frühen Uhren sorgfältig zu beobachten, in denen der Fortschritt der Uhrmacherei sich vor allem abspielte, und die darum später am häufigsten umgearbeitet wurden. Über die Geschichte der Hemmungen im 16. und 17. Jahrhundert sowie über die Verwendung des Pendels als Gangregler können noch überraschende Funde erwartet werden. Deshalb soll der richtige Uhrensammler auf die Werke der Uhren genau wie auf ihre Gehäuse achten.“

Diese vorausschauenden Worte Bassermann-Jordans haben gerade in den letzten Jahren durch die Wiederentdeckung des Kreuzschlages und des Kugellaufstandards doppelte Bestätigung gefunden; trotz dieser Entdekkungen glauben wir, daß sie ungeändert auch weiterhin Geltung haben.

Abb. 303. Stutzuhr, Wiener Empire (ehem. Besitz Erzherzog Karls, Siegers von Aspern); ca. 1815–1820. Wiener Vierviertelschlagwerk auf Tonfedern. Signiert Jessner. Bombiertes Emailzifferblatt mit zentralem Datumszeiger. Bombiertes Uhrglas; Gehäuse: Kirschholz mit hellen Einlagen und aufgelegten, am Model geschlagenen Goldbronzeblechen. Adler und Füße holzgeschnitzt. Höhe 48 cm.

Sammlung H. von Bertele, Wien.

(B) Privatsammlungen und Museen. Sammlungen sind das Ergebnis einer Sammlertätigkeit. So verändert sich jede Sammlung im Laufe der Jahre; viele werden mit dem Ableben des Sammlers zerstreut, andere bauen sich über Generationen auf, wie dies mit den Kunstkammern der verschiedenen europäischen Fürstenfamilien der Fall war, oder mit den Kunstbeständen der Klöster. Sammlungsbesuch und Studium bringt dem Amateur und dem Historiker viele Anregung und Freude. Das Sammlungsstudium ist immer sehr erleichtert, wenn gute Kataloge vorliegen.

Wir haben viele Nuancen von Sammlungen, angefangen von kleinen Uhrenreihen an Bord eines Divans oder dem Inhalt einer Kassette, bis zu Sammlungen mit eigenen Räumen oder Gebäuden kennengelernt.

Viele Sammlungen sind nicht leicht oder gar nicht zugänglich. In England und USA zeigt sich speziell in den letzten Jahren eine immer mehr zunehmende Bereitschaft der Privatsammler, anderen Sammlern die eigenen Schätze nicht nur zu zeigen, sondern sie auch studieren zu lassen. In vielen anderen Ländern aber besteht auch heute noch eine große Ängstlichkeit sowohl bei privaten Sammlern als auch bei den Museen, Uhren und Instrumente richtig zum Studium zu verwenden. Selbstverständlich ist ein Hantieren von unerfahrenen Personen nicht als Studieren anzusehen. Erwähnen möchten wir in diesem Zusammenhang die von der Antiquarian Horological Society in London, und die von der N.A.W.C.C., New York, wiederholt unternommenen Besuchsreisen größeren oder kleineren Umfangs zu Privatsammlungen und Museen – auch des Auslandes –, Unternehmungen, die in starkem Maße zur Ausbreitung des Interesses an alten Uhren und Instrumenten in den letzten Jahren beigetragen haben und woraus durch vergleichende Tätigkeit viele neue Kenntnisse über die Entwicklungsgeschichte der Horologie entsprungen sind.

Wir geben im nachstehenden einen kurzen Überblick über öffentliche Sammlungen, denen wir in irgendeiner Weise begegnet sind; selbstverständlich kann diese Aufstellung weder in bezug auf Vollständigkeit noch auf die Klassifikation (mit Sternen) als absolut gelten. Es soll im wesentlichen nur eine Anregung sein, wo der Liebhaber außergewöhnliche Uhrensammlungen erwarten kann.

Amsterdam	Rijksmuseum
Basel	Haus zum Kirschgarten*
Besançon	Musées de Besançon

Braunschweig	Herzog Anton Ulrich Museum
Chicago	Adler Planetarium and Astronomical Museum*
Den Haag	Gemeentemuseum
Dresden	Staatl. Mathematisch-Physikalischer Salon**
Furtwangen (Schwarzwald)	Sammlungen der Staatlichen Ingenieurschule für Feinwerktechnik*
Genf	Musée d'Art et d'Histoire (Musée Rath, Musée Ariana)*
Graz	Museum für Kulturgeschichte und Kunstgewerbe (Joanneum)
Kassel	Hessisches Landesmuseum**
Kopenhagen	Nationalmuseet, 2. Afdeling**
La Chaux-de-Fonds	Musée d'Horlogerie**
Le Locle	Musée d'Horlogerie
London	British Museum**
	Victoria and Albert Museum
	Science Museum
	Museum of the Clockmakers' Company (Guild Hall Library)
	National Maritime Museum, Greenwich
München	Bayerisches Nationalmuseum*
	Deutsches Museum
Neuchâtel	Musée historique*
New York	Metropolitan Museum of Arts*
	James Arthur Smith coll. in New York University
Nürnberg	Germanisches Nationalmuseum*
Oxford	Museum of the History of Science**
	Ashmolean Museum of the Oxford University
Paris	Musée du Louvre (Uhren derzeit nicht zu besichtigen)*
	Conservatoire Nationale des Arts et Métiers*
	Musée des Beaux Arts
Straßburg	Musée Notre Dame
Stuttgart	Württembergisches Landesmuseum, Altes Schloß**
Toulouse	Musée Saint-Raymond*
Utrecht	Museum en Archief van Tijdmeetkunde (Klokkenmuseum)

Wien	Kunsthistorisches Museum**
	Bundesmobiliendepot (früher Hofmobiliendepot)
	Uhrenmuseum der Stadt Wien*
	Technisches Museum
	Österreichisches Museum für angewandte Kunst
	Ordensschatz des Deutschen Ritterordens
Winterthur	Konrad Keelenbergers Uhrensammlung im Rathaus
Wuppertal	Das Wuppertaler Uhrenmuseum
Würzburg	Mainfränkisches Museum
Zürich	Das Museum der Zeitmessung Beyer
	Schweizerisches Landesmuseum

Das den Uhren und Instrumenten in den verschiedenen Museen entgegengebrachte Verständnis ist nicht überall das gleiche. An einzelnen Stellen sind oder waren wirkliche Kenner mit den horologischen Abteilungen betraut; dann finden sich nicht nur sachlich richtige Beschriftungen, sondern auch meist gute Kataloge, die häufig eine Fülle von Informationen enthalten. Für andere Stellen gilt auch heute – nach über 30 Jahren – Bassermann-Jordans Feststellung, daß auch in vielen berufenen Kreisen das Verständnis für Zeitmesser sehr gering ist, wie der erste Blick auf manche Museen und die Beschriftung ihrer Objekte zeigt, wo

> „noch immer Planetenmaschinen und Armillen als Tellurien, Feldmeßinstrumente und Monduhren als Sonnenuhren, Triquetra als Maßstäbe bezeichnet sind und Taschenuhrsammlungen ungesichtet in bezug auf die Zusammengehörigkeit ihrer Teile ausgebreitet liegen."

Aus dieser Situation heraus beklagte sich Bassermann-Jordan weiter:

> „Die Leiter der deutschen Museen stehen im allgemeinen dem Erwerb von Uhren nicht allzu wohlwollend gegenüber und überlassen ihn noch immer zu oft den Privatsammlern. Das an sich nicht umfangreiche Material ist dadurch von einer Hand in die andere gegangen und dabei nicht billiger und durch Unverstand auch nicht besser geworden. Deshalb kann leider noch heute die deutsche Kleinuhrmacherei, die im 16. und 17. Jahrhundert die Welt mit feinsten Arbeiten versorgte, am besten nur im Louvre in Paris studiert werden, wo u. a. die Sammlungen Soltykoff und Garnier zusammengeflossen sind."

a

Abb. 304a und b. Wiener Stockuhrwerk – zwischen 1820 und 1850 üblich – für Vierviertelschlag auf am Gehäuse befestigten Tonfedern; mit 40 Stunden Gangdauer und stündlicher Spielwerksauslösung. Zifferblatt entfernt.

a Ansicht von Rückseite her. Man beachte die Konsole für die Pendelbefestigung mit Seidenfadenschlaufe und Lagerträger für durchgehende Welle, um Schlaufenlänge durch Auf- oder Abwickeln zu verändern sowie die angeschnittenen Löcher im Spielwerkslösehebel, um Hubhöhe des Schlaggewichtes zu verändern.

b Ansicht der Vorderplatine mit Kadraktur für Vierviertelschlagauslösung. Viertelstiege starr, Stundenstiege springend gekuppelt. Rückhalt für Spielwerksauslösung, so daß letzteres genau nach dem Ende des Stundenschlagens nach der ganzen Stunde einsetzt. Der kurze, rechts oben herausstehende, durchbohrte Hebel dient zum Einhängen einer Schnur, an der man zieht, um das Werk nachschlagen zu lassen. Der eigenartige Anker des Wiener Stockuhrganges nur teilweise sichtbar.

Uhrenmuseum der Stadt Wien.

b

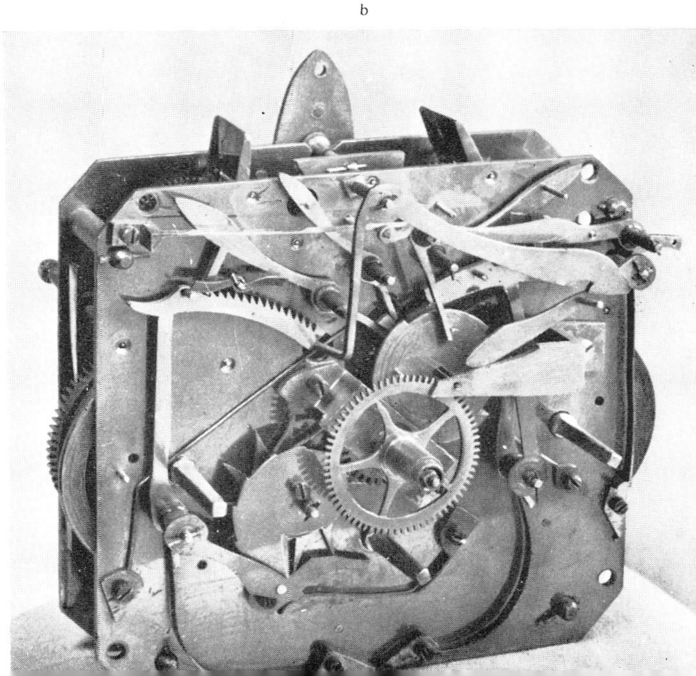

Abb. 305. Stutzuhr (Portalform). Körper und Fassung Goldbronze; ca. 1815–1820. Werk in Pendellinse (sog. Freischwinger) mit Impulsgabe durch Gabel, die am Gehäuse abgestützt ist; 16 Tage Gangdauer; Kompensationspendel mit Temperaturzeiger; signiert Breguet à Paris. Höhe ca. 50 cm.
Schloß Wilhelmshöhe bei Kassel.

Infolge des Mangels an ausgesprochenen Spezialisten befinden sich leider nur in wenigen Museen Deutschlands wirkliche Uhrenexperten. Es wäre wünschenswert, daß in den Museen ein größeres Interesse dem kultur- und kunstgeschichtlich so wichtigen Gebiet der Uhren zugewendet wird und daß auch größere Beträge für den Ausbau und die Instandhaltung der Uhrensammlungen verwendet werden können.

Am aktivsten im Aufbau repräsentativer Sammlungen für die Geschichte der Räderuhr sind heute die Schweizer Städte der Uhrengebiete. Aber auch die englischen und amerikanischen Museen sind nicht müßig, ihren Bestand auszubauen. Erwähnen wollen wir hier die anonyme Spende von £ 50000.— an das Britische Museum im Jahr 1958, um die Stand- und Stutzuhren der C. A. Ilbert-Sammlung, wohl einer der bedeutendsten Privatsammlungen aller Zeiten, zu erwerben.

Abb. 306. Stutzuhr; Wiener Portalform mit Alabastersäulen; schwarz gebeizter Sockel und Querhaupt. Eintagswerk mit Viertelstundenrepetition auf Tonfeder und Automaten (Schleifer und Schmied), die jede Viertelstunde beim Schlagen in Aktion treten; Zungenspielwerk im Sockel; unsigniert; Höhe 40 cm, ca. 1825.
Uhrenmuseum der Stadt Wien.

(C) Provenienz und Meister. Feststellung von Ort und Zeit der Herstellung ist relativ einfach, wenn eine echte Signatur der Uhr vorliegt und der Meisternamen in einem Meisterverzeichnis zu finden ist.

Das vollständigste Meisterlexikon für Räderuhren mit 23000 Namen und vielen archivalischen Angaben ist Baillies „Clock and Watch-Makers of the World“, NAG Press, London 1953. Etwas weniger umfangreich und mehr auf die englischen Meister beschränkt, ist das Meisterverzeichnis der neuen (siebenten), von Baillie, Clutton und Ilbert bearbeiteten Auflage von „Brittens Old Clocks and Watches and their Makers“, die 1956 bei Spon in London erschienen ist.

Es ist verständlich, daß diese genannten Meisterverzeichnisse in bezug auf die englischen Meister vollständiger sind als für das übrige Europa. Grundlagen für die beiden genannten Verzeichnisse waren umfangreiche, lokale Vorarbeiten, wie sie teilweise in den letzten Jahrzehnten auch in der Schweiz und in Frankreich vorgenommen worden sind. Die gute Erforschung speziell der englischen Geschichte in bezug auf Uhrmacherdaten ist größtenteils das Verdienst der sich über viele Jahre erstreckenden Arbeit von Amateuren und Sammlern, denen die Aufklärung der durch die englischen Meister zustande gebrachten Fortschritte in der Uhrentechnik und die darauf beruhenden vielverzweigten Auswirkungen auf die Gesamtentwicklung der Technik am Herzen lag. Auch die Schweizer Uhrengeschichte ist erfreulicherweise gut erforscht. Hierher gehören die bereits im vorangegangenen erwähnten grundlegenden Werke von Chapuis über die Neuenburger Pendulen (IV/5) und über die Schweizer Taschen- und Anhängeruhren (IV/9). Eine andere wichtige Quelle für die Schweizer Uhrengeschichte ist die Basler Lokalbiographie „Basler Uhrmacher“, eine Dissertationsarbeit von Fallet-Scheurer aus dem Jahre 1917.

Nicht vergleichbar sind damit die Kenntnisse für den Raum des alten Heiligen Römischen Reiches Deutscher Nation, trotzdem verschiedene Teile von ihm eine große Rolle bei der Entwicklung der der Zeitmessung dienenden Instrumente gespielt haben. Leider hatten bisher die Sammler und Liebhaber in Deutschland keine richtige Meister- und Meisterleistungsforschung unternommen. So gibt es kein auf den oben genannten Raum ausgerichtetes Meisterverzeichnis, obwohl gerade hier eine ausgeprägt einheitliche Entwicklungstendenz – speziell in der Frühzeit der Entwicklung – aufweist, wo an mehreren Stellen hervorragende Leistungen entstanden sind,

Abb. 307. Stutzuhr unter Glassturz; sog. Skelettuhr; signiert Adey B. Savory, Cornhill London, ca. 1820; mit Stundenrepetierschlagwerk, Schnecken und Ketten; acht Tage Gangdauer; ruhender Ankergang mit Sekundenzeiger und 15 Zahnteilungen. Palettenspannweite; Bifilar-Aufhängung des Pendels. Dimensionen 43 × 23 × 17 cm. Glassturz entfernt. – Bern. Hawkins, Chartham, Kent.

Abb. 308. Stutzuhr; Wiener Biedermeier, ca. 1835. Viertelstundenschlagwerk, stündlich ausgelöstes Zungenspielwerk im Sockel; Automatenbild unter Zifferblatt; Aquarellminiatur der Mödlinger Kirche (Wiegand) über Zifferblatt.
Sammlung Dr. Sobek, Wien.

Abb. 309. Stutzuhr; neugotisch; Bronzearchitektur mit Brunnenautomaten: gläserner, gedrehter Stab stellt Wasserstrahl vor, der in Brunnentrog fließt; französisch; anonym; ca. 1835.
Musée des Arts Décoratifs, Paris.

Tafel XX. Schwarzwälder Wanduhr, ca. 1850.

die die Ausgangspunkte der nachfolgenden europäischen Weiterentwicklung gebildet haben. Noch immer fehlen lokale Aufklärung über die Verhältnisse in den wichtigen einzelnen Städten; ja, selbst für Augsburg, Friedberg, Nürnberg oder München sind wir ohne örtliche Unterlagen über die Meisternamen und den Umfang ihrer bedeutenden Arbeiten. Ein von Bassermann-Jordan in Angriff genommenes Meisterverzeichnis über die genannten Städte und die von dort ausgegangenen wichtigsten Objekte ist bedauerlicherweise nicht zum Abschluß gekommen; heute fehlen leider sogar die von ihm vorbereiteten Unterlagen. Besonders schmerzlich ist es, daß es über Augsburg, das Jahrhunderte das Zentrum der Herstellung künstlerisch und technisch als Spitzenleistungen bewunderter Instrumente, Uhren und Silberschmiedearbeiten war, keine wirklich einschlägigen Bücher gibt. Wir kennen diesbezüglich nur die vor kurzem erschienene Studie von Professor Zinner „Die Augsburger Uhrmacherei", die bei der Beschränkung auf wenige Objekte (24 gute Bilder auf 8 Seiten) gerade erst ahnen läßt, um welche weite, geschlossene, kunst- und technikgeschichtlich großartige, bisher aber noch nicht erschlossene Epoche es sich handelt, und weiters die hervorragende Biographie „Christoph Schissler, der Ältere und der Jüngere", von Maximilian Bobinger, Verlag Die Brigg – Augsburg-Basel 1954, bezüglich der man sich nur wünschen könnte, daß ähnlich objektive und eingehende Studien auch über andere bedeutende Meister und Meisterfamilien der Renaissance folgen würden, wie z. B. über die Buschmann oder Christoph Schöner aus Augsburg, Hans Gruber aus Nürnberg, Sayller aus Ulm u. a. m.

Kaum weniger unbefriedigend sind die Kenntnisse der Verhältnisse in Prag, Wien, Innsbruck oder Graz, wo zumindest in einzelnen Perioden führende Schulen oder Meistergruppen tätig waren. Von all dem wissen wir nur aus dem Vorhandensein technisch oder künstlerisch hervorragender Stücke oder aus einigen wenigen Einzelmonographien über bestimmte Meister oder ihre Arbeiten.

So werden die kurzen, allgemeinen Ausführungen von Bassermann-Jordan über die Meisterverhältnisse in Süddeutschland in der Renaissancezeit hier nicht unwillkommen sein, die wir folgen lassen, um so mehr als diese als andeutende Skizzierungen für noch ausständige Detailuntersuchungen dienen können.

„Über die Entwicklung der Uhrmacherei als Gewerbe in Nürnberg sind wir durch die Forschungen von Karl Friedrich, Mummenhoff und

Hampe einigermaßen unterrichtet; man wird für andere deutsche Städte mit namhafter Uhrmacherei einen ähnlichen Entwicklungsgang annehmen dürfen. Die Fertigung der Räderuhren, die bis zum Beginn des 16. Jahrhunderts ja fast ausschließlich Großuhren waren, ist aus dem Schlosserhandwerk hervorgegangen. Die Uhrmacher des 15. und des beginnenden 16. Jahrhunderts heißen auch amtlich fast durchweg Schlosser, nur selten nebenbei auch einmal Uhrmacher. Peter Henlein z. B. wird nur im Totenbuche Uhrmacher, sonst Schlosser genannt. Die Großuhrmacher waren bis 1699 in Nürnberg freie Künstler, wurden Hormacher, Ormacher, Orelmacher genannt und sind in Nürnberg bis zu Fritz Volant, Orlemeister, zurückzuverfolgen, der 1456 unentgeltlich Bürger von Nürnberg wurde. Die Kleinuhrmacher aber, die in den Anfangszeiten der Uhrmacherei alle Arten von Hausuhren herstellten, sind alle Schlosser gewesen, und wenn von einem Plattschlosser gesagt wird, daß er auch Uhren gemacht habe, so sind dies Taschenuhren gewesen. Seit Henlein wird zwar die Bezeichnung Uhrmacher auch für den Kleinuhrmacher häufiger, immer noch aber und bis zum Jahre 1565 gehörten die Hausuhrmacher und die Taschenuhrmacher zur Zunft der Schlosser und der Plattschlosser und hatten dort ihr Meisterstück zu machen. Die Großuhrmacher dagegen brauchten als freie Künstler kein Meisterstück anzufertigen.

Im Jahre 1565 schlossen sich in Nürnberg die drei Kleinuhrmacher Esaias Vogel, Hans Praun und Marx Steppinger zusammen, ließen sich vom Rat der Stadt ein Meisterstück vorschreiben und sich als Handwerk bestätigen. Immerhin war die Trennung der Schlosser und Kleinuhrmacher, der Plattner und der Taschenuhrmacher noch nicht vollkommen, denn selbst nach 1565 durften die Schlosser noch Uhren herstellen und die Kleinuhrmacher ihr Meisterstück bei den Schlossern machen. Als Meisterstück wurde 1565 bestimmt, zwei Uhren innerhalb eines Jahres herzustellen, und zwar eine Türmchenuhr mit Viertelschlagwerk, die vorn die 24 Stunden der ganzen Uhr und die Viertel zeigt, dazu den Mondaspekt, auf der Rückseite den Jahreskalender, den Planetenstand und die Tageslänge; die zweite Uhr sollte eine Halsuhr sein, die weckt und die zwölf Stunden schlägt. Bald darauf wurde die ausbedungene Arbeitszeit auf acht Monate verkürzt, die Anforderungen aber noch wesentlich gesteigert, denn das Werk sollte 24 Stunden schlagen, wecken und Minuten zeigen, das „Astrolabium mit seiner

Abb. 310. Wanduhr (Carteluhr). Stundenschlagwerk mit 16 Tage Gangdauer von Causard, Her du Roy. Goldbronzegehäuse mit Meistermarke St. Germain. Paris ca. 1765. – Privatbesitz Paris.

Abb. 311. Wanduhr; sog. Carteluhr; signiert Johann Schreiblmayr, Wien, ca. 1775; holzgeschnitztes, blattvergoldetes Gehäuse mit facettierten Spiegeleinlagen. Wochenwerk mit Viertelstundenschlag.
Privatbesitz, Wien.

Zugehördt" haben; das ganze Werk sollte am Minutenzeiger gerichtet werden können und „soll ein jeder das Messinggeheuß samt dem Hut über der Glocken also mache, daß er dazu keine Patronen entlehnen soll, sondern die Zier, die einer in allem am Geheuß machen will, soll er sua forma selbst lassen schneiden, die hernach keiner dem andern leihe, sondern ein jeder soll solches von freier Hand selbst bewähren ohne jemandes Zuthun." In diesem letzten Satze liegen die Anfänge des später so entwickelten Unternehmertums in der Uhrmacherei: der Uhrmacher läßt das Gehäuse anderswo machen, aber die Formen gehen in sein ausschließliches Eigentum über und, wie Beispiele gerade schon aus den fünfziger Jahren des 16. Jahrhunderts beweisen, zeichnet der Uhrmacher das Gehäuse ganz ausdrücklich mit seinem Namen oder Stempel, neben dem in seltenen Fällen – auch an Messinggehäusen – ein städtisches Beschauzeichen vorkommt.

In Annaberg wurde 1543 eine Innung des Schlosser-, Uhr-, Büchsen-, Winden- und Sporerhandwerks gegründet, deren Satzungen 1605 unverändert erneuert wurden."

Die Zunft- und Meisterordnungen brachten zuerst eine bedeutende Steigerung der Leistungsfähigkeit der Gewerbe und große wirtschaftliche Vorteile für die Städte. Später aber führten sie zu einer Erstarrung in Bauformen und Methoden, die nicht mehr dem Stand des Fortschrittes entsprachen, und trugen damit unmittelbar zum Verfall der Uhrmacherei in Deutschland bei. Ein anderes entscheidendes Moment in dieser Richtung war der geistige Hochmut (oder Unfähigkeit?) der höheren Stände des 17. und 18. Jahrhunderts, sich im Detail mit mechanischen und wissenschaftlichen Problemen und den damit beschäftigten Personen ähnlich intensiv zu befassen, wie dies in Frankreich und speziell in England in dieser Zeit der Fall gewesen ist.

Parallel zu den Meistern der Städte, ja wohl ihnen geistig übergeordnet, waren in der Renaissancezeit die Hofwerkstätten und Hofuhrmacher, wo, wie z. B. in Kassel, Prag, Innsbruck, München oder Wien Gelehrte, Meister und fürstliche Mäzene engstens zusammengearbeitet und grundsätzliche Fortschritte eingeleitet hatten, während die Meister mit ihren Innungen mehr den wirtschaftlichen Gewinn aus diesen Entwicklungen gezogen haben. Ähnliche Verhältnisse scheinen im 16. Jahrhundert in den wichtigsten Uhrmacherzentren Frankreichs geherrscht zu haben, worüber die grundlegenden Biographien „Le

Horlogers Lyonnais de 1550 à 1650", von E. Vial & Cl. Côte, Paris 1927, und „Les Horlogers Blésois au XVI et au XVII", von E. Develle, Blois 1913, Aufschluß geben.

Die wirklichen Zusammenhänge, die zum Verstehen des historischen Wachsens der Uhrentechnik notwendig wären, können nur durch genaue Such- und Zusammenstellarbeit der archivalischen Daten des ganzen Gebietes aufgezeigt werden, und es erfordert ein Ausmaß an Arbeit, wie es nur wirkliche Liebhaber und Amateure aufbringen können. Hier ist noch viel Anstrengung notwendig, um so wie dies in England für die zweite Glanzzeit bereits geschehen, den Gang einer wichtigen Linie der menschlichen Kultur aufzudecken.

Für den Raum des alten Österreich-Ungarn hatte diese Aufgabe der Wiener Amateurhistoriker Ministerialrat Dr. Höfer auf sich genommen und viel wichtiges Material als Lebensarbeit zusammengestellt. Diese Arbeiten sind aber nicht veröffentlicht; lediglich ein kurzer Auszug über die Wiener Meister wurde zu Lebzeiten Dr. Höfers (1935?) im Selbstverlag in einer kleinen Stückzahl herausgegeben.

(D) Signierungen und Marken. Bis in die Mitte des 16. Jahrhunderts sind Namen, Marken oder Datierungen äußerst selten. In der Gotik fehlen sie fast ausnahmslos; wir kennen nur die Familienzeichen der Liechti, vergleiche Farbtafel II. Die Signaturen der späteren Renaissance sind meist eingeschlagen, teils Buchstabengruppen, die den Meister kennzeichneten, teils Stadtsiegel (z. B. Augsburger Stadtpyr), teils voller Name. Auch die vollen Namen sind meist aus einzelnen eingeschlagenen Buchstaben gebildet, wobei Großbuchstaben bevorzugt wurden. Jahreszahlen sind viel, viel seltener als Namen und Marken; aber gerade Jahreszahlen sind besonders interessant, weil nur sie ein richtiges Einordnen in die historische Entwicklung ermöglichen. Werksnummern wurden wohl erstmalig am Ausgang des 17. Jahrhunderts von dem eine umfangreiche Werkstätte betreibenden englischen Uhrmacher Tompion eingeführt. Ihm folgen dann viele der bedeutenden Meister des 18. Jahrhunderts. Man verwechsle weder solche Werksnummern noch Stellziffern für Regelorgane mit Jahreszahlen.

In der zweiten Hälfte des 16. Jahrhunderts sind Buchstabenmarken ähnlich jenen auf Plattner-, Gold- und Silberschmiedearbeiten sowohl in Deutschland als auch Frankreich oft zu finden. Wir wissen sehr wenig über die Regeln, nach denen diese Punzierungen vorgenommen wurden.

Abb. 312. Stutzuhr, Louis XV.-Uhr, signiert Benoist Gerard, Paris, ca. 1765. Bronzefassung mit Meißener Porzellangruppe, letztere signiert Meyer, darstellend: Entführung der Europa durch Zeus; Besatzblumen von der Manufaktur Vincennes, ca. 48 cm hoch. – Messrs. Sotheby & Co., London, 1958.

Abb. 313a, b, c. Stutzuhr (Figurenuhr); Körper aus mehrfarbigem Bronzeguß. Vierviertelschlagwerk mit Doppelschlag für Viertelstunden; drei Glocken; acht Tage Gangdauer; signiert Ferdinand Berthoud, Paris, ca. 1770. Werksdurchmesser ca. 9 cm. Sammlung H. von Bertele, Wien.

a

b

c

Abb. 314. Stutzuhr, ca. 1785; aus Lindenholz geschnitzter, klassizistischer, vergoldeter Körper (teilweise Grüngold). 40 Stunden, Viertel-Repetitionswerk mit Datumzeiger; nicht signiert; Graz oder Wien. Hatte ursprünglich eine zugehörige Konsole. Höhe 58 cm.

Steirisches Landesmuseum Joanneum, Graz.

Abb. 315. Stutzuhr (Figurenuhr) in Gestalt eines Soldaten. Polychromierte Holzschnitzerei, ca. 1785, wohl Wien. Im Leib eingebaut ein Spindel-Taschenuhrwerk, Sammlung R. Hübner, Wien.

Besonders rätselhaft ist es, wie häufig ähnliche und verwandte hochwertige Uhren dieser Epoche teils gemerkt, teils ungemerkt sind. Der größere Teil dieser Buchstabenpunzen ist heute noch nicht aufgeklärt. Bassermann-Jordan empfiehlt in diesem Zusammenhange, Waffenschmiedsmarken neben Gold- und Silberschmiedsproben in Vergleich zu ziehen.

Seit dem Ausgange der Renaissance – etwa seit Anfang des 17. Jahrhunderts – werden die Meisterbezeichnungen und die Angabe des Herstellungsortes meist in Kursiv graviert. Diese Gepflogenheit setzt sich bei den von den Meistern und den renommierten Unternehmern hergestellten Uhren bis in die erste Hälfte des 19. Jahrhunderts fort. Wir finden teilweise am Zifferblatt, teilweise auf der Rückplatine und später auch auf beiden gleichzeitig die für den jeweiligen Zeitstil charakteristischen Schriftzüge. Besondere Sorgfalt ist immer den Namensgravierungen auf den Rückplatinen der englischen Stockuhren der klassischen Periode zugewendet, die meist ornamental ausgewogen in die reichen Gravierungen eingefügt sind (vergleiche Abb. 224c). Bei den französischen und schweizerischen Pendulen, aber auch bei den Wiener Meister-Regulatoren und Laterndluhren finden sich häufig interessante Signaturen auf den glatten, hochglanzpolierten Platinen wie z. B. Abb. 356.

Auf den Emailzifferblättern gerade der interessantesten österreichischen Meisteruhren sind die Namen nur handschriftlich aufgetragen. Die Emailzifferblätter der großen französischen Emailleure (Coteau an der Spitze) haben aber eingebrannte Signaturen im Contre-Email.

Seit der Mitte des 19. Jahrhunderts treten eingearbeitete Fabrikstempel an die Stelle der schönen Handgravierungen; damit hat der Name und Herstellungsort an Interesse verloren, da er wenig persönliche Bindung mehr enthält; gleichzeitig wird der Charakter eines Mengenproduktes der Uhr aufgeprägt.

Metallgehäuse – außer aus Edelmetall – und Holzkasten sind nur bei künstlerisch exzeptionellen Stücken besonders gemerkt. Tompionuhren haben in den Holzkasten die Werksnummer eingebrannt; Boulleuhren tragen unter Umständen die eingebrannte Signatur des Kastenherstellers (Ebenistenzeichen).

Sind keine Signaturen vorhanden, dann sind die Rückschlüsse auf die Provenienz aus den Formen, den Details der künstlerischen Verzierungen und aus den charakteristischen Zügen der Werke zu folgern. Hier findet sich ein weites Betätigungsfeld für Historiker und Amateure, durch Vergleich und Analogieschlüsse Bestimmungen vorzunehmen und dadurch zur Klärung über die lokalen Schulen, die gegenseitigen Einflüsse und die allgemeinen europäischen Zusammenhänge beizutragen.

(E) Ergänzungen und Fälschungen. Bei der Betrachtung und Beurteilung einer Uhr muß der Gedanke im Vordergrund stehen, daß diese Uhr lange Zeit verwendet wurde und ihr Schicksal mit verschiedenen Besitzern geteilt hat. Nur in ganz seltenen Fällen hat sie sich ungestörter Ruhe in einer Schatzkammer, in einem Speicher einer Residenz oder eines Klosters erfreut. Das sind die seltenen Stücke, die den großen Ehrgeiz der Sammler bilden und die er als in „mint condition" bezeichnet.

In der Mehrzahl der Fälle aber hat der Gebrauch Abnutzung, Beschädigung beim regelmäßigen Reinhalten und Störungen bei den unvermeidlichen Reparaturen mit sich gebracht. Dazu kommt das Abstellen in Räume nebensächlicher Bedeutung bei Veränderungen in der Moderichtung, spielerische Beschäftigung von ungeschickten, unbefugten Händen, Adaptierungen für den Gebrauch unter veränderten Bedingungen oder anderen Arbeitsweisen, Transport unter ungeeigneten Verhältnissen wie bei Bränden oder in Kriegsfällen und anderem mehr. Aus dem resultierte eine Fülle von Veränderungen, die man als das Leben der Uhr bezeichnen kann. Darüber schreibt Bassermann-Jordan:

> „Am Werk sind häufig die Gangregler nicht mehr die ursprünglichen, Radunruhen sind statt der Löffelunruhe, Pendel statt Radunruhen und Foliot eingesetzt worden. Spiralen sind oft erst später angebracht worden und finden sich deshalb in Uhren, die längst vor Erfindung der Spirale entstanden sind. Auch die Hemmungen sind stets genau zu prüfen, da Erneuerungen der Spindel usw. sehr häufig sind. Ketten statt Darmsaiten verunstalten frühe Werke ebenso wie Neuvergoldung von Werkteilen oder des ganzen Werkes. Bei den beweglichen Figuren der Automatenuhren sind häufig, wenn nicht die ganzen Figuren, so doch einzelne ihrer beweglichen Glieder neu."

Vergessen wir nicht, daß besonders bei solchen Uhren, die aus den Werkstätten guter Meister stammen, immer in irgendeiner Hinsicht spezielle Intentionen des Meisters verborgen sind; bei Reparaturen sollte man diesen Absichten nachspüren und den ursprünglichen Stand durch Behebung der Abnutzung wiederherstellen. Leider haben die mit der Instandsetzung

Abb. 316a und b. Goldene Sackuhr mit Einfach-Gehäuse; signiert Thomas Mudge; ca. 1756. Stop-Mechanismus. Emailzifferblatt auf Goldunterlage. Zylindergang. Ein Diamant im Unruhelager.
Sammlung Lord Harris, Belmont Park.

Abb. 317a und b. Goldene Sackuhr; signiert Kendall, London. Eigenartiger freier Ankergang (sog. pivoted detent); ca. 1786.
Guildhall Museum, London.

Abb. 318a und b. Ringuhr von König Georg III. (1738–1820); Werksdurchmesser 19 mm; Ring diamantenbesetzt. Stunden- und Viertelstunden-Repetierwerk mit Hebelbetätigung; ca. 1760–1770.
British Museum, London.

im Lauf der Zeiten betrauten Personen sehr häufig aus Ersparungszwecken nicht in diesem Sinn gehandelt, auch oft aus mangelndem Verständnis nicht handeln können, sondern mehr oder weniger Teile, die ihnen im Wege waren, entfernt, und so eine meist nur kurzfristig befriedigende, billige Reparatur gemacht.

So halten wir es auch für heute noch richtig, im Sinne der alten Meister Instandsetzungen durchzuführen und speziell die Verunstaltungen durch spätere, unsachgemäße Behandlung der Uhren wiedergutzumachen. Den verschiedenen Lebenslauf der Uhren aus dem jetzigen Zustande und der Instandsetzung in dem beschriebenen Sinne abzuleiten, werden dem Sammler viel Befriedigung geben und – wenn richtig durchgeführt – nicht nur persönlich Freude machen, sondern gleichzeitig ein Stück Kulturerhaltung bedeuten. Es verlangt aber Sachkenntnis, Kritikvermögen und Einfühlung in das historische Klima.

Eine scharfe Trennung muß aber zwischen diesen pfleglichen Ergänzungen zur Instandhaltung und Bewahrung der originalen Meisterleistungen und dem großen Gebiete der Fälschungen eingehalten werden. Als Fälschung möchten wir alles bezeichnen, was zur beabsichtigten Steigerung des historischen oder Kunstmarktwertes durch Vortäuschen ursprünglich nicht vorhandener Qualitäten geschehen ist.

Solche Fälschungstaktik ist sehr alt. Bassermann-Jordan schreibt dazu: „Bereits in den Beginn des 18. Jahrhunderts fallen die Anfänge des heute alltäglichen Abusus, daß Wiederverkäufer ihre Namen auf Uhren fremder Herkunft setzen, deren Bestandteile oft aus verschiedenen,

a

Abb. 319. Taschenuhrwerk (gebaut 1775) für springende Sekunde – Vorläufer der modernen Chronographen (seconde morte). Erstes Modell des Erfinders: Moise Pouzait (1773–1793), das 1777 der Société des Arts gespendet wurde. Signiert Pouzait et Godemar fres. Zwei getrennt von vorne mit Schlüssel aufzuziehende Federn; Spindelgang des Gehwerkes löst nach jedem sechsten Impuls einen Schritt des Sekundenzeigers aus der Mitte aus.

Musée d'Art et d'Histoire, Genf.

d

räumlich weit getrennten Werkstätten hervorgegangen waren. Im 18. Jahrhundert kommt noch offensichtliche Betrugsabsicht dazu, so daß Henri Sully in seinem 1717 in Paris erschienenen Werke „Règle artificielle du temps, ou Traité de la division naturelle et artificielle du temps", Kapitel VII und VIII, schreibt, daß viele schlechte und boshafte Uhrmacher so unverschämt sind, daß sie auf ihre Uhren die Namen der berühmtesten Künstler in Europa setzen, um einen guten Absatz zu haben, und im „Journal des Luxus und der Moden" heißt es zum Jahre 1795, daß es ein „bekannter Kunstgriff der Fabriken, sonderlich der Schweizer war, den Namen eines großen Meisters auf die Uhren zu stechen, z. B. Romilly, Breguet, Berthoud à Paris, welches die neuesten berühmtesten Uhrmacher in Paris sind". Heute haben es sich nur einige wenige, ganz ausgezeichnete Uhrenfabriken erkämpft, ihre vollen Namen auf die von ihnen verfertigten Uhren setzen zu dürfen; die anderen Firmen müssen sich jeder Herkunftsbezeichnung enthalten oder sich mit kryptographischen Zeichen begnügen, für die es eigene, nur dem Gebrauche der Uhrmacher dienende Nachschlagebücher gibt."

Seitdem das Sammeln von altem Kunstgut speziell in den letzten Jahrzehnten immer weitere Kreise gezogen hat, ist das Fälschen solcher Objekte, die von den Sammlern sehr geschätzt werden, ein weitverbreitetes Tätigkeitsfeld geworden, auf dem bestimmte Kunsthandwerker und Antiquitätenhändler aller Stufen und Länder einvernehmlich zusammenarbeiten. Bassermann-Jordan führt dazu weiter aus:

„Am Gehäuse der Hals- und Sackuhren ist oft einzelnes oder alles nachemailliert. Die Fälschung ganzer Emailgehäuse in der Art der Brüder Huaud ist eine Industrie geworden. Man frage sich stets: Gehört überhaupt das Gehäuse zum Werk, gehört das Email zu beiden, der Bügelknauf und der Bügel zum Gehäuse, das Zifferblatt zum Werk, die Zeiger, die Gewichte, die Wandkonsole zur Uhr? Bei Standuhren ist oft an den Aufziehlöchern zu erkennen, ob Werk und Zifferblatt, und damit meist auch Werk und Gehäuse zusammengehören. Andernfalls sind gewöhnlich die Aufziehlöcher versetzt. An Kastenuhren sind häufig nicht nur die Beschläge und die bekrönenden Holzfiguren oder Metallaufsätze, sondern manchmal auch der ganze Kasten neu. An Standuhren in Form eines Glockenturmes sind auch häufig die bekrönenden Figuren neu oder nicht ursprünglich zur Uhr gehörig, die Füße oder der Sockel zweifelhaft; Neuvergoldungen des Gehäuses stören und entwerten außerordentlich. Bei Uhren mit astronomischen Angaben sind öfters Veränderungen vorgenommen worden, da das Verständnis für manche Kalenderangaben, die noch dem 16. und 17. Jahrhundert allgemein geläufig waren, im 18. Jahrhundert in Vergessenheit geriet. Das Bedürfnis nach genaueren Zeitangaben als sie die Foliotuhren geben konnten, führte gegen Ende des 17. Jahrhunderts ganz allgemein zum Umarbeiten der Foliotuhren in Pendeluhren; dabei wurde oft zugleich auch der vorher noch fehlende Minutenzeiger angebracht, der bei Foliotuhren nur allzu genau die Unregelmäßigkeit des Ganges bewies.

Schon seit der Zeit König Ludwig Philipps I. von Frankreich (1830 bis 1848) werden bestimmte Gruppen von Uhren – zunächst ohne beabsichtigte Täuschung – sehr getreu kopiert, besonders Boulle-Uhren und

Abb. 320. Werksrückansicht einer Taschenuhr mit eingebautem Glockenspielwerk; signiert Jaquet-Droz, London; ca. 1790 (Schweizer Erzeugnis). Durchmesser 61,8 mm, Höhe 26,4 mm.
Musée d'Horlogerie La Chaux de-Fonds.

Abb. 321 a und b. Zwei „Dezimaluhren". Zeit der Französischen Revolution 1792–1805. Aufzug von Zifferblattseite mit Schlüssel. Spindelwerk mit Schnecke und Kette; „Revolution"-Kloben.

a Großer Zeiger macht eine Umdrehung im Tag, der mittlere Zeiger mit dem Kreisring eine Umdrehung in 24 Stunden. Jede Dezimalstunde ist in zehn Subeinheiten unterteilt.

b Der große goldene, lanzenförmige Zeiger macht 24 Umdrehungen im Tag, Stahlzeiger macht zehn Umdrehungen im Tag, der kleine pfeilförmige Zeiger aber nur eine Umdrehung je Tag.

Musée d'Art et d'Histoire, Genf.

Bronze-Cartel-Uhren in Paris. Aber auf dem Wege, den diese Uhren späterhin nehmen, geschieht es dann oft, daß sie „altgemacht" und als alt weiterverkauft werden. Die Werke verraten am meisten das geringe Alter dieser Uhren*. In diesem Zusammenhang sind auch die galvanoplastischen Kopien einiger außerordentlicher Uhren des 16. Jahrhundert im Kunsthistorischen Hofmuseum in Wien zu erwähnen, die vor etwa 25 Jahren mit Zustimmung der Museumsleitung hergestellt und in den Handel gebracht wurden. Ich nenne vor allem die hochberühmte Uhr von Jeremias Metzger in Augsburg, von der sich ein fast gleiches ebenfalls echtes Stück in der Sammlung Rothschild in Frankfurt befand,

* Engstellung der Aufzugslöcher innerhalb des Ziffernkreises ist eines der einfachsten Mittel, um zu erkennen, daß das Uhrwerk aus dem 19. Jahrhundert stammt.

a

b

Abb. 322a und b. Taschenuhr mit Goldgehäuse; signiert Ignatz Liechtenstern, Wien, ca. 1785; Spindelwerk; Datumzeiger; Stundenrepetition.
Uhrenmuseum der Stadt Wien.

a

b

Abb. 323a und b. Sackuhr mit Walzenspielwerk in goldenem Gehäuse, anonym, wohl Wien, ca. 1800. Zylindergang.
Sammlung R. Hübner, Wien.

ferner Minerva auf einem von zwei Löwen gezogenen – zum Teil aus Holz gefertigten – Wagen, wovon sich ein fast gleiches, ebenfalls echtes Stück im Mathematisch-Physikalischen Salon in Dresden befindet.

Halsuhren oder Taschenuhren in elfenbeinernen Gehäusen sind so gut wie immer Fälschungen und meist ohne direkte Uhrenvorbilder hergestellt; öfters haben elfenbeinerne Klappaltärchen des 14. Jahrhunderts als Vorlage dienen müssen. Ebenso falsch wie die Elfenbeingehäuse pflegen Elfenbeinwerke zu sein. Ührchen in Form von Pistolen, Pulverhörnern, Büchern, Totenköpfen haben viele Liebhaber und werden deshalb ganz besonders oft gefälscht, von den beiden ersten Arten sind mir Originale überhaupt nicht bekannt. Reliquienkreuze und sonstige Brustkreuze werden durch Einsetzen von Werken und Anbringen von Zifferblättern in kreuzförmige Halsuhren verwandelt. Die Gehäuse von Hals- und Sackuhren des 16. und 17. Jahrhunderts werden aus Messing oder Kupfer nachgegossen, oder sie werden galvanisch nachgebildet und vergoldet. Grünspan und Rost sind verdächtige Zeichen; man beachte Färbung und Patina, der man ihre Entstehung aus einer Flüssigkeit noch deutlich anzusehen pflegt. Kurzum es wird alles gefälscht, was hoch im Preise steht, auf diesem Spezialgebiet wie im ganzen Antiquitätenhandel. Man scheut selbst nicht die Mühe, alte Taschenuhrwerke des 16. und 17. Jahrhunderts möglichst getreu zu kopieren und besonders in München ist darin Täuschendes geleistet worden.

Abb. 324a und b. Taschenchronometer, signiert Thomas Earnshaw, 1804; in Goldgehäuse; vollständig mit Steinen versehenes Werk; Schraubenfeder aus blauem Stahl, Unruhe aus Bimetallstreifen mit Schutzanschlägen.
Sammlung Lord Harris, Belmont Park.

Abb. 325a und b. Taschenchronometer; signiert John Arnold, London, ca. 1776/77; beachte die temperaturkompensierte Unruhe.
Guildhall Museum, London.

Auch hier kann nur Übung und Kenntnis den Sammler vor Schaden bewahren. Diese Werkkopien werden mit modernen Instrumenten hergestellt, die noch dem frühen 17. Jahrhundert unbekannt waren, die Einteilung der Räder pflegt regelmäßig und besonders die Zahnform der angeblichen Entstehungszeit der Uhr nicht entsprechend zu sein. Denn die Radverzahnungen genügen bis ins 18. Jahrhundert selten und höchstens nur unvollkommen den heute unerläßlichen Anforderungen, daß bei gleichmäßig schneller Bewegung des Triebrades alle von ihm angetriebenen Räder ihre Winkelgeschwindigkeit immer genau beibehalten und daß der nächste Zahn schon im Eingriff sein muß, bevor der vorhergehende Zahn frei geworden ist. Bei den älteren Uhren pflegt die sogenannte Zahnluft sehr weit zu sein. Die alte Uhrmacherei kennt nicht unseren spitzen, stark entwickelten Zahnkopf, sondern begnügt sich mit Zahnformen, die radial gestellten Stiften gleichen.

Der Antiquitätenmarkt ist schließlich noch überschwemmt mit Taschenuhren, deren Werke aus allen möglichen nicht zusammengehörigen Teilen, die oft verschiedenen Jahrhunderten angehören, neu zusammengesetzt sind. Das hat seinen Grund zum Teil darin, daß nach der allgemeinen Einführung des Zylinderganges in Taschenuhren um die Mitte des 19. Jahrhunderts und später nach der Ersetzung der Schlüsseluhren durch Kronenaufzuguhren alte Spindelwerke ganz wertlos und mißachtet waren, bis sich der Antiquitätenhandel seit dem Ende der siebziger Jahre ihrer wieder annahm und die oft ganz demontierten Werke willkürlich wieder zusammenzusetzen versuchte. Genaue Beachtung der Vergoldungsfarbe ist zur Erkennung alter Ergänzungen oder neuer Zusammensetzungen vor allem unerläßlich. Sehr gerne hat man auch reich verzierte Kloben in Uhren einer Zeit eingebaut, die solche Kloben noch gar nicht kannte.

Schließlich findet man auch gelegentlich, daß Uhren durch neue Zutaten wertvoller gemacht werden sollen. Jahreszahlen werden hierzu nachträglich eingraviert ebenso Inschriften. Auf deren Schriftstil ist genau zu achten und desgleichen darauf, ob die Jahreszahl oder Inschrift in die unvergoldete Platte oder etwa erst nachträglich graviert worden ist. Im letzten Falle ist die Gravur selbstredend falsch. Scharfe, rauhe Kanten machen die Gravur an sich verdächtig. Dasselbe gilt von eingravierten Namen berühmter Besitzer, wie Cromwell, Luther, Melanchthon oder von großen Astronomen. Man gravierte früher ebenso selten wie heute

Abb. 326a und b. Taschenuhr, Meisterstück von James Ferguson Cole, London; in Goldgehäuse, 1821 punziert. Lepine Kaliber, kompensierte Unruhe und Coles' patentiertes Detentechapement.
British Museum, London; früher C. A. Ilbert-Collection.

den Besitzernamen auf Uhren: Namen auf altem Kunstgewerbe nennen fast stets den Meister oder den Schenker, fast niemals aber den Besitzer oder den Beschenkten. Bei Uhren mit gefälschtem Besitzernamen pflegen übrigens selten die Lebensdaten des Genannten mit dem Alter der gravierten Uhr übereinzustimmen, und manche gute, echte Uhr der zweiten Hälfte des 16. Jahrhunderts wurde verdorben durch Inschriften wie Peter Hehle, Henlein, P. H. Nürnberg, die alle von vornherein als falsch angesehen werden können (vergleiche Abb. 38c)."

(F) Kauf von alten Uhren. Die Uhrenpreise folgen im großen und ganzen den allgemeinen Tendenzen am Kunstmarkt. In Zeiten des Wohlstandes werden sie höher bewertet als bei einer Depression. In den letzten 10 Jahren hat sich ein recht intensives Interesse für alte Uhren herausgebildet, das sich nicht nur auf die kapitalkräftigen Kreise, sondern auf breite Schichten des Mittelstandes ausgedehnt hat. Dementsprechend sind gute Stücke sehr selten und teuer geworden. In der Depression der dreißiger Jahre war es nicht schwer, überall sehr gute und schöne Uhren relativ billig angeboten zu erhalten, da die Nachfrage aus allgemeinem Geldmangel sehr beschränkt war.

a

b

Abb. 327a und b. Taschenchronometer; signiert Breguet & Fils, Paris, Nr. 4196, ca. 1825; Silbergehäuse.
Camerer-Cuss Collection, London.

Bei der Preisbildung sind noch zwei andere Momente zu berücksichtigen: 1. Das Preisniveau steigt in dem Maße als die Periode der Herstellung zurückrückt; größeres Alter steigert die Rangordnung auffallenderweise. Vor 30–40 Jahren rückten gerade die Uhren der Barockzeit in das Blickfeld der Sammler; Bassermann-Jordan bringt ihnen deutlich geringere Schätzung als den Renaissanceuhren entgegen und erwähnt die Uhren des Klassizismus, der Empirezeit und des Biedermeiers nur mehr ganz flüchtig, soweit es sich um Spitzenwerke handelt. Heute sind solche Objekte, auch wenn sie nur durchschnittlicher Güte sind, schon seltene und begehrte Sammlerstücke, wie speziell Regulatoren oder Skelettuhren der letztgenannten Epochen.

2. Das lokalgeschichtliche Interesse läßt alle Stücke mit Lokalcharakter dortselbst wesentlich wertvoller erscheinen als auswärts. Dadurch hat sich in den letzten 25 Jahren eine starke Rückwanderung der Daniel Quares, Tompions und Knibbs nach England, der Jaquet-Droz und Courvoisier in die Schweiz oder der Janvier und Breguet nach Frankreich ergeben. Es erscheint dies eine Schmälerung des weltweiten Blickes der früheren Jahrhunderte, wo die Connaisseure sich das Beste aus der ganzen Welt kommen ließen und in ihren Schlössern oder Palästen aufstellten.

b

a

Abb. 328a und b. Automatische Taschenuhr mit Selbstaufzug, Pedometerprinzip gebaut von Perrelet (wohl älteste erhaltene automatische Taschenuhr).
Photo Rolex, Genf.

Abb. 329a Zifferblatt, b Werkansicht, Seitenansicht mit Kette und Schlüssel. Taschen uhr (Pedometerprinzip); signiert Breguet am Zifferblatt und am Gewicht: faite par Breguet pour le Duc d'Orléans en 1780. Mit automatischem Selbstaufzug und Goldgehäuse. Zifferblatt mit Sekundenzeiger und zwei Hilfszeigern.
Photo Rolex, Genf.

a

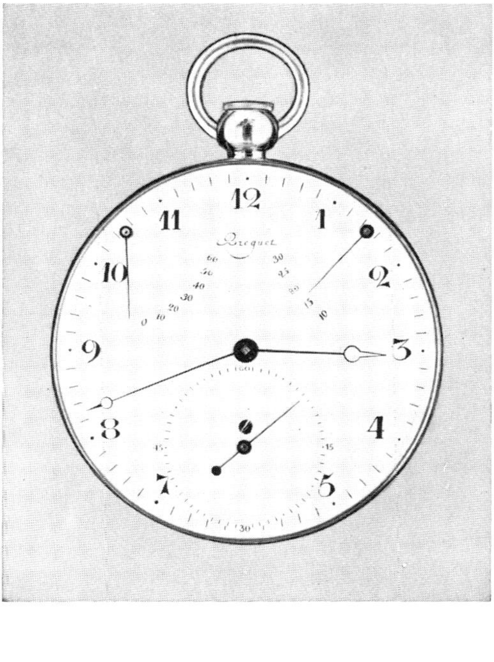

b

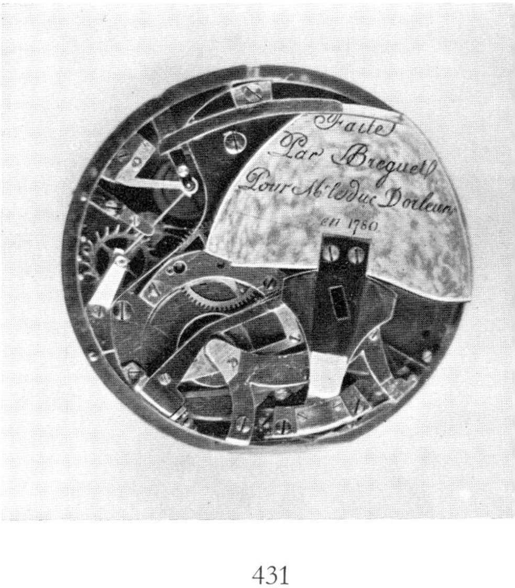

a

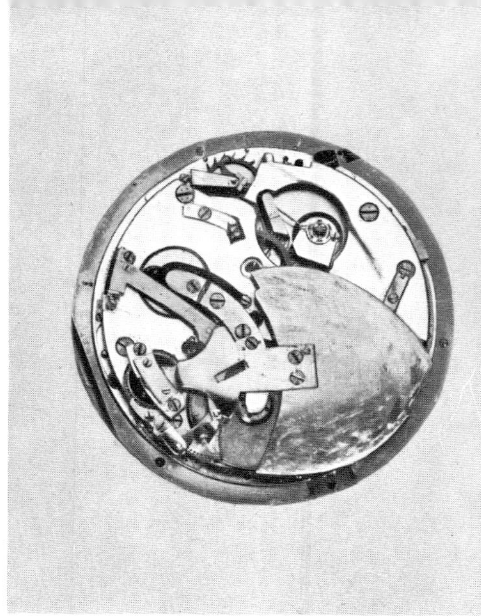

b

Abb. 330a. Taschenuhr mit automatischem Selbstaufzug (Pedometerprinzip); signiert Jaquet-Droz, cä. 1785; mit Sekunde aus der Mitte.
Photo Rolex, Genf.

Abb. 330b. Werkrückansicht einer ungefähr gleichzeitig von A. L. Breguet, Paris, gebauten Taschenuhr mit Pedometerselbstaufzug. Das eigenartig geformte Schüttelgewicht aus Platin ist rechts unten deutlich ersichtlich.
Ehemalige Ilbertsammlung, London.

Abb. 331a und b. Taschenuhr mit automatischem Selbstaufzug (Pedometerprinzip); signiert Blengini-Torino, ca. 1800, mit einfachem Datumzeiger.
Photo Rolex, Genf.

a

b

Abb. 332a, b, c. Taschenuhr in Goldgehäuse; signiert Breguet, Paris Nr. 1416, mit kurzer Originalkette und Schlüssel; wohl 1790 mit Blatt von 1805. Zeiger aus Mitte geben an: Minute; Stunde, wahre Sonnenzeit und Tagesdatum (Monatskorrektur ohne Schaltjahrberücksichtigung). Zwei Hilfsblätter für Wochentag und Sekunde; halbe Viertelrepetition; Werk doppelseitig von Mittelplatine aufgebaut.

a Zifferblattseitenansicht mit Kette und Schlüssel.

Werkseinsicht:

b Vorderseite mit Schlagmechanismus.

c Rückseite mit Kalenderwerk.

Sammlung Lord Harris, Belmont Park.

a

b

c

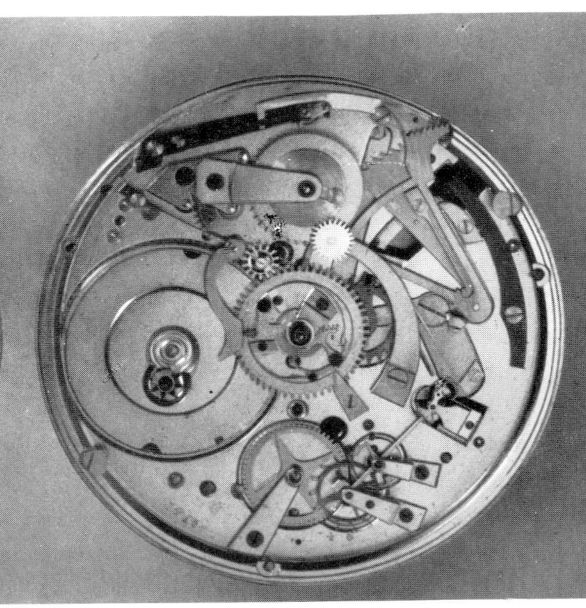

Ein gewisser Überblick über das Niveau der Preise ist für den konsequenten Sammler notwendig; Bassermann-Jordan gibt hierzu den Rat:

„Der Sammler wird die Preise auf Auktionen beobachten und in die Kataloge eintragen; auch wird er sich Kataloge von älteren Auktionen, wie z. B. den von Spitzer (1883) in Paris mit eingeschriebenen Preisen zu verschaffen suchen.“

Wenn man heute die Preise in den älteren Katalogen betrachtet, wird man erstaunt sein, welches Auf und Ab die Preise einigermaßen gleichwertiger

a

b

Abb. 333a und b. Silberne skelettierte Taschenuhr, signiert La Pierre in Wien, ca. 1800. Wiener Privatbesitz.

Stücke aufweisen. Man erkennt daraus einerseits das Pendeln der jeweils bevorzugten Richtungen und andererseits den dominierenden Einfluß der generellen Wirtschaftslage im ganzen. Der erstaunliche Zug dabei ist vielleicht der kolossale Rückgang, den die Einschätzung von Uhren und Instrumenten der Renaissancezeit nach der großen Mode am Ende des 19. Jahrhunderts (unmittelbar aus den selbst heute noch phantastischen Goldfrancpreisen der Spitzerauktion ableitbar) in den zwanziger und dreißiger Jahren genommen hat und die in den letzten Jahren wieder rapid zunehmende Schätzung solcher Renaissanceobjekte.

Fast in jeder größeren Stadt finden sich heute ein oder mehrere Händler oder Auktionäre, die alte Uhren und Instrumente in ihren Tätigkeitskreis einbezogen haben. Der bedeutendste Handelsplatz für alte Uhren und Instrumente ist aber London; teils folgt dies aus der Bedeutung als Zentrum des Internationalen Kunsthandels überhaupt, teils kommen gerade hier noch eine große Menge von guten Uhren aus den ursprünglichen alten, sehr weiten Kreisen, die in größerem Umfang noch Kunstgut besitzen. Der Verkauf von Kunstgut ist aus den sich in England heute besonders auswirkenden sozialen Umschichtungen der dortigen Bevölkerung zu erklären, die einerseits durch eine starke räumliche Einschränkung des wohlhabenden

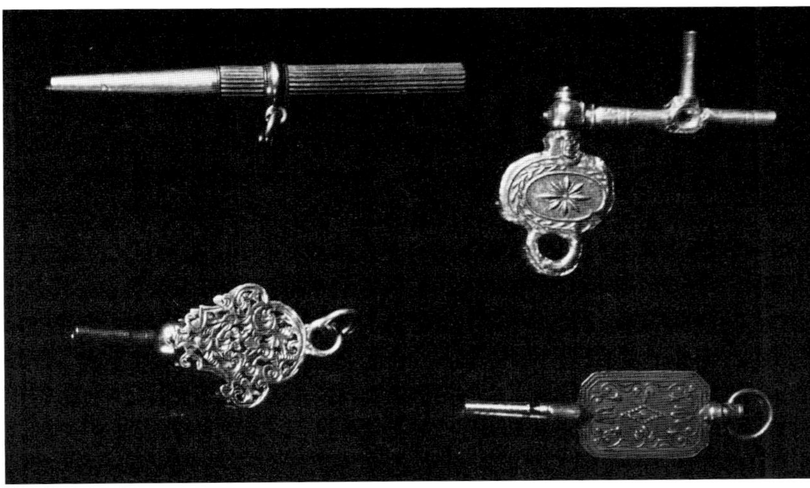

Abb. 334. Einige Taschenuhrschlüssel aus der ersten Hälfte des 19. Jahrhunderts. Anhänger an Uhrkette (Provenienzen nicht bestimmt).
Sammlung Graf Lamberti, Rom.

Mittelstandes und des Adels, andererseits durch die Unmöglichkeit Hauspersonal zu bekommen, gekennzeichnet ist; schließlich aber rufen auch die großen Erbschaftssteuern dauernde Vermögensumschichtungen hervor. Immer wieder tauchen in England, nicht nur in London, sondern sogar noch auf kleinen Landauktionen Uhren guter englischer und französischer Meister des späteren 17. und 18. Jahrhunderts auf, die am Kontinent bereits zu großen Seltenheiten gehören. Der Erhaltungszustand dieser Stücke läßt klar erkennen, daß sie mindestens ein bis zwei Generationen mehr oder weniger unberührt, aber ungepflegt, und nur vom Zahn der Zeit benagt am selben Platz gestanden haben, bevor sie zur Auktion kamen.

So kommen für den Erwerb von alten Uhren verschiedene Quellen in Betracht; am naheliegendsten sind Uhrmacher, die sich nicht selten auf

Abb. 335a und b. Bauern-Sackuhr mit silbernem Gehäuse; signiert Lorenz Golling, Linz. Spindelwerk mit Doppeladlerkloben; ca. 1810.
Uhrenmuseum der Stadt Wien.

alte Uhren spezialisieren, allgemeine Antiquitätengeschäfte und Auktionen. Im ersten Falle hat der Erwerber die größte Sicherheit, über Zustand und Gangmöglichkeit gut informiert zu werden; sonst muß er selber bereits genügend im Bilde sein, um den wirklichen Zustand der Uhr abschätzen zu können. Ein eigenes Kapitel könnte über einen besonderen Menschentyp geschrieben werden, der mit dem Uhrensammeln seit Generationen eng verbunden ist: Der handelnde Sammler. In den verschiedenen Städten finden sich solche Menschen, von denen wir hier nur die Namen einiger bedeutender, bereits verstorbener Vertreter nennen können: Percy Webster in London, Heinrich Rosmann in Wien, Stegemann in Berlin. Aus jahrzehntealten Beobachtungen kennen sie den Besitzstand an guten Uhren in weiter Umgebung; sie verfolgen alle Veränderungen, wissen von Auktionen und Veräußerungen, kämpfen bei solchen Gelegenheiten in weiten, aber überlegten Grenzen, haben in ihren Wohnungen Lager an prächtigen Stücken, lassen aber nur auf besondere Einführung einen Neuling heran, sie kennen die Schwächen und Interessen einer Reihe von bedeutenden Sammlern, die mit diesen Sammlerhändlern oft recht befreundet sind. Ihre Kenntnis der Meister und technischen Besonderheiten sind zwar nicht immer durchaus historisch richtig, aber viel praktisch erworbene Erfahrungen sammeln sich hier an. Der Neubearbeiter dieses Buches verdankt sehr viele Einblicke und Aufklärungen über vorher unklare Zusammenhänge Herrn Rosmann in Wien, dem als Wiener Original dieses kleine Denkmal gebührt.

Abb. 336a und b. Taschenchronometer in Silbergehäuse; signiert Frc. Ls. Favre, au Locle; ca. 1835. Tourbillongang mit Zylinderspiralfeder, Schnecke und Kette. Beachte die Earnshaw-Unruhe (Bimetallstreifen zur Temperaturkompensation), Schlüsselaufzug; bimetallisches Thermometer; Zeiger nach Breguet in gebläutem Stahl. Durchmesser 60,6 mm; Dicke 20,4 mm.

Musée d'Horlogerie La Chaux-de-Fonds.

a

b

Die große Nachfrage nach alten Uhren hat es mit sich gebracht, daß eine weitere, vor dem zweiten Weltkriege und noch knapp nachher, ergiebige Quelle nun fast völlig versiegt ist. Bei Trödlern und Altwarenhändlern konnte man zu solchen Zeiten, als sachgemäße Restaurierungen nicht preislich vertretbar waren, manchmal ganz erlesene Stücke, natürlich mit irgendwelchen schweren Beschädigungen, als Altmaterial finden.

Der phantasiebegabte Sammler muß überall seine Augen offen haben.

Kein Zweifel, daß selbst heute noch in Speichern, auf Dachböden von Schlössern und Kirchen und in manchen Schränken sich interessante Uhren unbemerkt und ungeschätzt finden. Auf solche Stücke zu kommen ist das Sammlerglück, für das es kein Rezept gibt.

Es ist klar, daß je nach der Einstellung des Sammlers verschiedene Leitmotive beim Kauf vorherrschen werden: Eine Linie betont das Kunstgewerbliche; sie war im vorigen Jahrhundert vorherrschend, als die Metallarbeiten der Renaissance, Emailarbeiten des 17./18. Jahrhunderts oder die Boulle- und Marqueteriegehäuse im Blickfeld des Interesses standen. Die nächste, zeitlich folgende Einstellung ist bereits uhrwerktechnisch mitbestimmt: Bassermann-Jordan verlangt Hochwertigkeit von Gehäuse und Werk, macht aber den Wert von der Erhaltung der Originalfassung abhängig; er sagt hierzu:

„Wir betonen hier, daß die Uhr technisch und künstlerisch ein Meisterwerk ist und deshalb nach diesen beiden Gesichtspunkten zu sammeln ist, Alles an der Uhr sollte gut und ursprünglich erhalten sein, auch das Werk. Jede spätere Umarbeitung oder Erneuerung am Werke ebenso wie am Gehäuse ist eine Entwertung der Uhr als Antiquität."

Und später:

„Deshalb kaufe man nichts künstlerisch Schlechtes oder lieblos Verfertigtes, denn es enthält niemals technisch Gutes. Man kaufe also keine Kupferemailuhren des späten 18. und des beginnenden 19. Jahrhunderts, auch keine abgeriebenen Reliefgehäuse silberner oder goldener Taschenuhren, die für das offene Tragen an der Chatelaine bestimmt waren und erst später in der Tasche verrieben wurden."

Damit hat er im wesentlichen den Rat gegeben, sich auf die vom Kunsthandel akzeptierten Richtungen zu beschränken. Die historisch fruchtbarste und den Sammler am meisten befriedigende Richtung besteht aber darin, die Sammlung nach bestimmten, dem Sammler persönlich zusagenden Zügen aufzubauen. Wenn es sich dabei um noch nicht erschlossene Gebiete handelt, wird mit etwas Geschick, Glück und Ausdauer eine Originalsammlung entstehen, die der Technik- und Kunstgeschichte unter Umständen entscheidende neue Einblicke und Erkenntnisse vermitteln kann, wie dies in den letzten Jahren z. B. bei den verschiedenen Automaten, bei den Mechanismen der Zeitnormale der Renaissance, den Schweizer Pendulen des späteren 18. Jahrhunderts, den Taschenuhren mit automatischem Aufzug (Perpetuellen) der gleichen Epoche und den Wiener Regulatoren und Stutzuhren der Wende des 18. zum 19. Jahrhunderts der Fall war.

Abgesehen von den technischen gibt es auch anders gelagerte Spezialitäten, die von bestimmten Sammlerkategorien bevorzugt werden. Darüber bemerkt Bassermann-Jordan:

„Taschenrepetieruhren – meist um 1800 entstanden – mit kleinen beweglichen Unanständigkeiten unter verschwiegenen Deckeln, die nur auf geheimen Druck aufspringen, sind sehr begehrt. An reinen

Abb. 337a. Fünf Emailuhren vom Ende des 18. und beginnenden 19. Jahrhunderts. ▶
Signaturen: Johann Mayer in Wien; Christoph Seifert, Regensburg; Aloys Wendurin, Wien; I., M. S., Augsburg; J. P. in Wien.
Uhrenmuseum der Stadt Wien.

a

b

Abb. 338a und b. Taschenuhr in achteckigem Goldemailgehäuse (blau). Engl. Hallmark für 1800. Werk mit Staubdeckel; Sekunde aus Mitte; Duplexgang; Durchmesser 6 cm.
Württembergisches Landesmuseum, Stuttgart.

Kuriositäten, wie Uhren ganz aus Glas, Holz oder Elfenbein, wird der Sammler um so seltener Freude erleben, als sie trotz großer Häßlichkeit überbezahlt zu werden pflegen."

Auf die Frage, welcher Preis für eine bestimmte Uhr gerechtfertigt sei, läßt sich nach dem Vorangeführten keine eindeutige Antwort geben. Eine der ersten Erfahrungen des jungen Sammlers wird die Feststellung sein, daß es bis in die Mitte des 19. Jahrhunderts praktisch nicht zwei wirklich gleiche Stücke gibt. Damit fehlen aber die Voraussetzungen, die unseren heutigen Einkäufen zugrunde liegen, daß es derselbe Gegenstand aus derselben Fertigungsreihe ist, den wir in den meisten Läden unserer Stadt, und darüber hinaus in allen Städten unseres Staates finden. Der Sammler steht bei der Preisfrage jedesmal in einem Sonderfall von Angebot und Nachfrage. In gewissen Grenzen sind natürlich die jeweiligen internationalen Verhältnisse auf den großen Kunstauktionen für die Preisbildung maßgeblich, stark aber spielen die persönlichen Verhältnisse von Verkäufer und Käufer herein. Gelegenheitskäufen sind in wirtschaftlich prosperierenden Zeiten meist mit Mißtrauen zu begegnen; in schlechten Zeiten aber sind sie eher zu erwarten, da sie ein Ausdruck der allgemeinen Notlage sind.

◄ Abb. 337b. Rückseitenansichten der fünf Emailuhren.

Die Kaufaussichten sind dem heute beginnenden Sammler nicht günstig. Die Verhältnisse haben sich grundsätzlich geändert, seit Bassermann-Jordan sich über dieses Problem geäußert hat. Räderuhren und Instrumente des 16. und 17. Jahrhunderts sind fast aus dem Handel verschwunden. Wenn auf den großen Auktionen in London noch einmal eine gute süddeutsche oder französische Türmchen- oder Tischuhr auftaucht, so entsteht ein heißer Kampf zwischen den Vertretern der großen Museen der ganzen Welt und solchen Sammlern, die in der Lage sind, mehrere Monats- oder gar Jahresgehälter eines Sammlers aus dem Mittelstand auf den Tisch zu legen.

Nur wenig besser liegen die Verhältnisse bei den künstlerisch und technisch hochwertigen Stücken des frühen und mittleren 18. Jahrhunderts. Das gilt sowohl für die verschiedenen Bodenstand- und Stutzuhren, als auch für goldene und besonderes Goldemail-Taschenuhren, die damals vielfach in kunsthandwerklicher Spitzenausführung hergestellt wurden.

Abb. 339 a und b. Taschenuhr in Goldemailgehäuse mit Doppeldeckel und Uhrschlüssel an Kettchen; signiert Courvoisier Nr. 37669, Genf, erste Hälfte des 19. Jahrhunderts. Durchmesser 5,2 cm.
Sammlung Landesgewerbeamt Baden-Württemberg.

a

b

a

b

Abb. 340a und b. Taschenuhr für den chinesischen Markt; Goldgehäuse; mit Sekunde aus der Mitte; Zylindergang; Werk aus Fleurier; ca. 1825. Rückseite aus Goldemail (Genfer Arbeit).

Schweizer Sammlung.

Abb. 341a und b. Zwei silberne sog. „Adam-und-Eva"-Taschenuhren.

a Signiert „Les frères Montandon" La Chaux-de-Fonds, ca. 1830–1840;

b anonym.

Sammlung Graf Lamberti, Rom.

a

b

Etwas günstigere Aussichten bestehen auch heute noch für den Erwerb bei den Uhren des endenden 18. und beginnenden 19. Jahrhunderts. Obwohl Technik und künstlerische Ausführung bei den guten Stücken dieser Epoche unseres Erachtens nicht selten hoch über jenen der vorangegangenen Epochen stehen, sind die Uhren der Zeit knapp vor und nach der Jahrhundertwende noch nicht kunsthandelsmäßig ganz hoffähig geworden. Vielleicht ist es wegen der klassischen Einfachheit für den nicht Eingeweihten schwierig, die innere Feinheit und Güte rasch zu erfassen.

Es wird als selbstverständlich angesehen, daß alle Erzeugnisse des Kunsthandwerkes der späteren Dezennien des 19. Jahrhunderts minderwertig und geschmacklos seien. Entgegen diesem Gemeinplatz wird der verständnisvolle Uhrensammler im ganzen 19. Jahrhundert neben unbestreitbarem Ramsch und Kitsch eine Reihe erstaunlich guter und wertvoller Regulatoren, Taschen-, Reise- und Nachtkästchenuhren finden. Sie sind freilich werkstechnisch nicht mehr so individuell wie die entsprechenden Stücke der früheren Perioden. Die Gleichschaltung in entscheidenden konstruktiven Punkten kündigt die kommende Mengenherstellung an. Gleichzeitig erscheint aber sowohl im Werk als auch in den Gehäusen ein vorher nur bei den besten Spitzenmeistern erreichter letzter Schliff, der auch sehr gute Gangleistungen ermöglicht. Um einige Vertreter dieser Entwicklung anzuführen, nenne ich McCabe oder Cole in London, Le Roy & Fils in Paris, und Marenzeller, Herz oder Happacher in Wien. Deren Schreibtisch-, Reiseuhren sowie Regulatoren anzuschauen, ist ein wahres Vergnügen. Solche Stücke sind zwar heute auch schon nicht ganz leicht zu finden, aber ihre Erwerbskosten liegen meist noch tief unter den valorisierten seinerzeitigen Gestehungskosten. Wir haben diesem Gebiet in der Neuauflage besonderen Nachdruck gegeben, um Sammlern den Weg in noch nicht ausgeschöpfte Gefilde zu zeigen; es läßt sich aber nicht verschweigen, daß sich an den verschiedenen Stellen deutlich zunehmendes Interesse für Uhren der Mitte des 19. Jahrhunderts zeigt, zumal diese Stücke meist klein sind und daher gut in moderne Wohnungen passen.

(G) Beschreibung und Katalogisierung. Uhren und Instrumente weisen fast immer eine Individualität auf, die sich nur durch Beschreibung der einzelnen Indikationen und der charakteristischen technischen, künstlerischen und den Ursprung bestimmenden Einzelheiten festlegen läßt. Das Auffinden dieser Daten bildet weitgehend den Reiz des Uhrensammelns. Es ist aus histori-

schen Gründen wichtig, daß solche Erkenntnisse nicht wieder verlorengehen, sondern archivalisch zur Hilfe bei weiterem Suchen erhalten bleiben. Deswegen sollte jeder Uhrensammler alles Wissenswerte über seine Sammlung schriftlich niederlegen. Uhren, und speziell Bodenstanduhren, sind oft durch Generationen als Erbstücke mit einer Familie verbunden und daher als Weiser wichtiger und entscheidender Momente ein Stück Familiengeschichte. Es ist ein Tribut an die Verdienste einer solchen Familie, wenn an der Innenseite der Türe, unter dem Werk oder in der Schlüssellade eine Chronik der Uhr zu finden ist. Ganz bedauerlich aber erscheint es, wenn verständnislose Händler beim Kauf einer alten Uhr so nebenbei erwähnen, daß sie diese Chronik abgeschabt, oder gar ein Schriftstück mit Behandlungsvorschriften oder sonstigen Daten, die auf das Uhrenschicksal Bezug haben, beseitigt hätten. Feststellung der Besitzerfolge einer Uhr ist eine interessante, leider aber nur ganz selten über längere Zeiträume durchführbare Aufgabe.

Die Notwendigkeit guter Beschreibungen gilt in verstärktem Maße für öffentliche Sammlungen. In Museen ist eine ausführliche, erklärende Beschreibung der gezeigten Sammlungsgegenstände besonders notwendig, um das Verständnis des Publikums für die Bedeutung der Einzelheiten der Uhren und Instrumente zu erwecken. Heute ist durch die bequeme Zeitdarbietung mit Radio und der vielen aufgestellten Normaluhren die Richtigkeit der selbständigen Zeitbestimmung aus astronomischen Beobachtungen, die früher jedem Laien fast geläufig war, abhanden gekommen, und damit auch die Grundlage für das Verständnis der damit verbundenen Gedankengänge und Handlungen. Eingehende Beschriftung ähnlich etwa denen, die wir in der Neuauflage dieses Buches eingeführt haben, wären zu diesem Behufe zu empfehlen. Unbedingt notwendig ist darin: Name des Gegenstandes und Meisters; Funktionen und Zweckbestimmung; Ursprungsland, Entstehungszeit, technische Besonderheiten, besondere Materialien oder technologische Behandlungsarten.

Da die Daten meist nur langsam im Laufe längerer Zeiträume zu erhalten sind, empfiehlt es sich, mit einem Zettelkatalog zu beginnen, bei dem für jedes Objekt eine eigene Karteikarte oder Blatt vorgesehen wird, und die Daten im Laufe der Jahre sich dann automatisch schließen. Neben der schriftlichen Beschreibung sind Photographien, technische Skizzen und Zeichnungen zur Festlegung der Eigenheiten einer Uhr oder eines Instrumentes unentbehrlich. Ein Bild kann unter Umständen mehr in einem

Abb. 342. Wanduhr, sog. Sägeuhr; signiert Jakob Bentele, Salzburg, ca. 1775; österreichischer Zopfstil; holzgeschnitztes, teilweise vergoldetes Wandbrett; Fassung des Zifferblattes getriebenes, feuervergoldetes Bronzeblech. Sammlung Dr. E. Gschwind, Basel.

Abb. 343. Wanduhr auf „Brettl", sog. Freischwinger; signiert Peter Rau, Wien, ca. 1810. Pendelstange aus Fichtenholz; Federaufhängung; Antriebsgabel abgestützt am Brettl. Höhe ca. 130 cm. Sammlung R. Hübner, Wien.

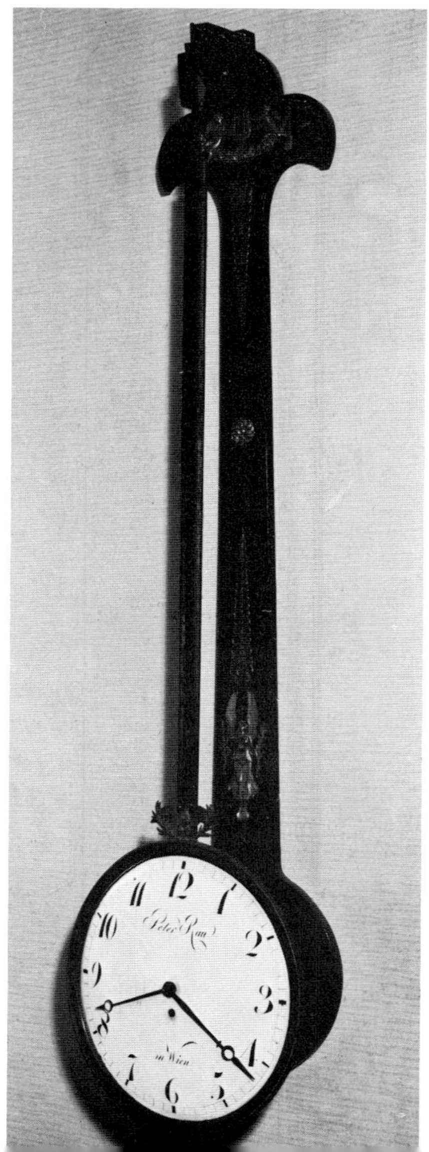

a

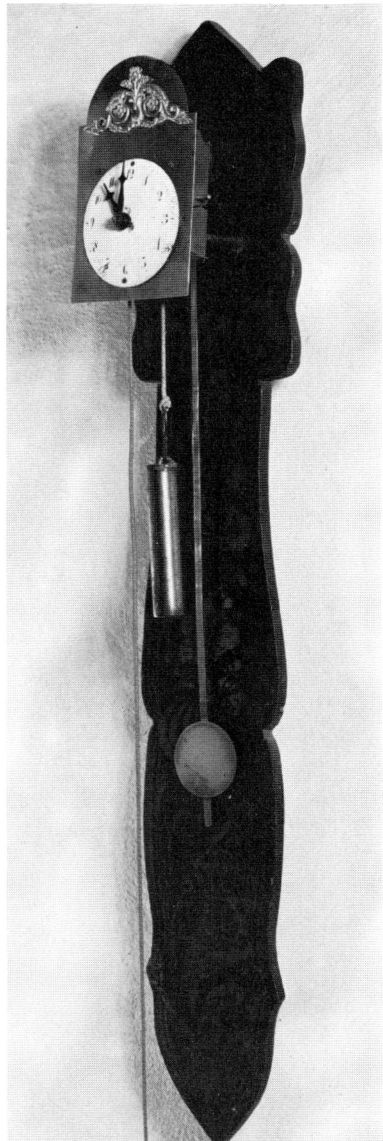

b

Abb. 344a und b. Zwei Bretteluhren (Wien) ca. 1830–1840.
Uhrenmuseum der Stadt Wien.

Abb. 345. Wandregulator mit Rostpendel nach Harrison, 1778, signiert Benjamin Vulliamy; für das Privatobservatorium von König Georg III. in Kew gebaut. Gewichtsgehänge mit Rollenlagern; Zifferblatt mit getrennter Stunden-, Minuten- und Sekundenangabe. Harrisons' Grasshoper echapment; Türe geöffnet und wegretouchiert. Höhe 155 cm.
Science Museum, London.

Augenblick übermitteln als viele Seiten Text. Deshalb sind in dieser Neuauflage soweit wie nur möglich mehrere Aufnahmen von den wichtigen Objekten gebracht, um den körperhaften Bau der Uhr mit mehreren verschieden angeordneten Etagen oder Abteilungen zu vermitteln. Um technische Details wirklich zu erkennen, sind fast ausnahmslos Großaufnahmen erforderlich, die meist sowohl technisch als auch künstlerisch beträchtliches Verständnis vom Photographen erfordern. Es soll nicht übergangen werden, daß wir große Hilfe von mehreren mit der Reinigung oder Instandsetzung betrauten guten Uhrmachern erhalten haben, die während ihrer Arbeiten die wichtigen technischen Details aufgenommen hatten, da es später über Jahre hinaus nicht vertretbar ist, ein gehendes Werk zwecks photographischer Detailaufnahmen zu zerlegen.

Auf Grund seiner eigenen Erfahrungen mit der Durchführung von Katalogisierungsarbeiten gab Bassermann-Jordan folgende Empfehlungen für das Vorgehen und die Aufeinanderfolge von Angaben, die sich aber im wesentlichen auf Taschenuhren beschränken:

„Katalognummer, etwaige Inventarnummer, Name des Gegenstandes als Überschrift. Als Untertitel der Meister und seine Stadt. In kleinem Satz darunter die Lebensdaten des Meisters, Hinweis auf andere Arbeiten von ihm, Angabe der Literatur, in der des Meisters gedacht wird. – Der eigentliche beschreibende Text sollte den Gegenstand möglichst von außen nach innen zu beschreiben suchen, also zuerst das Gehäuse, dann das Zifferblatt und die Zeiger, alsdann das Werk. Bei Taschenuhren mit mehreren Gehäusen sollte schon die Überschrift die Zahl der Gehäuse angeben, also: Taschenuhr in doppeltem Gehäuse, oder Taschenuhr in dreifachem Gehäuse, wobei man von eigenen einzelnen Gehäusen nur dann spricht, wenn sie sich ganz voneinander loslösen. Man beschreibe zuerst das Übergehäuse, dann das Hauptgehäuse, alsdann das innere Gehäuse. Sind Gehäuse außen und innen verziert, so schließe man die Beschreibung der Innenseite gleich an die Beschreibung der Außenseite an. Es empfiehlt sich, den Gehäusebeschreibungen die Angabe des Materials, ob Gold, Silber, Messing usw. voranzustellen und sogleich die Stempel und Marken des Metalls mitzuteilen. Bei der Beschreibung des inneren Gehäuses vergesse man nicht, des Knaufs und des Bügels zu gedenken, wenn dieser bemerkenswert oder charakteristisch ist. Bei der Beschreibung des Werkes empfiehlt sich die Reihenfolge: Platten oder Brücken, Plattensäulchen, Antrieb (Gewichte, Feder, Federhaus, Schnecke, Kette oder Darmsaite), Federspannung, Hemmung, Regulierung, Kloben, Schlagwerk, sonstige Nebenwerke. – Meisterbezeichnung und Angabe, wo die Bezeichnung angebracht ist. – Maße, wobei es zweckmäßig ist, die Höhe des Gehäuses samt dem Glase, den Durchmesser des Gehäuses ohne Bügelknauf und den Plattenabstand festzustellen, bei Standuhren die Höhe, Breite, Tiefe des Gehäuses und den Durchmesser des Zifferblattes. – Entstehungszeit. – Art und Herkunft der Arbeit, besondere Bemerkungen, Provenienz, Literatur. Als Beispiel sei hier eine Taschenuhr des Bayrischen Nationalmuseums beschrieben:

Nr. XX, Inv. Nr. X. Taschenuhr

signiert: Jan van Ceulen, Haag. (Jan von Ceulen arbeitete von Anfang an bereits für Huygens; er war einer

Abb. 346. Wanduhr aus dem Schweizer Jura – „Pendule longue ligne“ ca. 1790. Sekundenpendel mit Messingstange. Federzugwerk; zehn Tage Gangdauer; Graham-Gang; Sekunde aus Mitte, Datum und Mondphasenangaben. Viertelstundenrepetition.

Sammlung Dr. E. Gschwind, Basel.

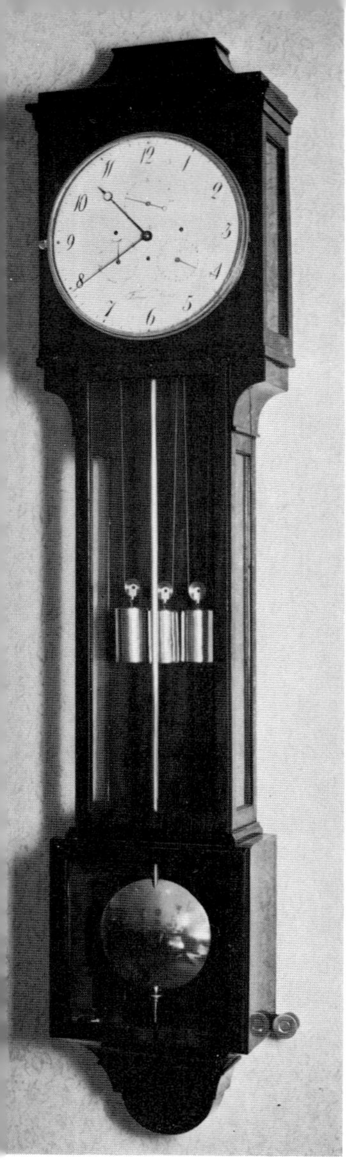

Abb. 347a. Wanduhr, spätklassizistisch, Wien, um 1800, sogenannte Laterndluhr; signiert Fertbauer. Ebenes, handbeschriebenes Emailzifferblatt mit Sekunden-, Wochentags- und Tagesdatumangabe. Bombierter Uhrglasdeckel. Pendelstange aus Stahlrohr; Gewichte hinter Pendel. Höhe 154 cm.
Sammlung H. von Bertele, Wien.

der hervorragendsten Uhrmachermeister Hollands und wird gelegentlich als holländischer Tompion bezeichnet.) Gold, ohne Merkzeichen. Der Vorderdeckel und das ganze Gehäuse innen und außen emailliert, auch die Schauseite des Zifferblattes emailliert. Das Gold des Grundes ist an den Rändern des Deckels und – nach Art der Grubenschmelztechnik – auch an anderen architektonischen Stellen des Gehäuses sichtbar. Auf dem Vorderdeckel außen das Urteil des Paris in ganzen Figuren, innen ebenso Venus und Adonis in einer Parklandschaft, links im Hintergrund Amor mit einer Taube. Auf der Rückseite des Gehäuses die Entführung der Helena durch Paris in Kniestückfiguren; über dem Liebespaar fliegt Amor mit Fackel und Bogen; rechts das Gefolge: zwei Frauen und ein Krieger, auf dessen Ovalschild ein Doppeladler zu sehen ist; ein Negerknabe hilft den blauen Mantel Helenas tragen; im Hintergrunde der Meeresstrand mit dem zur Abfahrt bereiten Schiff, in das soeben noch Gepäck eingeladen wird. Auf dem Rande des Gehäuses die Geschichte von Apollo und Daphne in vier länglichen Medaillonbildchen, dazwischen Felder mit Blumen und mit Trophäen. Auf dem Zifferblatte Chronos, die Flügel Amors beschneidend. Darum der weiße Ziffernring mit schwarzen römischen Ziffern. Nur Stundenzeiger, dieser aus Stahl. Die ganze Innenseite des Gehäuses wird von einer Parklandschaft mit Hirschhatz eingenommen: Zwei Reiter mit Jagdspeeren und zwei Hunde verfolgen einen Hirsch; im Hintergrunde ein vieltürmiges Jagdschloß im Zeitstil. – Werk mit streng geformten Plattensäulchen, Schnecke und Kette, Federspannung mit Schraube ohne Ende zwischen Trommel und großer Platte, der Zeiger für die Federspannung auf der kleinen Platte neben der großen stählernen Ruckerstellscheibe angeordnet. Die Spindelhemmung gegen Trommel und Kette geschützt durch eine eigens eingeschraubte Schutzwand. Spiralfeder mit drei Umgängen. Schön durchbrochene Füße. Alle messingnen Werkteile stark vergoldet. Werk bezeichnet „Johannes van Cevlen Haghe. H. 0,022, D. 0,052, P. 0,008. – Um 1680 – Das Goldemailgehäuse Pariser Arbeit von großer Feinheit der Technik und Malerei; bis auf eine kleine Beschädigung des Ziffernringes ausgezeichnet erhalten. Das Werk in Holland gearbeitet, doch ist zu bedenken, daß der Holländer Christian Huygens 1674 seine erste mit Spiralfeder versehene Uhr in Paris herstellen ließ. Das Werk ist – ebenso wie das Gehäuse – das vollendetste seiner Zeit; nur vor der Anbringung des Minutenzeigers scheute sich der Meister noch. Früher in der Sammlung Marfels in Berlin. – Abbildung bei E. v. Bassermann-Jordan, „Uhren“, 3. Auflage, Berlin 1922, S. 104. Farbige Abbildung in der Deutschen Uhrmacherzeitung 1912, Nr. 8, S. 120–121; Nr. 9, 10, 11.

Abb. 347b. Werkseinsicht der Fertbauer-Laterndluhr. Wiener-Vierviertelschlag auf Glocken; acht Tage Gangdauer; zweietagiger Werksaufbau; Rückenteil mit facettierten Glasplatten abgedeckt; Pendel gleichzeitig als Ankersystem ausgebildet. Schneidenlagerung mit fein einstellbarem Schaukelrahmen. Gewichte und Schlüssel original.

(H) Behandlung, Verpackung. Die Frage, wie man alte Uhren und Instrumente behandeln soll, ist nur individuell zu beantworten. Wir wollen hier zwei verschiedene, völlig diametrale Richtungen zu Wort kommen lassen, nämlich zuerst die museal konservierende, die z. B. Bassermann-Jordan vertreten hat, der den Status bei dem Eintritt in die Sammlung konserviert wissen will, und jene, die die Uhr als ein dem Besitzer verhaftetes, mitverbundenes und mit ihm lebendes Stück ansieht und dementsprechend aktive Sorge dafür verlangt.

Bassermann-Jordans' Richtung zeigen die folgenden, wörtlich abgedruckten Absätze:

„Die Behandlung alter Uhren sollte sich im allgemeinen auf eine sorgfältige Aufbewahrung beschränken. Wir können uns mit keinerlei Reinigung oder gar Auffrischung alter Metallgehäuse einverstanden erklären, Neuvergoldungen und Neuversilberungen bedeuten große Entwertung der Uhr und lassen zudem noch den Verdacht der Fälschung aufkommen. Sind an Holzgehäusen Reparaturen nicht zu umgehen, so sollten sie nur von Schreinern ausgeführt werden, die mit alten Möbeln wirklich umzugehen wissen und alte Möbel nicht „neu machen" wollen. Die Gefahr, daß ein vom Schreiner zurückkommendes Gehäuse zu neu aussieht und deshalb vom Zifferblatt absticht, liegt sehr nahe und führt oft zu Neuvergoldung, d. h. zur Entwertung des Zifferblattes. Auch die Gehäusebeschläge lasse man ganz wie sie sind. Wer bei silberner Treibarbeit an Gehäusen den schwarzen Überzug von Schwefelsilber gar nicht sehen mag, der lasse ihn vom Goldschmied vorsichtig beseitigen und durch einen Überzug von Zapon dafür sorgen, daß das Silber längere Zeit nicht wieder anläuft.

Nun die Werke: Alte Uhren haben ihren Dienst getan wie alte Menschen. Man lasse sie darum in Ruhe und belästige Uhrmacher und Ärzte möglichst wenig mehr mit ihnen, denn es ist selten zum Nutzen der Patienten und nie zur Freude der Behandelnden. Nur große Standuhren, soweit sie nicht noch Spindelgang haben, lasse man allenfalls wieder in Gang setzen, wenn dies ohne Erneuerung und Umarbeit möglich ist.

Der Reiz, alte Taschenuhren noch zu tragen, verfliegt bald, denn die Uhren haben, schon als sie noch neu waren, den Anforderungen an genaue Zeitangaben, die wir heute stellen, nie entsprechen können, geschweige denn heute, wo die Uhren alt und verbraucht sind.

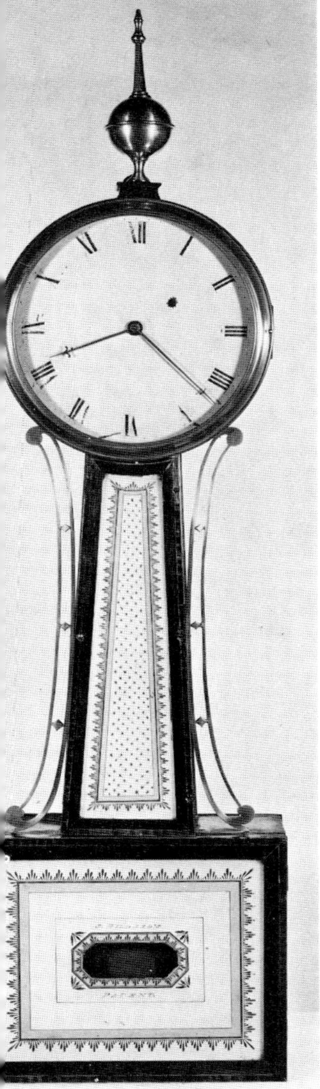

a

Abb. 348a und b. Wanduhr; am Pendelfenster signiert Simon Willard, ca. 1815; sog. Banjouhr, besonders schönes, frühes Beispiel dieser typischen amerikanischen Form, mit Kreuzzeigern und kurzen römischen Ziffern; Kastenpanele verschraubt; Bandeinlagen um Füllung und Türe. Höhe ca. 90 cm.

Sammlung Ed. S. Jones, Los Angeles, Kalifornien.

b

Abb. 349 (rechts). Wanduhr, Biedermaier, Wien, ca. 1825 bis 1830; sog. Laterndluhr; signiert Philipp Happacher. Ebenes, gebranntes Emailzifferblatt mit vertieft gesetztem Sekundenblatt. Viereckige Glastüre im Uhrkopf. Glasgekapseltes Präzisionswerk mit Jahresgangdauer, Ankerpaletten, Anker und Steigradlager mit Steinen und Mikrometerschlitten zur Eingriffsverstellung, alle anderen Lager mit stählernen Deckplatten und Stellschrauben zur Korrektur des seitlichen Spieles. Seitliches, ovales Gewicht (rund 8 kg); Pendelstange aus lackiertem Fichtenholz mit verankerter Mikrometerschraube und Kardanlagerung des Federendes. Höhe ca. 150 cm

Sammlung H. von Bertele, Wien.

a b

Abb. 350a und b. Wanduhren amerikanisch:
a Lyra-Uhr, wohl von Abiel Chandler Concord, New Hampshire, ca. 1840. Höhe 100 cm.
b Von Edino Howard, ca. 1865. Höhe 110 cm.

Mit Seechronometern der ersten Hälfte des 19. Jahrhunderts erzielt man manchmal noch ganz leidliche Gangresultate, wenn die Uhr aus erstem Hause stammt, gut gepflegt und erhalten ist. Nicht nur schwimmende Särge sind es, die auf dem Meere heute noch solchen Uhren anvertraut werden. Aber man quäle auch diese alten technischen Meisterwerke nicht mehr mit einschneidenden Reparaturen. Läßt man mit Repara-

Abb. 351. Wanduhr, Wiener zweites Rokoko, ca. 1850 bis 1860; unsigniert. Einfaches Gangwerk mit acht Tagen Gangdauer; Huygens'scher Gewichtsaufzug; schwach bombiertes Emailzifferblatt mit Goldbronzereifen. Kastenhöhe ca. 60 cm, kleine Bekrönung und Abschlußvoluten fehlen.
Uhrenmuseum der Stadt Wien.

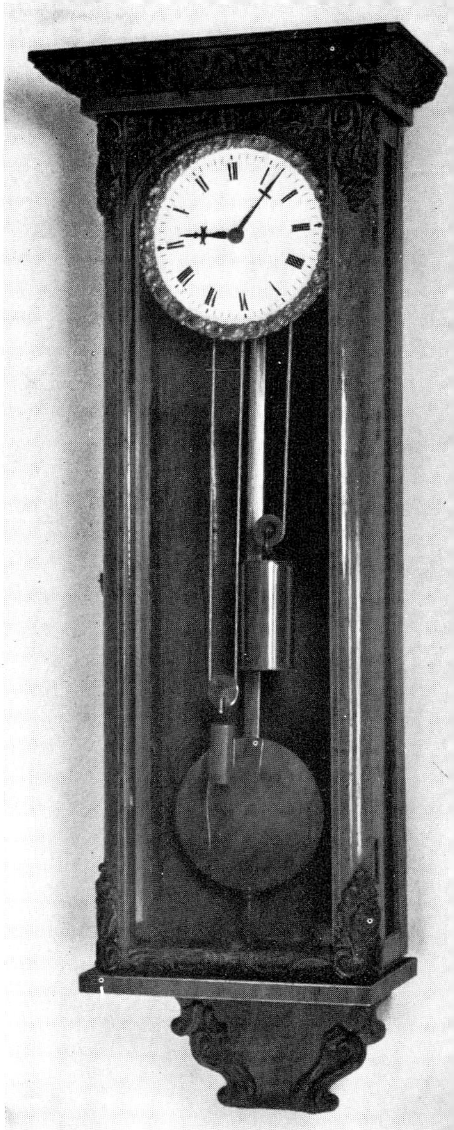

turen anfangen, so stellt sich meist während der Arbeit heraus, daß nicht nur Erneuerung aller Lager und Zapfen, sondern meist auch der ganzen Hemmung nötig ist.

Kommt man wegen Wiederherstellung eines alten Uhrwerkes zum Uhrmacher, so bedenke man, daß die moderne Uhrmacherei ein Gebiet solch gewaltigen Umfanges geworden ist, daß es allein schon den ganzen Mann erfordert und ihm zu historischen Studien und zu praktischen Arbeiten auf diesem Gebiete kaum je Zeit läßt. Schon der Studiengang des jungen Uhrmachers von heute ist nicht mehr dazu angetan und ganz auf die moderne Uhrmacherei gerichtet. Die Reparatur selbst so verbreiteter alter Gänge, wie des Spindelganges, wird an vielen Uhrmacherschulen gar nicht mehr gelehrt.

Quält man dennoch einen Uhrmacher mit einer Reparatur, die großes Können, viel Erfahrung und unendliche Geduld und Zeit erfordert, so wundere man sich nachher nicht über die Kosten."

Nun folgen längere Ausführungen über die vor dem ersten Kriege von den Uhrmachervereinen der großen deutschen Städte vorgeschriebenen Tarife für bestimmte Arbeiten. Daraus leitete Bassermann-Jordan den Schluß ab, daß ordentliche Instandsetzungen alter Uhren nicht mehr tragbar seien. Er unterstützt seine Argumente noch durch den Hinweis:

„Und nach all dem Aufwande an Mühe und Geld wäre es falsch, jetzt Gangresultate zu erwarten, die uns jede bessere neue Taschenuhr mühe-

a

Abb. 352a und b. Wanduhr mit Federzugswerk; sog. „Connecticut Lyra“ oder „Wall Acorn“-Uhr; ca. 1850. Beachte den invertierten Anker, die Gabelführung und die primitive Federbefestigung ohne Federhaus. Höhe ca. 90 cm.

Sammlung Ed. S. Jones, Los Angeles, Kalifornien.

b

los gibt. Schon der Mangel jeder Kompensation der Temperatureinwirkungen schließt bei alten Uhren Gangresultate fast immer aus, die über den bürgerlichen Tagesbedarf hinausgehen.

In Museen sollten die großen neueren Uhren, soweit sie Anker-, Haken- oder Stiftengänge haben und wenigstens acht Tage in einem Aufzug gehen, in Gang gehalten werden, wenn dies mit geringfügigen Nachhilfen im Werke möglich ist. Wie die Uhr geht, ist gleichgültig, noch gleichgültiger, wie etwaige astronomische Angaben der Uhr eingestellt sind, denn sie entsprechen in ihren Berechnungen sowieso nur selten mehr dem augenblicklichen Stande unseres Wissens, auch ist der Interessentenkreis für diese Dinge zu klein. Die Abnützung ist mit in Kauf zu nehmen, aber immerhin wirken solche große Uhren, wenn sie in Gang gehalten werden, noch ebenso als Lebewesen, wie in der Zeit, da sie eben aus der Hand ihres Verfertigers hervorgegangen waren. Auch in Residenzen werden große Uhren dieser Art meist in Gang erhalten. Notwendig ist, daß das Aufziehen solcher Uhren alsdann nicht einem beliebigen oder gar mehreren Aufsehern, sondern nur Uhrmachern überlassen wird, die dann auch für den Zustand der Uhr einstehen und die ihre genau zu prüfenden Vorschläge über etwa am Werke notwendige Reparaturen zu äußern haben."

Und schließt mit einem Anathema:

„Die von manchen Sammlern geübte Unsitte, fehlende Werkteile einfach zu erneuern, oder spätere technische Verbesserungen des Werkes wieder beseitigen und durch die ursprünglich wohl vorhandene primitivere Vorrichtung ersetzen zu lassen, halte ich geradezu für eine Fälschung und für ganz verwerflich."

Diese Einstellung erscheint mir als eine Art Todesurteil für das Mitleben der alten Uhren oder Instrumente. Bis zum Eintritt in die Sammlung X war das Stück irgendwie ein Stück persönlichen Besitzes, ein Schmuck für den Körper, ein aktiver Zeitweiser, ein Erinnerungsstück an Vorfahren, im Laden ein Denkmal für den früheren Meister, und als solches getragen, geputzt, repariert, umgebaut, kurzum gut oder schlecht behandelt. Soll die Uhr nun erstarren, wobei der Sammler den Übernahmezustand gerade so erhalten sollte, wie er ihn vorgefunden hat?

Für alle Dinge der Umgebung eines mit seiner Kultur verbundenen Menschen, soll er meiner Überzeugung nach sorgen und sie in gutem Zustand erhalten. Wir setzen Kirchen und Rathäuser unserer Städte in Ordnung, wir bemühen uns Herrenhäuser und Burgen vor dem Verfall zu bewahren, wir lassen gute Bilder und Teppiche unserer Wohnungen sachgemäß reparieren. So ist es eigentlich nur recht und billig, daß wir auch unsere Uhren in gutem Zustand erhalten, und, wenn im Laufe der Zeit Schäden eingetreten sind, diese als Sammler so pfleglich beheben, wie dies ein geordneter, seiner Güter bewußter Besitzer getan hätte. Voraussetzung dafür ist allerdings, daß dabei wirklich ehrlich die Wiederherstellung des Originalzustandes angestrebt wird, und nicht die Schaffung irgendwelcher sammlermäßig höher bewerteter Zustände bezweckt ist. Letzteres ist Fälschung und bewußt abzulehnen. In Verlegenheit kommt der Besitzer natürlich, wenn der Umbau in der Uhr ein hochwertiger ist. Eine Reihe von Fällen sind bekannt, wo z. B. Breguet einen Janvier umgebaut hat oder Vulliamy einen Tompion. In beiden Fällen sind aber deutliche Hinweise auf die geschehenen Eingriffe in der Uhr zu finden. In solchen Fällen erscheint es eine Torheit, die Zugaben eines großen Meisters ungeschehen machen zu wollen. In der Mehrzahl der Fälle sind aber die späteren Umbauten deutlich unter dem ursprünglichen Niveau der originalen Fassung, wie dies

Abb. 353. Gehängeuhr in Form einer Ampel, wohl von Braendl, Wien, ca. 1815. Alabasterschale mit Goldbronzemontierung. Zeitangabe durch Drehung des Ringes mit den ausgeschnittenen Ziffern; von Putte gehaltene Schlange dient als Zeiger. Sammlung Dr. Sobek, Wien.

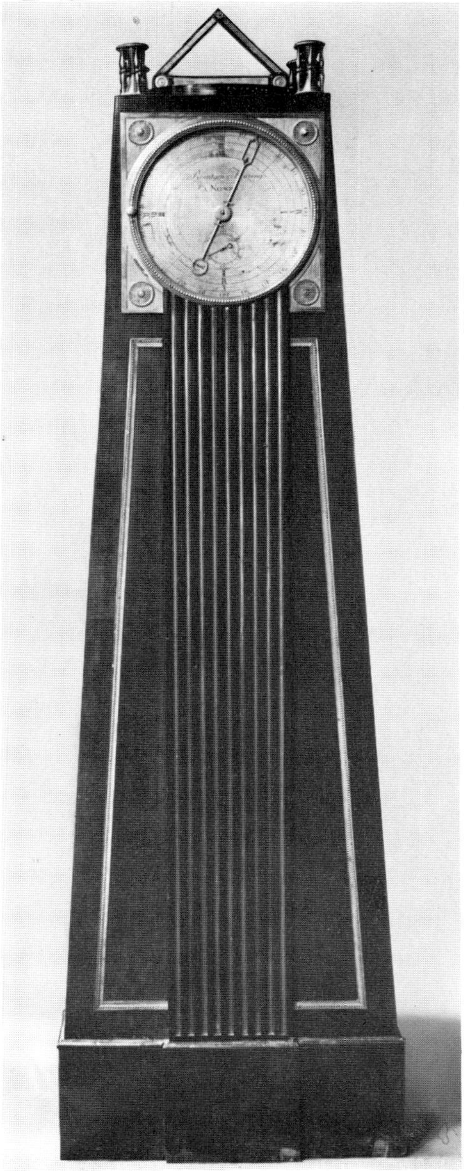

a

b

c

Abb. 354a, b, c. Bodenstanduhr, signiert Röntgen & Kinzing a Neuwied, ca. 1805. Klassizistischer Holzkasten mit Bronzeauflagen, der große Zeiger läuft einmal in vier Stunden um; das Zifferblatt hat drei Teilkreise; nach jedem Umlauf verschiebt sich die im Zeigerfenster befindliche Zeigerspitze, so daß die Zeigerspitze auf einen anderen Teilkreis weist; Achttage-Gewichtswerk. Höhe 183 cm.

Sammlung Landesgewerbeamt Baden-Württemberg.

b und c Zifferblattgroßaufnahme und Kadrakturansicht einer gleichgebauten Uhr von Klug in Mainz.

Sammlung H. von Bertele, Wien.

meist bei Pendelanbauten von Renaissanceuhren oder bei Spiralfederzugaben zu alten Unrasten der Fall ist. Wir haben heute genug Material, um genau sagen zu können, wie die ursprüngliche Fassung ausgesehen hat und um so genau die alte Fassung wiederherstellen zu können.

Wenn solche Restaurierungen durchgeführt sind, ist es abzulehnen, die Reparaturen und Ergänzungen bewußt so auszuführen, daß das Stück als einheitlich alt, womöglich ohne Rücksicht auf die technische Richtigkeit ausgeführt erscheint. Ebenso abzulehnen sind die sogenannten Mariagen, bei denen ein besonderes Meisteruhrwerk aus seinem Originalgehäuse entfernt wird, da letzteres weniger attraktiv als ein kostbares anderes Gehäuse ist, welches seinerseits aber ein nicht besonders bewertetes Werk enthält. Auf diese Weise wird versucht, ganz einmalig exzeptionelle Stücke zu bilden. Man erkennt mit etwas Erfahrung eigentlich immer diese Mariagen.

Was wir befürworten, ist eine respektvolle, in den ursprünglichen Bauplan sich einfühlende Restaurierung, ohne Absicht, dieselbe zu verheimlichen. Bei genauer Betrachtung gelingt es immer schon aus kleinen Farbunterschieden neue von alten Teilen zu unterscheiden, abgesehen von Bearbeitungsunterschieden. An Rathäusern und Kirchen bringen wir Tafeln an, wer wann und in welchem Umfang Restaurierungen vorgenommen hat, und in den Archiven werden die Details darüber genau festgelegt. Wenn es sich um wichtigere Uhren handelt, soll in analoger Weise vorgegangen werden. Die Nachfahren sollen wissen, wer an der Instandsetzung gearbeitet hat und was geschehen ist. Dabei denke ich natürlich in erster Linie an Meisterstücke, bei denen in der Vergangenheit dadurch gesündigt wurde, daß sie in Hände unverständiger Uhrmacher und Pfuscher gegeben wurden, die ihnen nicht verständliche Teile – manchmal ganze Schlagwerke aus der Frühzeit der Repetier- und Rufschlagwerke, manchmal wichtige Antriebselemente der astronomischen Indikationen oder der Automaten – einfach ausgebaut haben, um durch Beseitigung der „spießigen Teile“ die Uhr wenigstens irgendwie gangfähig zu machen. Ähnliche Barbarismen finden sich nicht selten bei den feineren Pendelaufhängungen oder Pendel-Kompensationsvorrichtungen und selbst bei den seltenen Gängen, die doch eigentlich den Gipfel des Interesses für den wirklichen Horologen bilden.

Abb. 355a, b, c. Bodenstanduhr mit Zentrifugalpendel, ca. 1815, signiert Kaspar Bollermann, Würzburg. Man beachte die horizontale Triebstange, an der sich die Pendelstange radikal verschieben kann. Viertelstunden-Rufschlagwerk. ▶
Mainfränkisches Museum, Würzburg.

b

c

Abb. 356a. Bodenstanduhr mit Gangdauer von drei Monaten. Äquationsregulator, signiert L. Binder, Wien, ca. 1818. Nußholzkasten mit Goldbronzeauflagen. Kompensationspendel nach Ellicott, seitlicher Gewichtsablauf; Höhe ca. 175 cm.
Sammlung Dr. Sobek, Wien.

a

Abb. 356b. Zifferblatt-Großaufnahme des 3-Monatsregulators (Abb. 356a). Zeiger aus der Mitte, mit 18 Kar. Goldmontierungen indizieren Stunde, mittlere und Sonnenzeit-Minuten. Hilfszifferblatt in Mitte oben: Sonnenauf- und -untergang, Tag- und Nachtlänge. Hilfszifferblatt links: Monat mit zugehörigen Tierkreiszeichen und Wochentage. Hilfszifferblatt rechts ist ein Weltzeitzifferblatt für verschiedene wichtige Städte. In der Mitte unten ist eine Mondkugel für die Phasenangabe.

Abb. 356c. Werksseitenansicht des 3-Monatsregulators (Abb. 356a); Kastenhaupt entfernt; eigentliches Gangwerk mit facettierten Glasplatten gekapselt.

◀ Abb. 357. Bodenstanduhr (Regulator), signiert B. Vulliamy, London, ca. 1820 Quecksilberkompensationspendel; Mahagonigehäuse; Höhe ca. 175 cm.
British Museum, London, früher C. A. Ilbert Collection.

Wir dürfen nicht vergessen, daß mit den interessanten und komplizierten Gängen auch zu Lebzeiten des Erbauers der durchschnittliche Uhrmacher ebensowenig vertraut war wie heute. Das war immer Domäne der Spezialisten und solche Uhren waren daher einer gewissen Besitzer-Elite vorbehalten. Ihre Behandlung und Pflege hat einen weit überdurchschnittlichen Uhrmacher erfordert, der als Hof-, Kloster- oder Stadtmeister die Betreuung durchzuführen hatte. Im königlichen Schloß in Stockholm finden wir noch immer Nachkommen der alten Uhrmacherdynastie, die seit Generationen die 300 Uhren des Schlosses pflegt. Erstklassige Uhren können im Lauf der Zeit z. B. durch Erbgang an bescheiden situierte Mitglieder der Familie gelangen, oder durch Verkauf, weil die Uhren gerade nicht den geltenden modischen Anforderungen genügen, zu neuen Besitzern kommen, die beide mit den notwendigen Betreuungsmaßnahmen der Uhren nicht vertraut sind. Dann ist es nicht verwunderlich, daß Störungen eintreten und darauf die Reparaturen an mit den Besonderheiten ebenfalls unerfahrene Hände, womöglich unter der Voraussetzung größter Billigkeit, übertragen werden. Dies öffnet dann jeglicher Barbarei Tür und Tor.

Wir sehen Verstümmelungen aus derartigen Unglücksphasen nicht als den Zustand an, mit dem sich der Sammler abfinden muß, oder bei denen er sich nach der Ansicht Bassermann-Jordans' an dem Erwerb desinteressiert zeigen soll. Im Gegenteil, gerade hier beginnt erst das aufregende Tätigkeitsgebiet für den aktiven Sammler. Er soll nach seinem besten Wissen und Können die Schäden wieder gut machen, wenn es das Stück als Ganzes rechtfertigt.

Bei solchen Arbeiten kann es selbst einem erfahrenen Sammler Jahre des Studiums und vor allem vergleichender Forschung kosten, bis er aus den Löchern in einer Platine und vielleicht ein oder zwei außer Zusammenhang stehenden Klinken oder Federn den ursprünglichen Zustand rekonstruiert hat. Vergleich mit Uhren aus der gleichen Zeit, womöglich des gleichen Meisters, ist hier die beste Hilfe. Es gibt eine große Befriedigung, wenn nach solchen Mühen schließlich ein System wieder so arbeitet, wie es sich der Erfinder vorgestellt hat. Als Beispiel möchte ich einen selbst erkämpften Fall anführen, bei dem es 13 Jahre Versuche und Beratungen mit den besten Fachleuten Europas gekostet hat, bis schließlich eine Wiener Empire Stutzuhr von Wibral mit einem Inversionspendel, dessen Lagerungsteile fehlten, als ich die Uhr zwischen zwei Bombenangriffen in Nürnberg bei einem Altmaterialhändler erworben hatte, wieder in Gang kam. Immer wieder neue Schneiden- und Auflagermaterialien wurden versucht, der Gang war gleich unbefriedigend, müde und regelmäßig nach einigen Stunden oder Tagen war er abgestorben. Schließlich brachte der Zufall eine Freischwinguhr von Antide Janvier ins Blickfeld, die mit einer Kugel- und einer V-Pfannenlagerung und Spitzen statt Schneiden ausgerüstet war; die Verwendung analoger Elemente war unter den vorhandenen Verhältnissen ohne Abänderung des Systems möglich. Und sofort stellte sich ein lebendiger Gang mit dem ursprünglichen kleinen Gewicht ein; es ist bereits das zweite Jahr, daß die Uhr recht befriedigende Gangresultate aufweist. Erst durch das Eingehen in Details, wie das beschriebene, können wir die Erfahrungen und das Können der alten Meister voll verstehen. Solche Erfahrungen sind auch heute für den Instrumentenbau wertvoll und sollen daher, wenn irgendwo bei einer Uhrrestaurierung gemacht, nicht nur für andere Uhrenliebhaber, sondern auch für die gesamte Technik festgehalten werden.

Wenn Bassermann-Jordan über selbstverständlich schlechte Gangresultate bei der Verwendung alter Uhren spricht, geht er vor allem wohl von Erfahrungen mit alten Taschenuhren aus. Aber selbst bei diesen haben Versuche von Cecil Clutton in den

Abb. 358. Japanische Bodenstanduhr, Gewichtsantrieb; lackiertes, hölzernes Gestell mit laternartigem Kopf (im Bild entfernt); Ende des 18. Jahrhunderts, Spindelgang; Zeitindikationen wie bei Abb. 359; Stundenschlag.

Science Museum, London – Leihgabe P. L. Harrison.

Abb. 359. Japanische Stockuhr mit Federzug, auf Holzpedestal mit Schlüssellade; Anfang des 19. Jahrhunderts. Kurzes Pendel; feststehender Zeiger: es rotiert die Scheibe unter dem Ringspalt, die einstellbare Zifferplatten besitzt, um die japanischen Temporalstunden einstellen zu können (Nachstellung hatte in ca. 14tägigen Intervallen durch Uhrmacher von Hand zu erfolgen). Japanische Schlagfolge: 9, 1, 8, 2, 7, 1, 6, 2, 5, 1, 4, 2, beginnend mit Mitternacht, bis Mittag.
Science Museum, London – Leihgabe P. L. Harrison.

a

b

c

Abb. 360a, b, c. Japanische Bodenstanduhr, erstes Viertel des 19. Jahrhunderts, mit Originalständer: Gewicht und Gegengewicht in Form von Vasen mit künstlichen Blumen. Zeitindikation wie bei Abb. 359 beschrieben. Glastafeln des Kopfes graviert.

Sammlung Silvio Bedini, Ridgefield, Conn., USA.

b

Abb. 361a und b. Tischuhr, japanisch, Mitte des 19. Jahrhunderts; gemaltes Lackgehäuse; Spindelwerk; Zeitangabe durch geradlinig vorschreitenden Zeiger.
Science Museum, London – Leihgabe P. L. Harrison.

letzten Jahren erstaunliche Ergebnisse gezeitigt. Bei richtiger Instandhaltung, wie sie um rund 1710 von einem guten Uhrmacher geboten wurde, brachte z. B. eine Taschenuhr von Daniel Quare vom Anfang des 18. Jahrhunderts Tagesfehlweisungen von durchschnittlich einer Minute, während z. B. Tourbillons von Breguet diesen Betrag erst etwa in einem halben Monat aufwiesen. Das sind Resultate, die zu denken geben, und daher das Verwenden und Tragen alter Taschenuhren zu einem historischen Experiment machen. Nicht weniger aufschlußreich sind Dauergang-untersuchungen mit eisernen gotischen Uhren. Bei zeitgemäß guter Instandhaltung sind ihre Fehlweisungen, wie schon früher erwähnt, rund $^1/_4$ Stunde im Tag.

a

b

Abb. 362a und b. Zwei Schwalbenschwanzuhren, Zifferblatt von a in Hinterglasmalerei. Schlesisch-bäuerlich, ca. 1825.
Sammlung Landrock, Zittau.

Unter normaler guter Pflege möchte ich verstehen, daß eine gehende Taschenuhr etwa alle zwei bis drei Jahre zum Reinigen und Ölen zum Uhrmacher gebracht wird, also bevor sie aus inneren Gründen zum Stehen kommt, genau wie wir unseren Wagen regelmäßig abschmieren und reinigen lassen, bevor sich irgendwelche Schäden aus mangelnder Pflege einstellen. Federn leben durchschnittlich fünf bis acht Jahre. Uhren größeren Formats verlangen etwa alle fünf bis acht Jahre eine Reinigung und Ölung. Darmsaiten werden etwa alle 10 bis 20 Jahre zu ersetzen sein. Abstauben zur routinemäßigen Reinigung soll besser mit einem Pinsel als mit dem Wischtuch erfolgen, da letzteres leicht hängen bleibt und irgendwelche Teile des Gehäuses oder sogar Zeiger abbrechen können. Vorsicht beim Aufziehen, speziell bei Emailblättern ist notwendig, um nicht die Kanten der Aufziehlöcher abzusplittern. Man vermeide unbedingt zu große Schlüssel. Bei handbeschriebenen Zifferblättern vermeide man nasse

Abb. 363. Wanduhr aus dem Schwarzwald, langes Pendel; Originalgewichte (Bleischrotfüllung); Zifferblattmalerei im Stil des zweiten Rokoko; ca. 1850–1860; Bildnis einer fürstlichen Dame.
Uhrenmuseum, Furtwangen.

Lappen. Nachschreiben mit Tusche ist möglich, erfordert aber wirkliches Beherrschen der Schreibtechnik, um den Charakter der alten Schriften, der meist sehr ausgeprägt ist, nicht zu zerstören. Die Gehäuse sollen alle 25 bis 30 Jahre entsprechend überholt werden. Hier kann man daran erinnern, daß es in alten Patrizierhäusern üblich war, alle die furnierten und intarsierten Möbel in solchen Intervallen frisch polieren zu lassen. Dadurch ist der seidige Glanz gewisser Möbel zu erklären, der bei Uhrkästen besonders angestrebt wird.

Die Instandsetzung von beschädigten Uhrkästen stellt ähnliche Ansprüche an den Sammler wie jene der Werke. Eine Fülle von Aufgaben und Problemen ist dabei zu lösen. Die Reparatur von Intarsien, Holzfurnierungen oder Schnitzereien ist solange einfach, wie Maserungen und Zeichnungen einigermaßen klar vorliegen. Die große Vorliebe für intarsierte Möbel bringt es mit sich, daß in Österreich, Süddeutschland und der Schweiz eine Reihe erfahrener Tischler hierfür zu finden sind. Manche darunter haben sogar noch Rumpelhobel aus dem 17. und 18. Jahrhundert, um damit die vielfältigen geflammten Profilleisten der Zeit richtig herzustellen. Im allgemeinen aber ist das richtige Einpassen von fehlenden Profilen viel schwieriger als man es sich anfangs vorstellt. Das richtige Profil bestimmt erstaunlich stark den Charakter des ganzen Körpers. Weniger leicht ist die Instandsetzung von Boullearbeiten; doch auch hier gibt es speziell in den Vorstädten von Paris Ebenisten mit bester Tradition, die fehlende Teile wirklich kunstgerecht nachmachen, solange es rotes oder braunes Schildpatt ist. Wirklich schwierig aber wird es, wenn es grünes, blaues oder rosafarbenes Bein ist; da gibt es fast niemand mehr, der die Geheimnisse dieser Technik noch beherrscht. Zu den Gehäuserestaurierungen gehören die fast ebenso unangenehmen Emailreparaturen. Auch da gibt es nur mehr ganz wenige Künstler vor allem in der Schweiz, von denen unter Umständen noch eine diesbezügliche Hilfe zu erwarten ist. Leichter wieder ist es, wenn es sich um Stahlschnitt für Zeiger handelt – in London und in Wien handhaben eine Reihe Meister noch die alte Technik ausgezeichnet – und ebenso liegt der Fall bei den Bronzen – Wien, Paris und London weisen mehrere Kunsthandwerker auf, die unter Umständen auch für die hochwertigste Feuervergoldung sorgen können.

In diesem Zusammenhang darf man nicht vergessen, daß gelegentlich Sammler sich zu wahren Künstlern in einzelnen dieser alten Kunsthandwerksrichtungen entwickeln, genau wie es Amateure gibt, die als Uhr-

Abb. 364. Stutzuhr (Figurenuhr) Empire, ca. 1805; aus Bronze mit Marmorsockel; signiert Bailly in Paris. Zweiwöchentliches Stundenschlagwerk. Höhe ca. 90 cm. Bayerisches Nationalmuseum, München.

Abb. 365. Stutzuhr in Form eines zylindrischen Tempels, Marmorsockel. Stundenindikation mit rotierendem Zylinderring; keine Minutenangabe, Spindelwerk; signiert Braendl, Wien, ca. 1815.
Sammlung Dr. Sobek, Wien.

Abb. 366. Stutzuhr unter Glassturz, signiert Matheus Ratzenhofer, Wien, ca. 1830; Minuten- und Stundenangabe durch einen Schmetterling, bzw. einen Marienkäfer, die am oberen und unteren Rande der Ziffernreihe sich fortbewegen und am Ende ihrer Bahn automatisch zum Anfang zurückkehren. Spielwerk im perlmutterverkleidetem Sockel. Höhe ca. 25 cm.

Sammlung H. von Bertele, Wien.

a

b

Abb. 367a und b. Wasserstoffuhr, gebaut von Pasquale Andervalt in Triest, ca. 1835, auf Rubinglasbehälter mit Messingfassung. Kolbenplatte im Behälter, Vorratsbehälter für das granulierte Zink und verschiedene andere Bestandteile des Mechanismus leider abhanden.

a Vorderansicht: Schneidenaufhängung des (Schein-)Kompensationspendels und Zwischengewicht des Remontoirs ersichtlich.

b Rückansicht: Die zwei vertikalen Messingschienen bilden die Führung für das in bestimmten Zeitabständen vom Kolben nach oben getriebene große Schnurrad, welches das Gewicht des Remontoirs aufzieht. Das rückwärts ersichtliche, stehende Rohr mit einem Trichter dient für das Einlassen des granulierten Zinks. Höhe ca. 90 cm. – Uhrenmuseum der Stadt Wien.

Abb. 368. Stutzuhr mit automatisch bewegtem Schiff auf Musikwerk; wohl französisch. ca. 1835. Holzsockel mit reicher Goldbronzemontierung.
Sammlung Graf Lamberti, Rom.

Abb. 369. Stutzuhr in Form einer Balancier-Dampfmaschine; ca. 1860; signiert Martino-Torino.
Sammlung Graf Lamberti, Rom.

macher mit alten oder modernen Werkzeugen den besten Fachleuten nicht nachstehen. Teils von Fachleuten angelernt, teils aus alten Vorschriften und Rezeptbüchern holen sie ihr Können herbei und wenden es dann für sich, häufig auch für ihre Freunde, an. In diesem Zusammenhang dürfen wir auch die Restauratoren der größeren Museen nicht vergessen; unter ihnen finden sich häufig Künstler, die den alten Meistern ebenbürtig sind.

Schließlich sind auch die Malereien der eisernen gotischen und Renaissance-Wanduhren und auch der späteren Holzuhren zu erwähnen. Mit wenigen Ausnahmen waren solche robuste Uhren viele Generationen hindurch ununterbrochen im Gebrauch. Alle 50 bis 100 Jahre hat Staub und Fliegenschmutz eine neue Bemalung veranlaßt, die naturgemäß je nach Qualität des Hausmalers, dem sie anvertraut war, mehr oder weniger gut

Abb. 370. Stutzuhr, sog. „Mysterieuse", Paris, ca. 1880–1890. Die Bronzefigur ist auf einem Drehschemel aufgestellt, der gut drehbar gelagert und mit dem Echappement gekuppelt ist. Höhe ca. 90 cm.

Victoria and Albert Museum, London.

Abb. 371a. Reiseuhr, signiert Breguet, Paris, ca. 1810. Tourbillongang; Sekunde im Halbkreis, Mondalter, Wecker; Zeitgleichung; Aufzugsindikator; regulärer Kalender mit Wochentag, Datum, Monat und Jahr; Thermometer; Goldbronzegehäuse. Höhe ca. 18 cm.

Ashmolean Museum, Universität von Oxford, ehemalige Mallet-Collection.

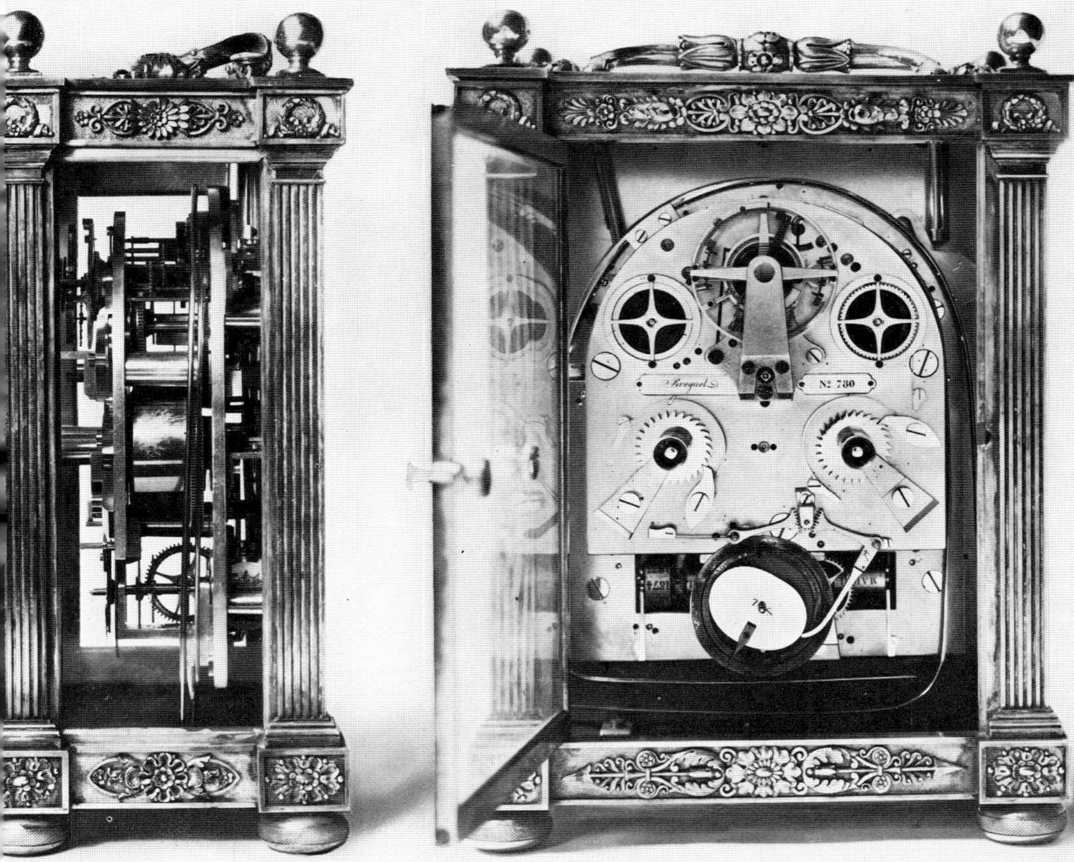

Abb. 371 b und c. b Seiten- und c Werksrückansicht (Tür geöffnet) der Reiseuhr von Breguet (Abb. 371 a). Man beachte Tourbillongang, Aufzugsvierkante, Kurvenscheibe für die Zeitgleichung.

Abb. 372a und b. Zwei Reiseuhren; signiert Franz Gutkaes in Wien, ca. 1825–1830 in Goldbronzegehäuse.

a Links Viertelstundenrepetition und Wecker.

b Rechts mit Sekundenzeiger, Monat und Tagesdatum, Wecker und Schlagwerkabstellung.

Sammlung Ing. E. Anstoß, Wien.

ausgefallen war. Meist sind die späteren Malereien weniger gut als die ursprünglichen. Die Instandsetzung solcher gemalter Uhren wird seit einigen Jahren mit Verständnis im Wiener Uhrenmuseum betrieben. Auch in der Schweiz gibt es einige Amateure, die aus der Entfernung späterer Übermalungen und der Herausarbeitung der Grundmalerei eine wirkliche Kunst gemacht haben. Nur durch solche Arbeiten haben wir in den letzten Jahren erfahren können, wie farbenprächtig speziell die frühen Wanduhren gewesen sind (vergleiche Farbtafel I).

Mit diesen Ausführungen und Beispielen glauben wir die Tätigkeit des restaurierenden Sammlers über den rein konservierenden Sammler gestellt zu haben. Wir schließen dieses Kapitel mit Bassermann-Jordan's Empfehlungen für die Verpackung, die wir ungeändert wiederholen, da diese heute genau wie früher gelten.

„Wird eine Verpackung von Uhren zum Bahntransport nötig, so ist bei Standuhren mit Holzgehäusen das schwere Werk unbedingt aus dem Gehäuse zu nehmen und eigens zu verpacken. Gewichte können auch nicht mit dem Werk und dem Gehäuse zusammen verpackt werden, höchstens daß kleinere Gewichte fest an die Kistenwand angebunden werden können. Aushängbare Pendel sind stets auszuhängen, die Pendelfedern durch Einbinden in Holzleistchen zu sichern, Pendel-

a

b

Abb. 373a und b. Reiseuhr in tiefgraviertem Bronzegehäuse, signiert Phillip Happacher, Wien, ca. 1840. Viertelstundenrepetierwerk mit Wecker.

Camerer-Cuss Collection, London.

gabeln und feste Pendel sind mit Papier zu unterlegen, damit sie das Werk nicht berühren und beschädigen können, außerdem so zu sichern, daß Schwingungen unmöglich werden; jeder Druck ist von diesem empfindlichsten Teil des Werkes abzuhalten. Ist das Werk so vorbereitet, so schlägt man es zuerst in weiches Papier ganz ein, dann in härteres und Packpapier, erst dann kommt das Werk in die Packmittel. Gläser werden am besten herausgenommen und eigens gepackt, wenn dies ohne Beschädigung der Gehäuse möglich ist. Ist das Herausnehmen der Gläser nicht angängig, so sollten die Gläser mit einigen Papierstreifen verklebt werden, die das Glas widerstandsfähiger machen und zudem verhindern, daß bei einem doch vorgekommenen Bruche des Glases die Scherben das Zifferblatt schwer beschädigen können. Jedenfalls ist das Zifferblatt vor dem Zerkratztwerden durch die Zeiger zu schützen, indem man Papier unter die Zeiger legt. Bei Taschenuhren sind ebenfalls die Zifferblätter vor den Zeigern in der gleichen Weise zu schützen; die Unruhe wird durch ein Papierstückchen festgestellt. Bei kostbaren Emailgehäusen ist selbstredend besondere Sorgfalt nötig und am besten das Werk herauszunehmen und gesondert zu verpacken. Taschenuhren werden am besten in Watte, Standuhren in Holzwolle verpackt. Immer schlage man die Uhren vorher ganz in Papier ein, damit etwa lose werdende Teile beim Auspacken nicht verlorengehen. Beim Verpacken von Seechronometern ist besondere Sorgfalt nötig. Zunächst schraube man das Gehäuse aus dem Ring, dann öffne man das Gehäuse durch Abschrauben des Glases, lege die Finger der linken Hand rings um den Rand des Zifferblattes, ohne die Zeiger zu berühren, und lasse das Werk aus dem Gehäuse in die linke Hand gleiten. Durch leichtes Schleifenlassen eines feinen Papierstreifchens hält man die Unruhe an, die dann durch zartes Unterschieben zweier trockener Korkteilchen festgestellt wird. Die Korke dürfen nur dicht bei den Schenkeln der Unruhe an diametral gegenüberliegenden Stellen des Reifens, nicht aber an dessen freischwebenden Enden gesetzt werden. Dann verschließt man das Gehäuse wieder, schraubt auch die Ringe aus dem Kasten, polstert dessen Boden mit Filz und Watte, legt das Messinggehäuse mit dem Glas nach unten hinein, bedeckt es fest und reichlich mit Papierschnitzeln und schraubt schließlich die Ringe darüber. Weniger zu empfehlen ist der Transport ungekorkter, gehender Seechronometer.

Abb. 374. Wanduhr (Rahmenuhr); Wiener Biedermeier, ca. 1840, Blattvergoldeter Ochsenaugenrahmen mit am Modell getriebenen Metallzieraten. Eintagswerk mit Wiener Vierviertelschlag auf Tonfedern und Spielwerksauslösung zur ganzen Stunde; Zungenspielwerk unter Pendelöffnung. Höhe ca. 65 cm.
Direktor Rudolf Kaftan, Wien.

Soll er dennoch erfolgen, so nehme man das Messinggehäuse aus dem Ring und packe es für sich in einen großen Korb, möglichst von dessen Mittelpunkt entfernt. Nach jedem Transport muß der Gang der Chronometer neu bestimmt werden."

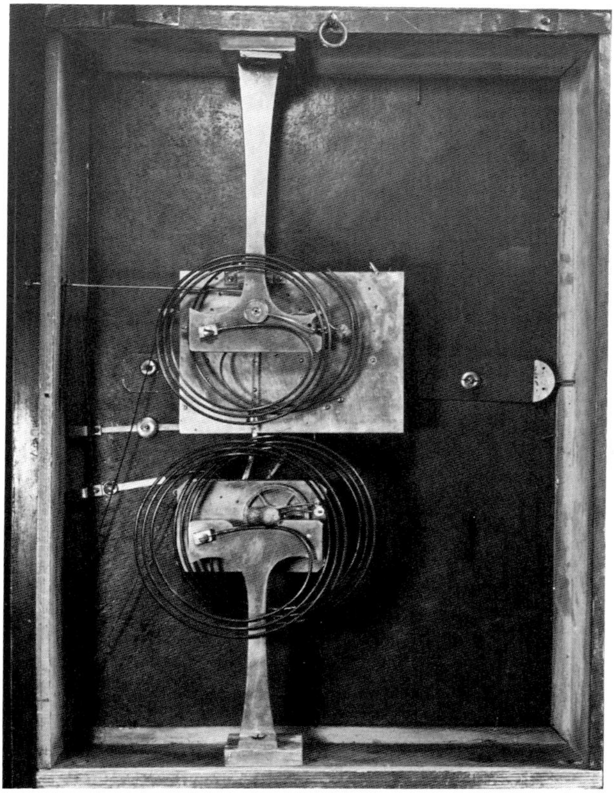

Abb. 375b. Rückseite der Bilderuhr geöffnet. Oben Uhrwerk mit Wiener Vierviertelschlag auf Tonfedern; Eintagsaufzug. Darunter Schlagwerk, das dreimal am Tag das Angelusläuten mit der alten Riesenglocke (Pummerin) nachmacht. Unsigniert.

◄

Abb. 375a. Wanduhr; Bilderuhr, von ca. 1830; Darstellung des Wiener Stephansdomes mit Uhrzifferblatt am Turm, wo durch mehrere Jahrhunderte eine Turmuhr vorhanden war; vergoldeter Ochsenaugenrahmen; ca. 80 cm hoch; vier Aufzugslöcher. Uhrenmuseum der Stadt Wien.

Abb. 376. Tafel einer Bilderuhr, Wien, ca. 1830. Wallfahrt des Kaisers Franz in Mariazell; Ochsenaugenrahmung nicht aufgenommen; unsigniert.
Sammlung Dr. Sobek, Wien.

Abb. 377. Pendule, signiert Aimé Billon, La Chaux-de-Fonds; ca. 1830; schwarzer Lack mit Grisaillemalereien; 14 Tage Gangdauer; Viertelstundenschlag. Zug-Repetition und Wecker. – Sammlung Dr. E. Gschwind, Basel.

Abb. 378. Pendule, signiert Bupwell & Carter, Bristol, Conn.; ca. 1860; mit Kalenderwerk.
Sammlung Walter Roberts, New York.

Abb. 379. Pendule, signiert Jerome Chauncey, USA., ca. 1860.
Sammlung Walter Roberts, New York.

Abb. 380. Stockuhr (Typus der Kaminuhr der zweiten Hälfte des 19. Jahrhunderts). Gehäuse schwarzer Marmor mit Malachiteinlagen. Pariser Erzeugnis, aber vom Verkäufer J. Hartmann, Berlin, Unter den Linden, am Zifferblatt signiert. Brocotgang mit Rubinpaletten. Werk mit 14 Tage Gangdauer und französischem Halbstundenschlag. Großes reguläres Kalenderblatt unter Zifferblatt mit Mondphasen, Tagesdatum, Wochentag und Monat mit Berücksichtigung der verschiedenen Monatslängen. Höhe ca. 55 cm.

Uhrenmuseum der Stadt Wien.

a

b

Abb. 381 a und b. Taschenchronometer, Werkseinsichten in moderne Glashütten-Tourbillons.

a Von ca. 1910.

b Sonderkonstruktion von Hans Apel, 1926.

Diese Tourbillons liegen punkto Genauigkeit auch heute mit an der Spitze der besten am Körper zu tragenden Uhren.

Abb. 382 a, b, c. Taschenchronometer mit Tourbillon (Karussellanordnung) des Echappements nach Breguet; erste Serienfabrikation, eingeführt von Waterbury, USA, ca. 1885 Sammlung G. Garbe.

a

b

c

a

b

Abb. 383a und b. Taschenuhr, völlig aus Holz hergestellt, russisch, ca. 1850.
Staatl. Math. Phys. Salon, Dresden.

a

b

Abb. 384a und b. Goldene Armbanduhr, ca. 1850–1860; unsigniert; wohl schweizerisch; am Rückdeckel ein Stern aus rotem, grünem und blauem Email mit weißem Goldrankengrund; Uhrdurchmesser 2,5 cm.

Württembergisches Landesmuseum, Stuttgart.

b

Abb. 385a und b. Goldene Ringuhr mit Emailmalerei; Zylinderwerk; nicht signiert; wohl Genf, ca. 1850–1860. Ringdurchmesser ca. 2,9 cm, Uhrdurchmesser ca. 1,7 cm. Württembergisches Landesmuseum, Stuttgart.

Abb. 387. Goldenes Uhrgehänge, Genfer Arbeit? ca. 1860; Uhrwerk in Käfer (im Bild geöffnet), blau emaillierte Flügeldecken.
Sammlung Suasso im Gemeentemuseum, Amsterdam.

◀ Abb. 386. Uhrbrosche, Genfer Arbeit? ca. 1870, nelkenförmig. Reiche Brillantenfassung (Blüte schließt sich über Uhr); Uhrwerk ist kugelförmig gebaut.
Sammlung Suasso im Gemeentemuseum, Amsterdam.

Abb. 388. Taschenuhr, reich mit Brillanten inkrustiert; für einen indischen Fürsten, ca. 1910, angefertigt von Ferrero in Genf.
Schweizer Privatbesitz.

LITERATUR

In den ersten drei Auflagen hat Bassermann-Jordan die Literatur, auf der die damaligen Anschauungen größtenteils aufgebaut waren, unmittelbar in die entsprechenden Textabschnitte eingefügt. Wenn wir heute gleich vorgehen wollten, würde der Charakter eines Handbuches für Sammler und Liebhaber völlig zerstört werden und sich ein umfangreicher Literaturkatalog ergeben. Außerdem würde eine nur Historiker interessierende Auseinandersetzung unvermeidlich sein, inwieweit einzelne Ansichten der älteren Literatur durch neuere Forschungsergebnisse überholt sind. Schließlich ist nicht zu übersehen, daß die ältere Literatur, auf die sich Bassermann-Jordan bezieht, durch die Kriegsereignisse so dezimiert worden ist und daß der Zugang dazu selbst für den Spezialisten heute manchmal ein fast unlösbares Problem darstellt. Der Sammler und Liebhaber, der gelegentlich einzelnen Problemen nachspüren will, muß mit Büchern vorlieb nehmen, die er sich ohne zu große Schwierigkeiten beschaffen kann. Daher ist im Text nur auf solche Bücher hingewiesen, die heute mehr oder weniger im Handel erhältlich sind; auf die Zitierung von Originalarbeiten, die in den letzten Jahrzehnten in reicher Fülle in Zeitschriften[1], vor allem in England und der Schweiz erschienen sind, ist aus den oben angeführten Gründen verzichtet. Eine zeitgemäße Bibliographie über die für die

[1] Wir nennen hier ohne Anspruch auf Vollständigkeit:
Antiquarian Horology, das Organ der „Antiquarian Horological Society", London.
Antique Collector, London.
Blätter für Technikgeschichte, Technisches Museum, Wien.
Connoisseur, National Magazine Co. Ltd. London; eine der besten allgemeinen Kunstzeitschriften, die sowohl in den Einzelheften als auch in den Jahrbüchern oft grundlegende Uhrenberichte bringt.
Deutsche Uhrmacherzeitschrift, Stuttgart S; Rühle-Diebener-Verlag K. G.
Die Uhr, Frankfurt a. M.
Horological Journal, N.A.G. Press, London 1960 im 102. Jahrg.
Journal Suisse d'Horlogerie et de Bijouterie, Lausanne, eine Zeitschrift, die in den letzten Jahrzehnten fast alle klassischen Arbeiten von Prof. Chapuis erstmalig publizierte.
La Suisse Horologère, eine nicht im Handel erhältliche, prächtige Vierteljahrespublikation der Chambre Suisse de l'Horlogerie; La Chaux-de-Fonds.
Neue Uhrmacher-Zeitung, Ulm/Donau.

modernen Auffassungen maßgeblichen Arbeiten ist für den schon mehrfach angedeuteten zweiten Teil in Aussicht genommen. Die ältere Literatur ist aber keineswegs überholt; in vielen Fällen wird ein Rückgreifen darauf sich als unerläßlich erweisen. Ein Fehlen der älteren Quellenangaben würde daher die Brauchbarkeit dieses Buches für den kritischen Sammler beeinträchtigen. Deshalb sind hier die gesamten Literaturhinweise der dritten Auflage von Bassermann-Jordan, geordnet nach Buchkapiteln, zusammengefaßt, was um so wichtiger erscheint, als Bassermann-Jordan eine Reihe von alten Autoren anführt, die in anderen Uhrenfachbüchern wenig oder gar nicht genannt werden. So wird die folgende, nach größeren Fachgebieten geordnete Literatur Bassermann-Jordan's dem kritisch veranlagten Sammler nicht unwillkommen sein. Naturgemäß ist die Gruppierung einigermaßen willkürlich, da die meisten Bücher nach mehreren Seiten ausgerichtet sind.

Literaturquellen-Zusammenstellung der letzten von Bassermann-Jordan bearbeiteten Auflage des Buches „Uhren"

(A) KALENDER UND ASTRONOMIE

Das Berliner Astronomische Jahrbuch, erscheint seit 1776.

Ideler, Handbuch der mathematischen und technischen Chronologie, Berlin 1825, 1826 neuer Abdruck Breslau 1883.

Ideler, Lehrbuch der Chronologie, Berlin 1831.

Mädler, Geschichte der Himmelskunde, Braunschweig 1872.

Wolf, Geschichte der Astronomie, München 1877.

Diesterweg, Geschichte der Astronomie.

Drechsler, Chronologie, Leipzig 1881 (mit Beschreibung von 33 Kalendern verschiedener Zeiten und Völker).

Bilfinger, Antike Stundenzählung, Stuttgart 1883.

Müller, F. Kalendertabellen, Berlin 1885.

Bilfinger, Die babylonische Doppelstunde, Stuttgart 1888.

Bilfinger, Die antiken Stundenangaben, Stuttgart 1888.

Bilfinger, Der Bürgerliche Tag. Stuttgart 1888.

Grotefond, Zeitrechnung des deutschen Mittelalters und der Neuzeit, 2. Bd., Hannover 1891–1898

Bilfinger, Die mittelalterlichen Horen und die modernen Stunden, Stuttgart 1892.

Valentiner, Handwörterbuch der Astronomie, 4. Bde., Breslau 1897–1902. Zur Erklärung der astronomischen Fachausdrücke.

Lersch, Einleitung in die Chronologie, Freiburg 1899.

Peter, Kalenderkunde, Leipzig 1901.

Ginzel, Handbuch der mathematischen und technischen Chronologie (das Zeitrechnungswesen der Völker) 3 Bde., Leipzig 1906.
Bach, Kalenderbuch für Schule und Haus, Straßburg 1910.
Klein, J., Allgemeinverständliche Astronomie, Leipzig 1911.
Boll, Drei griechische Kalender, Heidelberg 1913.
Mayher, Die astronomische Zeitrechnung der Völker, München 1913.
Diesterweg, Populäre Himmelskunde und mathematische Geographie, 22. Aufl. nach der Bearbeitung von M. W. Meyer und B. Schwalbe neu herausgegeben von A. Schwassmann, Hamburg 1914.
Mayher, Die veränderlichen Tafeln des preußischen Normalkalenders, Verlag des Statistischen Landesamtes Berlin SW.
Mayher, Der sächsische Normalkalender, herausgegeben vom Sächsischen Statistischen Landesamt Dresden.
Mayher, Hamburgischer Normalkalender, herausgegeben von der Hamburger Sternwarte Bergedorf. (Dieser Kalender enthält auch die Flut- und Ebbezeiten.)

(B) GESCHICHTE

Berthoud, Histoire de la mesure du temps par les horologes, Paris 1802.
Dubois, Histoire et traité de l'horlogerie depuis son origine jusqu'à nos jours, Paris 1849.
Wood, Curiosities of Clocks and Watches, London 1866.
Barfuss, Geschichte der Uhrmacherkunst (4 Auflagen), Weimar 1895.
Gelcich, Geschichte der Uhrmacherkunst von den ältesten Zeiten bis auf unsere Tage, 1895.
Britten, Old Clocks and Watches and their Makers, London (6 Auflagen zwischen 1897 und 1932, jede mit erweitertem Meisterverzeichnis).
Planchon, L'horloge, Paris 1898.
Saunier-Speckhart, Die Geschichte der Zeitmeßkunst, Bautzen 1904.
Bassermann-Jordan, Die Geschichte der Räderuhr unter besonderer Berücksichtigung der Uhren des Bayrischen Nationalmuseums, 1905. 2. Aufl. 1921, Frankfurt a. M.
Borchardt, Altägyptische Zeitmessung, Lfg. B. – *Drecker*, Theorie der Sonnenuhren, Lfg. E. – *Schoy*, Die Gnomik der Araber, Lfg. F. (Teile eines nur unvollständig erschienenen Sammelwerkes: Die Geschichte der Zeitmessung und der Uhren.)
Repsold, Zur Geschichte der astronomischen Meßwerkzeuge von Purbach bis Reichenbach 1450–1830, Leipzig 1908 (mit Bibliographie).
Rehm, „Horologium", ein Artikel über Zeitmesser des griechischen und römischen Altertums, in: Pauly-Wissowa-Kroll's Real-Encyclopaedie der klassischen Altertumswissenschaft, Bd. VIII, p. 2416–2433.
Diels, Antike Technik, Leipzig und Berlin 1914. 2. Aufl. 1920.

(C) INSTRUMENTE ZUR ZEITMESSUNG MIT HILFE ASTRONOMISCHER BEOBACHTUNGEN

1. *Sonnenuhren*

Die ältere Spezialliteratur auf diesem Gebiet ist äußerst umfangreich, aber ziemlich gleichförmig. Der Sammler, der darin Abbildungen von ganzen Instrumenten, knappe Anweisungen für deren Benützung oder auch nur eine klare Terminologie sucht, wird darüber enttäuscht sein. Im folgenden sind nur einige bekannte Werke der älteren Zeit angegeben.

Apian, P., Instrument Buch, Ingolstadt 1533.
Welper, Neuvermehrte Welperische Gnomonica, oder gründlicher Unterricht... Nürnberg 1708.
Gaupp, Gnomonica mechanica universalis ...., Augsburg 1711.
Bion, Traité de la construction ..., Paris 1725.
Alexandre, Traité général des horloges, Paris 1734 (Sonnenuhren-Kapitel).
Bedos de Celles, Gnomonique, Paris 1760, 1774, 1780.
Penther, Gnomonica fundamentalis et mechanica ..., Augsburg 1768, 1794.
Berthoud, Histoire de la mesure du temps par les horloges, Paris 1802, Bd. II, S. 347ff.
Mollet, Gnomonique graphique, Paris von 1812–1884 in 7 Auflagen.
Littrow, Gnomonik, Wien 1838.
Sonndorfer, Theorie und Konstruktion der Sonnenuhren, Wien 1864.
Loeske, M., Die gesamte Literatur über Uhrmacherei und Zeitmeßkunde, Bautzen 1897 (Sonnenuhren-Kapitel).
Löschner, Über Sonnenuhren, Graz 1906.
Drecker, Gnomone und Sonnenuhren, Aachen 1909.
Haupolter, Museumskatalog des Salzburger Städtischen Museums, Salzburg 1908 (Sonnenuhren-Kapitel).

2. Astrolabien

Roias, Commentariorum in astrolabium ... libri sex, Paris 1551.
Danti, Trattato del uso et della fabbrica dell'astrolabio, Florenz 1569.
Clavius, Astrolabium, Rom 1593.
Koebelius, Astrolabii declaratio ..., Köln 1594.
Stoeffler, Elucidatio fabricae ususque astrolabii, viele Ausgaben.
Krabbius, Newes Astrolabium, Wolfenbüttel 1630.

3. Quadratum Horarium generale

Münster, Sebastian, Compositio horologiorum ..., Basel 1531.
Deutsch ebenda 1544 als „Fürmalung und künstlich Beschreibung ...".
Pressler, Der Zeitmeßknecht oder der Meßknecht als Normaluhr, Braunschweig 1856.
Lauterbach, Horologium universale Munsterianum, Jena 1716 (Beweisführung für theoretische Richtigkeit des Allgemeinen Uhrtäfelchens.)

4. Monumentale Öhruhren

Cassini, La meridiana del tempio di S. Petronia, Bologna 1695.
Manfredi, De Gnomone meridiano Bononiensi, Bologna 1736.
Cassini und *Guglielmini*, La meridiana del tempio di S. Petronio, Bologna 1779 (mit 192 cm langer Wiedergabe des Meridians in Kupferstich).

5. Jakobsstäbe

Günther, Lo sviluppo del celebre strumento astronomico-geodetico nominato Jacobstab ..., Rom 1903.

6. Fernöstliche Instrumente

Schlegel, Uranographie chinoise, 1875.

7. Sonnenringe

Bonetus, De compositione annuli astronomici, Paris 1500. (Spätere Auflagen auch unter dem Titel: Annuli astronomici utilitatum liber.)

Gemma Frisius, Usus Annuli Astronomici, Ex Lovanio 1534.
Dryander, Novi annuli astronomici, Marburg 1536.
Dryander, Annulorum trium diversi generis instrumentorum astronomicorum componendi ratio atque usus, Marburg 1537.
Anonymus, M.T., Annuli Astronomici, instrumenti tum certissimi commodissimi usus, Paris 1557 (aus den Schriften von Orontius Fineus, Buchardus u. a. kompiliert).

(D) RÄDERUHREN

1. *Zusammenfassung*

Sully, Règle artificielle du temps ou traité de la division naturelle et artificielle du temps, Paris 1717. (Zweite Auflage herausgegeben von Julien Le Roy, Paris 1737.)
Thiout, Traité de l'horlogerie mécanique et pratique, Paris 1747.
Le Paute, Traité d'horlogerie ..., Paris 1755 und 1767.
Geissler, Der Uhrmacher oder Lehrbegriff der Uhrmacherkunst, 10 Bde., Leipzig 1793–1799.
Jürgensen, Principes généraux de l'exacte mesure du temps par les horloges, Kopenhagen 1805 (2. Aufl. 1838).
Gelcich, Die Behandlung der Präzisionsuhren, Wien 1892.
Saunier-Loeske, Praktisches Handbuch für Uhrmacher, Bautzen 1894.
Britten, Watch and Clockmakers, Handbook, Dictionary and Guide, London 1896.
Rueffert, Katechismus der Uhrmacherkunst, Leipzig 1901.
Schulte, Lexikon der Uhrmacherkunst, Bautzen 1902.
Grossmann, Jul. und *Herm.*, Lehrbuch der Uhrmacherei nach den Gesetzen der Mechanik, übersetzt von Arndt & Defossez, Bautzen 1902.
Saunier-M. Grossmann (M. Loeske), Lehrbuch der Uhrmacherei in Theorie und Praxis Bautzen 1903–1905.
Bock, Die Uhr, Leipzig 1908.
Loeske, L., Praktisches Hilfsbuch für Uhrmacher, Berlin 1910.
Dietzschold & Zarbl, Vorlagen für das Uhrmachergewerbe, Wien und Leipzig 1919.
J. E. Haswell, Horology, London 1928.

2. *Zeitschriften*

Uhrmacherkunst (Halle) enthielt nach Bassermann-Jordan zwischen 1905 und 1925 viele wertvolle historische Aufsätze.
Leipziger Uhrmacherzeitung, Leipzig.
Deutsche Uhrmacherzeitung, Berlin.
Süddeutsche Uhrmacherzeitung, Augsburg. (Status um 1925; seither grundsätzlich verändert.)

3. *Meßprobleme*

Guiseppe de Capriglia, Misura del Tempo, cioè Trattato d'Horologi da Ruota di tre Ordini, da Campanile, da Camera e da Petto, Padua 1665.
Mit einer späteren französischen Übersetzung:
Traité des Horloges à roues par le P. Caprilla Capucin.
Berthoud, Essai sur l'horlogerie, dans lequel on traite de cet art relativement à l'usage civil, à l'astronomie et à la navigation, Paris 1763 und 1786.
Berthoud, De la mesure du temps par les horloges, Paris 1797.

4. Longitudinalproblem, Marinechronometer

Berthoud, Traité Marine ..., Paris 1773.
Berthoud, Eclaircissemens sur l'invention, la théorie, la construction ... des nouvelle, machines pour la détermination des longitudes au mer par la mesure du tempss Paris 1775.
Berthoud, Mesures du temps appliquées à la navigation, Paris 1782.
Berthoud, De la mesure du temps, ou Supplément au Traité des Horloges marines et à l'Essai sur l'horlogerie, Paris 1787.
Berthoud, Traité des montres à longitudes ..., Paris 1792.
Berthoud, Suite du Traité des montres à longitudes, Paris 1796 und 1797.
Thomas Mudge the son, A description, with plates, of the Time-Keeper invented by the late Mr. Thomes Mudge, London 1799.
Berthoud, Entretiens sur l'horlogerie de la Marine, Paris 1812.

5. Getriebe und Zahnräder

Dietzschold, Verzahnungen, Bautzen 1895.
Dietzschold, Getriebelehre, Krems a. Donau 1905.

6. Hemmungen

Commission de la Société établie à Genève pour l'avancement des Arts, Description des Echappements les plus utilisés en horlogerie, Genf und Paris 1831 und 1851.
Martens, Beschreibung der Hemmungen der höheren Uhrmacherkunst, Furtwangen 1858 (mit Atlas).
Yrk, Der Zylindergang, Berlin 1894.
Yrk, Der Duplexgang, Leipzig 1895.
Grossmann, Moritz, Der freie Ankergang für Uhren, Bautzen 3. Aufl. 1896 (mit Atlas).
Hillmann, Zylindergang, Leipzig 1904.
Dietzschold, Die Hemmungen der Uhren, Krems a. Donau 1905.

7. Schlagwerke

James–M. Loeske, Lehre von den Schlagwerken, Bautzen 1903.
Hueguenin–M. Loeske, Repassage und Reparatur der Taschen-Repetier-Uhr, Bautzen 1903.
Hillmann, Reparatur komplizierter Taschenuhren, Berlin 1911.

8. Werkzeuge und Geräte des Uhrmachers

Alte Uhrmacherinstrumente
Encyclopédie von Diderot und d'Alembert, im Artikel: Horlogerie, Paris 1751.
Furniturenkataloge von J. Wyke/Liverpool um ca. 1775, mit 62 Tafeln in Kupferstich (sehr selten).
Neuere Instrumente
Hauptkataloge großer Furniturenhandlungen, wie z. B. Rudolf Flume in Berlin Georg Jakob in Leipzig.
Hinweise zur Anwendung der Werkzeuge
Loeske, L., Praktisches Hilfsbuch für Uhrmacher, Leipzig 1910.
Hanke, Uhrmacherlehre. Leipzig 1912.
Schultz, Der Uhrmacher am Werktisch, Berlin 1921.

9. Kloben- und anderer Uhrenteildekor

Von der zweiten Hälfte des 16. Jahrhunderts an verwendeten die Uhrmachermeister Vorlagen, die sogenannten Ornamentstiche, die speziell für Uhren-, Schmuck- und Edelmetallgeräte damals in Fülle von den deutschen, flämischen und französischen Kupferstichkünstlern hervorgebracht wurden. Einige der bekanntesten Namen sind: Theodor de Bry, H. J. Collaert, Daniel Marot, A. Jacquart, Etienne Delaune, Gilles L'égaré, Michel le Blond, Jean Vauquer, Pierre Bourdon, J. M. Hoppenhaupt, Decker (Nürnberg 1677–1713), Weigel (Nürnberg † 1746) u. a.

Blätter dieser Künstler werden heute als graphische Kunstwerke sehr gesucht. Die Gravierungs- und Durchbruchsverzierungen von Uhrenteilen haben auch späterhin immer wieder – allerdings mehr eklektizistisch – Interesse gefunden und sind Gegenstand einer nicht unbeträchtlichen Literatur, von der wir nennen:

Vogel, Praktischer Unterricht von Taschenuhren, Leipzig 1774.

Pfnor, Motifs d'ornements pour roses, rosaces, médaillons, fonds et panneaux circulaires, 16., 17. et 18. siècles, Paris 1876.

Luthmer, Graveurarbeiten an Taschenuhrwerken.

Pabst, Kunstgewerbeblatt, 5. Jahrg. 1889.

Imbert und *F. de Villenoisy*, Les coqs de montre, leur histoire, leur décoration, Arts Décoratifs 1890/91.

10. Meisternamen und Provenienz

„Ein internationales Meisterlexikon, in dem auch archivalische Notizen neben den wichtigen Meisternamen und deren Hauptwerken zu finden sind, gibt es noch nicht", beklagt sich Bassermann-Jordan in seiner letzten Auflage. Am besten hält er (für Räderuhren) das Meisterverzeichnis bei Britten (siehe D 1). (Der gegen die früheren Auflagen erhobene Vorwurf, daß von den deutschen Meisternamen auch die allerbedeutendsten darin nicht genannt und nur vereinzelt ein paar unwichtige, zufällig Britten begegnete Meister erscheinen, trifft für die späteren Auflagen nicht mehr zu; eine ganze Reihe bedeutender deutscher Meisternamen mit archivalischen Daten ist dort zu finden; wir verweisen auf die im Vorangegangenen ausführlich auseinandergesetzten grundsätzlichen Mängel von Vorarbeiten in Deutschland.)

An kleineren Verzeichnissen empfiehlt Bassermann-Jordan:

Abott, Antique watches and how to establish their age, Chicago 1897.

Graesse-Jaennicke, Kunstgewerbliche Altertümer und Kuriositäten, 4. Aufl., Berlin 1909.

Trautmann, F., Kunst und Kunstgewerbe vom frühesten Mittelalter bis Ende des 18. Jahrhunderts (enthält einen der ersten Versuche einer Meisterliste), Nördlingen 1869.

Dietzschold, Sechzehn Bildnisse hervorragender Uhrmacher nebst deren Lebensbeschreibungen, Krems a. Donau 1908.

Joh. Gabr. Doppelmayr, Historische Nachricht von den Nuernbergischen Mathematicis und Kuenstlern, Nürnberg 1730*.

Weigel, Chr., Abbildungen gemeinnützlicher Hauptstädte ..., Nürnberg 1698*.

Halle, J. S., Werkstätte der heutigen Künste, Brandenburg und Leipzig 1762*.

Jost Amman, Stände und Handwerker, Frankfurt a. M. 1568**.

Stradanus und *Galle*, Horologia ferrea, Bl. V der Serie: Nova reperta, um 1610**.

* Diese Bücher bieten gute Einblicke in die Verhältnisse der Zünfte.

** Diese Bücher enthalten Originaldarstellungen alter Uhrmacherwerkstätten.

11. Waffenschmiedsmarken und Edelmetallpunzen

Boeheim, Handbuch der Waffenkunde, Leipzig 1890.

Rosenberg, Der Goldschmiede Merkzeichen, 2. Aufl., Frankfurt a. M. 1911; dieses Werk ist empfehlenswert, wenn es sich um gestempelte Gehäuse aus Gold oder Silber handelt.

Für englische Edelmetallgehäuse sind in den älteren Auflagen bis zur 6. von Britten (siehe oben) die englischen Punzen (Hall Marks, Date Marks und Date Letters) detailliert gezeigt; dadurch kann man oft Gehäuse aufs Jahr genau datieren.

12. Gebietsbezogene und spezielle Monographien

Deutschland: Dietzschold, Die Turmuhr mit Einschluß der sog. Kunstuhren (Prakt. Handbuch für Großuhrmacher), Weimar 1894.

England: Cescinsky and Webster, English Domestic Clocks, London 1913 (Bodenstand- und Stockuhren).

Frankreich: Dumonthier, Les bronces du mobilier national, pendules et Cartels, Paris (Pendulen und Kartelluhren).

Develle, Les Horlogers Blésois au XVI. et au XVII. siècle. Blois 1913 (Email- und Silbergravur-Anhängeuhren).

Skandinavien: Bering, Liisberg, Urmagere ... i Danmark, Kopenhagen 1908;

Sidenbladh, Urmakare i Sverige, Stockholm 1918.

Schweiz: Babel, Histoire corporative de l'horlogerie, Genf 1916;

A. Chapuis. La pendulerie Neuchâteloise, La Chaux-de-Fonds, 1917.

13. Sammlungs- und Auktionskataloge

Dubois, Collection archéologique du Prince Soltykoff, Paris 1858 (mit beachtenswerter Einleitung).

Migeon, Collection du M. Paul Garnier, Les Arts No. 51, 1906.

Marfels, Die Marfels'sche Uhrensammlung ...

Bassermann-Jordan, Katalog einer Sammlung von Goldemail-Uhren, vorwiegend des 18. Jahrhunderts aus Berliner Privatbesitz.

H. Helbing, Versteigerung in München 1912.

Bassermann-Jordan, Uhrensammlung aus süddeutschem Privatbesitz, vorwiegend Taschen- und Halsuhren des 16. bis 19. Jahrhunderts, Verlag Helbing/München 1917.

Engelmann, Führer durch den Mathematisch-Physikalischen Salon in Dresden.

Balet, Führer für die Uhrensammlung des Landes-Gewerbemuseums in Stuttgart.

(E) ANDERE ARTEN VON ZEITMESSERN

A. Wasseruhren

Allgemeine Hinweise in den meisten unter (B) genannten Werken zur Geschichte der Zeitmessung. Ausführlicher z. B. Planchon, der wie die älteren Schriftsteller die Wasseruhren in einfache, mechanische und solche mit Automaten einteilt.

Spezialliteratur:

Martinelli, Horologi elementari, Venedig 1669 (dazu französische Übersetzung).

Varignon, Manière géometrique et générale de faire les clépsydres ..., Paris 1699.

Amontons, Remarques ... sur la construction d'une nouvelle clépsidre, Paris 1695.

Literatur

anonym, Abhandlung von Wasseruhren, Halle 1752.

Wiedemann & Hauser, Über die Uhren im Bereich der islamischen Kultur. (Dies ist die einzige bisher in deutscher Sprache erschienene Übersetzung der grundlegenden arabischen horologischen Schriften; sie enthalten u. a. eine Beschreibung der Uhr des Archimedes mit kugelwerfenden Vögeln als Schlagvorrichtung und mit beweglichen Figuren.) Erschienen in den Nova Acta der Königl. Leop. Carol. Akademie, C III n2, Halle 1918.

B. Sanduhren

Radi, Nuova scienza di Horologi a polvere ..., Rom 1655 und 1665.

SACHREGISTER